Building Construction HandBook

건축기술핸드북시리즈

현장관리

문승호 김종원 역

기문당

이 책을 발간하면서

내진강도 위장문제가 발생한 지도 1년 남짓, 아직도 해결의 실마리를 찾지 못한 채 고뇌하는 피해자들이나 이후에 발각된 강도부족 우려와 같은 새로운 보도를 접하면서 안타까운 마음 금할 길이 없으며, 동시에 건축에 종사하는 일원으로서 책임감이 더욱 무거워졌다.

한편, 건축업계에서는 경비절감과 공기단축 등에 대한 요구가 점차 증가하고 있고, 숙련된 베테랑 건축기술자들의 참여 기피현상과 우수 기능원들의 부족현상들을 고려해 볼 때 우려해야 할 일이 한두 가지가 아니다.

현재의 건축공사는 종래의 습식공법에서 건식공법으로 변화하고 있으며, 이에 따른 사전계획의 중요도가 요구되고 있다. 균열이나 누수, 박리 · 박락, 결로, 부식 · 녹 등 기본적인 품질에 관한 부실을 예방한다는 점에서도 건축에 종사하는 모든 사람이 건축 생산의 원점인 '좋은 건축물 만들기'를 위해 최선을 다해야 할 것이다.

과거에는 선배사원과 후배사원 간의 사제관계를 통해 경험을 공유하면서 한 사람의 유능한 기술자로 거듭나던 시절도 있었다. 하지만 최근에는 일손 부족과 업무량 과다 이유로 젊은 건축기술자에 대한 OJT가 부족하며 예전처럼 섬세한 기술 전수는 없다고들 한다.

건축공사에 있어서 현장관리는 기술자의 기량이나 노하우에 의해 좌우되는 부분이 많으며, 경험을 통한 지식이 바로 중요한 요소가 되는데 최우선은 기초적인 지식을 몸에 익히는 것이 기본이다. 이 책은 건축공사에 관한 착공준비부터 가설공사, 구체공사, 마감공사, 설비공사, 외장공사에 이르기까지 일련의 작업에 대해 건축기술자로서 최소한 갖추어야 할 공사계획과 관리의 기본을 정리한 것이다. 경험이 적은 건축기술자나 숙련된 기술자의 지식 · 기술력 향상을 위해, 그리고 기술 전승의 도구로서 본 서가 폭넓게 활용되길 바라는 바이다.

저 자

역자서문

건축시공은 설계에서 요구하는 품질을 만족시켜야 하는 작업이며, 이 작업의 기초가 현장관리기술이다. 주어진 공사가 안전하고 기능적이며 내구적인 건축물로 탄생시키는 1차적인 작업이 참여 기술자의 현장관리기술에서 비롯된다. 그러나 공사현장에서 단순경험과 직감에 의존하는 관리 성향을 자주 목격하게 되는 것은 시공에 관한 지식과 관리기법을 간과한 때문으로 판단된다.

건축공사가 갈수록 대형화, 고층화, 인텔리전트화 추세로 가속화하면서 고품질의 건축물을 요구하고 있고, 주거환경의 다양화로 고성능화을 위해 기업마다 경쟁력 강화가 갈수록 치열해지고 있는 것도 같은 맥락일 것이다. 이러한 건축물을 생산하는 주축이 건축기술자다. 이 기술자들을 위하여 국내에서는 거의 찾아볼 수 없는 「현장관리」 도서를 번역 출간하게 되었다.

이 책을 들여다보면 현장관리에 관한 유익한 항목들을 골라 요약 정리한 것으로, 건축 · 전기 · 기계설비공사 전반을 총체적으로 망라하고 있다. 집필진은 많은 실무경험과 이론에 밝은 일본 굴지의 건설사 현업 기술자들이 주관(모임)하여 집필하였기 때문에 그 내용이 실제적이고 충실한 장점들을 지니고 있다. 건축공사 착공준비부터 마무리까지 현장실무에서 공통적으로 경험하게 되는 이른바 이론적 요점과 실용그림을 계통적이고 사실적으로 표현하여, 건축기술자 누구나 적재적소에 적용할 수 있도록 섬세하게 꾸며 놓은 점이 이채롭다.

건축기술자가 최소한 습득해야 하는 품질관리의 필독서로 소개한 이 책은 일선의 실무자뿐만 아니라 건축시공에 입문하는 초보기술자, 공학도 및 관련 건축기술자 모두에게 훌륭한 지침서이자 유익한 실무 참고서가 될 것으로 확신한다. 다만, 이 책이 일본의 번역서라 관계법규 등이 우리 실정과 약간의 차이가 있을 수 있고, 일본기준을 그대로 싣거나 용어를 인용하는데 어색한 표현이 있는 등 다소 부자연스러운 점에 대하여 이해를 구하고자 한다.

역 자

Contents

1장 이 책을 보는 법·사용방법

1 구 성

이 책은 공사 착공에서부터 가설공사, 말뚝공사, 토공사, 흙막이공사, 지하구체공사, 지상구체공사, 마감공사, 설비공사, 외장공사까지 공사의 흐름에 따라 품질 · 공정 · 안전 · 환경에 관한 480가지의 중요 관리항목에 대해 체크하는 형식으로 제목을 잡고 그에 대한 해설을 덧붙였다. 또한 인도 후 발생하는 전 공정에 관한 클레임 공사비 비율이 70% 이상 구체공사 외의 공사에서 차지하고 있다는 점에서 특히 마감공사, 설비공사를 중심으로 자주 발생하는 클레임 사례를 수록하였다. 똑같은 클레임의 재발 방지에 도움이 되도록 클레임 발생원인을 해설함과 동시에 처리방법에 대해서도 구체적으로 제시했다.

● 마크에 대해서

이 책에서는 부실을 방지하기 위해 설계, 시공, 감리의 각 담당자가 다루는 항목을 명확히 하고자 다음과 같은 마크로 분류했다.

설계자 · 공사감리자　　　현장관리자 · 전문공사업자

2 공정관리

발주자로부터 설계 · 시공기간에 대한 단축화가 요구되는 가운데 각 공사의 품질관리에 대한 취급법은 더욱 중요해지고 있다. 3장에 게재한 네트워크공정표에는 착공부터 준공까지의 진행에 따라 신고 · 신청이나 계획서 작성, 자재 발주, 검사 등을 각 시기에 맞춰 나타내었다.

3 현장관리 포인트

건축기술자의 품질관리에 대한 의식 결여로 발생하는 부실을 방지하기 위해 각 공사마다 중요사항과 관련사항들을 간결하게 나타내었다. 재손질이나 재시공 같은 낭비를 없애고 확실한 품질을 다음 공정으로 넘기기 위해 '현장관리 포인트' 내용을 잘 이해하여 부실을 미연에 방지하도록 노력하자.

❖ 현장관리 포인트

➡ ○○

역시, 이곳을 주의해야 되는군!

4 부 록

'해체공사 공법의 종류와 특징', '아스베스토스 제거에 관한 대응', '새집증후군 문제에 대한 대책', '종합도 작성요령', '토질주상도 읽는 법', '레디믹스트콘크리트 배합보고서 보는 법', '품셈 일람'을 수록했다. 또한 이 책을 보다 효과적으로 사용하기 위해 권말에는 찾아보기를 두었다.

5 보는 법, 사용방법

■ 건설현장에서 계획과 시공에 관한 지식 · 관리기술 향상을 위해!

착공준비부터 가설공사

계약 후, 공사착공 전에 필요한 모든 수속을 밟아 공사에 지장이 없도록 시행완료해야 한다. 먼저 수배해야 하는 자재는 서둘러 확정하여 지체되지 않도록 신속하게 발주한다.

기초공사부터 구체공사

주변환경에 미치는 영향이 크고 건물의 품질을 좌우하는 시기이다. 마감공사 · 설비공사를 잘 조정하여 시공도를 조기에 작성한다.

마감공사

요구 성능을 파악하고 시공방법의 적합성을 확인한다. 구체매입재 등의 선행부재를 공정에 맞춰 확정하기 위해 발주물 제작도를 조기에 작성한다.

설비공사

관통 · 구멍뚫기 · 매입 · 지지 · 설치할 기기류의 위치 등 구체 및 마감공사와의 적절한 조화를 꾀한다. 기능을 우선으로 하며 보수 · 점검을 용이하게 계획한다.

외장공사

공정 지연의 영향을 가장 받기 쉽고 외장 착수 후의 상세확정부분에서 지연이 된다. 확정된 재료의 구매, 노무의 동원, 가설, 일기 등을 고려하고 미리 준비하여 지체되지 않도록 한다.

■ 나만의 전용 현장관리 핸드북!

이 책은 대표적인 내용을 나타내고 있다. 각 시공물건의 설계도서와는 사양이 다른 경우가 있으므로 시공 전에 차이점을 잘 파악하여 이 책에 붙여두거나 써넣어 늘 휴대하도록 하자.

법령의 간략표기

건축기준법→**법**, 노동안전위생법→**안위법**, 노동안전위생규칙→**안위칙**
주택의 품질확보 촉진 등에 관한 법률→**품확법**

관리항목 참조 페이지

보충사항, 주의사항

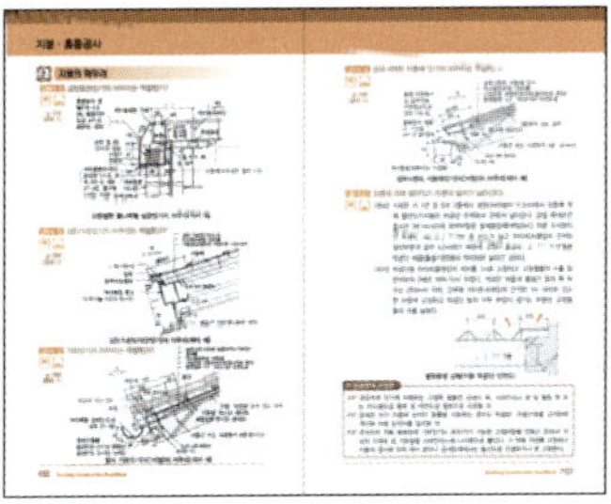

폐기물 처리 및 청소에 관한 법률→**폐기물처리법**, 건설공사에 관한 자재의 재자원화 등에 관한 법률→**건설 리사이클법**

클레임 사례(현상, 처치)

현장감리 포인트

「설계도서의 확인 · 사전협의가 최우선」

각 공사의 적용 시방서는 설계사무소, 관공서에 따라 다른 경우가 많으므로 이 책과 차이가 있을 수 있다. 설계도서를 명확히 파악하고 클레임 발생이 예상되는 경우에는 발주자, 설계자, 공사감리자와 사전에 충분한 협의를 하는 것이 원칙이다.

윗 주머니에는 '건축기술핸드북'을
이것이 품질향상의 첫걸음이죠!

현장관리 중요항목 일람

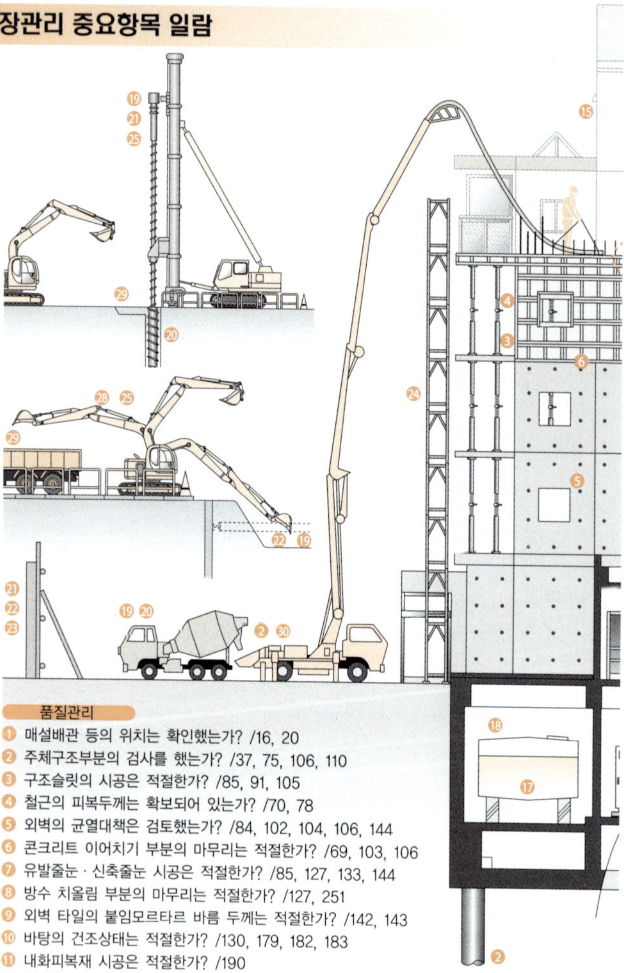

품질관리

❶ 매설배관 등의 위치는 확인했는가? /16, 20
❷ 주체구조부분의 검사를 했는가? /37, 75, 106, 110
❸ 구조슬릿의 시공은 적절한가? /85, 91, 105
❹ 철근의 피복두께는 확보되어 있는가? /70, 78
❺ 외벽의 균열대책은 검토했는가? /84, 102, 104, 106, 144
❻ 콘크리트 이어치기 부분의 마무리는 적절한가? /69, 103, 106
❼ 유발줄눈 · 신축줄눈 시공은 적절한가? /85, 127, 133, 144
❽ 방수 치올림 부분의 마무리는 적절한가? /127, 251
❾ 외벽 타일의 붙임모르타르 바름 두께는 적절한가? /142, 143
❿ 바탕의 건조상태는 적절한가? /130, 179, 182, 183
⓫ 내화피복재 시공은 적절한가? /190
⓬ 결로대책은 검토했는가? /186, 189
⓭ 차음 · 소음대책은 검토했는가? /185, 187, 200, 201, 230
⓮ 설비배관 주위의 누수대책은 검토했는가? /198, 199, 211, 226
⓯ 환기대책은 검토했는가? /206, 224
⓰ 배관류의 관통대책은 검토했는가? /211, 216, 226, 227, 236
⓱ 설비기기 · 기구류의 고정, 부착은 검토했는가? /228~233
⓲ 설비기기의 보수점검 공간은 확보되어 있는가? /212, 223

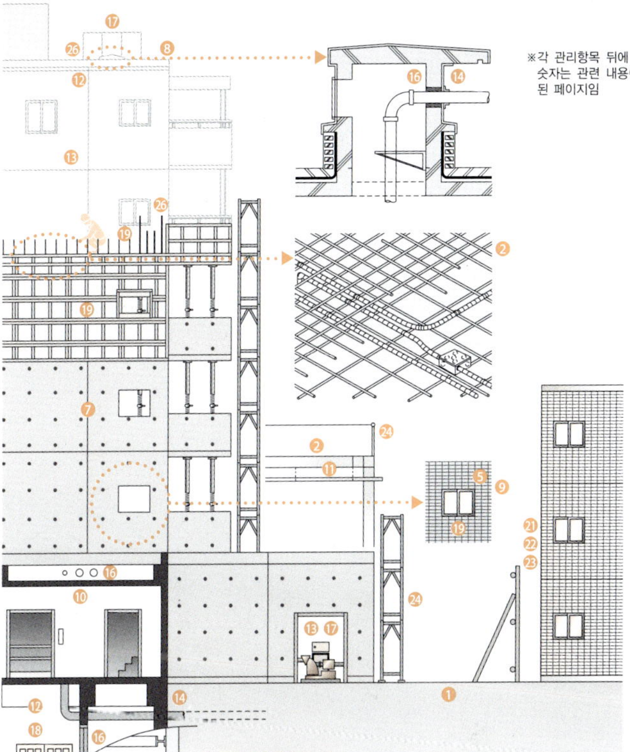

※각 관리항목 뒤에 표기된 숫자는 관련 내용이 수록된 페이지임

공정관리

⑲ 주요공사의 수량을 파악했는가? /14, 260, 261
⑳ 필요한 자재는 발주하였는가? /12, 13, 14
㉑ 작업시간은 확인했는가? /16, 21, 98
㉒ 관공서 등에 신고 · 신청은 마쳤는가? /15, 18, 24, 44

안전관리

㉓ 주변 환경에 대한 안전대책은 검토했는가? /21, 45, 58, 65
㉔ 추락방지 등의 안전대책은 철저히 수립되어 있는가? /26~31, 64, 65
㉕ 건설기계 관련 안전대책은 철저히 되어 있는가? /34~37, 42, 64
㉖ 화기관리는 철저히 수립되어 있는가? /110, 126

환경관리

㉗ 아스베스토(석면) 제거작업의 안전대책에 만전을 기하고 있는가? /17, 254
㉘ 소음 · 진동대책은 검토했는가? /16, 21, 37, 44, 66
㉙ 굴삭잔토는 적정하게 처리되고 있는가? /21, 45
㉚ 잔여 콘크리트는 적정하게 처리되고 있는가? /21, 98

네트워크 관리의 공정계획

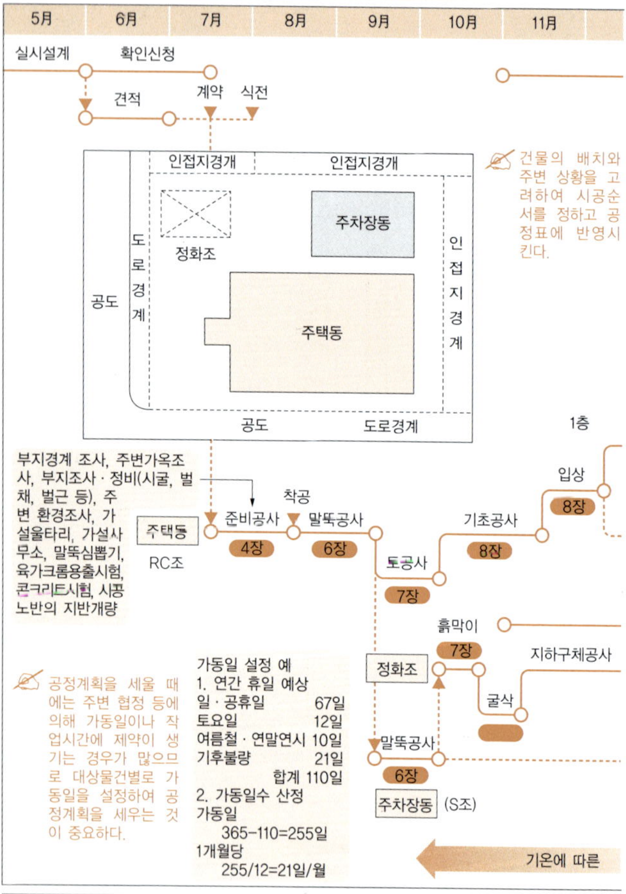

건물의 배치와 주변 상황을 고려하여 시공순서를 정하고 공정표에 반영시킨다.

공정계획을 세울 때에는 주변 협정 등에 의해 가동일이나 작업시간에 제약이 생기는 경우가 많으므로 대상물건별로 가동일을 설정하여 공정계획을 세우는 것이 중요하다.

가동일 설정 예
1. 연간 휴일 예상
일 · 공휴일 67일
토요일 12일
여름철 · 연말연시 10일
기후불량 21일
합계 110일
2. 가동일수 산정
가동일
365−110=255일
1개월당
255/12=21일/월

	5月 · 6月	7月	8月	9月	10月	11月	
특기사항	◆관공서 관련 검사 ▲확인 · 검사 ▲신청 · 계출 ●시공계획서 ●발주 · 결정	▲말뚝 발주 ●특정건설 작업 신고	●말뚝공사계획서 ▲공사용 간판설치 ▲콘크리트 시험 비빔 ▲6가크롬 용출시험	▲88조 신청 (비계) ●토공사 계획서 ▲연도굴착 신청	▲크레인 설치 ●뼈대공사 시공계획서	●타일 · 돌 결정	

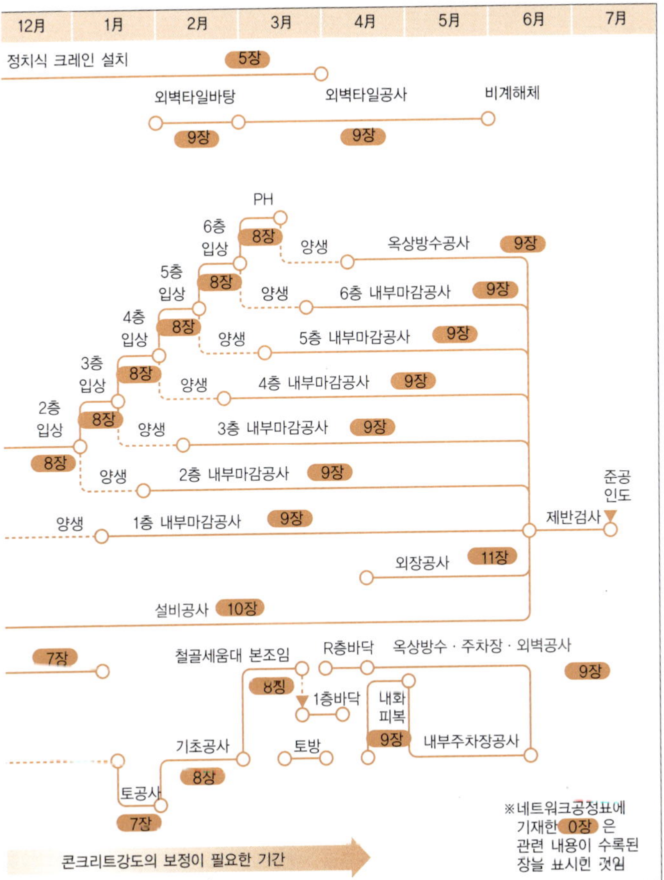

12月	1月	2月	3月	4月	5月	6月	7月
●타일 · 돌 발주 ●철골 발주 ◆건축중간 검사	▲철골 현치 검사 ▲자체중간 검사	▲철골제품 검사 ●철골조립 계획서	◆건축중간 검사	▲크레인 폐지신고	◆수전검사	▲자체 준공 검사 ◆소방검사	▲건축주검사 ◆건축검사

4장 착공준비

1 공사계약 내용 확인

관리 1 설계도서의 내용을 파악하고 있는가?

설계도서의 우선순위와 주요 기재사항

우선순위*	설계도서명	기재사항
1	현장설명서(질의응답서)	견적시 발주자에게서 제시받은 견적조건에 관한 것. 공사범위 외에 발주자 지정사항(지급자재, 지정재료 · 공법 등)을 나타낸 경우가 많다.
2	특기시방서	설계도 · 공통시방서를 보완하는 것으로 재료 · 공법 · 성능 · 제품정도 · 검사기준 등에 대해 나타낸다.
3	설계도	공사목적물의 내용을 도면화한 것으로 위치 · 형상 · 치수 · 구조 · 재료사양 등에 대해 나타낸다.
4	공통시방서	공통적으로 사용하는 재료 · 시공방법 · 제품정도 · 검사방법 등에 대해 기재한 것으로 '표준시방서'라고 부르기도 한다.

*우선순위는 일반적인 것을 나타냄.

관리 2 주요수량을 파악하고 있는가?

p.260 품셈

일정기간 내에 효율적이고 경제적으로 건물을 완성시키기 위해서는 충분한 공정계획과 그에 따른 원활한 시공이 이루어져야 한다. 그러기 위해서는 주요 공사의 수량을 가능한 한 빨리 파악하는 것이 중요하다. 특히 구체공사는 공정에서 차지하는 비율이 크기 때문에 말뚝 · 기초공사, 토공사, 철근공사, 거푸집공사, 콘크리트공사, 철골공사의 주요 수량을 시공법 또는 시공순서에 따라 정리하여 시공방법에 따른 품셈을 바탕으로 각 직종에 필요한 노무자수를 파악한다.

① 노무자수 파악

구체공사 중에서도 노무자에 의해 좌우되는 것이 거푸집 · 철근공사이며 다음 공정에 지장을 주지 않고 품질이 확보된 경제적인 건물을 만들기 위해서는 목공 · 철근공의 동원인원 조정과 확보가 중요하다. 마감공사 수량에 대해서는 마감방법의 난이도를 고려하여 시공법 또는 시공순서에 따라 수량을 정리한다. 특히 벽돌쌓기나 시공비도 높고 면적이 큰 돌 · 타일공사는 보통 습식재료로 마감하기 때문에 양생 · 건조기간을 필요로 하는 미장공사, 설비와의 취합이 많으므로 이종재료를 많이 사용하는 마무리가 복잡한 부분의 공사에서 동원 인원 조정에 특히 주의해야 한다.

② 사전발주의 준비

착공하고서 바로 필요한 기자재의 준비 · 발주가 필요하다. 사전발주가 필요한 것으로는 ① 말뚝박기 기계 · 말뚝재료, ② 흙막이벽 기계 · 흙막이벽 재료 ③ 기초 철근재, ④ 철골의 롤 발주 · 철골제작공장 등이 있으며, 먼저 이들 재료에 대해 정확한 수량파악이 필요하다.

관리 3 공기(工期)와 관련된 사항은 확인하였는가?

p.18 관리 2
p.20 관리 1 관리 2 관리 3
p.21 관리 4 관리 5

① 계약공기 확인 ② 공사범위 확인
③ 착공시의 장해요인 확인 ④ 건축도서(제) 확인
⑤ 관계법령의 저촉 유무 확인 ⑥ 도로점용 유무 확인
⑦ 주변과의 민원문제 유무 확인 ⑧ 사전발주 기자재 유무 확인
⑨ 지중 장해물 유무 확인
⑩ 전체공기 확인[표준적 시공기간인지의 여부 파악 및 작업조건(주변상황) 파악]

특히 공기가 짧을 경우에는 시공방법, 경비, 재료선정시의 제약, 기술적 방책 등에 대해 검토할 것.

⑪ 작업시간 확인(구체, 외장 등의 시공시기와 기후 등)
⑫ 기타(건설지의 토지 풍습 · 행사 자체의 제약, 테넌트공사 등)

관리 4 공사비 지불시기의 계획은 명확한가?

지불시기에는 건축주의 지불시기(도급회사 입장에서는 공사비 수령시기)와 협력회사에 대한 지불시기 두 가지가 있다.

① 건축주의 지불시기

공사비 수령은 착공시 1/3, 상량시 1/3, 준공시 잔액지불 등이 있다. 공사도급계약서와 견적서, 공사공정표를 조합하여 공사비 수령 연월일과 공사비 수령액 예정표를 작성한다. 공사도급계약서로 지불시기를 확인하고 견적명세서와 공정표로 기성급액과 기성급비율을 예정한다.

② 건축주에게 청구하는 시기

공사비 수령을 위해서는 기성고 청구서를 제출해야 한다. 회사마다 청구서 제출일이 다르기 때문에 미리 확인해 두고 지체되지 않도록 하는 것이 중요하다.

③ 협력회사에게 지불하는 시기

견적워가 명세서와 공사공정표에 의해 공사별 지불월과 지불예정액을 산출하여 계획을 세우고 공사성과에 따라 매월 정시에 시불한다. 이깃으로 과지불 방지와 성과에 맞는 지불이 적정하게 실시된다.

❖ 현장관리 포인트

☞ 설계도서에는 시공시의 여러 기술적 규범사항이 기재되어 있으며 시공담당자는 이들 내용을 확실히 파악해 둘 것.

☞ 설계도서에 대한 의의 및 변경 수속은 공사도급계약 약관에 정해져 있으며 설계변경을 할 경우에는 반드시 문서로 변경수속을 해야 한다.

☞ 의장도 · 구조도 · 설계도 상호간의 도면 차이가 없는지 체크하여 불분명한 곳이 있거나 의문사항이 생기면 공사감리자와 협의하여 해결할 것.

2 현지조사

관리 1 부지조건을 파악하였는가?

p. 20 관리 1 관리 2
p.252 해체공사

① 부지경계 확인

② 부지의 치수 · 고저 · 건물의 면적 확인 : 도면과 대조하여 실제 부지의 치수 · 고저 · 건물의 배치를 확인한다. 부지경계와 건물 외면과의 클리어런스, 가설시설 · 자재적치장 · 통로 등의 공간과 위치 · 치수를 확인한다.

③ 부지 내의 장해물 확인 : 부지 내의 기존 건물(기초 · 말뚝 · 지하실), 공작물, 수목, 매설물 등의 장해물 유무를 확인한다.

④ 주변 도로 · 인접하천의 확인 : 공사용 출입구 관계, 가설울타리, 비계, 위험방지시설(오버브리지 · 방호책) 등에 따른 도로점용을 결정하기 때문에 보도 · 차도, 사도 · 국도 등의 구별, 너비, 교통량을 조사한다.

⑤ 부지에 줄쳐보기를 하여 건물 위치를 확인

관리 2 건설기자재를 능률적으로 반입하기 위한 계획을 세웠는가?

p. 21 관리 5

수송경로와 건설지 주변의 교통규칙(일방통행, 통학로 지정, 대형차량 진입금지, 중량제한, 높이제한, 시간제한 등) 등의 도로상황을 확인한다.

시가지 등의 현장에서 부지 내에 기자재를 놓을 여유가 없는 경우에는 자재운반차가 대기할 수 있는 장소가 있는지 확인해 둘 것.

관리 3 소음 · 진동에 관한 규제를 준수할 수 있는가?

생활소음 · 진동의 규제기준(2004 제29조의 2 제3항 관련)

p. 252 해체공사

1. 생활소음 규제기준

[단위 : dB(A)]

대상지역	시간별 / 소음원	조석 (05:00~08:00 18:00~22:00)	주간 (08:00~18:00)	심야 (22:00~05:00)
주거지역, 녹지지역, 준도시지역 중 취락지구 및 운동 · 휴양지구, 자연환경보전지역, 기타 지역 안에 소재한 학교, 병원, 공공도서관	공사장	65 이하	70 이하	55 이하
기타 지역	공사장	70 이하	75 이하	55 이하

2. 생활 진동 규제기준

[단위 : dB(A)]

대상지역 / 시간별	주간 (06:00~22:00)	심야 (22:00~06:00)
주거지역, 녹지지역, 준도시지역 중 취락지구 및 운동 · 휴양지구, 자연환경보전지역, 기타 지역 안에 소재한 학교 · 병원 · 공공도서관	65 이하	60 이하
기타 지역	70 이하	65 이하

① 진동 · 소음 모두 특정 공사의 사전 신고대상 기계 · 장비를 사용하는 작업시간이 1일 2시간 이하일 때는 +10dB을, 2시간 초과 4시간 이하일 때는 +5dB을 규제기준치에 보정한다.

② 특정 공사 신고대상 기계 장비로는 항타기, 항발기, 병타기, 착암기, 공기압축기,. 해체용 강구, 브레이커, 굴착기, 발전기, 로더, 압쇄기 등이 있다.

관리 4 인접한 구조물에 대한 조사는 했는가?

인접 구조물의 조사항목과 내용

조사항목	조사내용	비고
상대위치	인접구조물과 건설예정 위치와의 상대관계	평면적 · 단면적으로 파악한다.
용도	용도 종별	사무소, (집합)주택, 창고, 상점 외
규모	지상, 지하층수와 면적	옥탑, 피트부분에 주의한다.
구조	구조종별	RC조, SRC조, S조, 목조 등
기초판	기초바닥판의 깊이, 지질의 종류*	뜬기초형식일 경우 특히 주의한다.
건축공사 개요	건축 연월일, 건축시의 상황	증축이 이루어진 경우에는 익스팬션 조인트의 위치를 조사한다.

※독립푸팅기초일 경우는 형상 · 치수, 말뚝기초일 경우는 말뚝의 종류 · 지름 · 선단의 깊이

관리 5 건설지의 기상조건은 파악했는가?

기상데이터 조사항목과 관련사항

조사항목	조사내용	관련사항
천후	월별 천후일수	가동일수 산출
기온	최고 · 최저기온, 평균기온	절량축력이 온도응력에 미치는 영향
강우량	최대강우량, 평균강우량	· 흙막이공법 선정 · 지하수위에 대한 영향(외력에 대한 영향) · 배수계획
조위	만조시, 간조시의 조위	
융설기	기간	
하천의 증수기	기간, 최대유량, 수위	

관리 6 해체공사시의 아스베스토스(석면) 대책은 적절한가?

p.252 해체공사
p. 254 아스베스토스

과거에는 아스베스토스가 여러 건축재로 사용되어 왔으나 인체에 대한 영향이 문제시되면서 지금은 사용이 제한되었다. 최근 들어 아스베스토스의 뿜어붙이기나 아스베스토스가 함유된 건축재가 사용되었던 건축물 등을 해체 · 개수공사한에 따라 일반 환경오염과 작업종사자의 노출방지를 위한 대책이 중요한 문제가 되고 있다. 해체공사 및 개수공사시에는 사전에 충분한 조사를 하여 면밀한 철거공사를 계획하는 것이 필요하다.

❖ 현장관리 포인트

☞ 부지측량 및 조사는 공사에 지대한 영향을 미치므로 면밀하게 실시할 것.
☞ 공사를 원활하게 진행시키기 위해 건설폐기물처리시설까지의 경로, 거리, 소요시간, 처리장의 능력 등을 확인해 둘 것.
☞ 건설지를 포함한 지역의 과거 기상데이터를 조사해 두면 건축현장의 가동일수 산출과 공정관리에 도움이 된다.
☞ 시공상의 법 규제나 행정지도 등 특수한 조건이 없는지 확인해 둘 것.

3 준비공사

관리 1 사전계획을 바탕으로 가설울타리 · 현장사무소를 설치했는가?

① 가설울타리 설치

p.22 관리 1 관리 2 p. 24 관리 1

공사부지(구역)를 명확히 하고 위험방지상 공사관계자 외에 출입 금지 및 도난방지를 위해 가설울타리를 설치한다. 울타리에는 공사용 차량 출입구(게이트) 및 직원 · 작업원 출입구(통로구)를 설치한다.

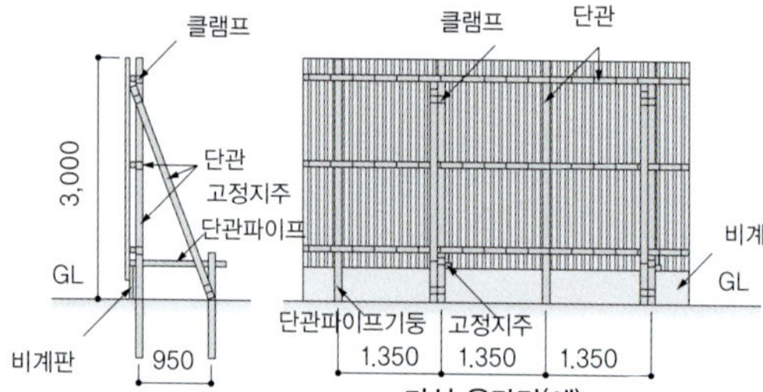

가설 울타리(예)

② 현장사무소

시공의 진전을 꾀하기 위해 현장원의 공사계획 · 협의 · 연락조정 및 일반사무를 보는 장소이며, 대개 공사부지 안이나 그 주변에 설치한다. 크기는 공사의 규모에 따라 계획되는 현장원의 인원수, 설계감리사무소, 협력회사 구성 등 수용 규모에 맞게 가장 효율적인 곳에 배치하도록 한다. 사무소에는 필요에 따라 상하수도, 전기, 비품, 통신설비 등을 준비한다. 사무소의 개설 또는 철거시에는 각각 필요한 행정수속이 필요하다.

관리 2 착공시 관공서 관련 수속은 기한 내에 이루어졌는가?

p. 44 관리 2

계약부터 착공까지의 기간은 현장사무소의 직원 선정이 늦어져 각종 수속이 지체되기 쉽다. 허가가 날 때까지 상당 일수를 요하는 것도 있으므로 법령에 따라 요구되는 사항들을 공정에 맞게 처리해나가도록 한다.

① 연도굴삭신청 – 도로법

도로구조에 손해를 미치거나 또는 교통에 위험을 줄 우려가 있는 것으로 인정되는 연도구역의 토지, 나무 또는 공작물(1.5m 이상의 굴삭).

신고처 : 관할관청도로과(굴삭하기 1개월 전)

② 자비공사신청 – 도로법

공사용 차량 등의 출입을 위해 공사부지에 출입구를 두는 경우 보도의 통행, 가드레일, 가로수의 일시제거 등이 발생한다. 이러한 공사를 할 경우에는 도로관리자 · 경찰에 신고를 해야 하며 공사비는 신청자가 부담한다.

제출처 : 관할관청도로과 · 환경과(착공으로부터 최소한 1개월 전)

관리 3 식전 준비는 잘 되었는가?

식전의 내용확인(예)

항목	내 용
개요	① 식전은 공사의 무사성취를 축원하는 일종의 의식이다. ② 주최자는 건축주이며, 도급자는 식장의 준비, 진행을 담당하는 것이 통례이다.
식전	① 개기식 : 터를 닦는 의식으로 대지정지공사 전에 행한다. ② 기공식 : 공사가 무사히 완성되기를 축원하는 의식 ③ 정초식 : 기초공사 완료시 건물의 안전을 기원하는 의식 ④ 상량식 : 지붕의 대들보를 올릴 때 행하는 의식 ⑤ 준공식 : 준공된 건축물의 안전과 건축주의 번영을 기원하고 축조시 피로를 풀고 기쁨을 나누는 의식

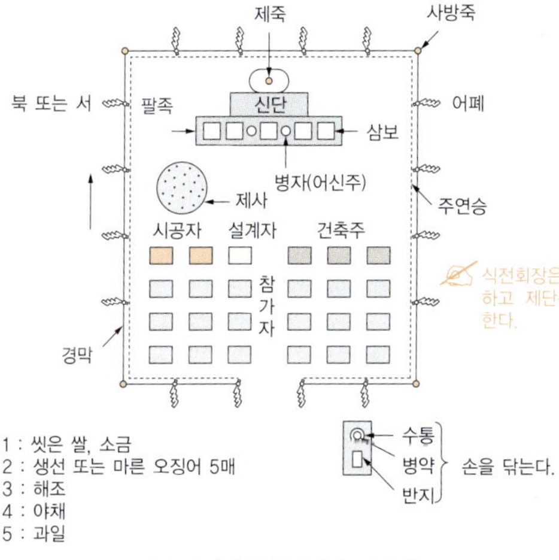

식전회장은 공사부지 중앙에 마련하고 제단은 남향 또는 동향으로 한다.

일본의 식전회장(지진제 배치예)

❖ 현장관리 포인트

☞ 가설울타리의 높이는 통상 지반 위 1.8~6m 이상으로 하는데, 재료적치장의 가설울타리나 주요도로에 면하지 않고 안전상 지장이 없거나 시방서에 정한 바가 없을 때에는 1.8m 이상으로 하는 경우가 많다.

☞ 계약에서 착공까지의 기간 동안 관공서 등에 각종 신청수속이 지연되지 않도록 공정에 맞춰 신속하게 처리하도록 할 것.

5장 가설공사

1 사전조사

관리 1 부지측량은 했는가?

공사에 앞서 발주자, 설계자, 인접지 소유자 및 공사감리자 입회하에 부지의 경계, 부지의 형상과 면적을 확인한다. 또한 공공 부지에 인접한 경우 또는 부지내 계획도로가 있는 경우는 관할관청의 담당자를 입회시킨다.

관리 2 부지의 지반조사는 했는가?

지반조사는 기초설계뿐만 아니라 굴삭에 따른 굴삭법면의 안정성, 흙막이벽에 작용하는 토압 · 수압 등의 산정, 시공 중장비의 안정성 등의 계획에 필요하다.

p. 48 관리 1 관리 2
p. 258 토질주상도

지하수위는 토질주상도와 다른 경우가 있으므로 준비기간 중에 시굴을 하여 확인해 둘 것.

또한 토양오염 유무를 확인하는 것도 중요하다. 오염시 비용부담은 토지소유자지만 오염원인자가 밝혀지면 원인자가 부담하는데, 공사공정에 막대한 영향이 미치는 것을 피할 수 없기 때문에 토양오염에 관해서는 토지소유자와 사전에 충분한 조정을 해야 한다.

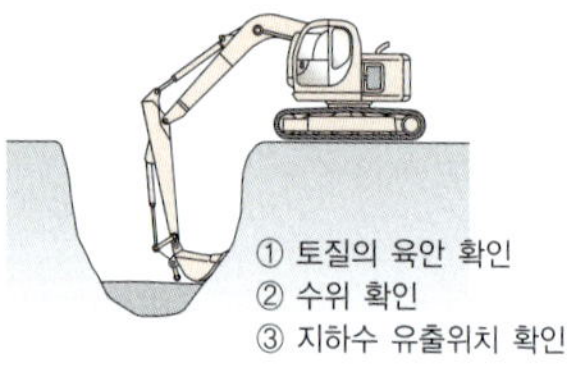

시굴에 의한 확인항목

관리 3 지상 · 지중 장해 조사는 했는가?

굴삭으로 인해 매설물에 손상을 가하는 일이 없도록 기존 건축물의 기록과 도면뿐만 아니라 과거의 토지이용 이력까지 조사하여 현장부지 내의 매설물을 확인해 둘 것.

p. 48 관리 1 관리 2
p. 258 토질주상도

증개축을 반복했던 공장이나 병원 등의 공사는 특히 주의가 필요!

지상의 장해물을 조사할 때에는 공사차량의 동선을 고려하여 가공전선의 유무와 그 높이를 확인한다. 또한 현장까지의 기자재 수송경로가 되는 도로상황의 높이제한이 있는 터널이나 교량 등이 없는지도 확인한다.

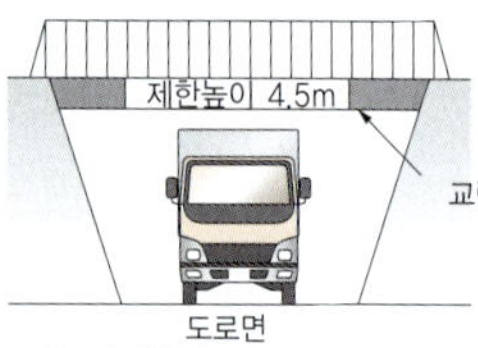

높이제한이 있는 수송경로

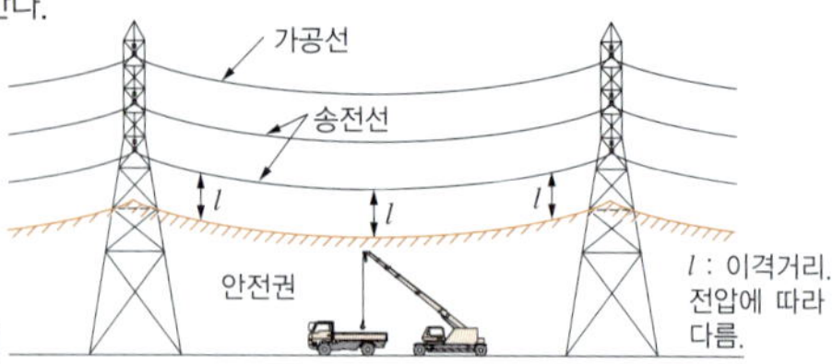

가공선에 대한 이격거리

관리 4 공사장 주변에 미치는 영향조사, 검토는 했는가?

p.16 관리 3
p.17 관리 4
p.48 관리 1
p.254 아스베스토스

1. 소음 · 진동

소음에 관련된 특정건설작업 규제에 관한 기준, 진동에 관련된 특정건설작업 규제에 관한 기준

2. 대기오염

석면장해예방규제, 대기오염방지법 외

3. 수질오염

현장 주변에 우물, 수전, 하천 등이 있는 경우는 충분한 대책을 강구할 것.

4. 지반침하 · 지반변형

지반침하나 지반변형이 예상되는 경우는 지하수위를 저하시키지 않는 배수공법 채용을 검토할 것.

관리 5 근린협정 내용을 확인했는가?

공사장에서 근린설명회 등을 통하여 현장 주변의 차량통행에 관한 시간규제나 작업일정 · 작업시간이 정해진 경우가 있다. 시공계획 작성은 이러한 근린협정 내용을 충분히 파악한 다음 입안한다.

관리 6 산업폐기물은 매니페스토를 교부하여 적정하게 처리하고 있는가?

건설공사에서 발생하는 폐기물 처리는 폐기물 중간처리업자에게 위탁하는 것 외에는 건설공사의 현장대리인이 책임을 맡는다. 매니페스토를 바르게 이용하여 건설폐기물을 관리해야 한다.

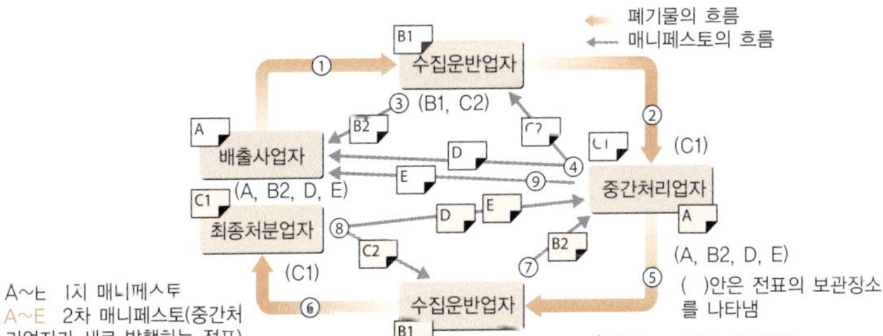

매니페스토진표의 흐름

❖ 현장관리 포인트

- ☞ 공사의 영향으로 근린 건물 등에 손상을 줄 우려가 있는 곳은 착공 전에 근린주민 입회하에 사진을 찍어둔다.
- ☞ 근린건축물의 균열의 크기나 창호의 뒤틀림 상황 등을 측정하여 기록해 둘 것.
- ☞ 매니페스토 제도는 배출사업자가 수집운반자나 처분업자에게 위탁한 산업폐기물처리의 흐름을 스스로 관리하고 적정처리 여부를 확인하는 것을 목적으로 한다. 폐기물 위탁시 폐기물 간이 인계서를 필히 작성하여 폐기물 발생 종료일로부터 3년간 보관해야 한다.

2 공통가설

관리 1 관계법령에 따른 가설울타리가 설치되어 있는가?

p.18
관리 1

가설울타리는 공사 현장과 외부와의 격리, 도난 방지, 통행인의 안전, 인접물 보호 등을 위해 설치하는 것으로 가설울타리의 높이와 표시판의 설치 등에 대해서는 법률로 정해져 있다.

8m이상 도로변이나 5층 이상 또는 3,300㎡ 이상 건축물에 접할 때 철재 가설울타리의 설치가 규정되어 있다.

공사현장에 표시해야 하는 항목과 관계법령

표시항목	관계법령
건설업 면허 허가 표시	건설업법 표식의 게시, 건설업 면허수첩, 납세완납증명서, 사업자등록증
건축허가 표시판	건축허가 : 건축업 제8조, 제9조 착공신고 등 : 건축법 제16조 1항
건축기술자 현장배치	건설산업기본법 제40조, 시행령 제35조
도로점용 허가	도로법 제40조
접도구역 안에서의 건축물, 공작물의 설치 허가	도로법 제50조 제5항
기타 현장 준비서류	현장기구 조직표, 품질시험계획서, 비산분진신고 필증, 특정공사 사전신고 필증, 안전계획서, 산재보험관계 성립표, 건설폐기물처리 계획서 등

관리 2 가설건물 등이 기능적으로 배치되어 있는가?

p.44
관리 2

가설건물에는 가설사무소, 작업원 휴게실, 직공숙사, 위생시설, 재료보관시설 등이 있으며 이들은 공사가 완료되면 철거하기 때문에 가급적 간결하고 기능성을 고려한 건물이 되도록 한다. 가설건물을 설치하는 경우에는 관할관청에 신고가 필요하며 건설공사보험 적용 제외대상이어서 화재보험 등을 계약할 필요가 있다.

철골이나 철근처럼 대형 · 대량의 자재는 직접 흙에 접하지 않도록 설비하고 비에 맞지 않도록 덮개로 보호한다. 또한 물이나 온기를 피해야 하는 재료나 방화상 위험한 것을 저장할 때에는 독립된 창고로서 방화 또는 불연구조로 설치할 것.

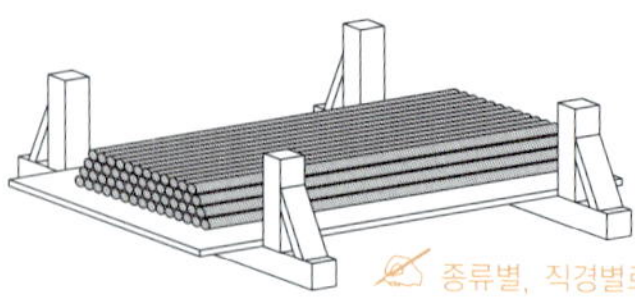

종류별, 직경별로 정리한다.

철근의 보관(예)

관리 3 가설도로는 사용목적에 맞는 사양으로 되어 있는가?

p.33 관리 2
p.34 관리 1
p.35 관리 2

다수의 공사에 공통으로 사용되는 가설도로는 설치기간이 길기 때문에 공사기간 동안 잘 사용할 수 있도록 전압, 표층처리를 한다. 또한 사용목적과 사용빈도 · 보행빈도 등을 감안한 사양이 되도록 한다

가설도로의 사양(주행차량의 중량에 따름)

차량 · 기계		사 양
트럭	중량 8t 미만	· 전압, 자갈깔기, 로드매트 깔기, 콘크리트치기 등 통행빈도에 따라 정한다.
	중량 8t 이상	· 로드매트깔기, 콘크리트치기(통행빈도가 적을 때에는 위치를 한정하여 마무리해도 됨)
트랙터		· 통행빈도는 적으므로 전압, 철판깔기 등 전용이 용이한 사양이 바람직하다 · 통행빈도가 많거나 사용기간이 길 때에는 로드매트깔기, 콘크리트치기 등의 사양으로 한다.
덤프트럭		· 건설예정 건물 내 지반을 주행할 때에는 단기간에 철거되기 때문에 전압, 표층처리 정도로 하거나 전용이 용이한 철판깔기로 한다. · 건물 외측에서는 다른 공사와 병용하게 되어 사용기간이 길어지는 경우도 고려해야 하므로 로드매트 깔기, 콘크리트치기(두께 150mm) 등으로 한다.
레미콘차		· 주행로는 로드매트깔기, 콘크리트치기(두께 150mm) 등으로 한다. · 건설예정 건물 내 지반의 주행로는 나중에 굴삭공사에서 철거하기 쉽도록 전압, 표층처리나 전용이 용이한 철판깔기로 한다.
트럭크레인		· 주행로는 전압, 자갈깔기로 한다. · 작업공간은 아웃리거의 침하를 방지하기 위해 콘크리트치기나 철판깔기로 한다.
크롤러크레인		· 전압, 자갈깔기로 하고 작업공간에서는 부분적으로 로드매트 등 강재를 사용한다.

❖ 현장관리 포인트

☞ 대형공사 등에 사용하는 크롤러크레인의 자갈깔기 주행로는 장기간에 걸쳐 큰 접지압을 요하기 때문에 공사기간 중에 주행로 전체가 서서히 침하한다. 계획 당초부터 자갈깔기 추가를 고려해 둘 것.

☞ 가설도로를 계획할 때에는 기능적인 동선계획을 검토하는 것 뿐만 아니라 외장공사의 마감레벨을 고려하여 가설도로의 설치레벨을 미리 설정할 것.

3 가설전기

관리 1 현장 주변의 전력설비 상황을 확인했는가?

가설전기계획은 다음과 같은 순서로 실시한다.

현지조사 → 전력공정표(수전용량 · 방식) 작성 → 수전계약과 신청수속 → 공사용 전기설비의 배치계획(변전소, 구내간선 등)

① 현지조사

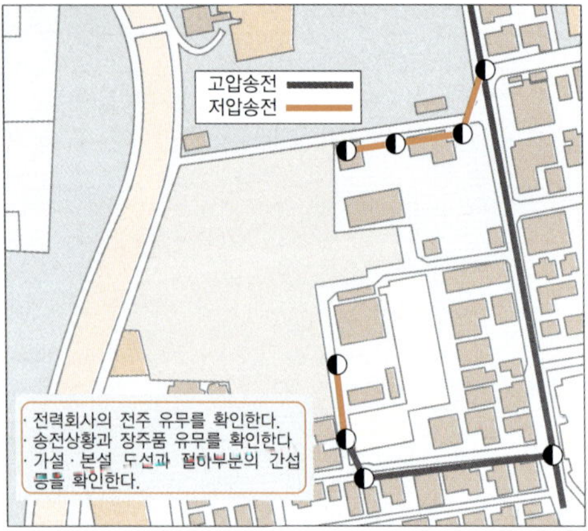

주변 전력설비의 상황 확인

② 전력공정표 작성

전력공정표를 작성하고 부하 피크시의 시간 · 용량을 예측하여 수전설비용량을 결정한다.

부하용량에는 수중펌프, 용접기, 가설양중기, 세륜기, 가설조명, 엘리베이터 시운전, 현장사무소, 에어컨 등이 있으므로 잊지 말고 체크할 것.

③ 수전계약과 신청수속

수전계약의 종류와 신청기간

계약종별	계약용량	계약기간	인입방법	신청기간
저압전력	100kW 미만	1년 미만	가 공	수전 30일 전
			지 중	수전 40일 전
		1년 이상	가 공	수전 30일 전
			지 중	수전 3~6개월 전
고압전력	100kW 이상	1년 미만	가 공	수전 30일 전
			지 중	수전 30일 전
		1년 이상	가 공	수전 30일 전
			지 중	수전 40일 전

진한 테두리선으로 처리된 부분 : 지중 인입의 경우 조기에 신청해야 하고 1년 이상의 계약 확보가 필요

계약종별(저압 · 고압), 계약용량, 계약기간, 인입방법(가공 · 지중)에 따라 신청기간과 인입공사비가 다르므로 사전에 잘 검토할 것.

관리 2 공사용 전기설비의 배치계획은 적절한가?

p.212 관리 2

① 공사용 전기설비의 배치계획 : 현장 내의 인입은 가공 또는 지중을 검토함과 동시에 큐비클 배치계획을 한다.

② 옥외간선의 배치계획 : 옥외의 동력선은 각각의 용량을 커버할 수 있도록 별도로 배선하고 케이블행거, 브래킷 등으로 지지를 한다. 게이트 부분 등 차량이 출입하는 부분은 에플렉스관 등으로 지중매설하여 케이블로 통선한다.

③ 옥내간선의 배치계획 : 옥내간선은 케이블행거, 케이블랙 등으로 지지한다. 배선 루트는 교체나 증설 등이 발생하지 않도록 계획한다. 간선에 사용되는 전선은 보통 SV케이블이나 비닐절연전선을 사용한다.

④ 분전반 배치계획 : 분전반 배치시 교체나 증설이 발생하지 않도록 계획하고 난간이나 전용 가대로 고정한다. 층별 분전반은 2~4층 단위로 하고 누전차단기를 설치한다.

⑤ 조명 배치계획 : 매입 조명은 동선, 승강시설, 휴게소 등의 공용시설에 주로 배치하며 보안작업 조명으로도 계획한다. 조도는 정밀작업 300lux 이상, 보통작업 150lux 이상, 기타 작업 75lux 이상이 적합하다.

관리 3 공사용 가설전기의 일상점검은 하고 있는가?

① 일상점검 : 일상점검은 전기사고나 재해를 미연에 방지하는 데 가장 중요한 활동이다. 전기공작물 일상점검 체크리스트를 작성하여 현장 내를 순회 · 점검한다.

② 저압 전기공작물의 정기점검과 점검기록 작성 : 관리대상이 되는 것은 분전반, 간선, 매입케이블, 양중기 등

③ 매입 전기기기의 정기점검과 점검기록 작성 : 매입 기기에 대해 대수, 용량, 전압, 사용기간 등에 관한 의논을 한다.

④ 본수전 전원 이용시의 관리 : 일반적으로 공사가 준공되기 몇 개월 전에 건축물 본수전을 공사에 이용할 때에는 누전차단기가 부착된 브레이커(ELB)를 사용하여 정전파급사고를 방지해야 한다. 또한 사용 전에 건축주(전기주임기술자)측과 협의 · 승인이 필요하다.

❖ 현장관리 포인트

☞ 계약종별, 계약용량, 계약기간, 인입방법에 따라 신청기간이나 인입공사비가 다르므로 사전에 잘 검토해야 한다.

☞ 분전반, 간선 등은 공사중에 교체 · 증설을 발생시키지 않도록 계획할 것.

☞ 공사 준공 전에 본수전을 이용하는 경우는 가설측에 누전차단기가 부착되어 있는 브레이커(ELB)를 사용해 정전파급사고를 방지해야 한다. 또한 본수전측 브레이커에 파급되지 않도록 용량, 작동전류, 작동시간을 조사하여 가설측 브레이커가 빨리 작동하도록 할 것.

4 비계 (1)

관리 1 비계는 견고하게 설치되어 있는가?

① 난간선행공법

노무자가 비계발판에 올라가기 전에 해당 작업발판의 끝이 되는 곳에 적절한 난간을 먼저 설치하는 공법. 제거할 때에는 해당 판 끝의 난간을 남기고 해체한다.

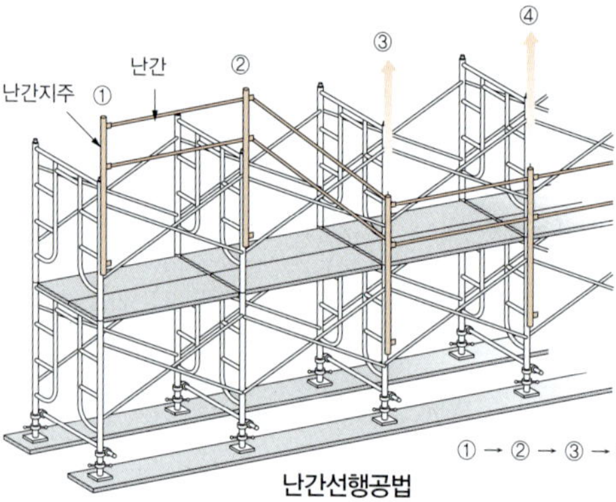

난간선행공법

② 가설기자재 선정

가설 비계에 사용되는 부재 및 부속철물은 KS규격품이나 산업안전보건법규에 의한 성능검정품을 사용한다.

③ 각 비계에 대한 적재하중 한도

각 비계에 대한 적재하중 한도

비계의 종류		적재하중(kN(kg))
		1스팬당
표준틀조립비계(일본)	선틀 폭 1,200mm	4.90(500)
	선틀 폭 900mm	3.92(400)
강관 틀비계(한국)		3.92(400)
강관 비계(한국)		3.92(400)
달비계(일본)		편측 1.96(200)

④ 풍하중 산출

풍하중은 '개정 풍하중에 대한 비계의 안전기술지침'(가설공업회)을 바탕으로 산출한다.

⑤ 비계부재의 강도

비계부재는 허용치 이내에서 계획한다.

바닥부착 틀의 허용적재하중

틀폭	허용적재하중
240mm	1.18kN(120kg)
300mm	1.47kN(150kg)
500mm	2.45kN(250kg)

긴결철물의 허용저항력

긴결철물의 종류	허용인장력	허용압축력
직교형 클램프	4.90kN	
자재형 클램프	3.43kN	

체인의 허용인장력

사용방법	허용인장력
1개 다는 경우	2.35kN
루프를 다는 경우	4.21kN

벽 이음용 철물의 허용지지력

허용인장력	허용압축력
4.41kN	

선틀의 허용지지력

표준틀		간이틀	확폭 틀 협폭 틀
높이 1,800mm 이하	높이 1,800mm 초과 2,000mm 이하		
42.6kN	39.2kN	34.3kN	29.4kN

잭형 베이스철물의 올림길이에 따른 선틀의 허용지지력

선틀의 종류 올림길이(mm)	표준틀		간이틀
	높이 1.800mm 이하	높이 1,800mm 초과 2,000mm 이하	
200 이하	42.6kN	39.2kN	34.3kN
200 초과 250 이하	40.6kN	37.2kN	32.8kN
250 초과 300 이하	38.7kN	35.7kN	31.3kN
300 초과 350 이하	37.2kN	34.3kN	29.8kN

⑥ 비계 각부의 움직임 및 침하방지 조치

비계 각부에는 베이스철물을 사용하여 밑둥잡이를 설치하는데, 깔판 등에 베이스철물을 못 등으로 고정한 경우에는 밑둥잡이를 생략할 수 있다.

⑦ 벽 이음 설치간격

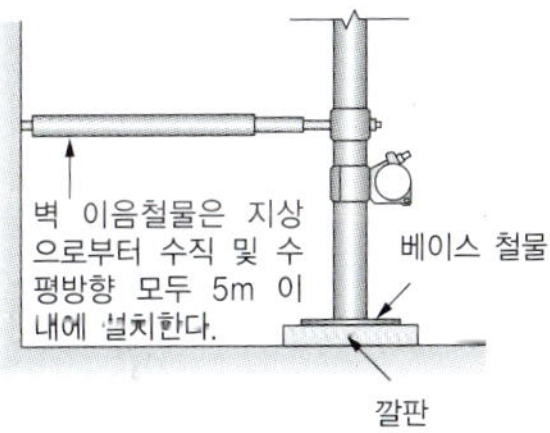

강관비계의 각부 고정

벽 이음 간격(건축공사표준시방서)

비계의 종류	수직방향	수평방향
틴권비계	5m 이하	5m 이하
강관 틀비계	6m 이하	8m 이하

❖ 현장관리 포인트

☞ 직교 클램프나 자재 클램프 모두 가설자재 인정기준에서는 9.8kN이며 10mm까지의 움직임을 허용하고 있다. 사용 시에는 약간의 움직임을 염두에 두고 계획할 것.

☞ 가설부재 및 부속철물은 KS 규격에 적합한 것이나 산업안전보건 법규에 의한 성능 검정품을 사용한다.

☞ 가설재료는 반복해서 사용되는 자재이기 때문에 손상이나 변형이 있는지 항상 잘 확인하고 사용할 것.

5 비계 (2)

관리 1 강관 틀비계는 안전하게 설치되어 있는가?

p.26 관리 1

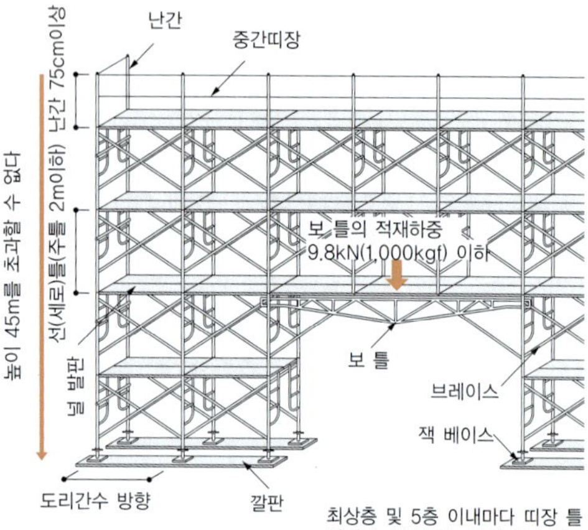

최상층 및 5층 이내마다 띠장 틀 등의 수평재를 설치한다. 간이 틀비계는 각층, 각 스팬에 수평재를 설치한다.

✍ 세로 틀을 수직방향 6m, 수평방향 8m 내외의 간격으로 구조체에 견고하게 긴결한다.

강관 틀조립비계

관리 2 강관 비계는 안전하게 설치되어 있는가?

p.26 관리 1

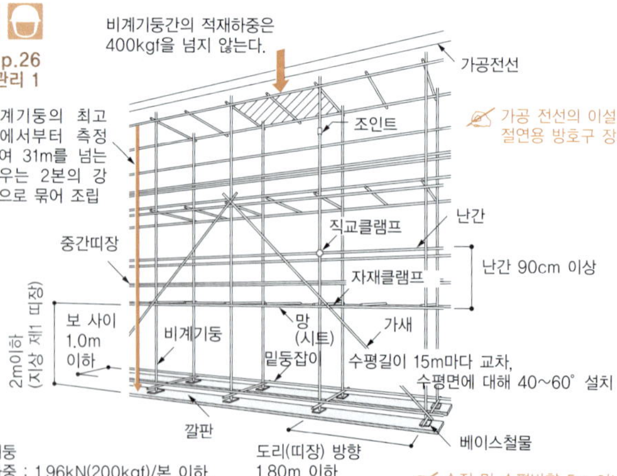

✍ 가공 전선의 이설, 또는 절연용 방호구 장치

비계기둥
적재하중 : 1.96kN(200kgf)/본 이하,
허용지지력 : 6.86kN(700kgf)/본 이하

도리(띠장) 방향
1.80m 이하

✍ 수직 및 수평방향 5m 이내의 간격으로 구조체에 견고하게 긴결

강관 비계

관리 3 브래킷이 부착된 외줄비계는 안전하게 설치되어 있는가?

p. 26 관리 1

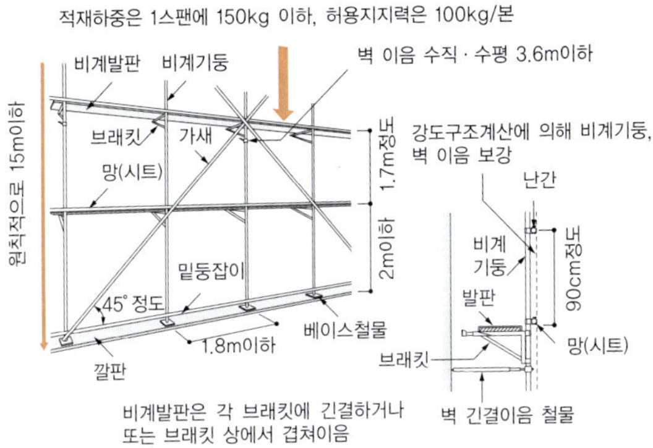

브래킷이 부착된 외줄비계

관리 4 쐐기긴결식 비계는 안전하게 설치되어 있는가?

p. 26 관리 1

① 비계용 강관 및 긴결철물을 사용한 도리방향의 가새(큰 가새)는 전층 전 스팬에 걸쳐 8층 8스팬마다 2방향으로 교차설치하고, 그 기울기는 수편에 대해 약 45° 로 각 지주에 긴결한다.

② 보 틀을 사용한 개구부의 크기는 폭 3스팬 이하, 높이 3층 이하로 한다.

③ 보 틀을 설치한 지주의 양끝 지지부위에는 벽 연결이늠을 설치한다.

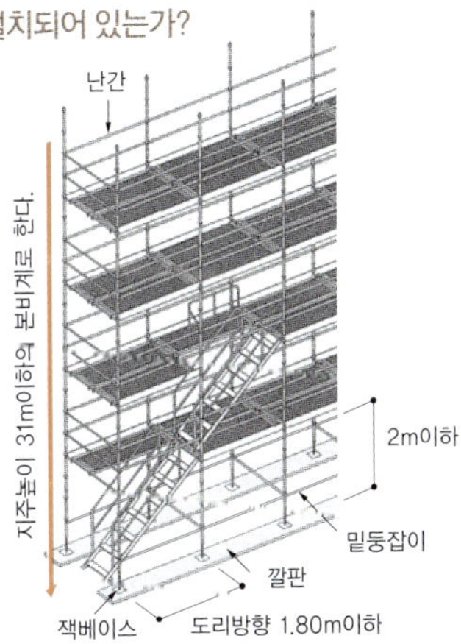

쐐기긴결식 비계

❖ 현장관리 포인트

- ☞ 달비계의 경우를 제외하고 비계발판 폭은 40cm 이상, 틈은 3cm 이하로 한다.
- ☞ 추락의 우려가 있는 곳에는 높이 75cm 이상의 난간을 설치한다. 설치가 어려운 경우에는 작업발판 아래나 옆쪽에 네트를 대고 안전대를 사용하는 등 추락이나 물건의 낙하방지 조치를 강구했을 때에는 난간을 떼어낼 수 있다.
- ☞ 비계의 구조 및 재료에 따라 작업대의 최대적재하중을 정한다.

6 비계 (3)

관리 1 달비계는 안전하게 설치되어 있는가?

p.26 관리 1

① 체인 및 체인용 클램프를 사용해 구체의 철골 등에서 1개 달기 또는 루프 달기로 한다.

② 달도리의 간격은 1.5~1.8m 정도로 한다.

③ 장선의 간격은 1.5~1.8m 정도로 한다.

④ 달도리, 장선의 외부 돌출은 1.0m 정도로 한다.

⑤ 달비계의 바깥둘레와 개구부에는 추락방지 난간을 설치한다.

⑥ 달대에는 철골기둥 등에 흔들림 방지를 설치한다.

달비계 다는 방법

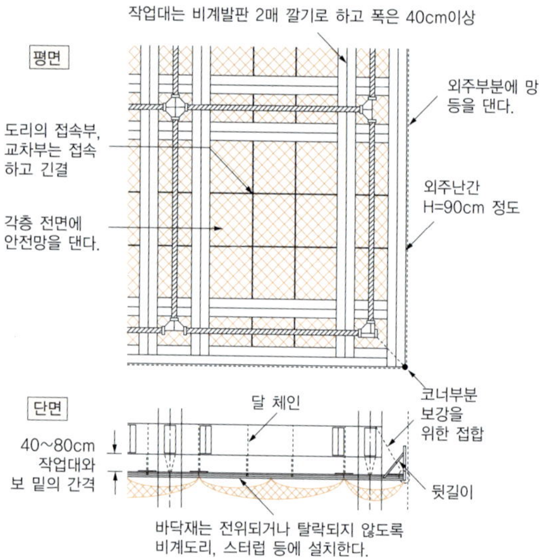

달비계의 설치(예)

관리 2 선반비계는 안전하게 설치되어 있는가?

p.26 관리 1

① 작업대를 지지하는 지주군의 구성기준은 강관 틀비계, 단관비계에 준한다.

② 작업대 주위에는 높이 900mm 이상의 튼튼한 난간, 중간띠장 및 높이 100mm 이상의 걸레받이를 설치한다.

③ 지주군은 틀조립식의 경우 5층 4스팬 이내로 하며, 단관식은 3층 3스팬 이내마다 수평, 수직 2방향에 수평이음, 경사재 등을 설치하여 일체화한다.

관리 3 이동식 비계는 안전하게 설치되어 있는가?

① '이동식 비계의 안전기준에 관한 기술상의 지침'(후생노동성)에 준한 것으로 한다.

② 일단에서 사용하는 경우라도 작업대 주위에는 높이 900mm 이상의 난간, 중간띠장 및 높이 100mm 이상의 걸레받이를 설치한다.

③ 이동할 때 외에는 바퀴에 브레이크를 채워 둔다.

④ 작업자를 태운 상태로는 절대 이동하지 않도록 한다.

⑤ 작업대에서는 접사다리를 사용하지 않는다.

이동식 비계(롤링 타워)

관리 4 3점지지 작업대는 안전하게 설치되어 있는가?

폭 20cm 이상, 두께 3.5cm 이상, 길이 3.6m 이상의 판을 사용해 작업대를 이동시키면서 사용할 때에는 다음 그림과 같이 한다.

비계발판을 2매 겹쳐서 사용할 경우에는 2점지지 이상으로 한다. 비계발판(4m)은 3점지지

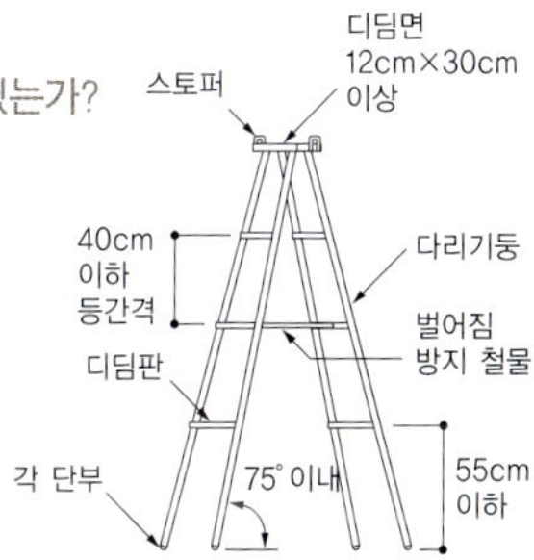

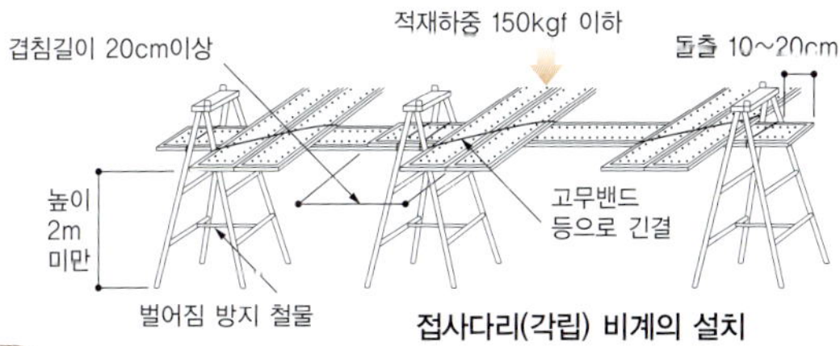

접사다리(각립) 비계의 설치

❖ 현장관리 포인트

☞ 달비계에서는 버팀파이프, 굴림파이프 등의 접속부와 교차부에 철선, 이음철물 또는 클램프 등으로 확실하게 접속하여 긴결할 것.

☞ 선반비계의 경우 지주는 미끄럼이나 침하를 방지하기 위한 밑둥잡이, 깔판 등을 사용한다. 또한 작업대의 틈은 3cm 이하로 할 것.

☞ 재해방지상 이동식 비계에는 승강계단을 설치하는 것이 바람직하다.

☞ 접사다리 비계는 비계발판과 비계발판과의 겹침을 20cm 이상으로 하고 단부의 돌출은 10~20cm로 한다.

7 짐받이 가대 · 반입 가대

관리 1 짐받이 가대의 구조계산에서 제반조건을 고려하였는가?

짐받이 가대의 구조계산에서는 자중 · 적재하중 · 시공시 하중 · 적설하중 등의 수직하중과 풍압력 · 지진력 · 양중기계의 수평하중 등을 고려한다.

① 적재하중은 다음의 식으로 한다.

$$P = (1+0.05A)P_0$$

P : 짐받이 가대의 적재하중　　A : 짐받이 가대의 면적

P_0 : 양중기의 허용적재하중

② 작업하중은 자중과 적재하중 합계의 10%로 한다.

③ 짐받이 가대로의 적재하중 치우침은 가대 전체 스팬의 60%에 걸쳐 분포하는 것으로 가정한다.

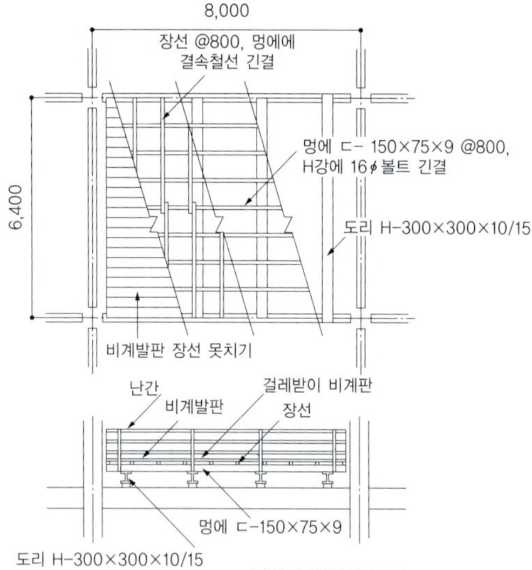

정치식 짐받이 가대

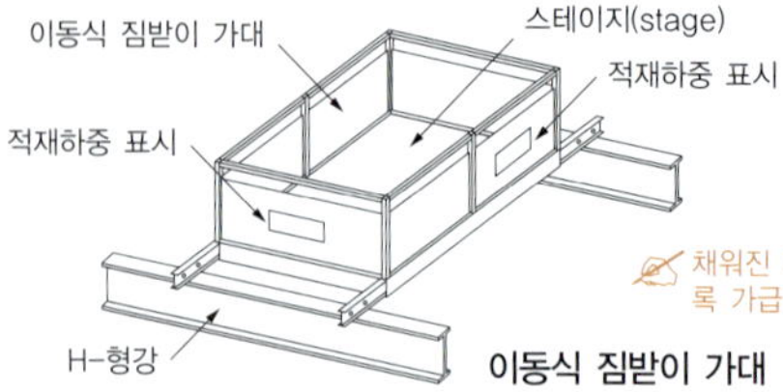

이동식 짐받이 가대

✍ 채워진 재료가 체류하지 않도록 가급적 신속하게 처리할 것.

관리 2 반입(주행)가대는 적절한 규모로 배치되어 있는가?

p.63
관리 3

① 반입가대의 규모는 일반적으로 굴삭면적의 30% 정도인데 시가지 공사에서는 주차공간 부족 때문에 면적이 증가되는 경향을 보이며, 초고층빌딩 공사에서는 굴삭면적의 40~45%에 미치는 경우도 있다.

② 반입가대 아래에서 조립 · 해체를 하는 경우 버팀대의 수를 가급적 적게 한다.

③ 지하에 철골이 있을 때에는 반입가대의 위치와 철골기둥의 위치가 겹쳐지지 않도록 하고 반입가대 하부의 철골보 설치작업도 적게 한다.

④ 반입가대의 폭은 반입하는 차량이나 공사용 기계의 크기, 가대상에서 이루어지는 작업상황, 차량의 주행빈도 등을 고려하여 정한다.

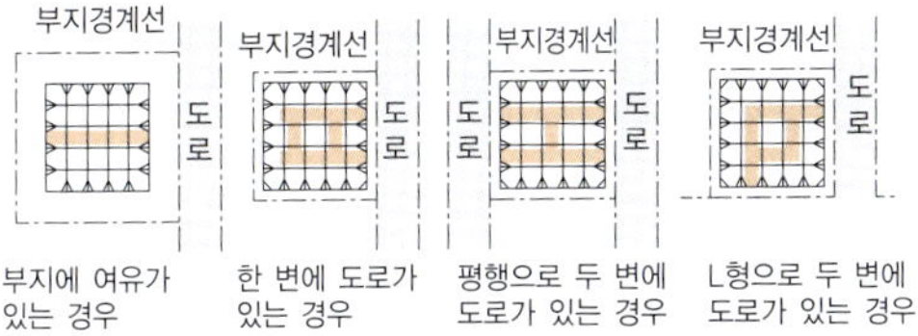

반입가대의 배치와 폭의 배치를 고려하는 방법

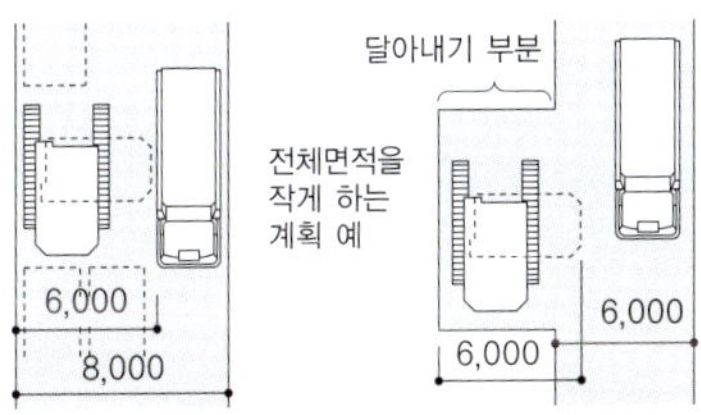

8m 폭의 반입가대 계획 **클램쉘의 작업위치 고정**

관리 3 반입가대의 반입은 원활하게 이루어지고 있는가?

① 반입가대 멍에 아래의 바닥 고르기 작업을 할 수 있도록 멍에 하단을 바닥 상단보다 200~300mm 정도 위에 설정한다.

② 반입 슬로프의 구배는 공사용 기계나 차량 출입에 지장을 주지 않도록 통상 1/10~1/6 정도로 한다.

❖ 현장관리 포인트

☞ 굴삭이 진행됨에 따라 접합부 등은 반복하중에 의해 느슨함이 생길 우려가 있으므로 평소 점검을 게을리 하지 말 것. 이상이 발견되었을 경우에는 적절한 보강조치를 취할 것.

☞ 도리재는 변형이 수직방향의 흔들림이 되어 작업에 지장을 초래하는 경우가 있으므로 강도 검토 외에 변형량 검토도 겸한다.

☞ 반입가대의 지지기둥은 예상보다 과대한 적재하중에 의해 침하하는 경우가 있으므로 적재하중 관리 외에 침하계측도 병행할 것.

8 공사용 기계 · 양중기

관리 1 이동식 크레인의 배치계획은 적절한가?

기종 선정 · 배치계획의 순서에 따라 계획한다. 접지압과 지지지반의 검토 및 바람에 대한 대책도 고려할 필요가 있다.

이동식 크레인을 선정함에 있어서는 고려해야 할 사항이 매우 많으며, 각 케이스에 따라 조건도 다르다. 기본적으로는 건축물의 개요, 공기, 입지조건, 양중자재의 종류, 경제성 등을 고려하여 선정한다.

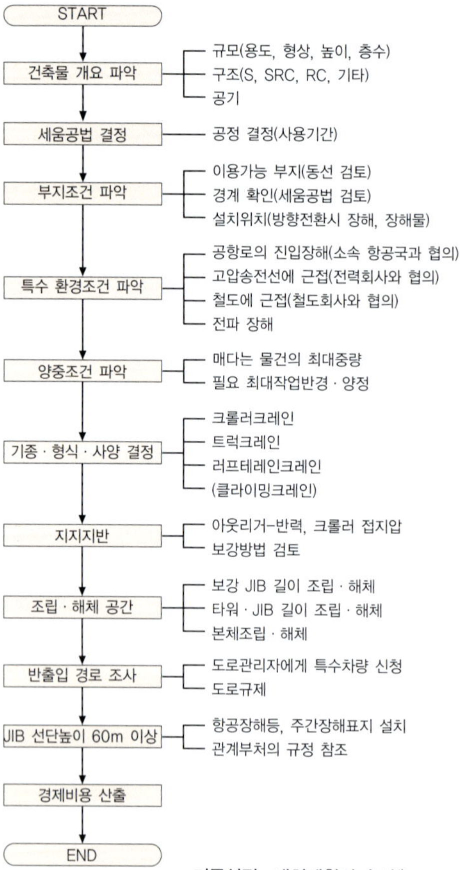

기종선정 · 배치계획의 순서[1)]

관리 2 정치식 양중기계의 배치계획은 적절한가?

이동식 크레인과 동일하게 기종 선정 · 배치계획 등 순서에 따라 계획한다.

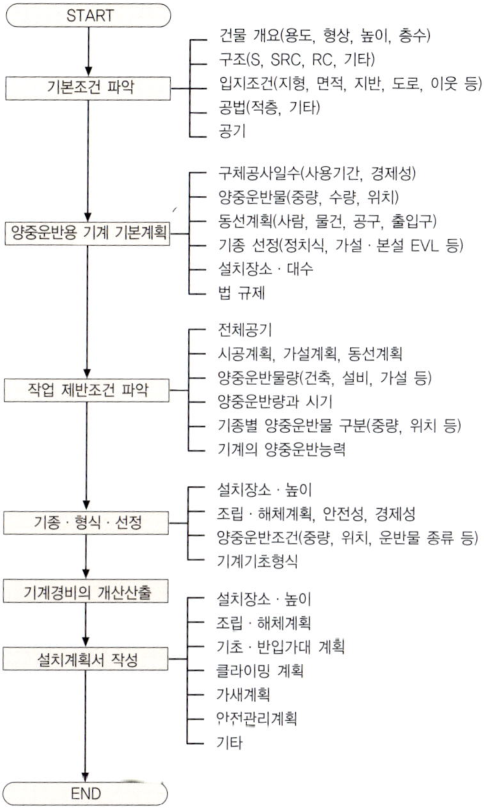

기종선정 · 배치계획의 순서[2)]

❖ 현장관리 포인트

☞ 건축공사에 사용하는 공사용 기계는 구조규격에 대한 각종 관계법령으로 규정된 기계를 사용하고, '크레인구조 등 안전규칙' 등의 관계법령에 따라 설치, 사용할 것.

☞ 송전선 · 배전선 등과 같은 접근작업은 해당 작업에 종사하는 노무자의 감전사고나 송배전선류의 절단에 의한 정전사고를 방지하기 위해 법령 등으로 규정되어 있다.

☞ 정치식 양중기계는 정기점검, 폭풍후 등의 점검이 의무화되어 있다.

1 말뚝공법 선정

관리 1 제반조건에 적합한 말뚝공법을 선정하였는가?

말뚝공사는 착수 전에 재료, 공법, 안전계획, 주변대책 등을 구체적으로 기술한 시공계획서를 작성하여 관리하고 시공기록을 남기는 것이 중요하다.

공법의 특성(현장치기 콘크리트말뚝)

구분		어스드릴	리버스	올케이싱
말뚝지름(m)		0.7~3.0	0.8~4.0	1.0, 1.1, 1.2, 1.3, 1.5, 1.8, 2.0
굴삭방식		회전버킷	회전비트	해머그래브
공벽지지		안정액	니수수두압	케이싱튜브
굴삭능력		50m 정도(기종과 구멍지름에 따라 다름)	70m 정도(기종과 구멍지름에 따라 다름)	40m 정도(기종과 구멍지름에 따라 다름)
토질조건	점토, 실트	적합	적합	적합
	모래	적합	적합	적합
	자갈, 잔돌	입경 10cm 이하	롯드내 지름의 70~80% 이하	가능(적합)
	둥근 돌	부적합	부적합	가능(30~40cm까지)[적합]
	토단	가능	가능	곤란(가능)
장 점		· 저소음, 저진동 · 기계장치가 간단 · 가설이 간단 · 시공속도가 빠름	· 저소음, 저진동 · 일반 자연니수로 공벽 보호가 가능 · 돌 굴삭을 특수피트로 할 수 있음 · 수상시공이 가능	· 케이싱을 사용하기 때문에 공벽 붕괴가 없음 · 확실한 말뚝 단면형태를 확보하기 쉬움 · 잔토처리가 비교적 용이
단 점		· 잔돌(약 10cm 이상)층 굴삭이 곤란 · 안정액 관리가 부적절할 경우 공벽이 붕괴되거나 지지력, 콘크리트강도 저하가 생길 수 있음	· 드릴파이프 지름보다 큰 둥근 돌(약 15cm 이상)층의 굴삭이 곤란 · 수두압과 비중의 니수관리가 불충분하면 공벽 붕괴를 일으킬 수 있음. · 가설이 어려움. · 폐기되는 니수 처리량이 많음	· 지하수위 이하의 가는 모래층이 두꺼울 경우 케이싱 뽑아내기가 어려움. · 말뚝지름에 제약이 있음. · 보일링이나 히빙이 발생하기 쉬움. · 철근바구니가 올라오는 경우가 있음

관리 2 기성콘크리트말뚝의 종류는 확인하였는가?

① 철근콘크리트말뚝-RC말뚝[*1]
② 고강도 프리스트레스트 콘크리트말뚝-PHC말뚝[*2, 3]
③ 외곽강관 부착 콘크리트말뚝-SC말뚝[*1]
④ 철근 또는 평강을 넣은 말뚝-PRC말뚝[*2]
⑤ 확경단면을 가진 고강도 프리스트레스트 콘크리트말뚝-ST말뚝[*2]
⑥ 옹이가 부착된 고강도 프리스트레스트 콘크리트말뚝-마디말뚝[*2]

※1) JIS A 5372에 의해 또는 고시 제1113호에서 정한 품질을 가진 말뚝
2) JIS A 5373에 의해 또는 고시 제1113호에서 정한 품질을 가진 말뚝
3) JIS 강화 PHC말뚝 포함

관리 3 안전대책은 확실한가?

기초공사에서는 시공장비가 전도되는 사고가 일어나기 쉽다. 작업지반은 시공기계가 기울어지거나 넘어지지 않도록 양생해야 한다. 또한 말뚝구멍으로 추락되는 것을 방지하도록 할 것. 특히 현장치기콘크리트말뚝공법은 건설공사가 대형화, 고층화됨에 따라 대구경 시공이 많아지므로 주의가 필요하다.

관리 4 공해대책은 확실한가?

p.16 관리 3
p.21 관리 6

기초공사는 일반적으로 소음 · 진동이 심하여 소음규제법, 진동규제법을 바탕으로 한 특정 건설작업 신고와 주변 환경을 고려한 계획이 필요하다. 또한 말뚝공사에 수반되는 배토 · 폐액 등은 산업폐기물로 규제를 받는 경우가 있으므로 산업폐기물처리법에 따라 적절히 처리해야한다.

관리 5 시험말뚝의 조사항목과 내용을 확인하였는가?

p.38 관리 2 관리 3
p.39 관리 4 관리 5 관리 6
p.258 토질주상도

시험말뚝은 본말뚝의 길이, 지지층 확인, 관리치 · 관리기준치 등을 정하기 위해 타설한다. 본 말뚝과는 별도로 계획하고 위치와 개수는 설계도에 따른다. 다만, 시험말뚝이 말뚝본체 강도에 충분한 여유가 있을 것으로 예상되는 경우는 본 말뚝으로 사용할 수 있다.

현장치기 콘크리트말뚝의 시험말뚝 시공시 조사항목

조사항목		내 용
굴삭관계	시공성 검토	① 굴삭 소요시간/ ② 굴삭토사량/ ③ 굴삭기, 크레인, 니수플랜트, 니수처리장치 등 모든 기계의 조합은 적절한가.
	말뚝의 시공상황 검토	① 시공 정도(굴삭구멍 지름과 공벽붕괴 정노, 어긋남, 경사)/ ② 공내 수위 변동, 공저에서의 보일링 상황 검토(특히 올케이싱의 경우)/ ③ 공저 슬라임의 침적상황(시간–침적량)/ ④ 토질주상도 또는 보일링주상도와 시공깊이, 배출토사와의 대비/ ⑤ 주변지반의 변화/ ⑥ 슬라임 처리방법 · 처리시간
콘크리트치기와 관련	철근바구니 넣기	① 철근바구니의 가공 정도/② 철근바구니 삽입시간, 삽입방법
	콘크리트 치기	① 콘크리트의 배합, 현장품질관리방법/ ② 말뚝 1본당 타설량/ ③ 타설속도, 타설시간/ ④ 콘크리트치기 높이와 트레미관 인발높이 체크/ ⑤ 말뚝머리의 열화콘크리트 처리방법, 여유높이 검토.

❖ 현장관리 포인트

☞ 말뚝의 종류는 현장치기 콘크리트말뚝, 기성콘크리트말뚝, 강관말뚝으로 나뉜다.

☞ 말뚝공사는 적절한 시공방법을 결정하고 시공시의 관리항목, 관리기준을 기술한 시공계획서를 작성하여 관리하고 기록을 남기는 것이 중요하다.

☞ 또한 시공계획서에는 관리기준을 벗어난 경우의 처리방법을 명확하게 기록해 둘 것.

2 현장치기 콘크리트말뚝

관리 1 말뚝심 위치를 알 수 있도록 표시말뚝을 세웠는가?

말뚝심을 표시한 위치는 기계 등의 주행에 의해 이동하는 경우가 있기 때문에 굴삭지름(케이싱지름)에서 떨어진 위치에 표시말뚝을 세운다.

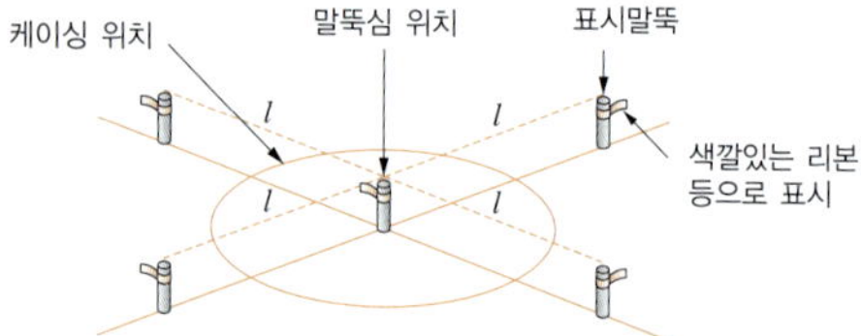

말뚝심 위치와 표시말뚝의 표시방법

관리 2 지지층의 토질은 확인하였는가?

p.258
토질주상도

지지층은 토질주상도나 토질자료, 시험말뚝 굴삭 시에 채취한 토질샘플로 시각·촉각 또는 시험에 의해 판별한다. 지지층 확인시의 굴삭깊이는 기록으로 남기고 소정의 근입깊이까지 굴삭한다.

관리 3 안정액의 성상은 확인하였는가?

안정액은 지반붕괴 방지, 슬라임(굴삭토 등) 침하방지, 양호한 콘크리트와의 치환을 목적으로 사용하는 것이며, 벤토나이트계와 CMC계의 2종류가 있다. 안정액을 주입하기 전에 점성, 비중, pH값, 여과수량 시험을 행하여 성상을 확인한다(아래의 표 참조).

캘리버의 연직 정도를 확인할 것

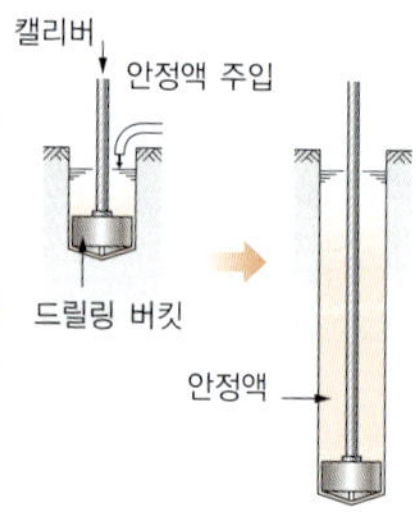

안정액의 관리기준(예)

항목	허용범위		비 고
	하한치	상한치	
점성(초)	필요점성	작액점성의 130%	점성이 필요점성 이하가 되었을 경우에는 새로운 액을 보충하여 크게 한다.
비중	표준비중 0.005	1.2	비중이 적정범위보다 작아졌을 경우에는 벤토나이트를 보충한다.
여과수량(cc) 30분 294kPa	–	20.0 (30.0)*	여과시간이 7.5분인 경우는 이 숫자의 1/2로 한다.
pH	8.0	12.0	조합에 따라 한계치 이상이어도 상관없는 경우가 있다. 이는 점성·여과시험 결과로 판정한다.

※여과수량 허용범위의 ( )내 수치는 CMC계 안정액일 경우

관리 4 케이싱 건입, 캘리버 연직 정도는 확인하였는가?

① 연직정도=1/100 이내. 트랜싯 · 추 등으로 2방향에서 확인한다.

② 수평방향 편심=1/10 또는 10cm 이내

③ 굴삭형상은 초음파 공벽 측정으로 확인한다.

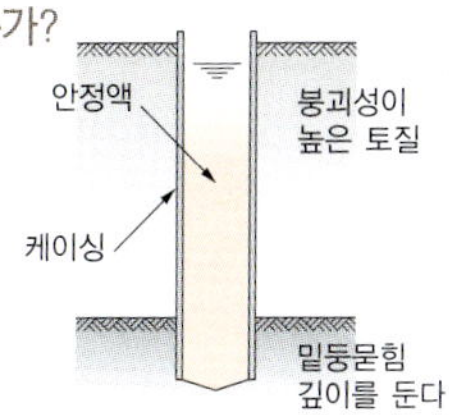

케이싱 건입

관리 5 콘크리트 타설은 적절한가?

① 콘크리트 타설을 시작할 때에는 트레미관 선단을 공저(구멍 밑)에서 20cm 정도 떼어놓는다.

② 콘크리트 분리방지를 위한 프랜저를 투입한다.

③ 콘크리트 타설 중에는 트레미관을 콘크리트 속에 2m 이상 삽입하거나 또는 콘크리트의 유출을 양호하게 하기 위해 삽입길이는 최대 9m 정도로 한다.

④ 타설이 완료되면 콘크리트 상단높이와 철근바구니 내외 모두 확인한다.

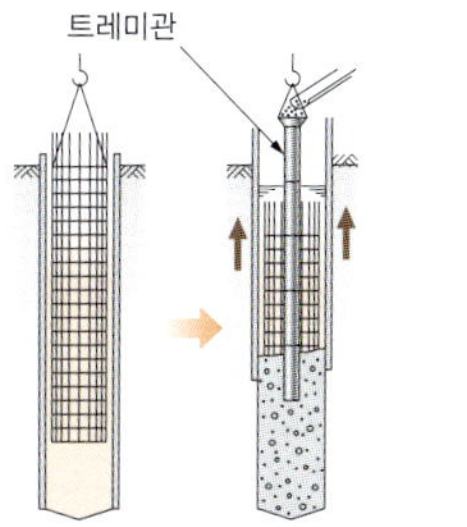

철근 삽입　　콘크리트 타설 후 케이싱 인발

관리 6 여분 콘크리트의 높이는 확인하였는가?

일반적으로 여분은 80~100cm 정도로 설계하는 경우가 많으며, 콘크리트 경화 후 이 여분을 제거(말뚝머리 처리)한다. 이 때 본체에 손상을 주어서는 안 된다.

말뚝머리 주위는 물이나 니수와의 접촉으로 콘크리트 강도가 낮아지기 쉽기 때문에 여분의 콘크리트를 타설하는 것이다.

여분 = 80~100cm
(경화 후에 말뚝머리 처리)

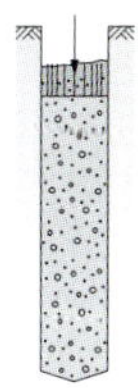
콘크리드 디설완료

❖ 현장관리 포인트

☞ 현장치기 콘크리트말뚝은 지중에서 시공하기 때문에 직접 확인하는 것이 불가능하다. 앞에서 설명한 관리항목을 확실하게 실행하여 품질기록을 남기는 것이 중요하다.

☞ 공저(구멍바닥) 처리가 불량하면 콘크리트 강도 저하, 단면결손 등의 원인이 되므로 슬라임 침전 대기시간과 1차, 2차 각각 슬라임 처리에 대한 관리에 충분히 배려할 것

☞ 말뚝머리 처리공법에는 버큠공법, 정적파쇄공법 등도 있다.

3 기성콘크리트말뚝 · 강관말뚝

관리 1 말뚝재료 반입시의 검사항목은 모두 확인하였는가?

말뚝재료는 제작공장에서 검사합격 후에 출하되지만 현장반입시 다음의 내용을 확인할 것.

① 종류, ② 지름, ③ 길이, ④ 균열 유무 ⑤ 성능 및 규격이 확인되지 않은 것은 공사현장에 반입할 수 없다.

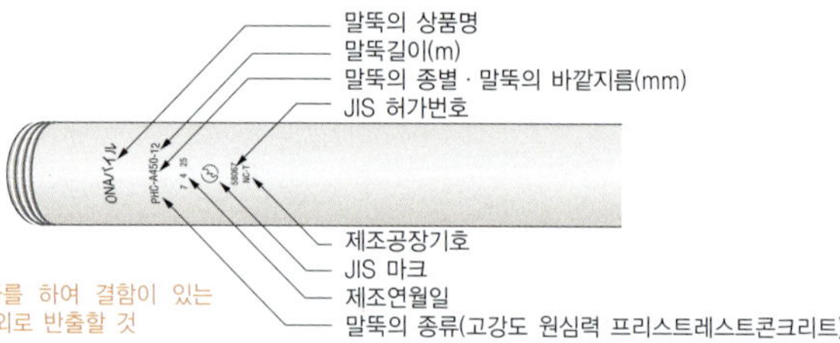

반입검사를 하여 결함이 있는 것은 장외로 반출할 것

기성콘크리트말뚝의 표시 예

관리 2 말뚝심 위치를 확인하였는가?

p.38 관리 1

기성콘크리트말뚝, 강관말뚝의 경우는 1개의 기초에 여러 개의 말뚝으로 지지하는 군말뚝 설계가 많으며, 말뚝끼리 근접하기 때문에 말뚝심 설치위치와 이를 확인하는데 주의할 것

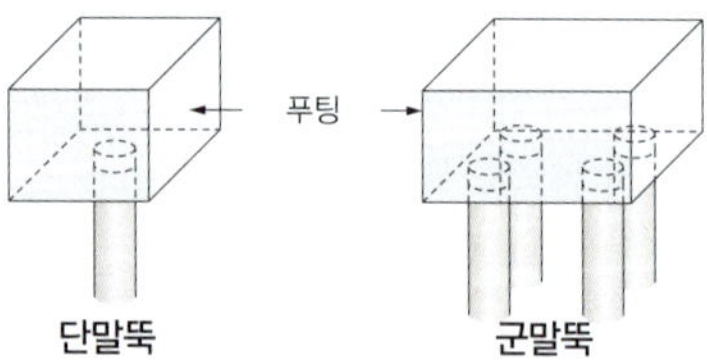

관리 3 매입공법에서 밑둥고정액 · 말뚝주위고정액의 충전은 확인하였는가?

p.38 관리 3

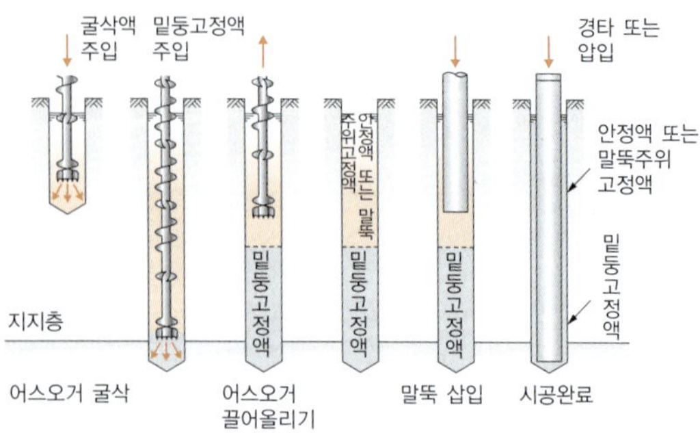

시멘트 밀크공법

관리 4 공벽의 붕괴 혹은 공벽이 휘어지지 않도록 적적한 굴착속도를 유지하고 있는가?

적절한 굴착속도를 유지하고 오거의 인발속도는 밑둥고정액 등의 주입량에 맞춰서 천천히 끌어올릴 것. 부적합한 속도로 오거를 끌어올리면 공벽에 부압이나 흡인현상이 발생하여 공벽 붕괴의 원인이 되므로 주의할 것.

지질별 굴삭속도

지질	굴삭속도(m/분)
실트, 점토, 느슨한 모래	2~6
단단한 점토, 중정도 밀실한 모래	1~4
밀실한 모래, 모래와 자갈	1~3

관리 5 굴삭 개시부터 말뚝 세우기까지의 시공 정도는 적절한가?

일반적으로 요구되는 말뚝의 시공 정도는 수평방향의 오차 D/4(D는 말뚝지름) 이하, 100mm 이내이며, 연직 정도는 1/100 이내이다.

① 굴삭 시작시 말뚝심 위치 확인
② 굴삭시 어스오거의 연직 정도 확인
③ 말뚝 세우기, 타입 때의 연직 정도 확인

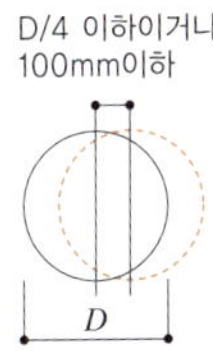

수평방향의 정도

[관리 6] 지지층의 굴삭깊이는 적절한가?

p.258
토질주상도

지지층의 굴삭깊이는 토질조사자료와 설계도서로 미리 확인하고, 시공시에는 어스오거 구동용 전동기 소비전류치의 변화, 굴삭깊이 등의 정보를 기준으로 할 것

[관리 7] 이음말뚝 시공은 확인하였는가?

기성콘크리트말뚝, 강관말뚝에는 용접이음공법과 무용접이음공법이 있으며 무용접이음에 내해서는 특기사항에 따르는 경우가 많다. 용접은 원칙적으로 아크용접으로서 수동용접이나 반자동용접법에 준한 것으로 한다.

① 용접방법은 수동용접, 반자동용접, 자동용접법이 있다.
② 용접공이 수동용접할 경우 KS B 0885(용접기술검정에 있어서 시험방법 및 판정기준)에 규정하는 중판 입향시험, 반자동용접에서는 반자동용접 기술에 있어서의 시험방법 및 그 판정기준에 적합한 것으로 한다.

❖ 현장관리 포인트

- ☞ 기성콘크리트말뚝, 강관말뚝은 재료 · 공법의 종류가 많기 때문에 사양을 잘 확인한 다음 각각의 재료, 공법에 적합한 계획, 관리를 할 것.
- ☞ 용접이음공법의 경우 개선부 오차나 루트 간격 등 용접결함 유무에 대해 확인할 것.
- ☞ 용접이음을 할 경우에는 반드시 용접기능자인지 확인할 것.

1 지반개량 · 자갈지정 · 밑창콘크리트

관리 1 지반개량 공법은 대상 지반의 특성, 목적에 맞는가?

공법 선정 시에는 지반의 성상, 목적, 공기, 경제성 등을 고려한다. 개량 공법에는 여러 종류가 있으며, 압밀침하 촉진, 액상화 방지, 지지지반 조성, 지하 굴삭시의 안전 확보 등이 있다.

지반개량공법에 따른 적용

시공대상		얕은 지반				깊은 지반				
시공법		양질재로 치환	다짐 처리	안정제 처리	보강재 처리	압밀침하촉진	다짐 처리	배수 촉진	안정제 처리	지하수 처리
공법의 종류	압밀탈수									
	다짐									
	고화									
	보강									
	치환									
공법의 목적	지지력 증대									
	변형 방지									
	토압 경감									
	경사면 안정									
	액상화 방지			*			*			
	지수 · 배수						*			
	폐기물 처리			*						
적용토질	유기질토									
	화산회질 점성토									
	고소성 점성토									
	저소성 점성토									
	실트질토						*			
	사질토						*			
	역질토(조약돌)									

: 적용　　: 적용 가능　　: 약간 적용가능

관리 2 지반개량시 시공상황에 맞게 관리값을 설정하고 있는가?

다음에 관리항목 예를 나타낸다.

① 고화재 배합량 : 설계도서, 계획서대로 인가? ② 연직 정도 : 1/100 이내

③ 굴진속도 : 과대한 속도는 시공불량을 초래한다.

④ 고화재 토출량 : 자동계측 등　　⑤ 교반장치 회전수 : 교반혼합도 확인 기준

※관리항목, 관리값은 적용 공법, 지반, 시공상황에 따라 다르다.

관리 3 지지지반과 지반개량의 범위는 명확한가?

① 지지지반은 오거의 전류치와 토크, 관입속도 저하 등으로 확인함과 동시에 시공시 지지지반의 토질시료를 채취하여 확인한다.

② 지반개량 범위는 지정된 위치에 표시를 하고, 말뚝의 경우는 말뚝심이나 표시말뚝을 세워 관리한다.

관리 4 육가크롬 용출시험은 실시했는가?

시멘트, 시멘트계 고화재를 지반개량에 사용할 경우 고화재의 종류, 지반의 토질에 따라 육가크롬 용출량이 토양환경기준을 웃도는 경우가 있다. 미리 육가크롬 용출시험을 행하여 확인한 후 고화재를 선정한다.

관리 5 터파기를 할 때 지반 내의 불량토는 제외했는가?

불량토를 제거한 다음 모래나 틈막이 자갈로 채우거나 역 · 사질토일 경우에는 전압한 후에 자갈지정으로 한다.

관리 6 밑창 콘크리트 타설 전 방습층 마무리는 되어 있는가?

상하 방습층은 폴리에틸렌필름 0.15mm 정도로 하고, 필름의 겹침은 10cm 정도로 하며, 흐트러짐이나 말림을 방지하기 위해 테이프로 붙인다. 밑창콘크리트의 설계기준강도는 14.7N/㎟ 이상의 것을 사용한다.

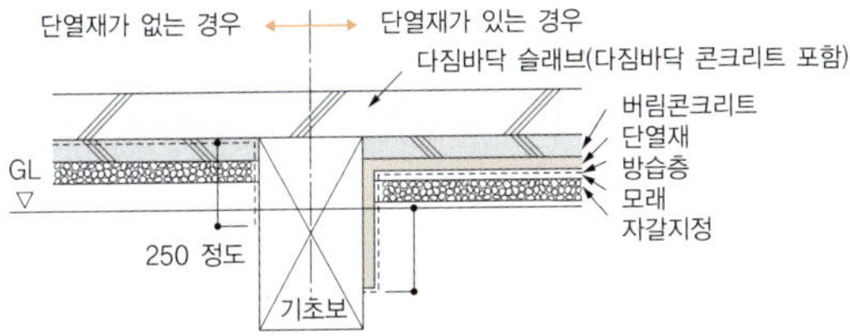

상하 방습층의 마무리(예)

관리 7 버림콘크리트의 상단 레벨은 +5~-20이 되어 있는가?

버림콘크리트의 상단 레벨은 이후의 시공품질에 영향을 준다. 기초, 지중보의 구체설계요구 정도에서 버림콘크리트 상단 레벨 관리치를 정한다. 또한 버림콘크리트를 치기 전에 나무말뚝이나 철근봉 등으로 상단 레벨을 명시해둔다. 버림콘크리트 두께는 60~70m/m 정도로 한다.

콘크리트 부재의 위치 및 단면치수의 허용차 표준치[3]

항목		계획 공용기간의 급	
		일반 · 표준	장기
위치	설계도에 표시된 위치에 대한 각 부재의 위치	±20	±20
단면치수	기둥 · 보 · 벽의 단면치수	-5 +20	-5 +15
	바닥슬래브 · 지붕슬래브의 두께		0 +20
	기초의 단면치수	-10 +50	-5 +10

❖ 현장관리 포인트

- ☞ 지반개량공법을 선정할 때에는 지반의 성상, 목적, 공기, 경제성 등을 고려하여 결정한다.
- ☞ 지지지반의 깊이 변화나 지중장해물 등에 따라 설계도에 정해진 개량깊이까지 시공하기 어려운 경우에는 공사감리자와 협의하여 적절한 처리를 한다.
- ☞ 고화재의 종류나 혼합량은 대상지반, 필요강도, 교반상황 등을 고려하여 정한다.

7장 지하공사 토공사

1 준비공사

관리 1 공사에 앞서 부지 정비를 실시했는가?

p.16 관리 1
p.37 관리 4
p.42 관리 1

① 부지 내의 수목 처리(보존 또는 이전)
② 기존 건물의 기초나 말뚝 철거
③ 가스관이나 급배수관, 매설전기통신배관 등의 철거, 교체
④ 연못이나 우물의 처리

기존 건물의 기초나 연못 철거 후 되메우기가 불완전하면 시공장비의 전도를 초래하므로 작업동선에 이상이 있을 경우 개조, 보강 등 지반개량이 필요하다.

관리 2 관공서 인 · 허가 업무처리는 마쳤는가?

업무서류	신고처	제출기간	비고
굴토공사 착공 신고	시 · 군(구)청	공사개시전	가설시 도면, 굴토공사확인원, 잔토처리 계획서
지장물 이설 신청	해당지역 관청	–	지장수목, 전주, 가공선, 전신, 전화, 지상가로등
도로점용허가 신청	시 · 군(구)청	건축허가전	도로를 일정기간 사용하는경우
도로굴착허가 신청	관할관청 토목과 또는 도로과	매년 1월, 4월, 7월 중	도로에 면한 지반을 굴착하는 경우
발파허가	경찰서 방범과	처리기간 5일 (화약류 사용)	화약류 사용(소지), 저장, 관리
매장문화재 발견 신고	관내 관청, 경찰관서	신고기간 7일 이내	처리기간 [시 · 군(구)청 3일, 문화체육부 15일]
비산분진발생 신고	시 · 군(구)청 환경과	착공계 제출 10일 전	공사중 대기오염 방지
특정 공사 사전신고	시 · 도 환경과	공사개시 3일전	소음, 진동규제법
기 타	지하수개발 신고, 안전관리자 선임신고, 유해 · 위험방지계획서, 안전관리계획서, 산업재해보상보험성립 신고 등 다수		

관리 3 토공사 계획시 시공성 · 환경 배려 · 안전성 등을 검토하였는가?

p.21 관리 6

① 잔토의 장내처분

굴삭토량과 되메우기 흙의 양을 파악하여 잔여 굴삭토에 대해서 장내깔기를 계획한다. 단, 양질이고 전압하기 쉬운 '사질', '실트질' 등의 토질로 한다.

② 잔토의 장외처분

잔토처분시 말뚝공사나 지반개량시 수반되는 배토 · 폐액 등은 산업폐기물로 규제를 받는 경우가 있으므로, 산업폐기물처리법에 의거하여 적절하게 처리해야 한다.

③ 주변 환경에 대한 배려

제3자의 장해방지 및 주변도로의 교통정체 방지를 목적으로 차량 유도원을 둔다. 또한 타이어에 부착된 흙으로 인해 분진비산 발생 및 주변도로가 더럽혀지지 않도록 세륜기나 하이와셔로 흙을 털어낸다.

④ 토사의 안정성

토사의 붕괴를 방지하는 경사각을 '안식각'이라 하며, 토질성상에 의해 정해지는 안식각 이하에서는 굴삭이 가능하다. 인력굴삭으로 하는 경우에는 법령에서 정한 구배와 높이 모두 안전성을 확보하여 굴삭한다.

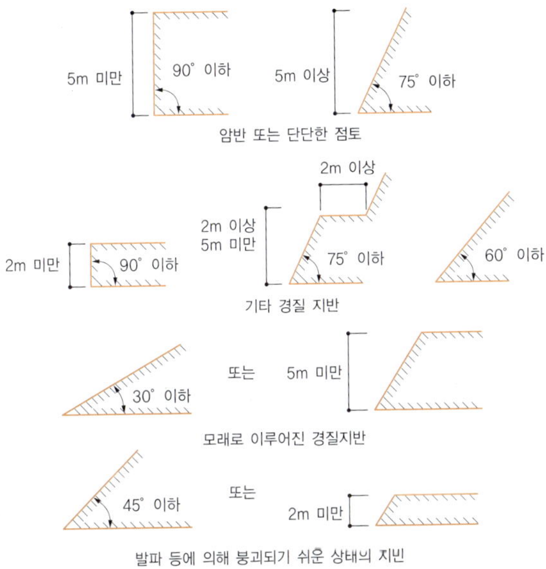

굴삭면의 구배기준(안위칙)

❖ 현장관리 포인트

☞ 한랭기에 시공하게 되는 경우 특히 주의해야 할 것은 동결현상이다. 동결된 흙은 강도상으로 볼 때 양질의 지반으로 착각하기 쉽지만 얼음이 녹으면 체적이 감소하여 침하현상이 일어난다. 따라서 기초 저면 지반은 반드시 동결선 아래에 위치하도록 하고, 동결토는 반드시 제거한후 양질의 재료로 치환하여 자연지반과 동등 이상의 지내력을 갖도록 조치해야 한다.

☞ 굴삭면의 높이가 2m 이상이 되는 경우에는 '지반의 굴삭작업 책임자'를 선정하는 것이 원칙이다.

2 굴삭 · 되메우기

관리 1 터파기 범위를 확정하였는가?

터파기 범위는 흙막이, 콘크리트 거푸집의 조립, 제거 등의 작업을 고려하여 정한다.

또한 굴삭토는 용적이 증가하기 때문에 반출될 때의 덤프 대수에 주의한다.

① 암반 : 1.3~2.0배 ② 점성토 : 1.2~1.45배 ③ 사질토 : 1.1~1.2배

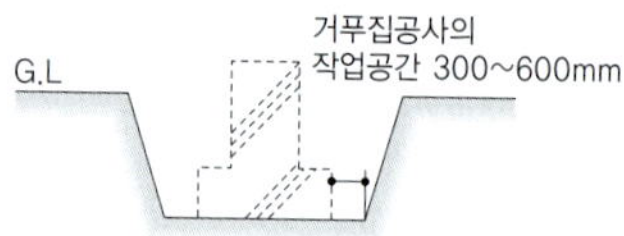

줄기초 파기

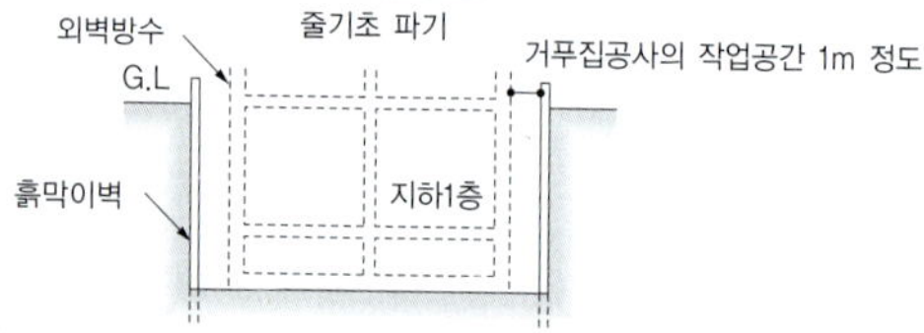

굴삭토량은 많아지지만 지하구체 외주면의 상태 확인 및 외벽방수가 가능하다.

온통파기(바깥거푸집 작업이 필요한 경우)

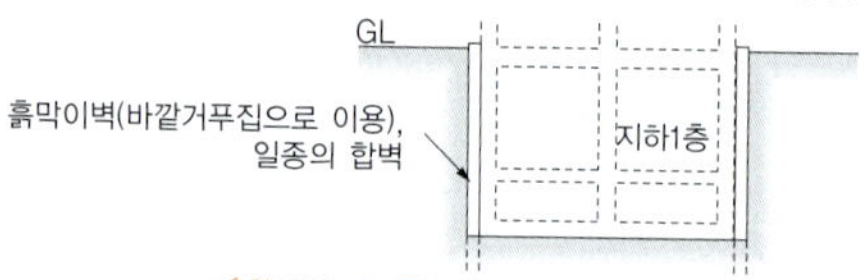

합벽이므로 콘크리트 이어치기 부분의 지수처리에는 충분한 계획성이 필요하다.

온통파기(바깥거푸집 작업이 필요하지 않은 경우)

터파기의 종류

관리 2 기계굴삭을 할 때 터파기 바닥을 흐트러트리지 않고 시공하고 있는가?

일반적인 버킷을 사용하여 기계굴삭을 하는 경우에는 기초 바닥면으로부터 300~500mm 위치에서 인력파기로 하거나, 버킷에 평판 모양의 특수 어태치먼트(강판 등)를 부착한 것, 또는 특수 버킷을 사용하여 터파기 바닥을 흐트러트리지 않도록 주의해서 시공한다. 기초 저면 지반이 깊게 패인 곳에 흙을 되메워 고르기 해서는 안 된다.

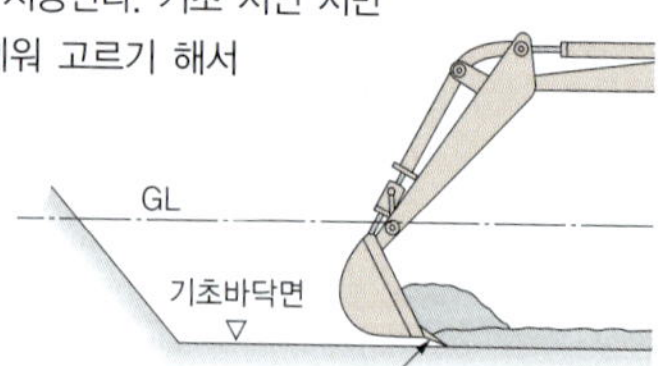

기계굴삭(예) 평판 모양의 특수한 어태치먼트를 부착하여 굴삭한다.

관리 3 되메우기 흙은 흙의 종류와 그에 적합한 공법을 선택하였는가?

① 되메우기 흙은 투수성이 좋은 사질토를 사용하며, 필요에 따라 입도시험 등을 실시하여 균등계수 Uc 가 큰 것을 채용한다.

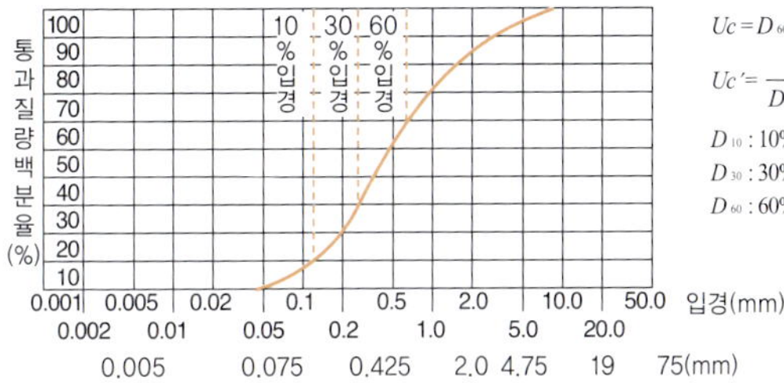

$Uc = D_{60} / D_{10}$

$Uc' = \frac{(D_{30})^2}{D_{10} \times D_{60}}$

D_{10} : 10% 입경

D_{30} : 30% 입경

D_{60} : 60% 입경

(mm)

점토	실트	가는모래	굵은모래	잔자갈	중자갈	굵은자갈
		모래		자갈		

입경가적곡선[4)]

산모래, 강모래 및 바다모래의 일반적인 입도 특성[5)]

종류	입도조성	균등계수 (Uc=D60/D10)	비고
산모래	굵은 모래가 주를 이루며 자갈, 가는 모래도 섞여 있고, 실트 및 점토 혼입은 미량이다.	5~10	모래에 자갈이나 실트가 혼입된 경우 Uc≒20이 되는 배합이 가장 큰 다짐밀도를 얻을 수 있다.
강모래	굵은 모래 또는 잔모래가 주를 이루며, 산모래에 비해 자갈이 훨씬 적고 실트 및 점토의 혼입은 미량이다.	3~5	
바다모래	가는 모래가 주를 이루며 굵은 모래가 약간 섞이고 자갈, 점토 및 실트는 거의 포함되지 않았다.	1~2	

② 다짐은 강모래 및 투수성이 좋은 산모래의 경우는 '물다짐' 하고, 투수성이 나쁜 산모래나 점토질의 경우는 두께 약 30cm 정도마다 롤러, 래머 등으로 다지면서 되메운다. 다짐밀도 95% 이상으로 다져 지하매설물 등에 영향이 없도록 한다.

되메우기 흙 및 성토의 종류[6)]

종별	재 료	공 법
A종	산모래류	물다짐, 기기에 의한 다짐
B종	터파기 흙 내의 양질토	기기에 의한 다짐
C종	현장의 건설발생토 중의 양질토	기기에 의한 다짐
D종	재생콘크리트 모래	물다짐, 기기에 의한 다짐

❖ 현장관리 포인트

☞ 너무 깊게 패이거나 흐트러진 모래지반은 물을 유입하여 롤러 등으로 전압하거나 다지면서 자연지반과 같은 수준의 강도로 한다.

☞ 실트나 점성토 등의 경우는 자연지반의 강도로 되돌리기 어려우므로 사질토나 자갈, 잡석 등으로 치환하여 다지거나 다른 지반개량공법을 채용한다.

☞ 균일한 입자로 되어 있는 바다모래(Uc=1~2)보다는 모래에 적당히 자갈이나 실트가 혼입된 산모래가 더 나은 다짐밀도를 얻을 수 있다.

3 지하수처리공법

관리 1 지하수처리공법은 해당 공사에 적합한 공법을 선정하였는가?

p.20 관리 2

지하수처리공법은 배수공법과 지수공법으로 분류된다. 배수공법 선정은 양수에 따른 지하수위 저하에 의해 우물이 고갈되거나 지반이 침하되는 등 주변에 미치는 영향을 고려하여 결정해야 한다. 특히 딥웰공법의 경우는 더욱 주의가 필요하다.

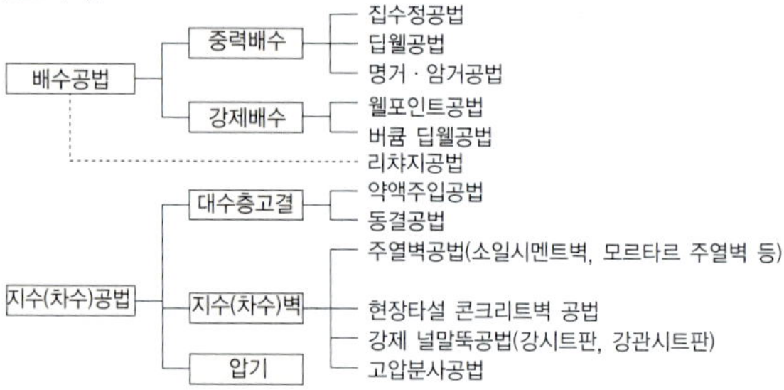

지하수처리공법의 종류

관리 2 배수공법은 흙입자의 지름에 적합한 공법을 선정하였는가?

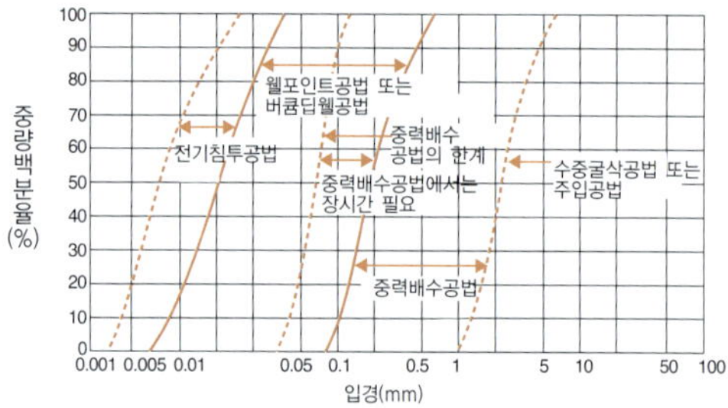

	0.005		0.075	0.425	2.0	4.75	19	75
콜로이드	점토	실트	가는모래	굵은모래	잔자갈	중자갈	굵은자갈	코블
			모래		자갈			

흙입자의 지름과 배수공법의 적용범위 [7]

관리 3 집수정공법은 적합한 상황에서 채용하였는가?

굴삭바닥보다 약간 깊은 부분에 웅덩이(집수피트)를 만들고 펌프로 양수하는 공법

① 집수정에는 필터를 설치하여 지반 내의 모래가 올라오지 않도록 한다.

② 흙막이벽 주위나 기초의 영향범위 내에 설치하지 않는다.

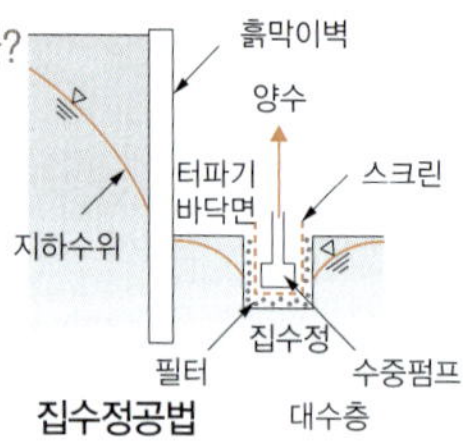

집수정공법

관리 4 웰포인트공법은 적합한 상황에서 채용하였는가?

용수량이 많은 대규모 세사층의 지중에 집수장치의 파이프를 박아 지하수를 강제적으로 집수하여 배수하는 탈수공법

굵은 모래부터 사질 실트층까지 광범위한 토질에 적용할 수 있다. 수위 강하량은 헤더파이프에서 4~6m 정도.

웰포인트의 배치가 굴삭공사에 지장을 주는 경우가 있으므로 주의한다.

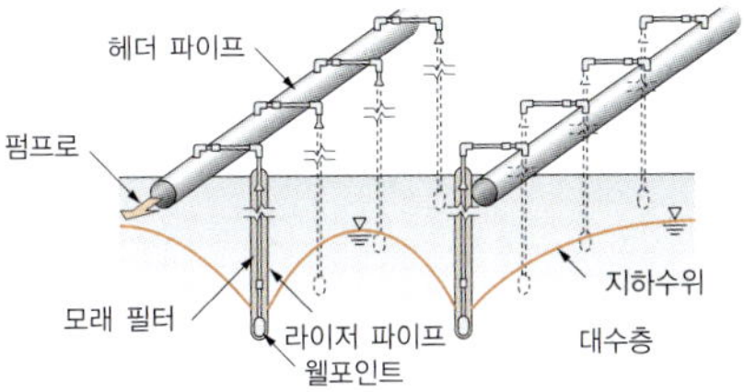

웰포인트공법

관리 5 딥웰공법은 적합한 상황에서 채용하였는가?

굴삭부 내외에 깊이 몇m~몇십m의 웰을 두고 고양정 수중펌프로 양수하는 방법. 비교적 용수량이 많은 피압대수층의 히빙, 보일링 우려가 높을때 채용한다.

관리 6 리차지(복수) 공법은 적합한 상황에서 채용하였는가?

① 동일 대수층에 리챠지하는 경우, 필요 배수량이 증가하기 때문에 리챠지 웰을 양수정에서 최대한 떨어뜨려 둔다.

② 흙막이벽의 밑둥묻힘 깊이 이하의 대수층에 리챠지하는 경우 흙막이벽에 의해 측압(수압)이 증가하므로 검토가 필요하다.

관리 7 지하수 방류서의 수질기준을 만족하고 있는가?

하수도법에 의해 신고가 필요한 수질기준이 있는데, 그 외에 소례에서 기준이 정해진 경우도 있으므로 미리 행정담당자에게 확인할 것.

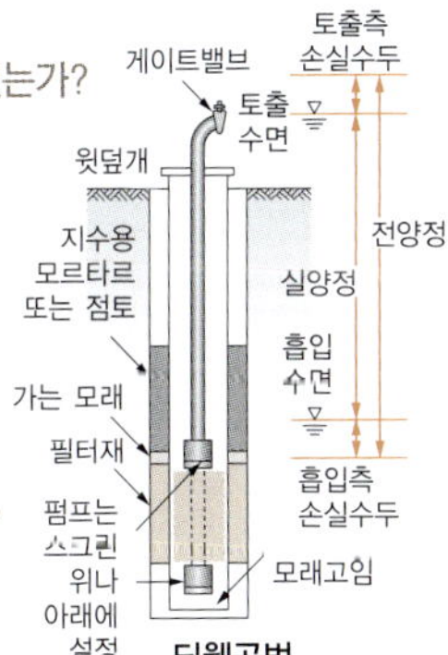

딥웰공법 (펌프의 설치위치)

❖ 현장관리 포인트

- 배수공법 선정은 양수에 의한 우물 고갈이나 지반침하 등 주변에 미치는 영향을 고려하여 결정한다.
- 집수정을 흙막이벽 근방에 두는 경우는 수동저항 감소를 초래하므로 주의할 것.
- 딥웰공법이나 웰포인트공법은 시공중 계획 변경이 어려우므로 배치, 깊이에 대해 미리 충분한 검토를 한다. 굴삭 개시 전에 양수시험을 실시하여 성능을 확인하는 것이 현명한 방법이다.

1 흙막이계획

관리 1 보일링 조사시 흙막이공사에 필요한 토질시험을 하였는가?

p.258 토질주상도

흙막이 계획에 필요한 기본적인 지반정보는 다음과 같다.

① rt : 습윤단위체적 중량(습윤밀도=pt)(g/㎤, t/㎥)

② C : 점착력(kN/㎡{kgf/㎠}) ③ ϕ : 내부마찰각(도)

④ N : 값(표준관입시험으로 얻어진 타격횟수)

⑤ qu : 일축압축강도(kN/㎡{kgf/㎠})

⑥ Es : 지반의 변형계수(kN/㎡{kgf/㎠})

⑦ k : 투수계수(m/min 또는 cm/sec)

관리 2 지하수의 상태를 확인하였는가?

p.60 관리 1 관리 2

지하수의 상태가 자유지하수(부압지하수)이면 지하수압 변동은 수위의 변동과 관련이 있는데, 지하수가 피압지하수인 경우는 지반 부풀음이나 지하수 분출 등에 의해 흙막이 공사의 안전성이 손실되는 경우도 있으므로 피압지하수의 존재가 예측되는 경우는 현장투수시험을 실시하여 미리 피압수두와 투수성을 파악해 두는 것이 중요하다.

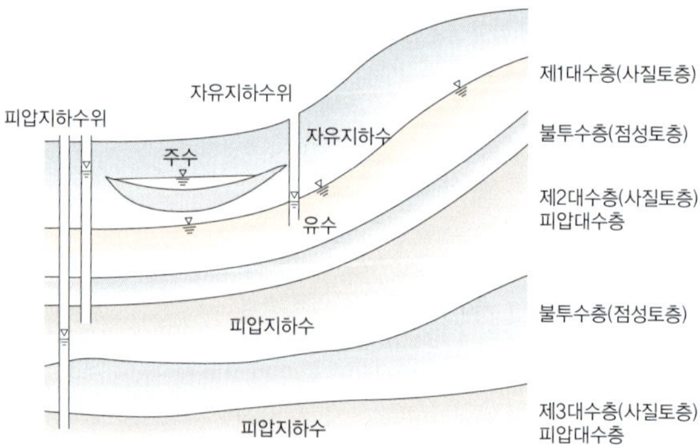

지하수의 상태

관리 3 설계도를 파악하였는가?

설계도에 의해 지하구체의 형상 · 치수를 파악하고 흙막이벽의 타설위치와 공법을 결정한다. 의장도와 구조도에서는 지하의 형상이 조금씩 다른 경우가 있으므로 주의할 것

관리 4 인접구조물의 위치 · 형상 · 기초형식을 확인하였는가?

인접 건축물이 말뚝기초가 아닌 경우는 흙막이벽의 측압에 영향을 미치며 굴삭과 함께 인접 구조물의 부동침하를 초래하는 경우도 있으므로 주의한다.

관리 5 시공기계의 작업범위에 장해물은 없는가?

p.52 관리 1 p.53 관리 2

시가지에서 흙막이공사를 하는 경우는 흙막이벽을 부지경계별로 타설하는 경우가 많으므로 부지경계선, 인접 건물 등 항타기의 위치관계 정보를 사전에 파악하여 흙막이벽의 시공방법을 선정할 필요가 있다.

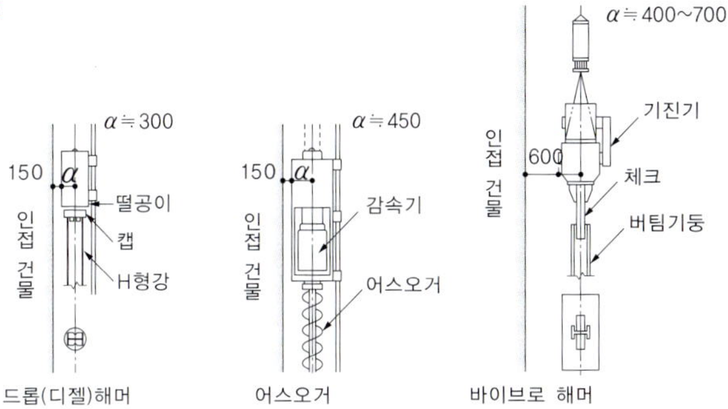

시공기계로부터 인접 건물까지의 근접방법

관리 6 굴삭영향범위를 확인하였는가?

굴삭에 의해 도로나 철도 등의 공공시설에 어떤 영향이 예측되는 경우 '굴삭영향범위'에 대하여 착공 전에 각 관리자와 협의하도록 한다.

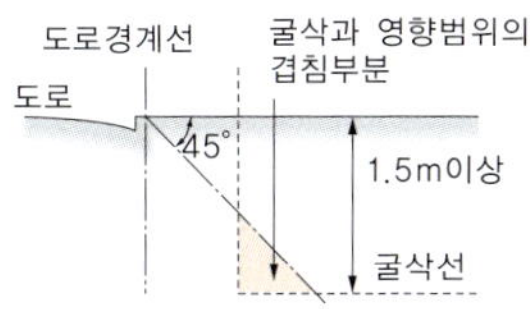

도로변 굴삭범위(국도의 경우)

I : 무조건 범위
II : 제한범위
III : 요주의 범위
c : 흙의 점착력
q : 기초바닥면 하중강도
ϕ : 흙의 내부마찰각

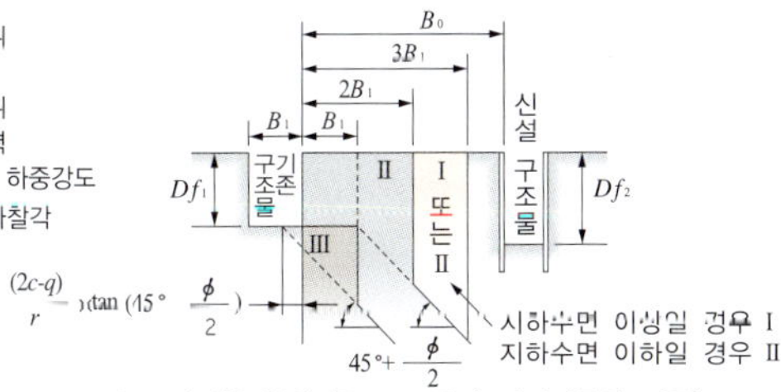

JR의 굴삭영향범위(기존 구조물이 직접기초인 경우)

❖ 현장관리 포인트

☞ 굴삭영향범위는 대상이 되는 시설의 관리자에 따라 다르므로 사전에 확인해 둘 것.

☞ 지반의 개요는 다음과 같은 정보로도 추측할 수 있다.

① 강이나 계곡, 연못, 호수의 되메우기 흙 표층은 연약한 지반으로 예상할 수 있다.

② 부식토가 퇴적된 곳의 수위 저하는 지반 저하를 예측할 수 있다.

③ 운하 터를 메운 곳이면 호안 등의 지중장해물 존재를 예측할 수 있다.

2 흙막이공법의 선정

관리 1 굴삭공법의 특징을 파악하여 계획을 세웠는가?

p.46 관리 1, 관리 2, p.66 관리 1

주요 굴삭공법의 특징

공법	특 징	개념도
오픈컷 공법	· 구조물 주위에 경사면을 두고 굴삭하는 무지보공공법 · 부지에 여유가 있으며 인접한 건물이 없는 경우 채용 · 흙막이벽, 지보공이 불필요하므로 경제적이다. · 굴삭 깊이가 비교적 얕고(6~10m 이하), 양호한 지반(롬층 등)에 적합하다. · 지하수가 있는 경우는 대책이 필요	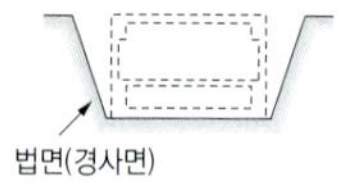
흙막이벽 오픈컷 공법	· 흙의 주동토압을 흙막이벽과 지보공으로 지지시키면서 굴착하는 가장 일반적인 공법 · 자립공법인 경우는 굴삭공사의 능률이 좋다. · 흙막이벽, 지보공에 각종 공법을 채용할 수 있으며, 다양한 지반, 시공조건에 대응이 가능하다. · 지하수가 있는 경우도 차수성이 있는 흙막이벽으로 시공이 가능하다.	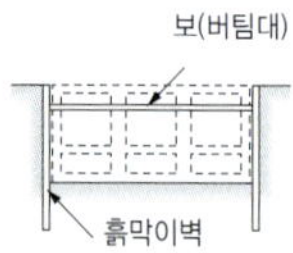
아일랜드 공법	· 건물 중앙부를 먼저 굴착하여 구조체를 구축한뒤 양면을 버팀대로 지지하면서 외주부분을 굴삭하고 구조체를 완성시키는 공법 · 굴착면적이 넓고 버팀대 공법이 기술적으로 어려울때 채용하는 공법 · 공기가 길어지므로 공정상 여유가 있거나 주위의 구체를 나중에 시공해도 전체 공기에 영향을 미치지 않는 경우 채용.	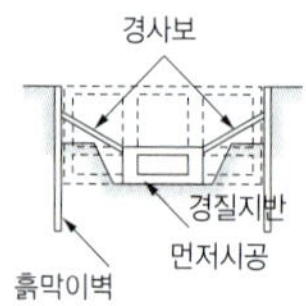
트랜치컷 공법	· 건물 외주부분에 도랑을 파고 외주부의 구체를 먼저 구축하여 완성한 다음 나머지 중앙부를 굴착하여 구체를 완성시키는 공법. · 연약한 지반이며 면적이 넓은 경우 또 히빙현상이 예상되는 경우 · 비경제적이며 공기지연 등 피할 수 없는 결점이 많아 건축공사에서는 사용 예가 거의 없다.	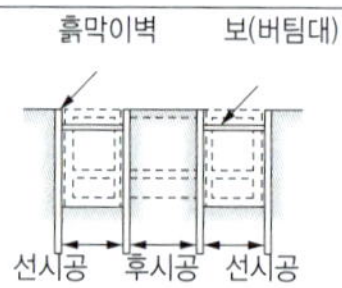
역타공법	· 1차 굴삭 후 1층의 바닥, 보를 구축하면서 순차적으로 굴삭 → 지하1층 바닥 구축 → 굴삭으로 공사를 진행해 나가는 공법 · 연약지반이며 대규모 굴삭에 적합하다. · 강성이 높은 신설의 바닥구조물로 흙막이벽을 누르기 때문에 흙막이벽의 변형을 억제할 수 있다. · 지상층, 지하층의 동시 시공이 가능하기 때문에 굴삭이 깊은 경우 공기를 단축할 수 있다.	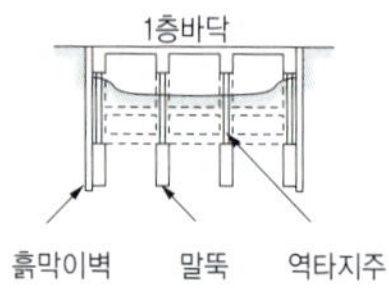
잠함공법	· 지상에서 케이슨을 미리 제작하여 구체 아래를 굴삭, 서서히 케이슨을 낮춰가는 공법 · 구축중에 지상부분을 시공하는 것도 가능하다. · 연약지반, 수중 등에서도 대응이 가능하다.	

관리 2 흙막이 공법을 선정할 때 지반성상이나 지하수위를 고려하고 부지주변환경을 배려하였는가?

p.54 관리 2, p.55 관리 3, 관리 4

주요 흙막이공법의 특징

공법	특 징	개념도
어미말뚝 가로널 공법	· H형강 등의 어미말뚝기둥을 1.5m 내외의 간격으로 타설, 굴삭하면서 말뚝기둥 사이에 토류판을 삽입하는 공법 · 흙막이벽으로는 가장 저렴하고 공기가 짧다. · 단일말뚝이어서 지중장해물이 점재되어 있어도 피해서 타설할 수 있다. 다만, 차수성이 없기 때문에 지하수위가 높은 경우에는 지수공법이 필요하다.	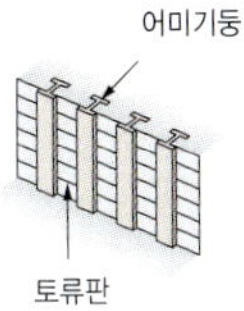
시트파일 공법	· 강재 널말뚝의 조인트 부분을 얽히면서 연속으로 타설하는 공법 · 강재라 강도상의 신뢰성이 높으며 조인트 부분의 시공이 확실하면 차수성도 좋다. · 널말뚝을 인발하여 전용하므로 경제적이다. · 타격공법은 소음, 진동이 심해 시가지에서 시공하기에는 어렵다. · 자갈층 등의 경질지반에서는 시공하기 어렵다.	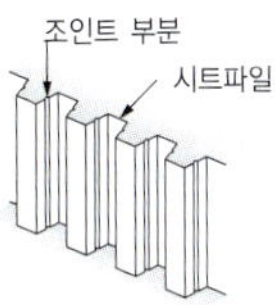
소일 시멘트 주열벽 공법	· 지반 속에서 교반날개가 부착된 샤프트를 회전시키고 시멘트밀크 등의 경화재를 투입, 원위치 흙과 혼합하여 소일파일을 형성. 응력재로 H형강을 삽입하고 주열상의 흙막이벽을 구축하는 공법 · 저소음, 저진동 공법으로 도심지 공사에 적합 · 응력재의 종류, 피치에 따라 강도와 강성을 조정할 수 있다. · 차수성이 높다. · 연약지반에도 유리하며 주변 지반의 침하가 비교적 적다.	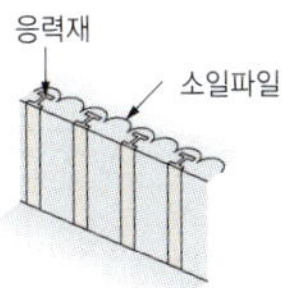
지하 연속벽 공법	· 안정액을 사용해 지반에 직사각형 단면의 구멍을 파고, 공내에 철근 바구니를 삽입, 콘크리트를 타설하여 연속적인 벽체를 조성하는 주열벽공법 · 저소음, 저진동 공법으로 도심지 공사에 적합 · 강성이 높고 주변지반에 미치는 영향이 적다. · 흙막이벽으로서의 신뢰성이 높고 차수성이 좋다. · 철근콘크리트조이므로 지하외벽이나 말뚝으로도 이용할 수 있다. · 벽두께, 배근량을 조절할 수 있으며 강도, 강성의 자유도가 높다.	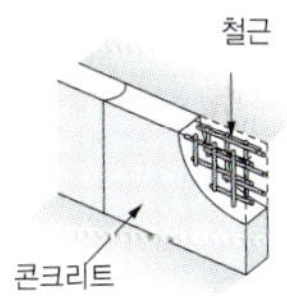

❖ 현장관리 포인트

☞ 굴삭과정에서 안전을 확보하기 위해서는 1차 굴삭 직전의 흙막이벽 초기값(흙막이벽 깊이방향의 경사상태와 두부의 절대위치)을 계측해 둘 것.

☞ 흙막이 공사에 착수할 때 시공기계의 동선계획과 자재의 반출입계획, 자재적치 등을 도면화해 둘 것.

☞ 시공기계의 리더 길이가 30m인 경우는 조립용 스페이스로 30m×35m의 부지넓이가 필요하다.

3 흙막이벽 시공

관리 1 흙막이벽의 먹매김은 적정한가?

규준틀에 표시한 기준선을 따라 흙막이벽의 먹매김을 한다. 흙막이벽의 위치는 원칙적으로 흙막이벽의 벽심으로 나타낸다. 벽 중심선의 연장선상에 철근, 나무말뚝 등을 박고 수평줄을 친다.

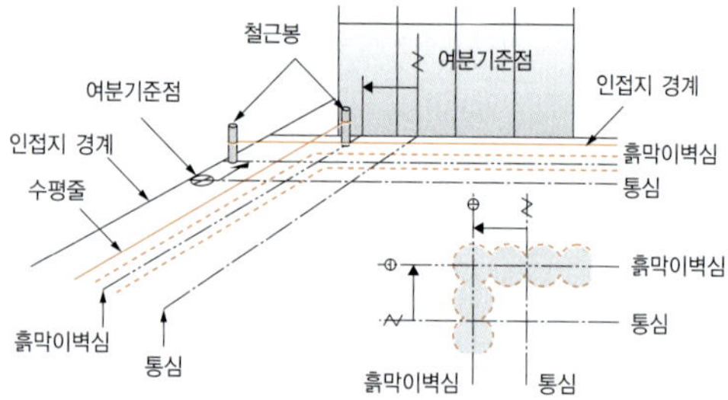

흙막이벽의 먹매김

관리 2 어미말뚝 가로널의 시공은 적절한가?

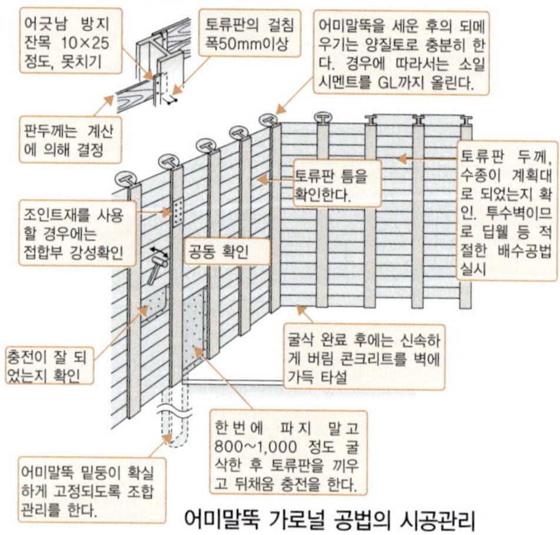

어미말뚝 가로널 공법의 시공관리

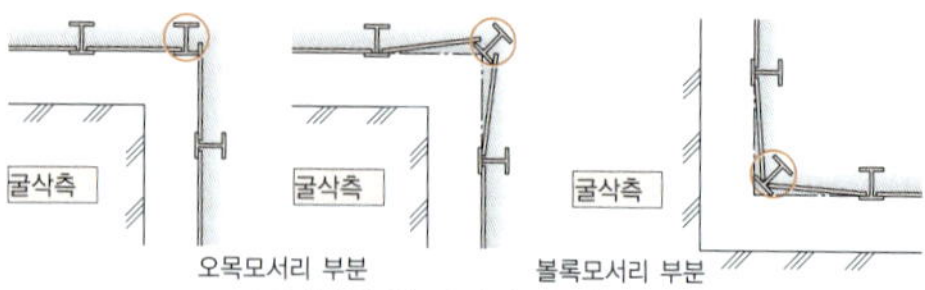

코너부분의 어미말뚝 배치 예

관리 3 시트파일 세우기는 적절하게 되어 있는가?

① 첫 번째 세운 것이 이후의 강널말뚝의 기준이 되므로 첫 번째 세우기의 정확도가 가장 중요하다.
연직도를 두 방향에서 트랜싯으로 확인할 것.

② 정확한 타설위치와 시공시 강널말뚝의 안정성을 확보하기 위해 안내보를 소정의 위치에 설치하고, 스페이서를 이용해 강널말뚝의 흔들림이나 회전을 방지하면서 시공한다.

③ 떨공이의 무게는 말뚝무게의 2~3배 정도, 말뚝머리에는 직경 50mm 정도의 당김줄 구멍을 뚫는다.

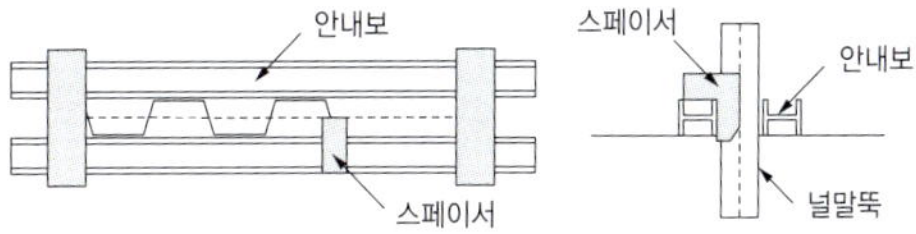

스페이서 이용에 의한 널말뚝의 흔들림 방지(예)

관리 4 소일시멘트 주열벽공법의 시공은 적절한가?

p.43 관리 4

① 지수성을 확보하기 위해 조심스럽게 원위치의 흙과 혼합교반한다. 이때 그 지반의 최적압력 및 토출량을 유지하면서 공내에 균일한 소일시멘트가 되도록 시공한다.

② 시멘트 밀크의 배합, 굴삭교반 속도, 굴삭순서, 응력재의 세움 정도를 중점적으로 확인한다.

③ 다축의 굴삭교반기인 경우는 아래 그림에 나타낸 시공순서대로 한다.

④ 지반의 투수성이 높고 지하수의 유속이 빠른 경우에는 주변 지하수의 탁도나 알칼리 성분에 대해 수질 모니터링을 하는 검토도 고려해야 한다.

⑤ 육가크롬 용출시험을 하여 용출량이 토양환경기준 이하인지도 확인한다.

시멘트액 배합의 기준

SMW용 토질구분	배합(대상토 1㎥당)			압축강도 (N/㎟)
	시멘트(kg)	벤토나이트(kg)	물(*l*)	
점성토	300~450	5~15	450~900	0.5~1.0
사질토	200~400	5~20	300~800	0.5~3.0
사력토	200~400	5~30	300~800	0.5~3.0
점토 및 특수토	실내시험 등으로 배합 검토			–

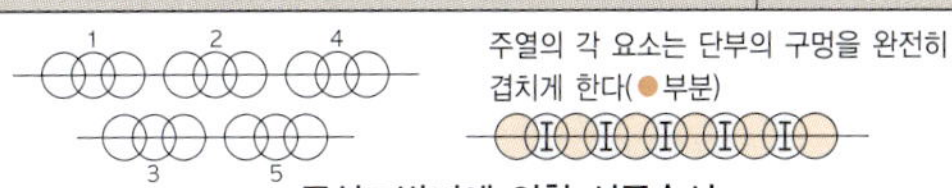

굴삭교반기에 의한 시공순서

❖ 현장관리 포인트

☞ 굴삭에 의한 변형을 파악하기 위해 1차 굴삭에 들어가기 전에 흙막이벽의 초기값(흙막이벽 깊이방향의 경사상태와 두부의 상태)을 계측해 둘 것.

☞ 흙막이 응력재의 접합부는 응력이 작은 위치에서 이을 것.

4 흙막이지보공

관리 1 버팀대의 구부러짐이나 처짐은 없는가?

수평방향 · 수직방향 모두 적절하게 잘 설치되어 있을 것. 접합부는 틈새가 없도록 시공한다. 특히 수평방향은 버팀대에 고(高)축력이 작용했을 때 접합부에서 절곡이나 전체적으로 처짐이 생기기 쉬우므로 ±1.0cm 정도의 정확도로 설치하는 것이 바람직하다. 흙막이벽의 안정을 위해 지보공의 휨, 부상, 비틀림에 대해 주의깊게 관찰할 것.

관리 2 버팀대 교차부위의 긴결상태는 적절한가?

버팀대 교차부위의 긴결이나 지주에 의한 버팀대 지지강성이 불충분해지면 버팀대의 지지간격이 길어져 좌굴되기 쉬우므로 주의한다. 특히 버팀대는 정착물을 사용하여 이음을 가급적 적게 한다.

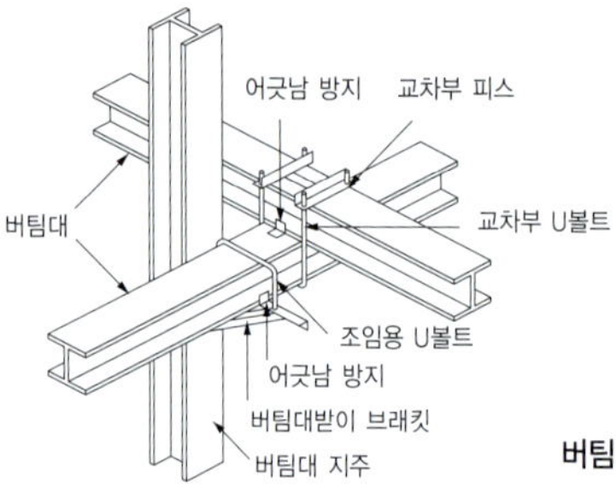

버팀대 교차부분의 마무리

관리 3 지보공 띠장과 흙막이벽에 틈새는 없는가?

흙막이벽과 띠장 사이의 간격은 모르타르 충전 혹은 철판을 용접하여 측압이 띠장에 충분히 전달되도록 하고, 경사부분에는 적당한 미끄럼 방지를 설치해야 한다. 띠장의 이음매는 응력이 적은 곳에 설치한다.

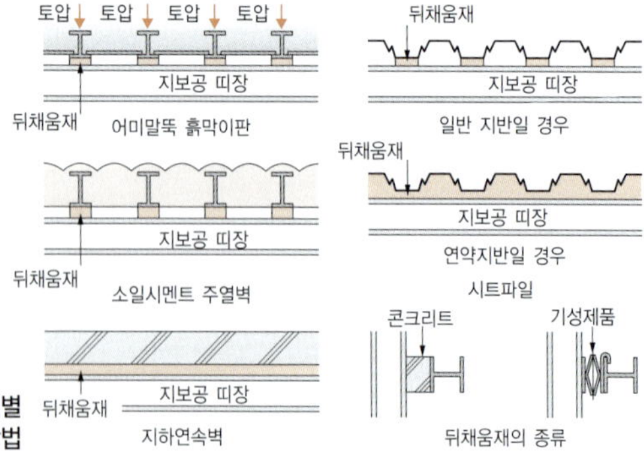

흙막이공법별 뒤채움재의 설치방법

관리 4 지보공 띠장의 이음은 적정한 위치에 있는가?

띠장의 이음매는 응력이 적은 곳에 설치한다.

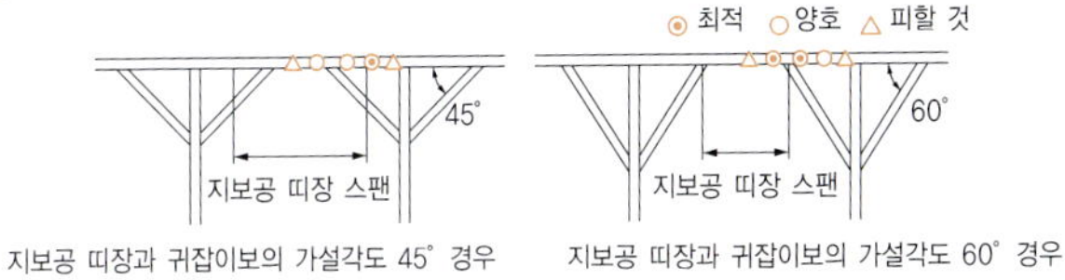

지보공 띠장 이음의 적정 위치

관리 5 버팀대 해체시의 지점반력이 되는 구조체강도는 충분한가?

① 지보공 띠장이나 어미말뚝을 철거하면 이제까지 어미말뚝이 부담했던 측압을 지하구조체가 부담하게 된다. 흙막이벽 철거시 구조체의 안정에 지장을 주지 않도록 충분히 안전율을 고려하여 실시해야 한다.

② 지층의 층고가 높은 경우 어미말뚝 철거에 의해 구조체에 손상을 줄 우려가 있으므로 흙막이와 축조물과의 사이에는 버팀 띠장을 해체하기 전에 양질의 흙 또는 모래로 되메우기하고 충분한 다짐을 실시하도록 한다.

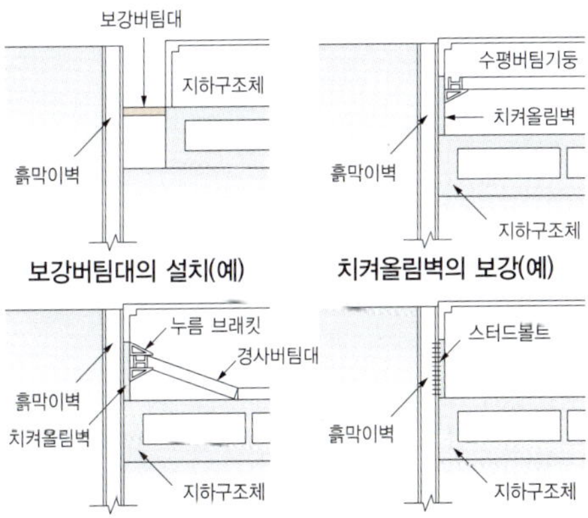

보강버팀대의 설치(예) **치켜올림벽의 보강(예)**

경사버팀대(예) **합성벽(예)**

❖ 현장관리 포인트

☞ 버팀기둥 지주와 가대말뚝을 병용하는 경우에는 흙막이 부재로부터의 하중을 가산하여 가대상의 적재하중, 가대의 자중이나 기계 등의 활하중에 대해 지지력이 충분히 확보되어 있는지를 확인할 것. 또한 가대에 작용하는 수평력을 저감하는 방법으로는 가대를 십자나 U형 등 잘 흔들리지 않는 평면형상으로 하는 등의 배려가 필요하다.

☞ 보강버팀대를 철거할 때에는 흙막이벽과 지하구체 사이에 되메우기 흙을 충분히 충전하여 흙막이벽의 변형량을 억제한다.

5 계측관리

관리 1 흙막이벽은 계획대로 안전한 상태에 있는가?

p.48 관리 1
p.50 관리 2 관리 4
p.51 관리 5

흙막이 가구물(架構物 ; constructions)의 안전성에 대하여는 계측에 의해 확인한다. 그리고 차례로 굴착단계를 따라 검토하고 다음 단계 이후를 예측한다. 또한 공사현장과 인접한 기존 구조물 및 주변지반의 변화상황을 측정하고 관리 기준치를 설정하여 상호 안전성을 확인한다.

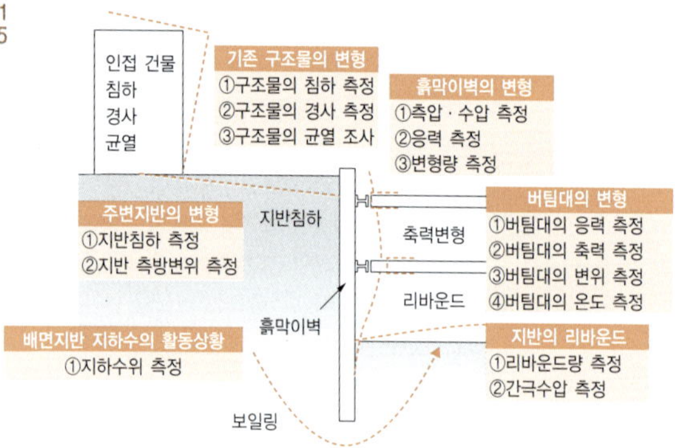

현상과 계측항목

관리 2 계측항목마다 관리기준치는 설정되어 있는가?

관리기준치는 기정치가 이미 설정되어 있는 경우와 공사상황 등을 검토하여 정하는 경우가 있다. 일반적으로 설계계산치의 70~80%를 1차 기준치, 설계계산치의 100%를 2차 기준치로 정하는 경우가 많다.

관리 기준치와 대상(예)

단계	상 황	대 책
1	실측치≤1차관리기준치	안전성에 문제가 없으므로 공사 속행
2	1차관리기준치 <실측치 및 예측치≤2차관리기준치	허용치인 2차 관리 기준치 이내에 실측치와 예측치가 들어 있으므로 이 단계에서는 문제가 없지만 다음 단계에서의 예측이 중요해진다. 또한 계측빈도를 늘리는 등의 관리체제 강화가 필요하다.
3	1차관리기준치<실측치 ≤2차관리기준치 예측치≥2차관리기준치	공사를 일시중단하고 버팀대의 설치위치를 변경하거나 지반개량 등의 대책을 검토 및 협의하여 판단한다.
4	실측치≥2차관리기준치	공사를 일시중단하고 대책을 재검토한다. 적절한 대책을 실시한 후에 공사를 재개한다. 대책 후 공사 실시까지의 기간이 위험하다고 판단될 경우에는 굴삭 내의 물채우기나 토사 메움 등의 응급처치를 해야 하는 경우도 있다.

관리 3 계측빈도는 시공 진척, 현상변화의 속도를 고려한 계획으로 되어 있는가?

계측빈도는 계측항목별로 시공 진척과 현상의 변화 등을 검토하여 해당 현장에 적합한 빈도를 결정한다.

계측빈도의 계획(시트파일의 예)

계측항목 · 계측기		초기값	터파기 개시까지의 기간	터파기 기간	지하구체 구축기간
흙막이 구조물	흙막이벽에 작용하는 측압과 수압/토압계, 수압계	흙막이벽 설치 전	1회/주	매일(3회/일)	매일(3회/일)
	흙막이벽 변형/고정식 경사계, 삽입식 경사계	터파기 개시 전	1회/주	고정식경사계 : 매일(3회/일) 삽입식경사계 : 터파기 단계별로 1회 및 프리로드 직전 · 직후	고정식경사계 : 매일(3회/일) 삽입식경사계 : 버팀대 해체 직전 · 직후
	흙막이벽 응력/변형률계	터파기 개시 전	1회/주	매일(3회/일)	매일(3회/일)
	버팀대 축력/변형률계	버팀대 설치 직전	1회/주	매일(3회/일)	매일(3회/일)
	버팀대의 변형/트랜싯	버팀대 · 가설 직후	1회/주	터파기 단계별로 1회	버팀대 해체 직전 · 직후
주변지반과 구조물	주변지반침하측정/레벨 · 트랜싯	흙막이벽 설치 전	초기값 설정 후, 터파기 개시까지 3회	터파기 단계별로 1회	버팀대 해체마다 1회
	주변구조물과 매설물의 침하 측정/레벨 · 트랜싯	흙막이벽 설치 전	초기값 설정 후, 터파기 개시까지 3회	터파기 단계별로 1회	버팀대 해체마다 1회

흙막이말뚝을 뽑아낼 때에는 인발 후 뇌메우기를 충분히 한 경우라도 시간이 경과됨에 따라 주변지반이 침하되는 경우가 있으므로 충분한 다짐이 필요하다.

❖ 현장관리 포인트

- 계측기기에만 의존하지 말고 육안에 의한 평소 관리를 게을리 하지 말 것.
- 지하구체 완성 후 널말뚝을 인발할 때에 널말뚝과 구체 사이에 공동에 의한 지반침하나 바이브로 해머로 뽑아내는 경우 그 진동으로 지반이 침하되므로 주의를 요한다.
- 굴삭영향범위가 철도나 고속도로 등의 공공시설에 영향을 미칠 것으로 예측되는 경우에는 사전협의 및 사전계측을 필요로 하는 경우가 있으므로 유의할 것.

6 지하수 대책

관리 1 바닥 부풀음 대책은 검토하였는가?

p.48 관리 2
p.49 관리 5
p.50 관리 2

피압지하수가 있는 지반을 굴삭할 경우 피압지하수의 압력으로 굴삭바닥면이 파괴되어 흙막이 전체가 붕괴될 우려가 있으므로 바닥 부풀음 대책을 반드시 검토해야 한다.

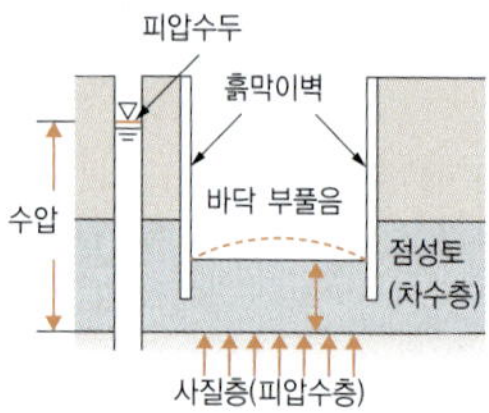

바닥 부풀음

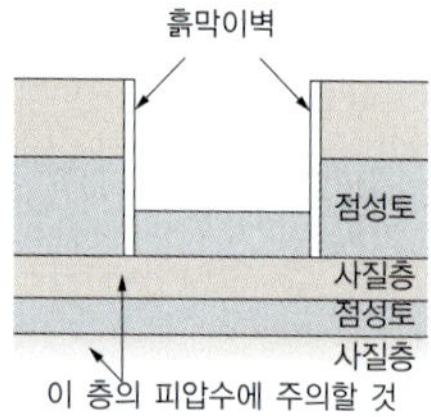

바닥 부풀음에 주의해야 하는 지반

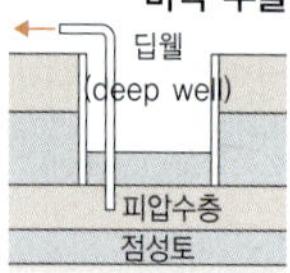

배수공법 : 딥웰을 설치하고 모래층 내의 물을 배수하여 수압을 낮춘다.

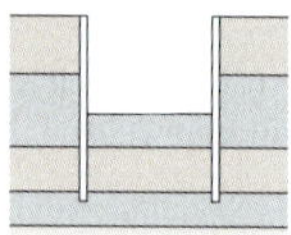

차수공법 : 아래에 차수층으로 기대할 수 있는 점성토층이 있으면 차수성이 높은 흙막이벽을 점성토까지 구축하여 차수한다.

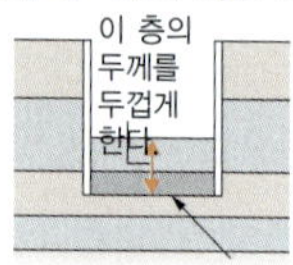

지반개량공법 : 피압수층을 차수성이 높은 지반으로 개량하여 필요한 피복두께를 확보한다.

바닥부풀음 대책

관리 2 보일링 대책은 검토하였는가?

p.48 관리 2
p.50 관리 2

굴삭 바닥면의 사질지반을 흙막이벽으로 차수하여 굴삭하는 경우, 내부를 굴삭해 나가는 과정에서 외부와 내부의 수위차가 일정 수치 이상에 달하면 지반이 파괴되기 때문에 보일링 대책을 검토해야 한다.

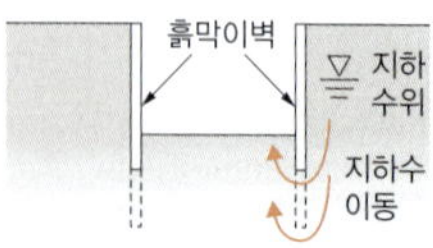

흙막이벽의 근입 길이를 깊게 하고 동수구배를 작게 한다.

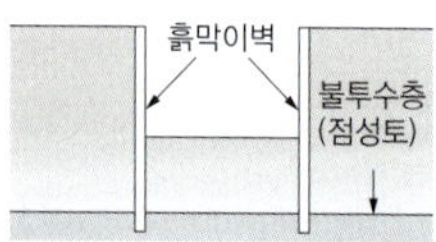

흙막이벽을 불투수층에 근입시킨다.

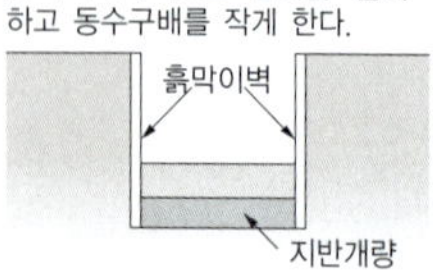

굴삭바닥면보다 깊은 하부지반을 개량하여 차수한다.

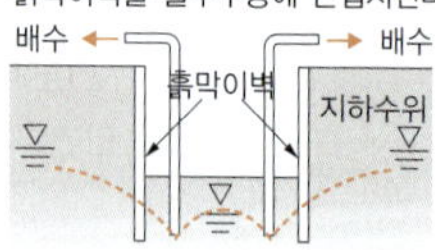

배수공법으로 지하수위를 낮춘다.

보일링 대책

관리 3 히빙 대책은 검토하였는가?

연약점토층을 굴삭할 경우 지반 내부의 마찰저항이 적기 때문에 상부의 토압에 의해 내부에 미끄럼 현상을 일으킨다. 이 상태가 더 진행되면 흙막이벽 배면의 흙이 굴삭면으로 침입(굴삭 외측에서는 지반이 침하)하여 바닥면이 부풀어 오르고, 결국 흙막이벽이 붕괴에 이르므로 히빙 대책을 검토해야 한다.

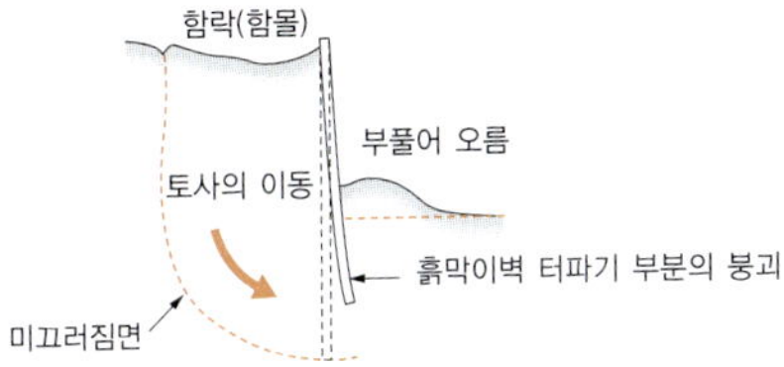

히 빙

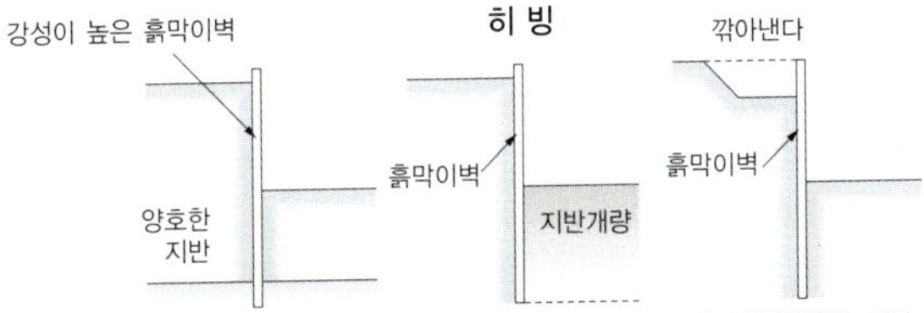

강성이 높은 흙막이벽을 양호한 지반에 근입한다. 또는 미끄러짐면보다 깊게 넣는다.

터파기 바닥지반을 개량한다.

흙막이 주변을 깎아내 굴삭장 내외의 중량차를 적게 한다.

히빙대책

관리 4 파이핑 대책은 검토하였는가?

p.50 [관리 2]

모래지반에서 일어나는 현상으로 빗물 유입수에 의해 수로가 생기며 흙막이벽이나 법면을 파괴한다. 흙막이벽 외측 지반에 콘크리트를 치거나 또는 배수구를 마련하여 유입되는 물을 차단하여 방지할 수 있다.

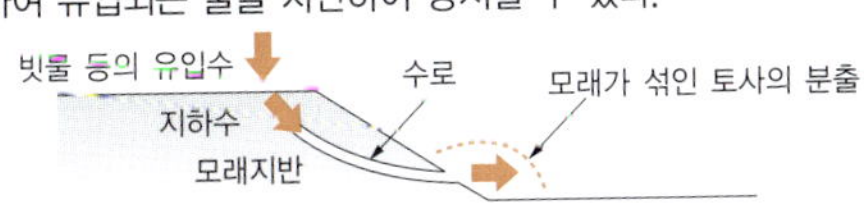

파이핑

❖ 현장관리 포인트

- ☞ 굴삭에 따른 측압 증가에 의해 소일시멘트벽의 내민볼록 모서리가 벌어지고 지하수나 모래가 유출되는 경우가 있으므로 흙막이벽의 심재를 순차 접합하는 등의 대책을 고려한다.
- ☞ 지하구조체가 완성되어도 지하수위가 높은 경우에는 부력이 커서 배수공법의 딥웰의 정지시기를 신중하게 판단해야 한다. 시공중인 구조물이 부상하여 기울고 원위치를 이탈하는 사고가 모두 지하수에 의한 부력때문이다.
- ☞ 지하수와 관련된 불량현상은 흙막이벽 붕괴로 이어지기 쉬우므로 평소 일상관리를 철저히 하여 간과되지 않도록 한다.

1 사전검토사항

관리 1 시공계획 입안을 위한 사전검토는 하였는가?

지하구조체 시공계획 입안을 위한 사전검토 사항

항목	검토사항
공구 구분	· 시공범위와 시공수량의 밸런스 검토 · 투입량(노무 · 자재) 확인 · 사이클 공정(작업의 흐름) 파악 · 지상구체공사의 착수순서와 적합성 검토
시공순서	· 철골 세움 시기 검토 · 보강버팀대의 필요성 검토 · 인접 공구의 작업구분과 순서 검토
각 공사의 반입동선과 작업구역	· 중기 설치장소와 차량동선 검토

관리 2 외주 철골기둥이 흙막이 지보공 띠장이나 귀잡이보와 간섭되어 있지 않은가?

p.112 관리 2

① 외주 철골기둥과 지보공 띠장의 간섭
② 모서리부분의 철골기둥 앵커볼트의 조임 스페이스
③ 귀잡이보와 철골기둥 브래킷의 간섭

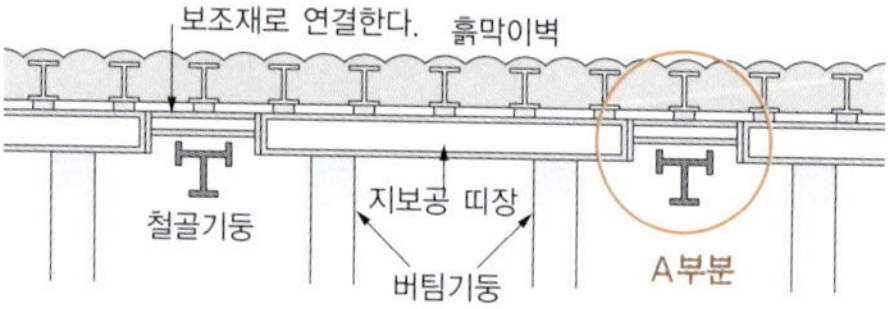

보강재를 사용한 예

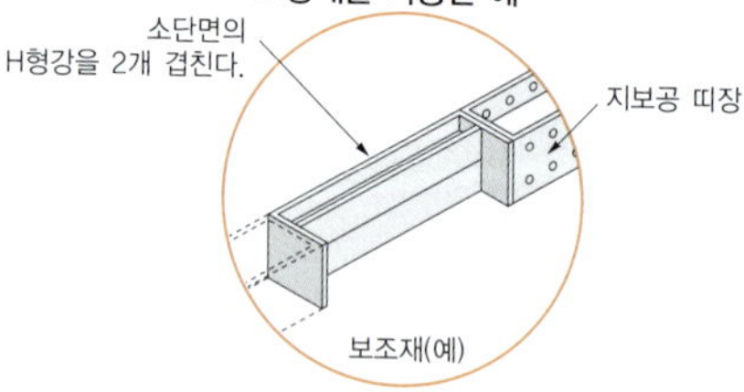

A부분 상세

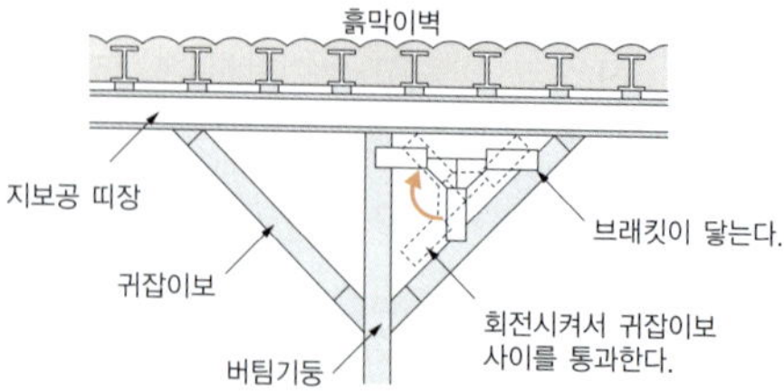

귀잡이보 안에 수납하는 철골기둥 세우기

관리 3 버팀대 지보공이나 반입(진입)가대가 지하구조체와 간섭되어 있지 않은가?

① 지보공 띠장과 외주 벽 철근, 주근과의 간섭
② 바닥콘크리트 작업과 버팀대와의 간섭
③ 지하구체와 반입가대의 보강가구(구성) 간섭
④ 버팀대 지주와 작은 보, 큰 보와의 간섭
⑤ 반입가대의 경사로와 외주 보의 간섭

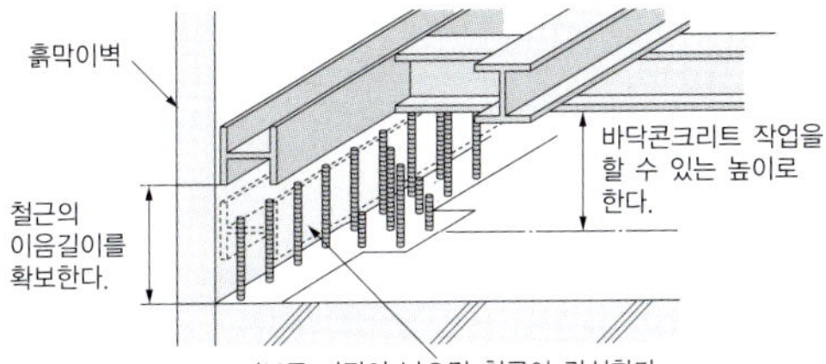

지하층 바닥과 버팀대 · 지보공 띠장의 위치관계

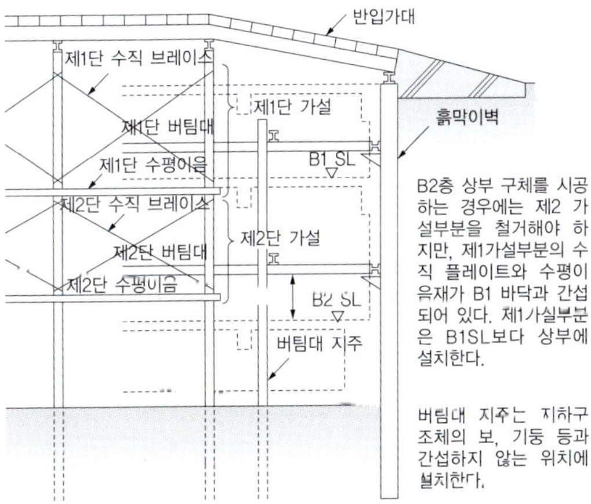

반입가대와 버팀대 지주의 지하구조체와의 간섭

❖ 현장관리 포인트

☞ 부지에 여유가 있는 경우 흙막이벽을 지하구조체 외측에 폭넓게 배치하면 굴삭, 되메우기 흙의 양이 증가하는 단점은 있으나 지하외벽의 바깥 방수 및 외측 기초판 기둥의 편심 방지 등의 이점이 있다.

☞ 협소한 부지에서 시공하는 경우는 공사용 부지가 부족하기 때문에 1층 바닥을 보강하여 시공용 중기의 주행을 가능하게 해야 하는데, 이때 중기가 선회하는데 방해가 되지 않도록 고려할 것

2 지하공사중의 가설계획

관리 1 종합가설계획도의 내용을 확인하였는가?

p.33 관리 2 관리 3 p.48 관리 3 p.49 관리 4 관리 5 관리 6 관리 7

지하공사중의 가설계획은 토공사에서 지하구체공사로 이행하는 중에 특히 가대상의 안전성 확보가 중요하다.

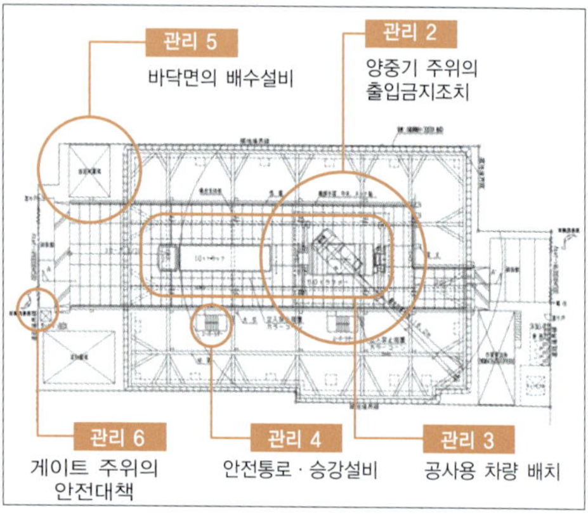

종합가설계획도 (지하의 예)

관리 2 양중기 주위에 출입금지조치를 하였는가?

p.33 관리 2

① 크레인 등의 양중기 주위에는 바리케이트로 작업범위의 출입금지조치를 취한다.

② 굴삭깊이가 깊어짐에 따라 가대상과 지하바닥면에서 작업하는 작업자 사이의 연락에 지장이 생기기 쉬우므로 가대상에 연락원을 배치하고, 신호체계를 보완하여 작업에 임하도록 할 것.

관리 3 공사용 장비의 배치는 적절한가?

p.33 관리 2 관리 3

① 지하 굴삭시 사용하는 클램쉘과 철골세우기, 철근, 거푸집의 자재투입시 사용하는 크레인 등의 시공하중과 충격하중을 각각 배치되는 위치의 가대상에 표시해 놓는다.

② 덤프트럭 등 자재반입 트럭의 바퀴가 경사면에 걸쳐 정지하게 되는 경우에는 반드시 양쪽 바퀴가 움직이지 않도록 조치를 취해 놓는다.

관리 4 안전통로 · 승강설비의 배치는 적절한가?

① 시공자는 산업안전보건법규 등 관련법규의 해당 규정을 준수하고 현장내 근로자에게 위해가 없도록 안전통로의 마련, 시공장비의 운전 및 현장정돈에 특별히 유의해야 한다.

② 지하공사에서는 굴삭단계마다 아래쪽으로 이어지는 승강계단을 필요로 하기 때문에 가대상에서 체인식 계단(슈퍼래더 등)을 설치한다.

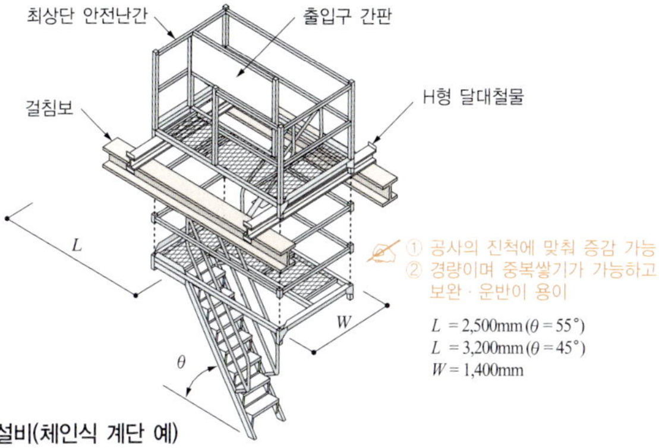

승강설비(체인식 계단 예)

관리 5 배수설비는 정비되어 있는가?

p.48 관리 3 p.49 관리 5

① 굴삭 중에는 빗물을 처리하기 위해 2인치 또는 3인치 정도의 수중펌프를 준비해 둔다.

② 최종 바닥굴삭 후에 설치하는 빗물배수용 측구 및 집수정은 흙막이벽의 안정을 위해 흙막이벽 옆에서 조금 떨어진 위치에 설치한다.

③ 지하수를 딥웰 등으로 배수할 때 직접 배수보다 노치탱크로 토사 등을 침전시키고 난 후 하수관으로 방류한다.

관리 6 게이트 주위의 안전대책에 부족한 점은 없는가?

p.48 관리 3 p.49 관리 5

① 게이트 주위는 보행자가 공사용 차량 출입에 지장을 받지 않도록 유도원을 적절히 배치한다.

② 공사용 차량이 나갈 때에나 공사용 차량이 게이트에 들어가기 전에 보행자가 볼 수 있는 높이에 설치한 회전등으로 공사차량의 출입을 알린다.

③ 전면도로의 교통량이 많기 때문에 교통정체가 염려될 경우에는 공사차량이 왼쪽으로 꺾어서 나가도록 계획한다.

④ 게이트 앞의 가공전선 높이가 공사차량의 출입에 지장이 없는지 확인한다.

❖ 현장관리 포인트

☞ 반입가대의 노면 구배는 최대 1/6까지로 한다.

☞ 바리케이트 등을 사용한 출입금지조치는 시공중기의 이동시 부주의로 담장이 붕괴되는 일도 있으므로 주의한다.

☞ 흙막이벽으로부터의 예기치 못한 변위 · 변형 등에 대비하여 H-형강, Jack, bolt, 용접기, 마대, 흙부대, 모래, 자갈, 시멘트 등 비상용 흙막이 자재를 확보해 둘 것

☞ 배수조 내에서 수량 확인을 위한 노치형상에는 삼각형과 사각형이 있는데, 어느 것을 사용해도 무관하다.

3 역타(top-down)공법

관리 1 역타공법의 특징을 이해하고 시공계획을 세웠는가?

역타공법의 특징

장 점	단 점
· 지하공사와 지상공사를 병행하여 진행하기 때문에 공기를 단축시킬 수 있다. · 건물 본체구조를 흙막이 지보공으로 이용하므로 강성이 높아 흙막이공사의 안전성이 향상된다. · 1층 바닥구조체를 작업 야드, 자재 야드, 주차공간으로 이용할 수 있다. · 지하공사중의 소음, 환경보전, 전천후 시공이 가능하다.	· 건물 자중을 지지하기 위한 가설지주 또는 구조지주가 필요하다. · 콘크리트 수평이어치기를 층고 중간에도 할 수 있기 때문에 구조적인 일체성이나 지수성을 확보할 필요가 있다. · 굴삭 개구부가 한정되기 때문에 굴삭효율이 저하되고 지하에서 발생하는 소음, 매연 및 분진이 심하다. · 시공중기 등의 반입을 위해 1층 보·슬래브를 보강해야 한다.

역타공법은 1층 바닥 슬래브를 먼저 시공하기 때문에 보 관통 슬리브 등의 위치를 빨리 결정해야 한다. 설비공사가 분리발주인 경우에는 협의가 필요하다.

지하구체에서 철골기둥이 필요한 경우는 구조지주가 되어 어떤 지주라도 현장조성말뚝에 매입한다.
역타공법에는 본 역타공법, 준역타공법, 간이 역타공법이 있다. 역타 콘크리트의 타설방법에는 코어타설공법과 슬리브타설공법, 압입공법이 있으며, 타설이음부 처리는 직접법과 충진법, 주입법 등이 있다.

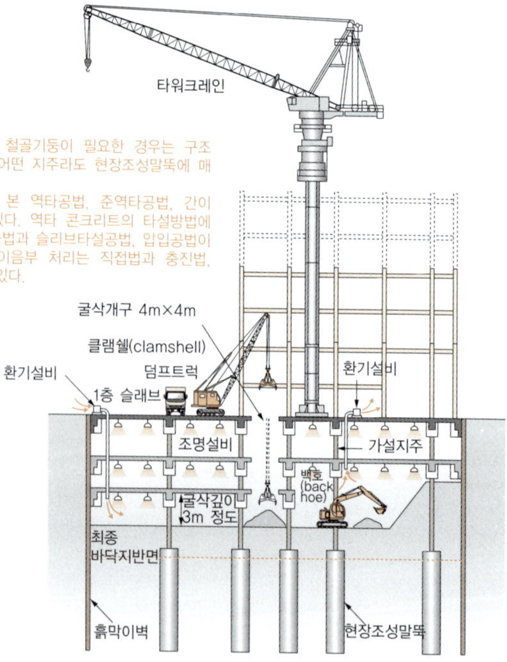

역타공법

관리 2 지하공사와 지상공사의 복층작업을 고려하였는가?

① 지상공사의 착수시기와 전체 공정의 밸런스

특히 철골납기 및 지상구체의 진척에 의해 누적되는 연직하중에 적합한 지주의 내력을 고려하는 것이 중요하다.

역타공법의 공사 진척 이미지

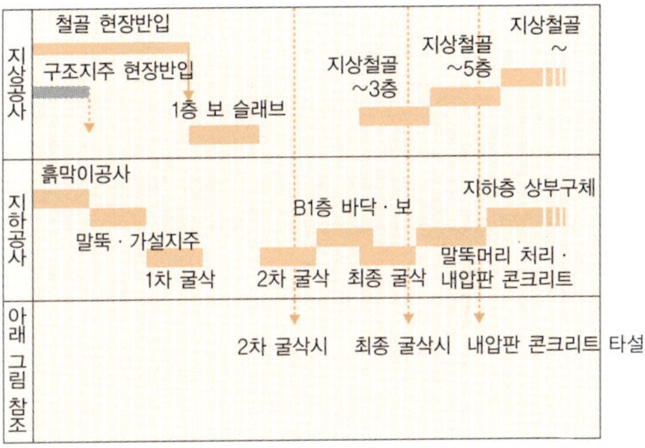

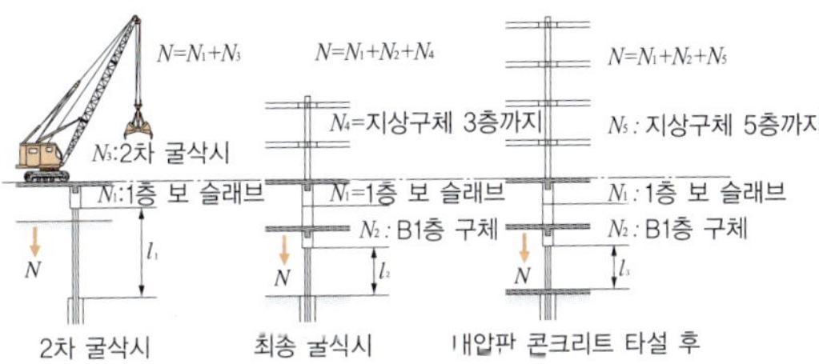

가설지주에 작용하는 하중과 좌굴간 거리의 예

② 동선계획

1층 보 슬래브 위는 지하공사(굴삭공사나 구체공사)와 지상구체공사의 복층작업 때문에 계획적인 동선계획이 필요하다. 특히 지하공사의 공구 구분을 고려한 자재 · 기기의 반출입과 개구부의 위치, 크기, 개소의 수 등을 결정하는 것이 중요하다.

❖ 현장관리 포인트

☞ 구조지주를 현장조성말뚝에 세울 때 보의 접속방법이 브래킷 방식인 상태이면 말뚝 지름이 너무 커지기 때문에 접속방법을 용접방식으로 변경할 것.

☞ 1층 보 슬래브 아래에서의 굴삭작업은 돌출된 기둥주근과 벽근에 접촉하여 철근을 구부러뜨릴 가능성이 있으므로, 돌출된 철근길이를 최대한 짧게 하고 기계식 이음을 이용하는 방법도 고려한다.

☞ 가설지주의 내력은 철근관통에 의한 단면 결손이나 경사를 고려한다.

4 시공관리

관리 1 말뚝머리를 정리할 때 소음 · 분진 비산 방지대책을 강구하였는가?

① 말뚝머리를 정리할 때의 소음 방지는 단관파이프로 만든 프레임을 방음시트로 감싸 말뚝머리 부분에 고정하여 작업한다.

② 분진비산 방지에 관해서는 물을 분사하여 억제한다.

관리 2 매스콘크리트의 품질은 적합한가?

p.93 관리 4

① 매스콘크리트는 콘크리트 중심부와 표면의 온도차가 25℃를 넘지 않도록 배합계획 및 타설계획을 수립한다. 공사개시 전에 배합, 운반, 부어넣기, 콘크리트의 온도관리 및 양생, 이음, 균열제어 등의 방법을 정한다.

② 이종 레미콘 플랜트의 콘크리트를 동일 부위에 사용하는 경우는 이종 콘크리트가 접촉되는 부분에서 각각의 콘크리트에 불량이 생기지 않도록 물시멘트비(W/C)를 최대한 동일 배합한 것을 채용한다.

관리 3 딥웰의 정지시기 · 조임방법은 적절한가?

p.49 관리 5

지하수위가 높은 경우에는 부력이 건물 중량을 상회하는 경우가 있으므로 지하구체가 완성되어도 바로 딥웰에 의한 양수를 정지하지 않도록 할 것. 완성부분의 건물 중량을 계산하여 지하수위를 재확인하고 부력계산을 하는 등 딥웰을 정지하는 시기에 신중한 판단이 필요하다.

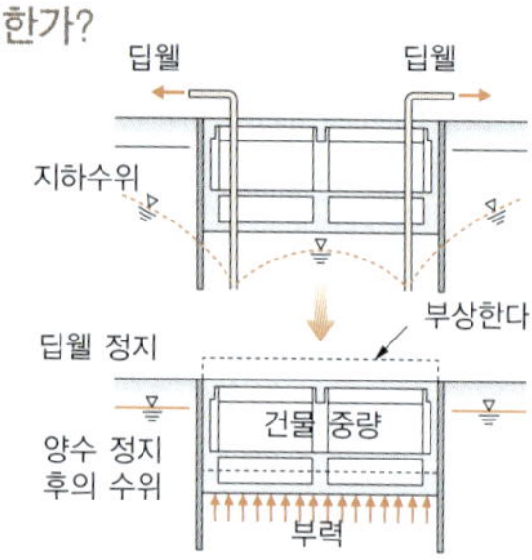

건물 중량<부력

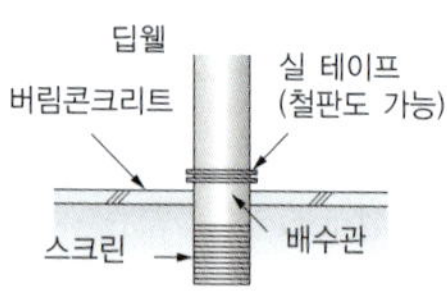

버림콘크리트 타설 후 내압판 하부에 실 테이프를 감는다.

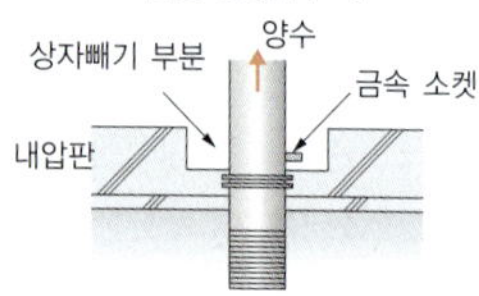

내압판을 상자뽑기한 부분에서 양수하면서 φ75 금속 소켓 용접

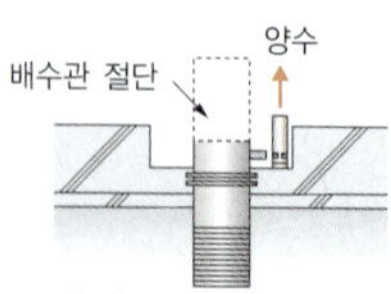

배수용 펌프로 양수하면서 상부의 배수관 가스절단

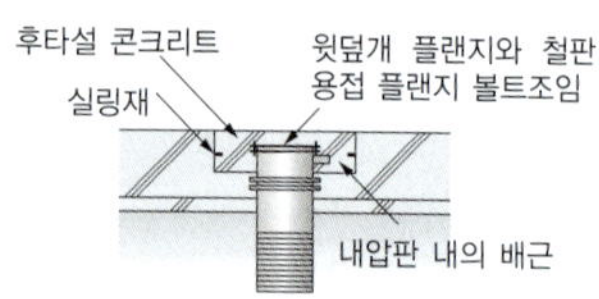

내부에 콘크리트 등을 충전한 후 윗덮개에 2종 플랜지를 설치하여 나중치기 콘크리트 타설(내압판 내의 배근용접도 실시)

딥웰 정지후의 처치(예)

관리 4 지하외벽 및 선반말뚝 · 가대말뚝의 수처리는 적절한가?

p.103
관리 4

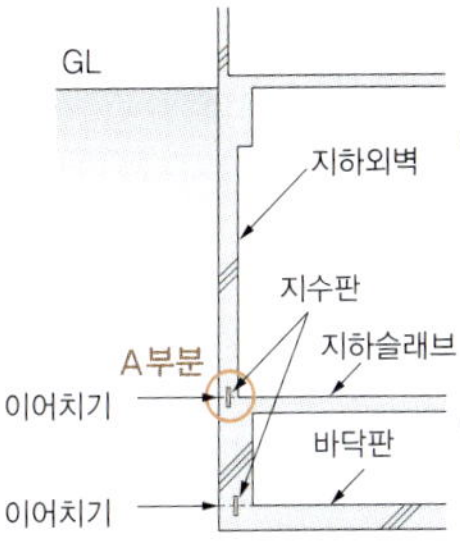

외벽으로부터의 지수처리

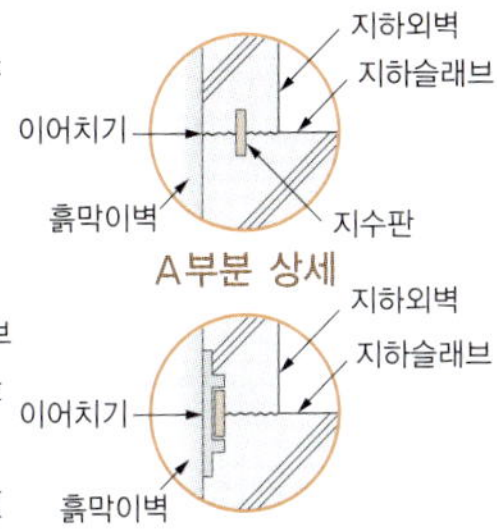

지수판 기타의 예

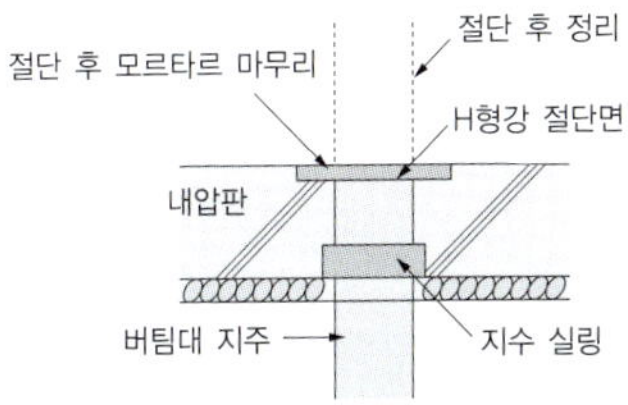

선반말뚝 · 가대말뚝의 지수방법

선반말뚝 · 가대말뚝의 지수처리 시공순서는 다음과 같다.

① 버팀대 지주에 지수 실링처리를 한다.
② 콘크리트는 지주 주위를 낮춰서 타설한다.
③ 지주를 절단 · 정리한다.
④ 내압판과 같은 높이로 방수모르타르 마감을 한다.

관리 5 지하층 보호벽의 방수대책은 강구하였는가?

① 방수턱 콘크리트는 바닥콘크리트와 동시에 타설하며, 배수구로부터의 누수대책을 강구한다.
② 배수구 안쪽에 방수처리를 한다.
③ 배수파이프 및 점검구는 1스팬에 2곳 설치한다.

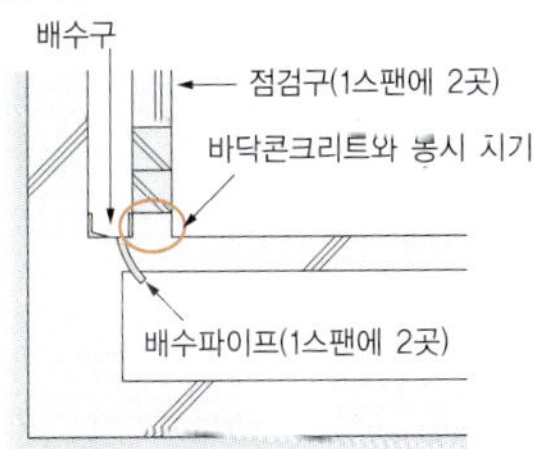

지하층 보호벽(단면)

❖ 현장관리 포인트

☞ 서로 다른 레미콘 콘크리트를 동일 부위에 사용하는 경우는 각각 사용되고 있는 혼화제가 섞여도 영향이 없는지 미리 확인해 둘 것.
☞ 딥웰의 정지시기 판단은 지하수위의 계절에 따른 변동이나 주변지역에서의 대규모 공사로 인한 양수로 일시적으로 지하수위가 낮아지는 경우도 있으므로 이를 고려하여 결정한다.
☞ 콘크리트 이어치기 부분에서는 지수판 연결의 연속성이 중요하다.

8장 지상구체공사 철근공사

1 일반사항(1)

관리 1 강도가 다른 이형철근을 사용(혼용)하고 있지 않은가?

일반적으로 사용되는 이형철근은 종류에 따라 항복점이 다르기 때문에 주의해야 한다. 판별은 압연 마크나 밀-시트에 의한다.

사용할 이형철근은 압연 마크로 설계도와의 적합성을 확인함과 동시에 규격품 증명서(밀시트)로도 확인할 것

이형철근의 종류와 항복점

구분	종류와 기호	항복점 응력(kgf/㎟)
이형봉강	1종 SD24	24 이상
	2종 SD30	30 이상
	3종 SD35	35 이상
	4종 SD40	40 이상
	5종 SD50	50 이상

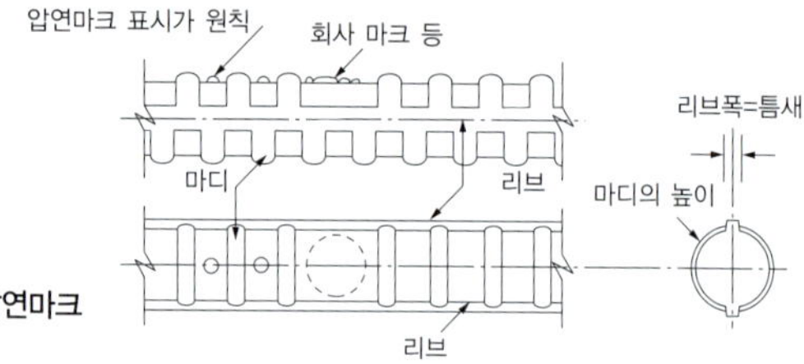

압연마크

관리 2 피복두께를 확인하였는가?

최소 피복두께는 내화나 콘크리트의 중성화를 고려하여 정하고 있다. 이를 확보하기 위해 철근가공 및 조립은 시공오차를 고려하여 기둥 · 보 등의 최소 피복두께에 10mm를 더해 가공한다.

설계 피복두께 및 최소 피복두께의 규정

부위			설계 피복두께(mm)		최소 피복두께(mm)		건축기준법시행령
			마감 있음[*1]	마감 없음[*2]	마감 있음[*1]	마감 없음[*2]	피복두께의 규정
흙에 접하지 않는 부위	지붕슬래브	실내	30 이상	30 이상	20 이상	20 이상	2cm 이상
	바닥슬래브 비내력벽	실외	30 이상	40 이상	20 이상	30 이상	
	기둥 · 보 내력벽	실내	40 이상	40 이상	30 이상	30 이상	3cm 이상
		실외	40 이상	50 이상	30 이상	40 이상	
	옹벽		50 이상[*3]	50 이상[*3]	40 이상[*3]	40 이상[*3]	–
흙에 접하는 부위	기둥 · 보 · 바닥슬래브 · 내력벽		50 이상[*4]		–	40 이상[*4]	4cm 이상
	기초 · 옹벽		70 이상[*4]		–	60 이상[*4]	6cm 이상

※1) 내구성상 유효한 마감 있음 2) 내구성상 유효한 마감 없음 3) 품질 · 시공법에 따라 공사감리자의 승인하에 10mm 낮춘 값으로 할 수 있다. 4) 경량콘크리트의 경우는 10mm를 더한 값으로 한다.

관리 3 사용하는 스페이서의 개수는 적절한가?

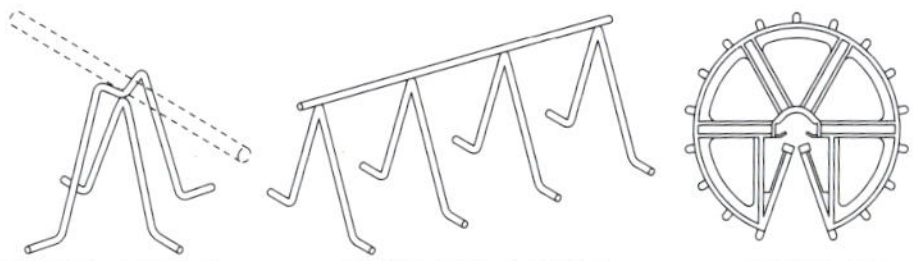

상부근용 스페이서　　보근용 싱글 스페이서　　폴리도너츠

제치장용 캡이 부착된 것, 단열재용 플레이트가 부착된 것, 또는 방청처리가 된 것 등도 있다.

스페이서

바 · 서포트 · 스페이서 등의 종류 및 수량 · 배치의 표준

부위	종류	수량 또는 배치
슬래브	강제 콘크리트제	상단근 : 1.3개/㎡ 정도 하단근 : 1.3개/㎡ 정도
보	강제 콘크리트제	간격 : 1.5m 내외 단부 : 1.5m 내외
기둥	강제 콘크리트제	상단 : 보 밑에서 0.5m 정도, 중단 : 주각과 상단의 중간 기둥폭 방향 : 1.0m까지 2개, 1.0m 이상 3개
기초	강제 콘크리트제	면적 : 4㎡ 정도 : 8개 면적 : 16㎡ 정도 : 20개
기초보	강제 콘크리트제	간격 : 1.5m 이내 단부 : 1.5m 이내
벽 · 지하 외벽	강제 콘크리트제	상단 : 보 밑에서 0.5m 정도, 중단 : 상단에서 1.5m 간격 정도 횡간격 : 1.5m 정도, 단부 : 1.5m 이내

1) 보 · 기둥 · 기초보 · 지하외벽의 간격재는 측면에 한하여 플라스틱제로 할 수 있다.
2) 단열재 매입시의 스페이서는 지지중량에 대해 함몰되지 않을 정도의 접촉면적을 가진 것으로 한다.

관리 4 철근의 여백, 간격은 적절한가?

이형철근 간격의 최소 치수

이형철근	간 격
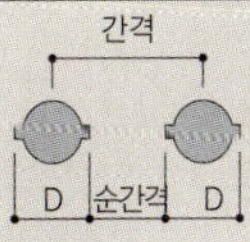 	다음 중 큰 쪽의 수치 · 호칭 수치의 1.5배 조골재 최대치수의 1.25배 · 25mm 이상

❖ 현장관리 포인트

☞ 철근공사는 설계도와 특기사양에 따르는 것이 원칙이다. 사전에 설계도의 특기사양을 잘 확인해 둘 것.

☞ 일반적으로 철근공사는 콘크리트를 치면 검사를 할 수 없기 때문에 가공부터 배근, 콘크리트 타설 직전의 양생까지 일련의 관리가 중요하다. 따라서 정확한 검사기록을 남겨 둘 것.

☞ 합성수지제 도넛형 스페이서는 피복두께에 따라 색별 관리를 하는 것이 좋다.

2 일반사항(2)

관리 1 철근 단부의 절곡형상 및 치수는 적절한가?

철근 단부의 구부림 형상 및 치수

휨각도	그림	철근 종류	철근 지름	구부림 안치수(d)
180°	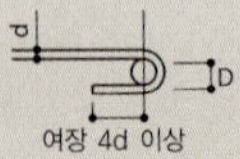	SD 300 SD 350 SD 400, SD 400W SD 500, SD 400W	D16 이하	3d 이상 (5d 이상)
135°	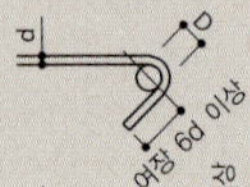		D19~D38	4d 이상 (6d 이상)
			D41	5d 이상 (7d 이상)
90°	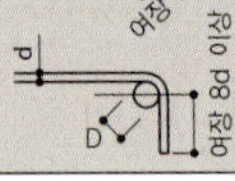	SD 300~SD400	D16~D41	5d 이상 (7d 이상)

1) 기둥 · 보 · 기초의 경우 구부림 안치수가 ( )안이 되는 경우가 있다.
2) 캡 타이나 늑근, 띠철근에 90° 훅을 사용하는 경우 여장 8d 이상이면 된다.
3) 스파이럴근의 겹침이음부분에 90° 훅을 사용하는 경우 여장은 12d 이상으로 한다.
4) 한쪽 지지 슬래브의 상단근 선단, 벽근의 자유단측 선단에 90° 훅 또는 135° 훅을 사용하는 경우 여장은 4d이상이면 된다.

중간부(밴드 형상)

휨각도	그림	사용개소	철근 종류	철근 지름	구부림 안치수(d)
90° 이하	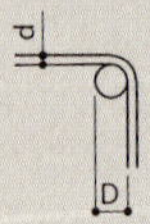	띠철근 스터럽 나선철근 슬래브근 벽근	SD 300 SD 350 SD 400 SD 400, SD 400W	D16 이하	3d 이상
				D19 이하	4d 이상
	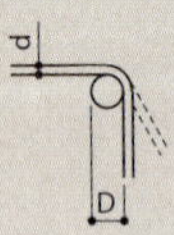	기둥, 보 벽, 슬래브 기초보 등 의 주근	SD 300 SD 350 SD 400 SD 400, SD 400W	D16 이하	4d 이상
				D19~D25	6d 이상
				D29~D41	8d 이상

관리 2 철근의 가공치수는 허용차 이내인가?

구부림 가공치수의 허용차

항목			허용차(mm)
가공치수	주근	D25 이하	±15
		D29 이상 D41 이하	±20
	스터럽, 띠철근, 나선철근		± 5
가공후의 전체 길이			±20

관리 3 철근의 정착 및 겹침이음길이는 적절한가?

철근의 정착 · 겹침이음길이(일본 지침)

<table>
<tr><th rowspan="3">철근의 종류</th><th rowspan="3">콘크리트의 설계기준강도 Fc(N/㎟)</th><th rowspan="3">겹침이음길이 L1</th><th colspan="3">정착 길이</th></tr>
<tr><th rowspan="2">일반 L2</th><th colspan="2">하단근 L3</th></tr>
<tr><th>작은 보</th><th>지붕 바닥슬래브</th></tr>
<tr><td rowspan="3">SD 295A
SD 295B
SD 345</td><td>30 33 36</td><td>35d
(25d)</td><td>30d
(20d)</td><td rowspan="5">25d
(15d)</td><td rowspan="5">10d
또는
150mm
이상</td></tr>
<tr><td>21 24 27</td><td>40d
(30d)</td><td>35d
(25d)</td></tr>
<tr><td>18</td><td>45d
(35d)</td><td>40d
(30d)</td></tr>
<tr><td rowspan="2">SD 390</td><td>30 33 36</td><td>40d
(30d)</td><td>35d
(25d)</td></tr>
<tr><td>21 24 27</td><td>45d
(35d)</td><td>40d
(30d)</td></tr>
</table>

1) (   )안은 180° 훅의 부착 길이를 나타낸다.
2) 지름이 다른 철근의 겹침이음길이는 가는 철근의 호칭(D)에 따른다.
3) 말단 훅은 정착 및 겹침이음길이에 포함하지 않는다.
4) D29 이상의 철근은 말뚝주근을 제외하고 원칙적으로 겹침이음하지 않는다.

철근의 여장, 겹침이음길이 및 정착길이의 환산표 (mm)

철근지름	D10	D13	D16	D19	D22	D25	D29	D32	D35	D38	D41
4d	40	60	70	80	90	100	120	130	140	160	170
5d	50	70	80	100	110	130	150	160	180	190	210
6d	60	80	100	120	140	150	180	200	210	230	250
8d	80	110	130	160	180	200	240	260	280	310	330
10d	100	130	160	190	220	250	290	320	350	380	410
15d	150	200	240	290	330	380	440	460	530	570	620
20d	200	260	320	380	440	500	580	640	700	760	820
25d	250	330	400	480	550	630	730	800	880	950	1,030
30d	300	390	480	570	660	750	870	960	1,050	1,140	1,230
35d	350	460	560	670	770	880	1,020	1,120	1,230	1,330	1,440
40d	400	520	640	760	880	1,000	1,160	1,280	1,400	1,520	1,640
45d	450	590	720	860	990	1,130	1,310	1,440	1,580	1,710	1,850

❖ 현장관리 포인트

☞ 콘크리트 강도가 커지면서 정착 및 이음길이가 짧아진 반면 철근강도가 높아지면서 정착 및 이음길이가 점차 길어지고 있으므로 구조계산자의 지시에 따른다.
☞ 구부림 안치수는 특기시방서에 따르는 경우도 있으므로 시공전에 잘 확인할 것
☞ 위의 표 '철근의 여장, 겹침이음길이 및 정착길이의 환산표'에 없는 고강도 콘크리트의 정착길이는 구조설계자에게 확인할 것

3 가스압접이음

관리 1 가스압접 작업자의 기량자격은 확인하였는가?

① 가스압접이음은 상호 철근단면을 맞대고 산소-아세틸렌염으로 가열하여 적열상태에서 부풀려 가압접합하는 일종의 고상용접(solid phase welding)이음이다.

② 압접작업자는 공인기술자격시험에 합격한 유자격자로 한다. 다만, 동등한 경험자로 압접에 관한 전문지식과 경험을 갖추고 압접시공의 계획관리, 작업자의 감독지도를 수행할 능력을 갖추고 있다고 담당원이 인정한 경우는 예외로 한다.

③ 압접부 구부림 가공을 금하고 강우시, 강풍시(4m/sce), 0℃이하에서는 작업을 중지한다. 다만, 압접부의 품질에 지장이 없다고 확인되는 방풍 또는 덮개 등의 설치로 보증되는 경우는 가능하다.

관리 2 인접한 철근끼리의 압접위치 간격은 400mm 이상, 압접철근지름 차이는 7mm 이내로 되어 있는가?

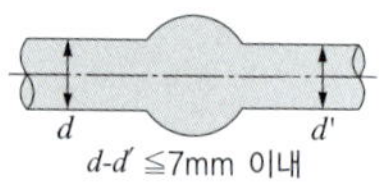

압접철근지름의 차이

원칙적으로 가스압접부분은 400mm 이상 간격을 둔다.

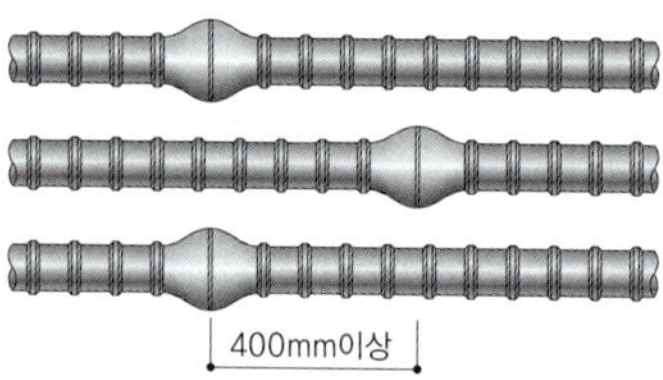

압접위치의 간격

관리 3 압접단면은 평활하며, 틈은 3mm 이하인가?

① 압접단면의 상태는 압접부분의 품질에 크게 영향을 미치기 때문에 그 처리는 매우 중요하며, 인장시험에 의한 압접면 파단의 큰 요인이 된다. 압접 단면의 틈은 3mm 이하로 한다.

② 압접해서는 안 되는 경우

· 철근 지름 차가 7mm 아상일 때 · 철근 재질이 서로 다를 때 · 항복점 또는 강도가 다른 철근의 경우

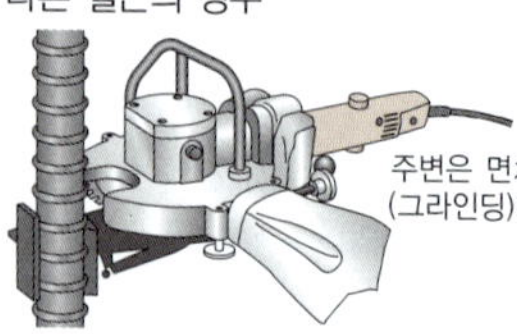
철근냉간 직각절단기

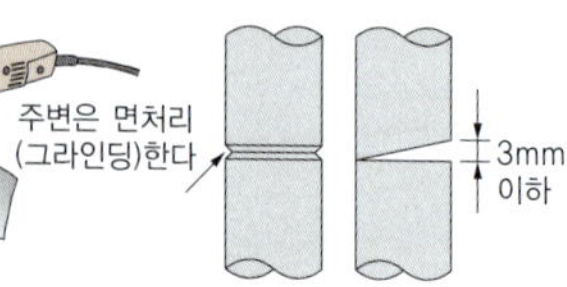

압접단면의 상태

관리 4 가열기 버너는 철근지름에 대해 적절한가?

버너의 표준적인 화구 수

호칭	링버너/화구 수		각 버너/화구 수	
D19	8 이상	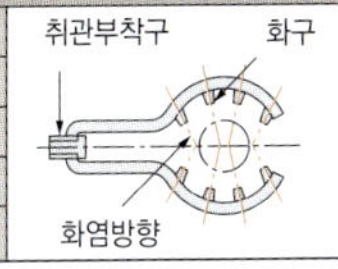	8	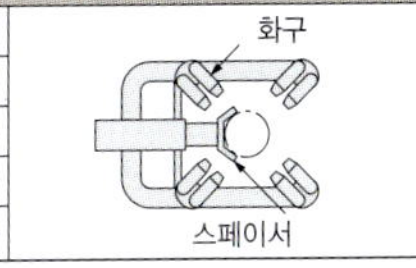
D22	8 이상		8	
D25	8 이상		8	
D29	10 이상		8	
D32	10 이상		8	

관리 5 압접완료 후에 형상을 확인하였는가?

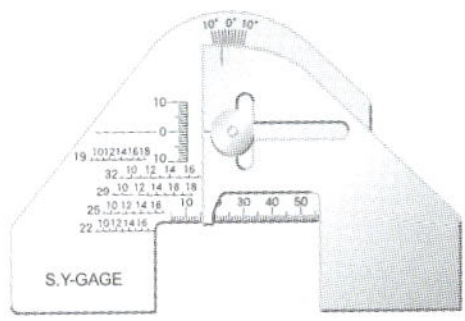

SY 게이지

부푼 곳의 직경 : 1.4d 이상

부푼 곳의 길이 : 1.1d 이상

압접면의 어긋남 : d/4 이하

축심의 편심량 : d/5 이하

이 같은 내용과 압접부에 확실한 절곡(3.5° 이상)이 없는지 육안으로 확인하고 필요에 따라 SY 게이지 등을 사용한다. 또한 심한 균열, 처짐, 부풀음, 압접기 취부에 의한 유해한 체결 손상이 없는지 확인한다.

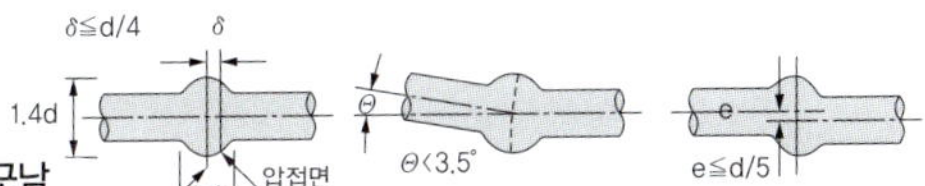

압접면의 어긋남 압접부의 절곡 중심축의 편심

관리 6 가스압접부의 발취시험은 하였는가?

가스압접부의 발취시험

	시험종별	재압접	신뢰성	시험수*1,2	시험결과
초음파 탐상시험	비파괴	없음	시험자의 기량에 의존	20개소/로트	즉시 판정가능
인장시험	파괴시험	있음	직접 품질확인	3개/로트	시간이 걸림

※1) 일반적인 시험개소 수이며, 인장시험은 필요에 따라 5개 이상 하는 경우도 있으므로 설계도 확인이 필요하다.
2) 1검사 로트 : 1조의 작업반이 하루에 시공한 개소의 수- 2곳 이상 불합격이면 로트 전체를 불합격처리
육안에 의한 외관검사의 판정은 압접부의 부푼 형태, 치수, 철근 중심축의 편심량, 압접면 차이 등의 기준에 적합한 것

❖ 현장관리 포인트

☞ 외관검사, 발취시험에서 불합격한 경우 각각 재가열 · 가압처리, 재압접, 재시험 등을 사양에 맞게 행한다. 이때 공정에 큰 영향을 미치는 경우가 있으므로 공정 조정 등을 잘 배려하도록 한다.

☞ 강풍시 또는 강우시에는 원칙적으로 압접작업을 중지한다. 부득이한 경우 비가 올 때에는 적절한 방호를 갖추고 강풍 시에는 차폐조치를 취한다. 또한 습도가 높은 환경에서는 압접 단면 연삭 후 녹이 쉽게 발생하기 쉬우므로 장시간 방치하지 않도록 주의해야 한다.

4 기계식 이음 · 용접이음

관리 1 기계식 이음 · 용접이음의 종류와 공법을 결정하였는가?

기계식 이음 · 용접이음은 성능평가 규정에 준하여 시공할 것. 각각의 특징이 다르므로 사용하는 부위와 시공순서 등을 미리 확인해 두도록 한다.

기계식 이음 · 용접이음의 특징

종 류	특 징
나사마디 철근이음	· 철근을 나사와 같이 이음철물에 돌려 끼워 접합하는 이음 · 기계식 이음 중 가장 많이 보급되어 있다. · 이음시공이 비교적 용이 · 기후의 영향이 적다.
충전식 이음	· 접합하는 두 철근 사이에 원통 강을 씌우고 그 공극부분에 모르타르나 용융금속을 충진하는 이음 · PCa 기둥에 채용하는 경우가 많다.
용접이음	· 이음시공은 용접기능자에 의한다. · 시공 후 초음파탐상시험에 의한 검사가 필요하다. · 기후의 영향이 크다. · 강재에 열을 가하여 철의 조직을 연성화시키거나 완전히 녹여 접합하는 이음

관리 2 에폭시계 수지 그라우트 공법의 소요피복두께는 확인하였는가?

철근이음에 사용되는 충전재에는 무기 그라우트재와 에폭시계수지 그라우트재가 있다. 에폭시계는 내화성이 떨어져 내화구조 부위에 따라 커플러까지의 피복두께(a)가 6~8cm로 규정되어 있다. 이러한 피복두께가 확보되어 있지 않은 경우는 무기 그라우트공법으로 한다. 또한 전단보강근의 피복두께(b)는 커플러 주위 철근의 최외면까지 확보한다.

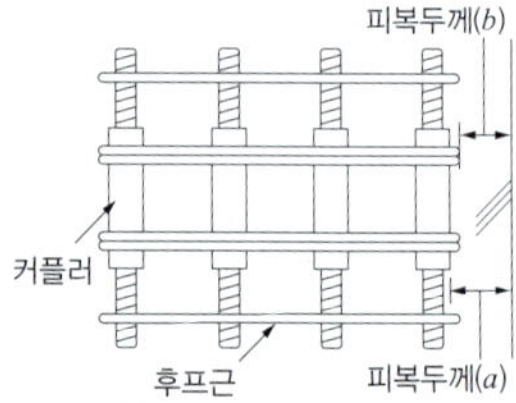

이음부분의 피복과 간격(예)

관리 3 커플러 양단이 철근의 표시범위 내에 있는가?

철근은 소정의 길이를 커플러에 삽입해야 한다. 이를 확인하기 위해 미리 철근 단부의 일정 위치에 지그(jig) 등으로 표시를 하고, 커플러 단부가 그 표시 내에 위치해 있는지 확인하도록 한다.

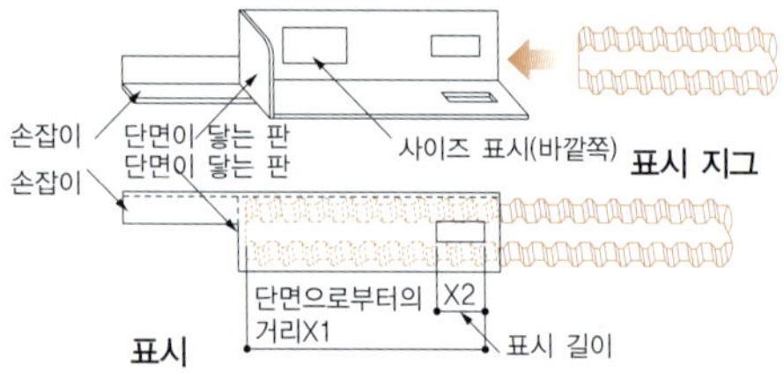

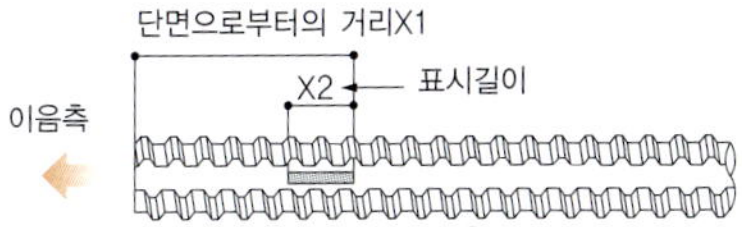

표시 상황

표시위치의 확인

관리 4 철근이음부 커플러 양단에서 그라우트재가 누출되고 있지는 않은가?

철근이음의 충전방법은 삽입길이를 확인한 후 철근마디와 카플러 사이의 틈새 구멍으로 그라우트재를 주입한다. 커플러 양끝에서 그라우트재가 누출되었는지 확인하고 충전을 완료한다.

관리 5 모르타르 충전식 이음부 배출구에서 그라우트재가 누출되고 있지는 않은가?

모르타르 충전식 이음에서도 그라우트재가 누출되었는지를 확인한다. 기둥, 벽 등의 경우는 아래쪽부터 주입하고, 그라우트재를 위쪽으로 누출시키는 방법으로 충전한다.

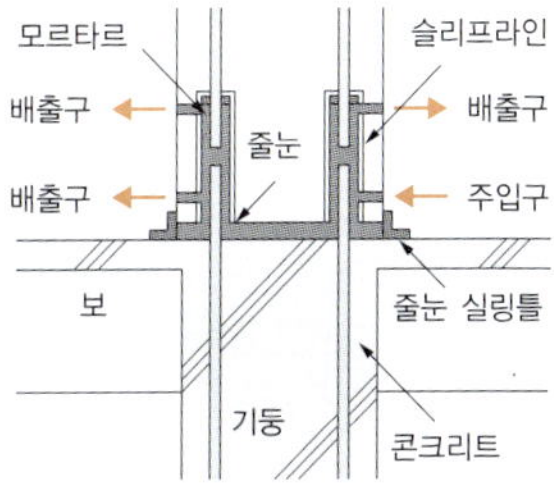

모르타르 충전식 이음(예)

관리 6 용접이음시 필요한 틈과 작업공간이 있는가?

용접이음으로 가장 많은 엔클로즈용접은 용접부위에 대고 쇠나 이음용 지그를 부착하여 아크용접한다. 따라서 용접작업을 하는 공간 확보가 필요하며, 작업순서를 포함하여 사전에 검토할 사항이 많다.

❖ 현장관리 포인트

- ☞ 이음공법은 성능평가 규정의 내용을 충분히 숙지할 것.
- ☞ 기계식 이음 · 용접이음에는 사용부위와 용도에 따라 여러 종류가 있으므로 사용할 부위에 적합한 공법을 선정할 것.
- ☞ 이음의 각 공법에는 숙련된 기량을 가진 유자격자가 작업을 수행하고 있는지 확인할 것.
- ☞ 기계식 이음은 숙련된 기능이 없어도 인정자격자이면 비교적 용이하게 시공할 수 있지만, 품질관리를 게을리해서는 안 된다.

5 기초 · 기초보

관리 1 베이스근은 말뚝 상단으로부터의 피복두께를 확보하고 있는가?

p.70 관리 2

말뚝 기초에서 현장타설 말뚝 상단으로부터 베이스근 하단까지의 최소 피복두께 60mm(설계 피복두께는 70mm)를 확보한다.

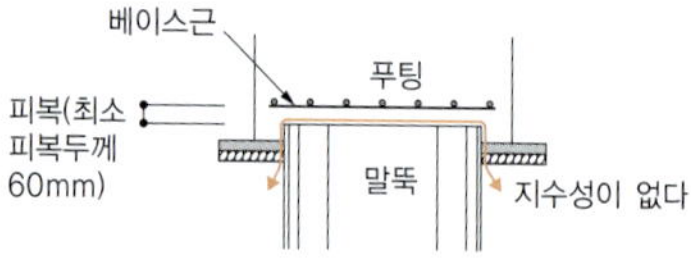

피복두께 잡는 방법

관리 2 기초 · 기초보와 말뚝머리 보강근의 마무리를 검토하였는가?

기초 · 기초보는 지름이 굵은 철근이 많고 말뚝머리 보강근까지 포함하여 철근의 개수가 많다. 철근끼리 엇갈려 구조체 내에 배근이 마무리되지 않는 경우가 있으므로 주근을 포함하여 미리 검토하고 계획된 배근이 필요하다.

① 말뚝머리 돌출 100mm 이상, 또는 말뚝머리 강관돌림의 보강근 용접길이 이상을 확보한다.

② 기초 춤이 작은 경우, 말뚝 주근 등이 기초로 빠져나오지 않았는지 피복두께가 충분한지 확인한다.

③ 철골의 앵커가 있는 경우는 철근과 엇갈릴 가능성이 높으므로 주의해야 한다.

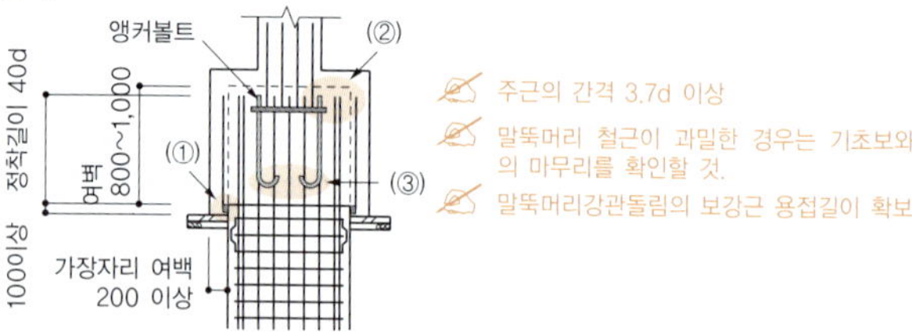

기초 · 기초보와 말뚝머리 보강근의 마무리(예)

관리 3 기초보 · 내압판의 이음위치, 정착길이는 확인하였는가?

p.73 관리 3

기초보, 내압판은 일반 보, 슬래브와 이음위치가 다르며, 기초의 종류나 슬래브 유무에 따라서도 변하므로 주의할 것.

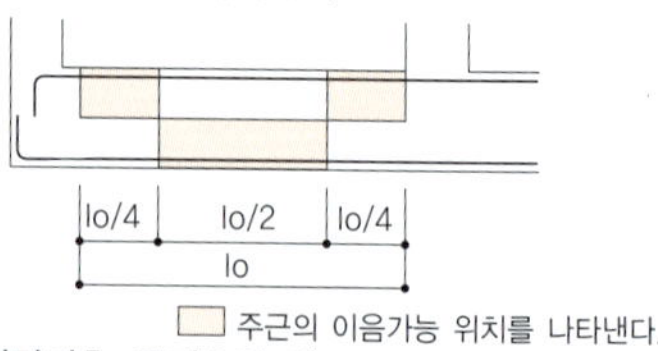

기초보의 이음위치(바닥기초, 줄기초의 예)

관리 4 기초보의 늑근은 수평이어치기 위치를 고려하였는가?

p.72 관리 1

기초보의 보춤이 특히 큰 경우, 스터럽은 시공성을 고려하여 상하 둘로 나누며, 상하의 각 철근은 겹침이음으로 하는 경우가 있다. 먼저 치는 아래쪽 늑근은 수평이어치기 높이 때문에 이음 소요길이로서 확보된 치수가 필요하며, 구조설계자에게 이를 확인해 볼 필요가 있다.

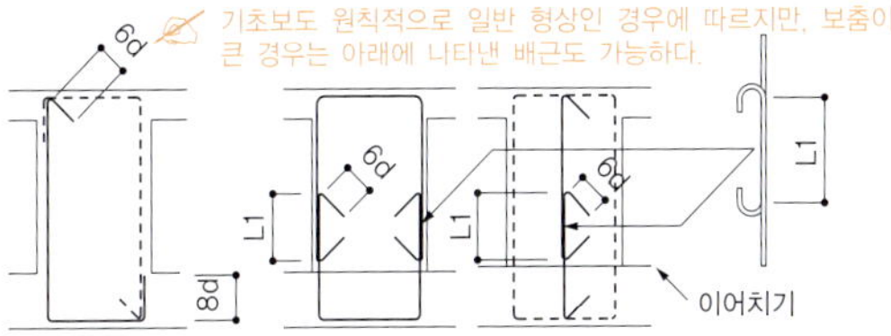

기초보의 스터럽 형상

관리 5 기초보 관통구멍의 위치와 보강근은 적절한가?

① 관통구멍을 두는 범위, 관통구멍의 필요간격은 설계도로 확인한다.

② 피트 등의 통수관은 기초보 하단 주근이 간섭하거나 주근의 피복 부족이 되지 않도록 주의한다.

③ 지름이 큰 관통구멍에는 스터럽 외에 가로근과 경사근의 지름이 큰 보강근이 많이 들어가 배근 마무리 불량이나 배근 실수가 생기기 쉬우므로 보강근의 필요성을 구조설계자에게 확인한다.

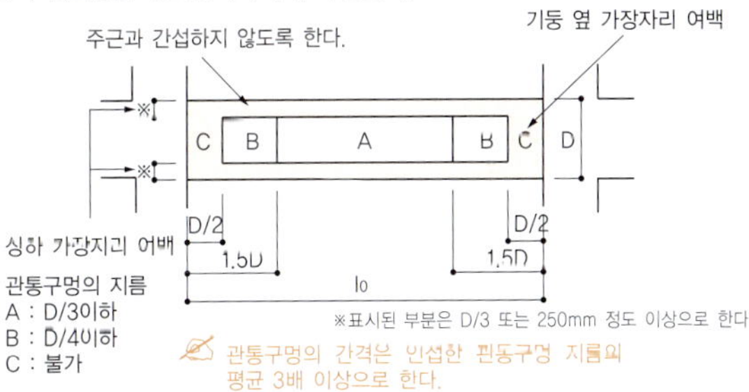

관통구멍 범위 및 관통구멍 지름

❖ 현장관리 포인트

☞ 기초 먹매김 후에는 말뚝의 위치를 확인하고, 시공 후 설계요구 이상으로 말뚝이 편심된 경우는 구조설계자에게 보고하여 기초의 보강요령을 확인할 것.

☞ 배근요령(기타 부위도 공통)은 특기사양에 따라 다른 경우가 있으므로 불분명한 점은 구조설계자에게 확인할 것.

6 기 둥

관리 1 기둥의 X · Y방향 배근에 실수는 없는가?

X · Y방향에 따른 단면치수, 주근지름, 본수의 차이, 주근의 배치와 방향성 등에 주의한다. 특히 건물의 형상이 복잡한 경우 설계도의 평면도와 기둥부재 리스트의 X · Y방향이 잘못 표기된 경우, 또 중간층부터 단면치수가 작아지는 경우는 특히 실수하기 쉽다.

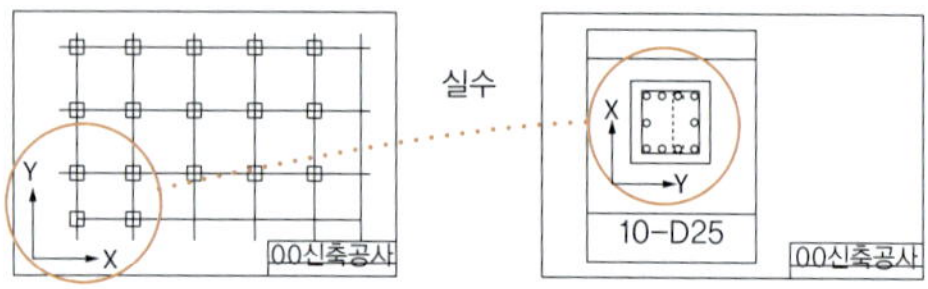

X방향 배근과 Y방향 배근의 확인

관리 2 1. 2단근의 간격과 지지방법은 적절한가?

2단근은 외력에 대해 보통 배근보다 적은 철근으로 효과적으로 저항시키기 위한 기둥주근이다. 모서리 주근과 2단근과의 간격이 너무 벌어지면 2단근으로서의 역할도 하지 못하게 되므로 주의해야 한다.

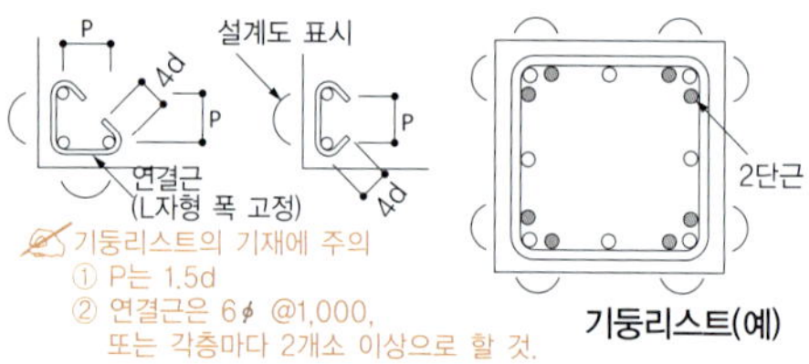

기둥리스트(예)

관리 3 단차가 있는 부분의 후프 피치는 적절한가?

단차부분의 후프 피치는 일반부분의 1.5배로 완화된 경우가 있는데, 높이가 다른 두 보가 만나는 단차의 경우 그 범위에 실수가 생기지 않도록 주의한다.

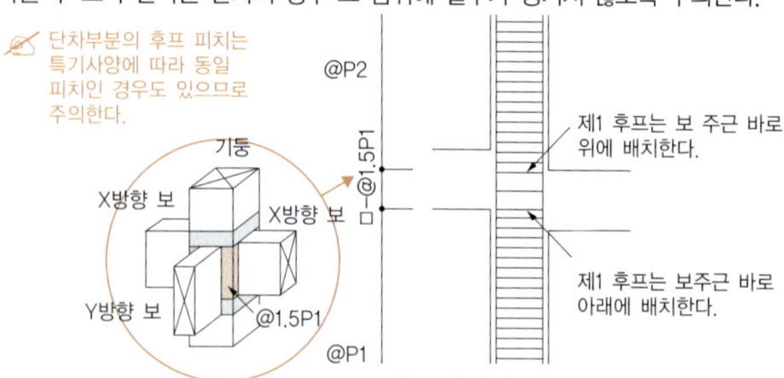

후프의 배치 예

관리 4 기둥 주근의 이음위치 · 상층의 기둥 개수는 확인하였는가?

① 기둥이음 위치는 아래 그림에 나타낸 범위로 하고 인장응력이 가장 작은 층고의 중앙을 원칙으로 한다. 중앙부 이외의 위치에서 이을 경우 이음의 겹치는 길이는 40d 이상으로 한다.

② 상층의 주근개수가 늘어날 경우 하층부터 대응할 것.

③ 상층에서 기둥 단면이 작아지고 치수 차이가 큰 경우는 하층부터 대응할 것

④ 일반적으로 최상층 주두의 네 모서리는 180° 훅 부착으로 하고 그 훅과 보근이 엇갈려 맞물림이 불량해지지 않는지 확인할 것. 한편, 최상층 주두에 훅(hook)을 다는 것은 필요 없다는 논리가 더 우세하다.

⑤ 최상층 보춤이 작고 기둥 주근의 정착길이가 부족할 경우는 미리 구조설계자에게 확인할 것.

⑥ 제1 후프는 보 하단 주근 아래, 보 상단 주근 위에 배근된다. 콘크리트를 치기 전에 배근되어 있는지 확인할 것.

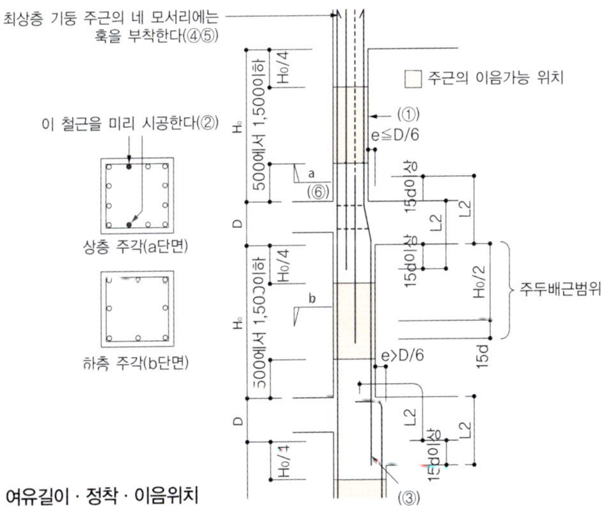

기둥의 여유길이 · 정착 · 이음위치

❖ 현장관리 포인트

☞ 경사기둥의 절곡부분은 후프근의 이중결속, 주근절곡위치, 방향의 시공이 복잡하여 피복두께가 부족해지기 쉬우므로 주의할 것.

☞ 철골 주각부의 주근은 원칙적으로 구부리지 않고, 앵커볼트를 조일 수 있는 이음위치 등을 계획한다.

☞ 배근요령은 특기사양에 따라 다른 경우가 있으므로 불분명한 점은 구조설계자에게 확인할 것.

7 보

관리 1 보근의 이음위치는 응력이 작은 부분에 있는가?

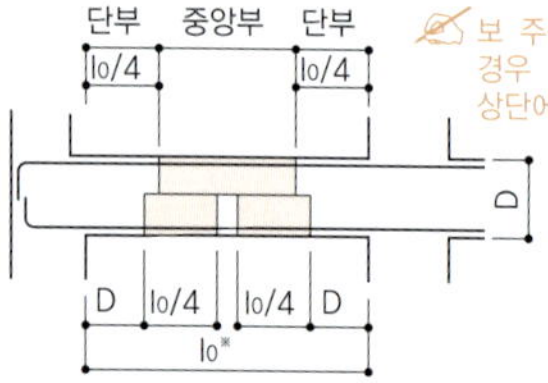

보 주근은 잇지 않는 것이 원칙이다. 부득이한 경우 압축력이 작용하는 단부의 하단, 중앙부 상단에서 잇는다.

보근의 이음위치

큰 보의 하단근 이음 중심위치를 기둥면에서 보춤(D) 이상 떨어뜨리는 것은 힌지 존 때문이며, 이는 보의 형상과 스팬에 따라 다르므로 반드시 설계도로 확인할 것.

관리 2 기둥에 대한 정착길이는 적절한가?

p.73 관리 3

큰 보 주근의 정착은 기둥춤의 3/4 이상 삽입하고 하단근의 정착은 정착성능을 좋게 하기 위해 구부려 올린다.

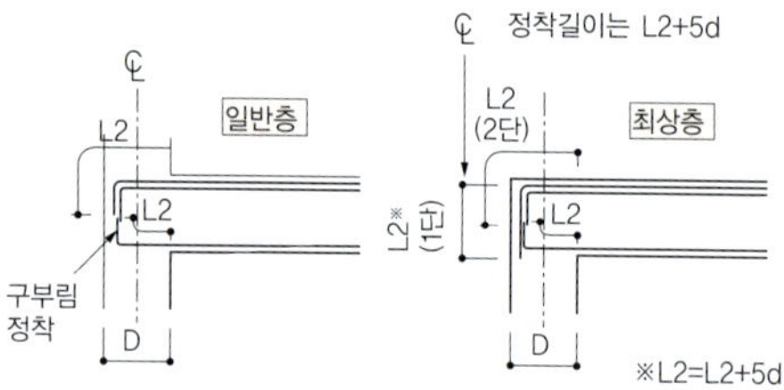

외단부의 보에 대한 정착

관리 3 여유길이는 적절한가?

중앙부와 단부의 주근 수가 다른 경우 컷오프 부분은 15d나 20d 등의 여유길이를 갖게 한다. 컷오프란 응력에 따라 부재 내의 철근 수를 줄이는 것을 말한다.

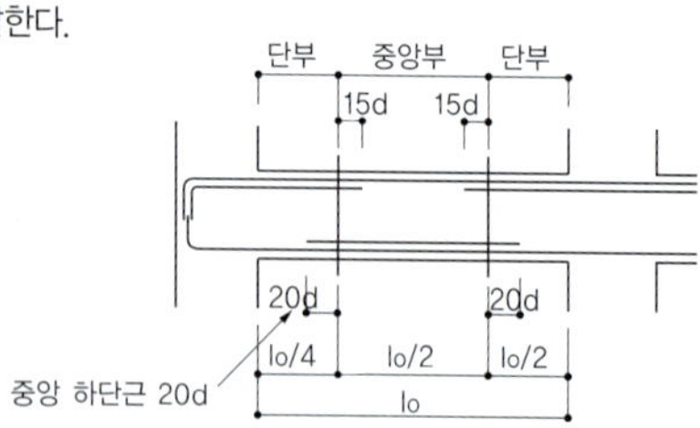

보근의 여유길이(큰 보)

컷 오프 길이는 철근지름, 콘크리트 강도에 따라 길어지는 경우가 있으므로 설계도를 확인할것.

관리 4 2단근의 배근은 적절한가?

2단근으로의 변경은 원칙적으로 하지 않는다. 부득이 변경하는 경우는 구조설계자에게 확인할 것. 2단근의 배근간격은 넓거나 좁아도 효력을 상실하므로 주의하지 않으면 안된다.

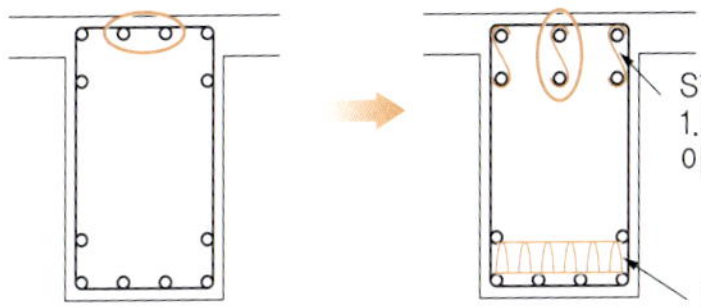

2단근의 배근방법

관리 5 스터럽 형상은 적절한가?

스터럽 형상은 아래 그림 A를 원칙으로 하며 특기 사양서를 확인할 것

p.72 관리 1

훅의 위치는 마주보게 (폐쇄형 스터럽)

90˚ 훅은 슬래브 부착의 경우이며, 콘크리트 동시치기로 한다. 폭 고정근을 짝지은 U자형 스터럽

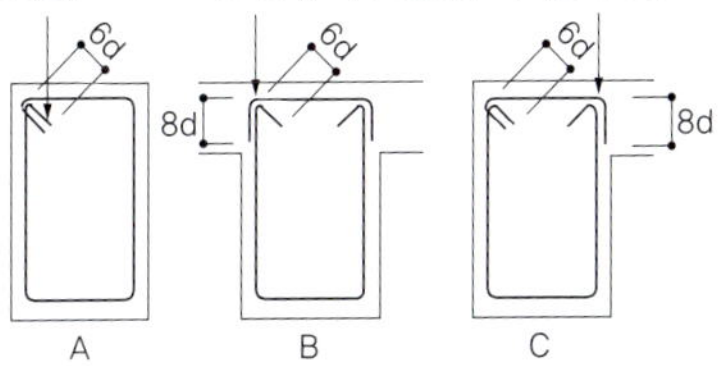

스터럽 형상

관리 6 기둥면과 보면이 동일한 경우의 마무리를 검토하였는가?

기둥면과 보면이 동일한 경우 주근이 서로 엇갈리므로 엇갈린 보 주근을 기둥 주근 내측에 배근하고 스터럽을 기둥 주근만큼 작게 가공한다.

(a)의 피복두께가 부족해지기 쉬우므로 스페이서를 넣어 확보할 것

스터럽을 작게 함에 따라 보 주근의 간격을 확보할 수 없는 경우가 있으므로 구조설계자에게 확인할 것.

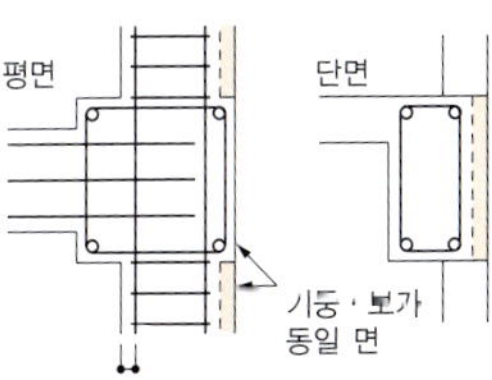

기둥면과 보면이 동일한 경우의 마무리(예)

❖ 현장관리 포인트

- ☞ 보근의 이음위치는 모든 보에 작용하는 응력상태로 정한다.
- ☞ 한쪽 지지보의 정착길이, 헌치보의 스터럽 보강근은 일반 보와 다르므로 설계도로 확인할 것.
- ☞ 배근시 보강요령은 특기사양서로 확인할 것.
- ☞ 기둥과 보의 동일면과 벽면이 같아지는 경우는 배근 마무리에 대해 미리 확인해둘 것.

8 벽

관리 1 정착 · 이음길이를 확인하였는가?

p.73
관리 3

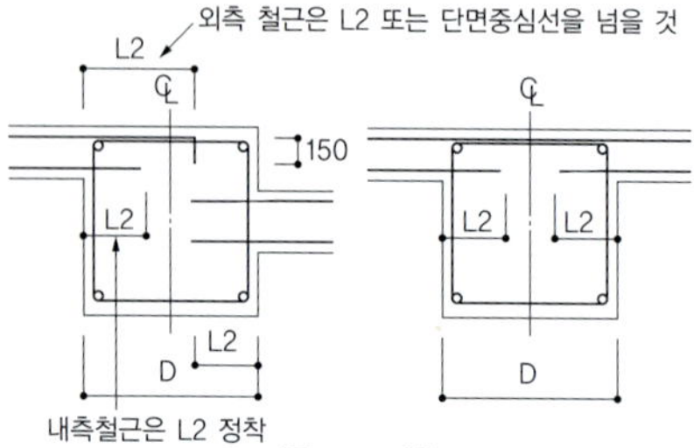

기둥으로 정착

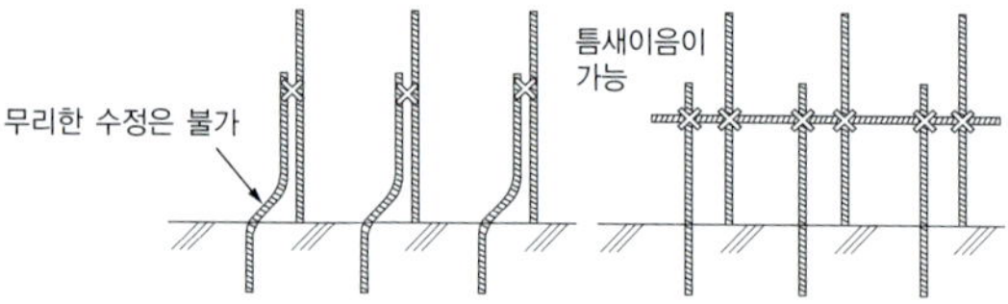

틈새 겹침이음이 가능한 경우는 무리하게 수정을 하지 말 것

틈새 겹침이음

관리 2 개구보강 및 균열방지근은 설계도대로 되어 있는가?

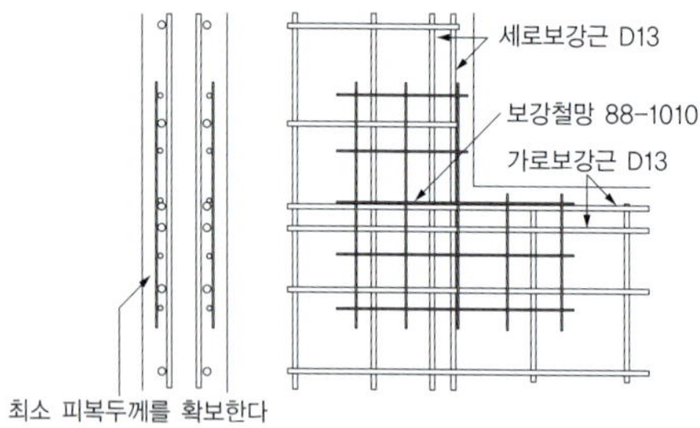

용접철망에 의한 개구보강(예)

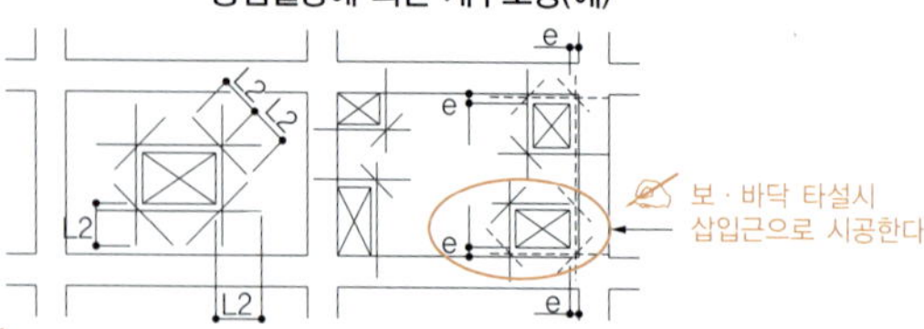

개구위치가 낮은 경우는 아래층 콘크리트를 치기 전에 삽입근을 잊지 말고 시공한다.

개구보강근

관리 3 구조슬릿의 위치 · 사양은 적절한가?

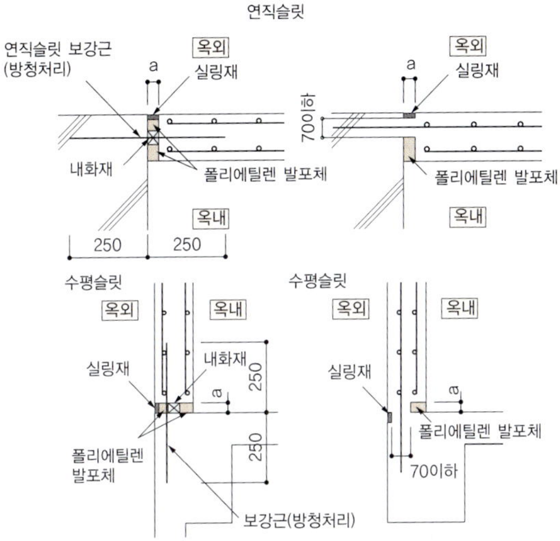

a의 치수는 반드시 설계도로 확인할 것

완전슬릿(예) **부분슬릿(예)**

관리 4 유발줄눈(수축줄눈)의 피복두께 · 배치는 적절한가?

유발줄눈(수축줄눈)은 세로줄눈 3.0m 피치 정도로 둔다.

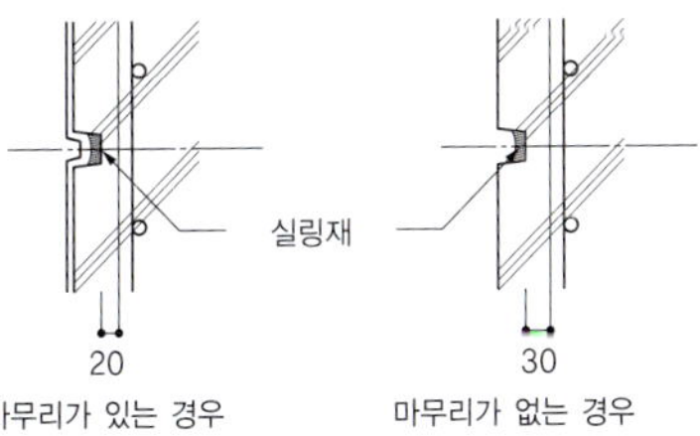

일반적인 줄눈부의 최소 피복두께 참고

❖ 현장관리 포인트

- ☞ 벽은 다른 구조부재와의 접합, 구조슬릿 등 주의사항이 많으며, 균열이 발생하기 쉽다. 미리 균열보강 요령 등의 사양을 확인하고 마무리를 검토하는 것이 중요하다.
- ☞ 토압을 받는 벽이나 한쪽 지지 슬래브 형식의 계단을 받는 벽은 세로근 · 가로근의 내외 사양이나 벽 리스트를 확인한다.
- ☞ 구조슬릿은 슬릿으로 구조체를 분리하기 때문에 지수사항을 고려해야 한다.

9 슬래브

관리 1 정착 · 이음길이를 확인하였는가?

p.73
관리 3

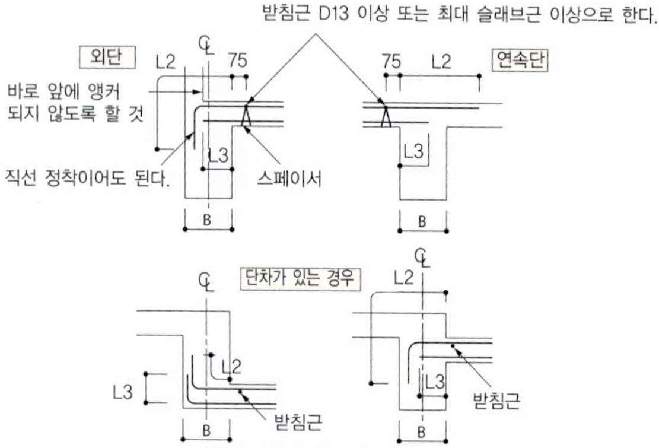

주변고정 슬래브의 정착

관리 2 이음이 보폭 내에 오도록 되어 있는가?

슬래브근의 이음은 보폭 내에 두지 않는 것이 바람직하다. 상단근 · 하단근, 장변 · 단변 각각 이음위치가 다르다. 특히 장변 스팬은 Ly이지만 하단근의 이음은 Lx/4가 되므로 주의해야 한다. 또한 내압판의 경우 상단근, 하단근의 이음위치는 상단, 하단이 반대가 된다.

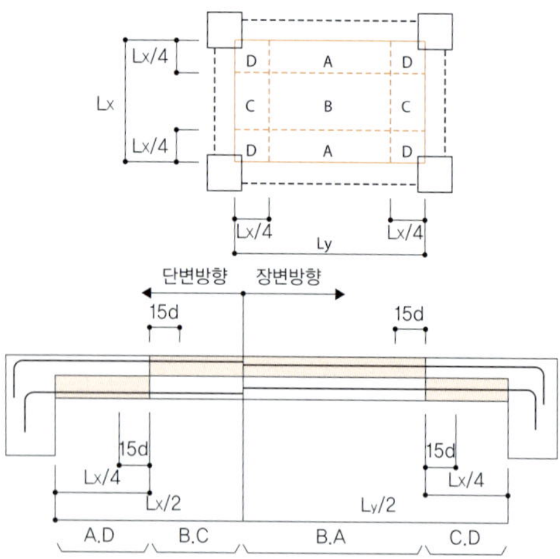

슬래브근의 여유길이 및 이음위치

관리 3 최상층 슬래브 볼록모서리, 오목모서리 부분은 보강하였는가?

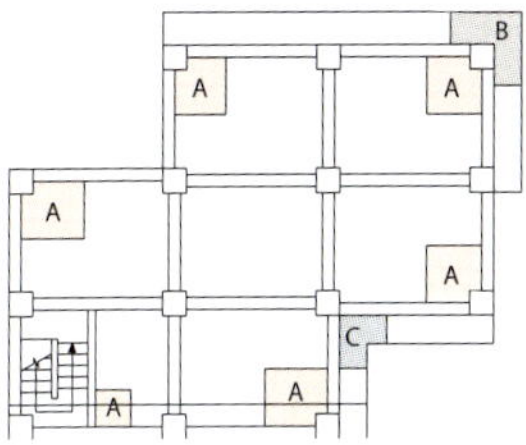

A : 볼록모서리 부분의 보강
B : 한쪽지지 슬래브의 볼록모서리 부분 보강
C : 한쪽지지 슬래브의 오목모서리 부분 보강

슬래브 보강근 공통사항

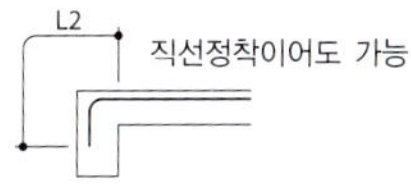

보강의 정착방법

슬래브의 볼록모서리, 오목모서리 부분의 보강(각층 공통)

모서리 보강(용접철망)은 콘크리트 신축에 의한 균열방지 및 방수층의 보호목적

관리 4 슬래브의 개구부는 보강하였는가?

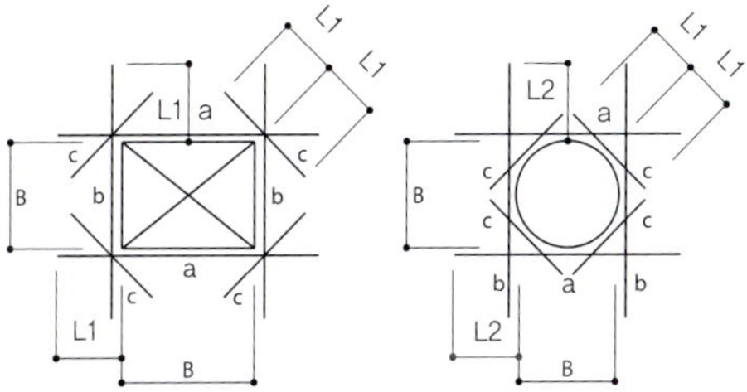

슬래브의 개구보강

슬래브의 개구와 보강근

개구치수(B)	슬래브두께(t)	a, b	c
B<400	200 이하	2-Dm*	1-D13
B<400	200 이상	3-Dm*	2-Dm*
400≤B<700	–	3-Dm*	s2-Dm*

※Dm은 절단할 슬래브근의 최대지름

200X200 이하의 개구부에 대해서는, 개구부를 피해 슬래브근을 엮었을 경우 보강근은 필요하지 않게 된다. 다만, 개구치수(B)가 700 이상인 경우에는 설계도에 따른다.

❖ 현장관리 포인트

- ☞ 슬래브 단차부위와 개구보강 요령은 설계도에 따라 다른 경우가 많으므로 잘 확인해야 한다.
- ☞ 일반 슬래브는 단변을 주근, 장변을 배력근으로 한다. 상단근, 하단근 각각의 주근, 배력근 상하를 착오하지 않도록 할 것.
- ☞ 슬래브 상단이 물구배 때문에 경사진 경우 스페이서의 치수와 설치위치가 벗어나 피복두께가 부족해지기 쉬우므로 주의한다.

1 거푸집 계획

관리 1 거푸집의 조립구성이 완벽한가?

p.91 관리 3

거푸집은 거푸집널(직접 콘크리트에 접하는 판 모양의 재료)과 지보공(거푸집널을 일정 위치에 유지시키기 위한 거푸집보나 장선, 지주 등)으로 구성된다.

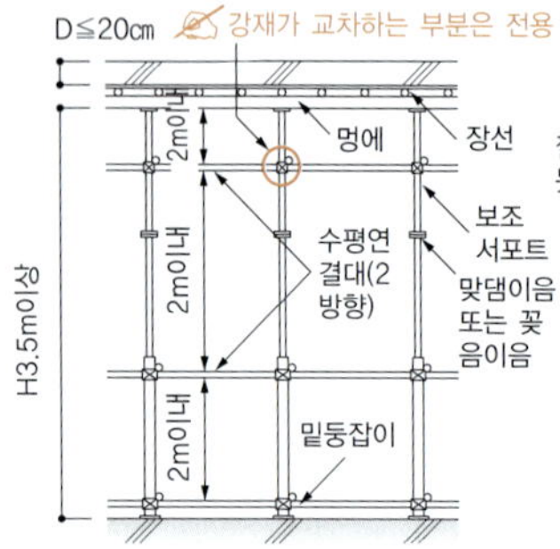

파이프 서포트

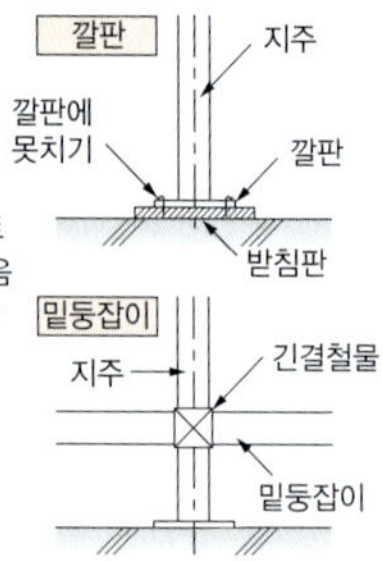

밑부분의 미끄럼방지조치

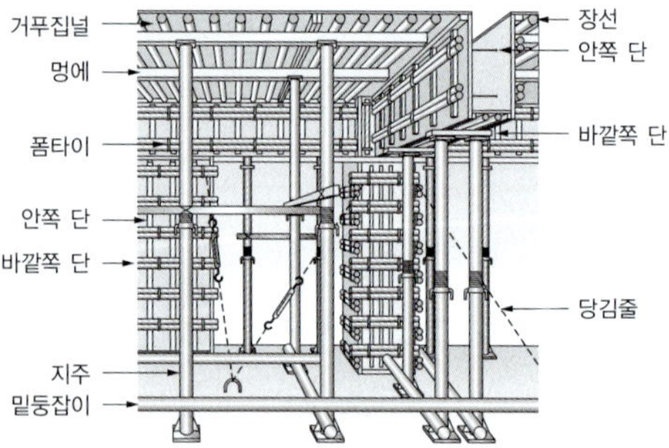

거푸집의 구성

관리 2 거푸집널 재료는 설계요구를 만족시키고 있는가?

거푸집널의 재료는 특기시방서에서 정한 바에 따라 마무리나 요구 정도, 사용부위, 계획된 전용횟수에 따라서 다르다. 일반적으로는 두께 12mm의 '콘크리트 거푸집용 내수 합판'을 사용한다. 또한 합판 외에 강제나 수지계로 만든 것, 바닥용 강제 데크나 단열재 겸용으로 된 것, 라스 등이 있다.

JAS 마크(콘크리트 거푸집용 합판의 표시 예)

관리 3 세퍼레이터는 부위에 적합한 종류를 사용하고 있는가?

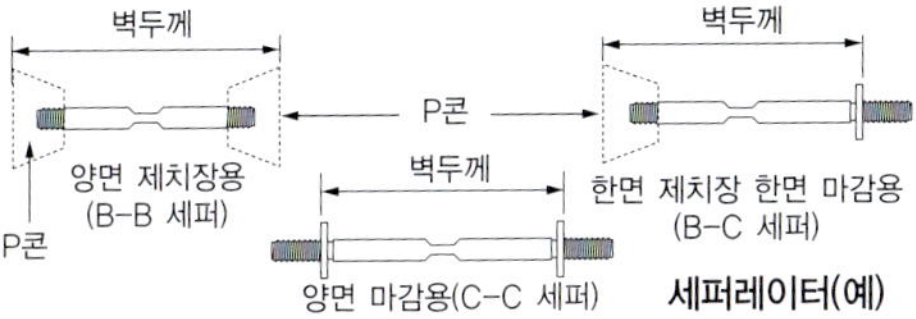

세퍼레이터(예)

관리 4 거푸집재의 전용계획은 검토하였는가?

p.12 공정관리 p.89 관리 5 관리 6

구조체의 사이클 공정에 따라 일정 층이나 공사 구역에서 사용한 기둥, 벽, 보 측면, 보 밑, 바닥 각각의 전용 가능한 개소를 검토하고 준비량을 결정해야 한다. 그러기 위해서는 사이클 공정과 거푸집널 · 지보공의 존치기간 등을 계획할 필요가 있다.

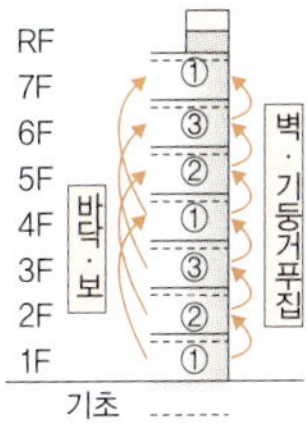

거푸집 전용계획

관리 5 거푸집널의 존치기간은 적절한가?

거푸집널의 존치기간은 기초, 보, 기둥, 측벽은 콘크리트 압축강도 5N/㎟ 이상, 슬래브, 보의 밑면, 아치 내면은 14N/㎟ 이상, 또는 다음 표에 의한다.

거푸집널의 최소 존치기간 [9]

	콘크리트의 재령(일)		
시멘트의 종류 / 평균 온도	조강포틀랜드 시멘트	보통포틀랜드시멘트 고로시멘트 A종 실리카시멘트 A종 플라이애시시멘트 A종	고로시멘트 B종 실리카시멘트 B종 플라이애시시멘트 B종
20℃ 이상	2	4	5
20℃ 미만 10℃ 이상	3	6	8

관리 6 지보공의 존치기간은 적절한가?

p.106 관리 2

지보공의 존치기간은 슬래브 밑, 보 밑 모두 설계기준강도 100% 이상의 콘크리트 압축강도가 얻어진 것이 확인될 때까지로 한다. 다만, 공시체의 현장 양생 조건과 부재의 경간, 상부구조물의 작업하중, 고정하중 및 충격하중을 고려하여 결정하는 것이 원칙이다.

❖ 현장관리 포인트

- ☞ 거푸집을 해체할 시에는 부재에 충격을 주어서는 안 되며, 해체 후 경간이 큰 보나 작은보, 슬래브 등과 집중하중이 걸리는 곳은 경간 중앙에 1~2본의 지보공을 존치시킨다.
- ☞ 거푸집공사에서는 거푸집 지보공의 조립 등의 작업책임자를 선임할 것.
- ☞ 콘크리트의 균열이나 강성 저하, 유해한 변형의 요인이 되므로 거푸집널, 지보공의 존치기간이 되기 전에 조기에 해체하는 일이 없도록 할 것

2 거푸집 조립

관리 1 거푸집 치수, 마무리는 구체도와 일치하는가?

구체도의 표시(예)

기초부호

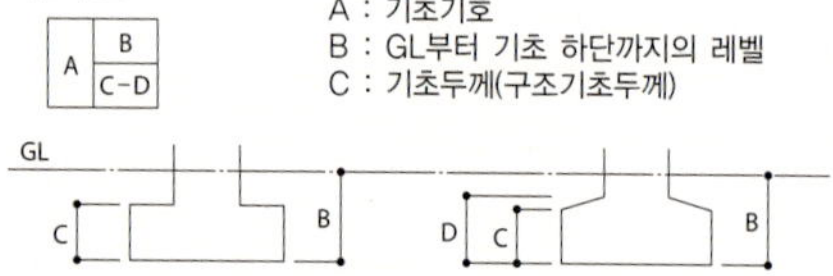

A : 기초기호
B : GL부터 기초 하단까지의 레벨
C : 기초두께(구조기초두께)

보 부호

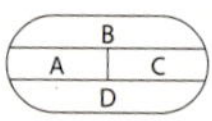

A : 보 기호
B : 보폭(외부 늘려치기+구조치수+내부 늘려치기)
C : 기준높이에서 보 상단까지의 레벨
(기준높이로부터의 구조레벨)
D : 보춤(상부 늘려치기+구조치수+하부 늘려치기)

슬래브 부호

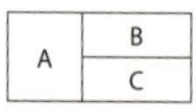

A : 슬래브 기호
B : 기준높이에서 슬래브 상단까지의 레벨
(기준높이로부터의 슬래브 구조레벨)
C : 슬래브 두께(상부 늘려치기+구조치수+하부 늘려치기)

개구 부호 · 창호 부호

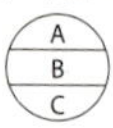

A : 개구치수
B : 창호번호
C : 기준높이로부터의 개구 하단 레벨

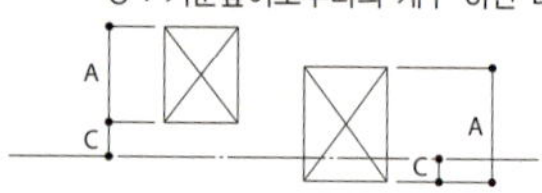

관리 2 먹매김은 확인하였는가?

① 기준 먹매김은 동일 측정기구를 사용하고 선임된 책임자가 행한다.
② 기준먹줄 및 벽, 기둥 등의 중심먹줄 검사 정밀도 1/500~1/1,000 정도
③ 기준먹 확인은 중요관리항목으로 한다. 건축물은 선이 생명이다. 먹매김의 오차, 작업시 먹매김 선(line)의 이탈, 거푸집이 밀리거나 팽창할 때 건축선을 유지하기 어렵다.

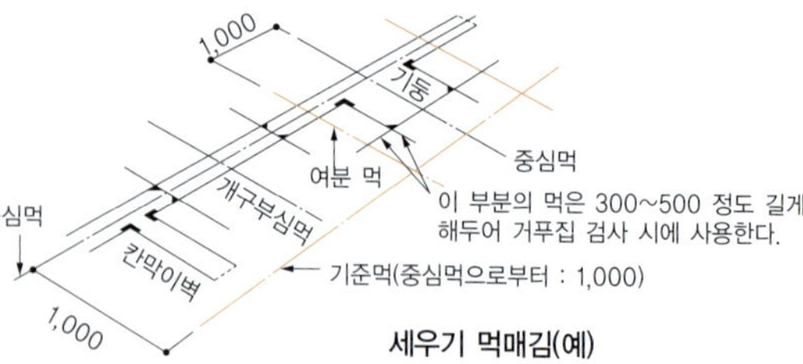

세우기 먹매김(예)

관리 3 거푸집의 구성시 구조계산서와 계획서대로 시행되고 있는가?

p.88
관리 1

① 특히 거푸집 멍에나 장선, 지보공, 세퍼레이터의 피치가 계획대로 되어 있는지 확인한다.

② 중량물을 거푸집 위에 임시로 놓을 경우라도 지보공의 보강을 검토할 필요가 있다.

연직하중의 종류[10)]

하중의 종류		하중의 값	비고
고정하중	보통콘크리트	24kN/㎥×d	d : 부재두께(m)
	거푸집 중량	0.4kN/㎡	
적재하중	일반 펌프공법	1.5kN/㎡	작업하중+충격하중

관리 4 구조슬릿의 재료와 위치는 모두 적절한가?

p.85
관리 3

① 구조슬릿은 방화구획 부분에 설치되는 경우가 많으므로 내화성능을 가진 것을 선정한다.

② 빗물받이 등의 슬릿에서 누수의 위험이 있는 경우는 지수대응형(부틸고무 부착)을 사용하거나 구체의 형상으로 대응한다.

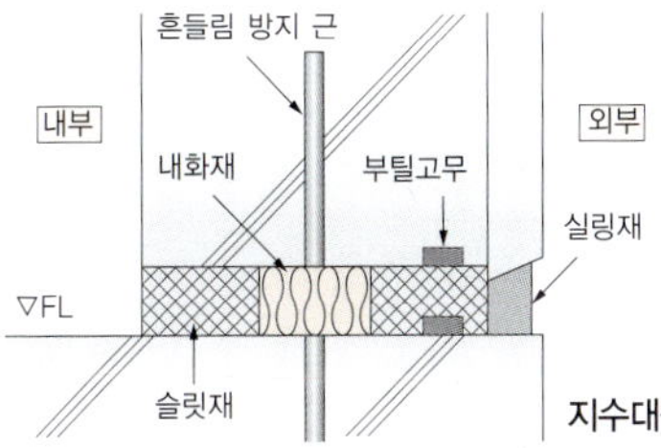

지수대응형 수평 슬릿의 마무리(예)

관리 5 거푸집널 하단에 청소구, 창문 밑부분에 공기 유통구를 설치하였는가?

p.105
관리 5

① 거푸집널 맨 아래에 청소구를 두고 조립 후 그곳에 쌓인 이물질 등을 제거한다. 특히 계단은 오물이 쌓이기 쉬우므로 주의한다.

② 창문 아래나 계단, 큰 설비개구부 등 콘크리트를 칠 때 공동이 생기기 쉬운 부위에는 개구 하단 등의 덮개가 되는 거푸집에 공기 유통구멍을 두어 콘크리트를 충전하기 쉽게 한다.

❖ 현장관리 포인트

- ☞ 계단 등의 경사진 지보공에 미끄럼방지 조치를 취했는지 확인할 것.
- ☞ 거푸집 조립 후 높이가 30m 미만의 경우 선면, 모서리의 수직오차 25mm 이하, 슬래브, 보, 모서리 부재의 수평허용오차 25mm 이하로 한다.
- ☞ 기둥, 보, 벽체의 단면치수 및 바닥슬래브, 지붕슬래브의 두께 허용오차 −5mm, ±20mm 이내일 것. 또한 계단높이 3mm 이하, 계단넓이 6mm 이하일 것.
- ☞ 천장 인서트, 새시용 앵커, 단열 반복사용 보드 등은 사양에서 정한 치수, 위치에 설치되어 있는지 확인한다.

1 일반사항

관리 1 콘크리트의 사양을 확인하였는가?

주요 구조부에는 JIS 규격품 또는 인정품을 사용한다. 국내에서는 KS 규격품 또는 인정품을, 레미콘을 사용 할 경우 반드시 KS 표시허가를 받은 공장을 선정해야 한다.

레디믹스트콘크리트의 종류와 규격(JIS A 5308)

레디믹스트 콘크리트의 종류	보통 콘크리트			경량 콘크리트	포장 콘크리트	고강도 콘크리트	
조골재의 최대치수(mm)	20, 25		40	15	20, 25, 40	20, 25	
슬럼프 또는 슬럼프플로우(cm)*	8, 10, 12, 15, 18	21	5, 8, 10, 12, 15	8, 10, 12, 15, 18, 21	2.5, 6.5	10, 15, 18	50, 60
호칭강도 18	○	–	○	○	–	–	–
21	○	○	○	○	–	–	–
24	○	○	○	○	–	–	–
27	○	○	○	○	–	–	–
30	○	○	○	○	–	–	–
33	○	○	–	○	–	–	–
36	○	○	–	○	–	–	–
40	○	○	–	○	–	–	–
42	○	○	–	–	–	–	–
45	○	○	–	–	–	–	–
50	–	○	–	–	–	○	○
55	–	–	–	–	–	–	○
60	–	–	–	–	–	–	○
휨 4.5	–	–	–	–	○	–	–

위의 내용은 짐부리기 지점의 값이며, 50cm 및 60cm는 슬럼프플로우의 값.

관리 2 주택성능평가의 열화대책등급은 적용되어 있는가?

① 품확법에 준한 주택성능평가에서 '열화대책등급 3'인 경우는 주의가 필요하다. 시멘트의 종류, 물시멘트비, 설계피복두께, 슬럼프, 단위수량, 공기량 등이 기준에 적합해야 한다.

② 고로시멘트를 사용하는 경우 물시멘트비의 산정조건이 기준에 적합한지, 또한 철강슬러그협회가 취득한 특별평가인정을 적용하는 경우 피복두께의 할증을 잊기 쉬우므로 주의한다.

관리 3 호칭강도는 확인하였는가?

호칭강도(FN')는 품질기준강도(Fq)에 예상평균기온에 의한 강도 보정치(T)를 더한 값

콘크리트의 내구설계기준강도

내구설계기준강도(N/㎟)	계획공용기간의 급	대규모 보수 불필요 예정기간	공용 한계기간
18	일반	30년	65년
24	표준	65년	100년
30	장기	100년	–

설계기준강도(Fc) : 구조계산에서 기준으로 한 압축강도. 내구설계기준강도(Fd) : 구조물의 기능적인 수명이나 대규모 수선이 불필요한 기간을 기준으로 한 계획공용기간의 급에 따라 정한 강도. 품질기준강도(Fq) : 설계기준강도와 내구설계기준강도 중 큰 쪽의 값에 강도할증 ⊿F(3N/㎟)를 더한 강도.

관리 4 콘크리트의 종류는 확인하였는가?

콘크리트의 종류와 특징

종류		특징
재료별	보통콘크리트	보통골재를 사용하는 설계기준강도 36N/㎟ 이하의 콘크리트
	경량콘크리트	경량골재를 사용하는 기건단위 용적질량의 범위가 1.4~2.1t/㎥인 콘크리트. 1종과 2종이 있으며 2종이 더 가볍다. 슬럼프 21cm 이하, 단위시멘트량의 최소치 320kg/㎥, 단위수량의 최대치 185kg/㎥, 물시멘트비의 최대치 55%
	프리스트레스트 콘크리트	PC강재에 미리 압축력을 부여한 콘크리트. 포스트텐션방식일 경우 슬럼프 15cm 이하, 물시멘트비의 최대치 45%
	무근콘크리트	버림콘크리트 등 철근으로 보강되어 있지 않은 콘크리트. 품질기준강도는 일반적으로 18N/㎟
성능별	고유동콘크리트	재료분리를 일으키지 않고 유동성을 높여 진동·다짐을 하지 않아도 충전이 가능한 자기충전성을 갖춘 콘크리트
	고강도콘크리트	설계기준강도 36N/㎟를 넘는 콘크리트. 국내에서는 40N/㎟, 경량골재콘크리트 27N/㎟ 이상
시공조건별	한중콘크리트	콘크리트타설 후의 양생기간에 평균기온이 3.2℃ 이하가 되는 시기에 시공되는 콘크리트. 국내에서는 4℃ 이하일 때로 규정
	서중콘크리트	일평균 기온의 일별 평활평년치가 25℃를 넘는 기간에 시공되는 콘크리트
	유동화콘크리트	미리 반죽된 콘크리트(베이스콘크리트)에 유동화제를 첨가하여 슬럼프를 증대시킨 콘크리트 유동화콘크리트의 슬럼프는 21cm 이하. 품질관리는 베이스콘크리트와 유동화콘크리트 모두 필요
	매스콘크리트	부재 단면의 최소치수가 크고 시멘트수화열에 의한 온도상승으로 유해한 균열이 생길 우려가 있는 부분의 콘크리트
	수중콘크리트	현장타설 콘크리트말뚝, 철근콘크리트 지중벽 등 트레미관을 사용해 수중에 타설하는 콘크리트

❖ 현장관리 포인트

☞ 물시멘트비는 물의 중량÷시멘트의 중량×100(%)으로 나타낸다.

☞ 콘크리트의 종류가 특기시방서에 규정되어 있는지 반드시 확인할 것.

☞ 콘크리트의 압축강도는 설계, 콘크리트 제조, 발주, 시공의 각 단계에 적합한 종류가 있으며, 각각 정의가 다르다.

☞ 시공시기의 기온이 낮은 경우에는 강도발현 저하를 보충하기 위해 품질기준강도에 온도보정치를 더한다.

2 재 료

관리 1 용도에 적합한 시멘트를 사용하고 있는가?

p.93
관리 4

각종 시멘트의 특성과 주요 용도

종류/기호		특성	용도
포틀랜드시멘트	보통포틀랜드시멘트/N	일반적인 시멘트	일반 콘크리트공사
	조강포틀랜드시멘트/H	① 보통시멘트보다 강도발현이 빠름 ② 저온에서도 강도 발휘 ③ 수화열이 큼	긴급공사 · 동절기공사, 콘크리트제품
	초조강포틀랜드시멘트/UH	① 조강시멘트보다 강도발현이 빠름 ② 저온에서도 강도 발휘 ③ 수화열이 큼	긴급공사, 동절기공사
	중용열포틀랜드시멘트/M	① 수화열이 작음 ② 건조수축이 작음	매스콘크리트, 차폐용 콘크리트
	내유산염포틀랜드시멘트/SR	유산염을 포함한 해수 · 토양 · 지하수 · 하수 등에 대한 저항성이 큼	유산염의 침식작용을 받는 콘크리트
	저열포틀랜드시멘트/L	① 초기강도는 작지만 장기강도는 큼 ② 수화열이 작음 ③ 건조수축이 작음	매스콘크리트, 고유동콘크리트, 고강도콘크리트
고로시멘트	A종/BA	보통시멘트와 동등한 성질	보통시멘트와 동등하게 사용됨
	B종/BB	① 초기강도는 약간 작지만 장기강도는 큼 ② 수화열이 작음 ③ 화학저항성이 큼	보통시멘트와 동등한 공사, 매스콘크리트, 해수 · 유산염 · 열의 작용을 받는 콘크리트, 토중 및 지하구조물 콘크리트
	C종/BC	① 초기강도는 약간 작지만 장기강도는 큼 ② 수화발열속도는 매우 늦음 ③ 내해수성이 큼	매스콘크리트, 해수 · 토중 · 지하구조물 콘크리트
플라이애시시멘트	A종/FA B종/FB	① 워커빌리티가 좋음 ② 장기강도가 큼 ③ 건조수축이 작음 ④ 수화열이 작음	보통시멘트와 동일한 공사, 매스콘크리트, 수중콘크리트

관리 2 세골재, 조골재 모두 규정값에 적합한가?

① 세골재 : 10mm 체를 전부 통과, 5mm 체를 질량 85% 이상 통과하는 골재
② 조골재 : 5mm 체에 질량 85% 이상 남는 골재

골재는 콘크리트 용적의 70%를 차지하며, 콘크리트의 품질에 큰 영향을 미치므로 KS 규격에서 정한 품질의 재료를 선정할 것.

관리 3 콘크리트 반죽에 사용하는 물의 품질은 확인하였는가?

상수도물은 특별히 시험을 하지 않아도 되지만, 상수도물 외의 물(하천수, 호수의 물, 우물물, 지하수, 공업용 물 등)이나 회수수는 기준에 적합해야 하며, 그 품질이 강재의 부식촉진, 장기강도 감소, 응결촉진 등의 영향을 미치거나 콘크리트의 내구성 저하 또는 변태를 일으켜서는 안 된다.

관리 4 혼화제 선정은 옳게 되었는가?

혼화제의 종류와 특징

종 류	특 징
AE제	콘크리트 내에 무수의 미세한 공기방울을 연행. 워커빌리티 향상, 단위수량 감소, 동결융해 저항성, 중성화 저항성, 내구성 향상의 효과가 있다.
감수제	계면활성제의 일종. 워커빌리티 향상, 단위수량 감소 효과가 있다.
AE감수제	연행공기에 의한 AE 효과와 감소효과를 겸비한다.
고성능 AE감수제	AE감수제의 기능을 대폭 증대시킨 혼화제로 고강도콘크리트, 고유동콘크리트에 불가결한 재료
유동화제	현장에서 콘크리트 타설 전에 레미콘 차내에 첨가하며, 콘크리트의 유동성을 증대시키기 위해 사용한다.

관리 5 혼화재 선정은 옳게 되었는가?

혼화재의 종류와 특징

종 류	특 징
플라이애시	화력발전소에서 석탄회를 포집한 인공포졸란. 콘크리트의 워커빌리티, 수화열 저감, 장기강도 증진, 건조수축 및 알칼리 골재반응 억제
팽창재	콘크리트를 팽창시키는 작용이 있으며, 콘크리트의 건조수축균열과 온도균열을 방지하기 위해 사용된다. 석회계, 철분계, 석고계 등이 있다
고로슬래그 미분말	고로를 사용한 제철소에서 발생하는 슬래그. 내해수성 향상과 장기강도 증진을 꾀할 수 있다.
실리카흄	실리콘 제조시 발생하는 초미립자의 산업부산물. 콘크리트의 유동성 개선, 강도, 내구성 향상을 꾀할 수 있다.

❖ 현장관리 포인트

☞ 시멘트의 종류에 따라 콘크리트의 강도발현이 다르다.

☞ 콘크리트의 재료는 시멘트, 물, 세골재, 조골재와 필요에 따라 혼화제 · 혼화재로 구성된다.

☞ 혼화재료는 콘크리트에 약품적으로 소량 첨가되는 혼화제와 비교적 다량 사용되는 혼화재의 두 종류가 있다. 혼화제에는 상기 외에 촉진제, 지연제, 급결제, 기포제, 발포제, 방청제, 수중불분리성 혼화제 등이 있으며, 혼화재에는 천연제올라이트, 메타카올린, 착색재, 중량재, 고강도용 혼화재 등 다수가 있다.

3 배합 · 제조 · 수송

관리 1 배합계획에 앞서 설계도의 콘크리트공사 특기사양을 확인하였는가?

보통콘크리트의 규정

항목	규정치
단위수량	185kg/㎥ 이하
단위시멘트량	최소치 270kg/㎥
물시멘트비	최대치 65%
공기량	특기사항이 없으면 4.5%(국내 4~7%)
염화물량	염화물이온(Cl^-)량 0.30kg/㎥ 이하

1) 보통콘크리트 외의 콘크리트인 경우는 각각의 사양, 규정을 확인할 것. 또한 규정치 내에서 특기사양의 요구사항도 만족할 것
2) 부득이하게 염화물이온(Cl^-)량이 0.30kg/㎥를 넘는 콘크리트를 사용하는 경우는 별도의 기준을 확인할 것.

관리 2 배합(조합)계획서의 내용은 설계도와 일치하는가?

p.92 관리 3
p.259 배합보고서

배합(조합)계획서에는 설계기준강도(Fc)와 내구설계기준강도(Fd), 품질기준강도(Fq), 호칭강도(FN') 외에 레디믹스트콘크리트 공장의 실적이나 과거의 경험치로 결정하는 표준편차(σ)를 고려한 배합강도(m), 호칭강도의 보증재령 등이 기재된다.

또한 콘크리트를 타설하는 층에 따라 설계기준강도가 다른 경우와 타설시기에 따라 예상 평균기온에 의한 강도 보정치가 다른 경우는 각 배합의 콘크리트강도, 배합표가 계획서로 작성된다. 설계도와 공사계획에 맞는 배합계획서인지 확인할 것.

배합강도 산출예 $m = FN' + (1.73)\sigma$ ① *JASS 5의 경우는 불량률 4%

보통 21 8 20 N

- N ― ② 시멘트의 종류에 따른 기호
- 20 ― ③ 조골재의 최대치수(mm)
- 8 ― ④ 슬럼프(cm)
- 21 ― ⑤ 호칭강도
- 보통 ― ⑥ 레디믹스트콘크리트의 종류에 따른 기호

레디믹스트콘크리트의 호칭법

관리 3 납입레미콘의 품질이 확보되어 있는가?

p.100 관리 2
p.259 배합보고서

설계도의 기재사항에 따라 ① 계획슬럼프(허용차 ±1.0cm), ② 계획공기량(허용차 ±1.0%), ③ 콘크리트 온도, ④ 염화물량, ⑤ 단위용적질량, ⑥ 압축강도(관리재령 28일을 56일, 91일로 하는 경우도 있다), ⑦ 워커빌리티를 확인한다.

관리 4 슬럼프는 18cm 이하인가?

슬럼프는 작업에 적합한 워커빌리티를 얻을 수 있는 범위 내에서 가급적 작은 수치를 선정한다. 슬럼프를 크게 하면 일반적으로 단위수량, 단위시멘트량이 증가하여 콘크리트의 품질저하로 이어진다. 슬럼프가 너무 작아도 공극(void), 곰보가 생기기 쉬우므로 주의한다.

슬럼프 및 슬럼프플로우의 표준치

콘크리트의 종류	슬럼프 및 슬럼프플로우의 표준치
일반적인 경우의 콘크리트	품질기준강도 33N/㎟ 이상 : 21cm 이하 품질기준강도 33N/㎟ 미만 : 18cm 이하
유동화콘크리트	보통콘크리트의 경우 베이스콘크리트 : 15cm 이하 유동화콘크리트 : 21cm 이하
고강도콘크리트	설계기준강도가 36N/㎟를 초과 50N/㎟ 미만 : 21cm 이하 설계기준강도가 50N/㎟를 초과 60N/㎟ 미만 : 23cm 이하 또는 슬럼프플로우 50cm 이하

관리 5 레미콘의 혼합에서부터 타설 완료까지 90분 이내에 완료하였는가?

운반시간의 한도

구분	JIS A 5308(1996)	대한건축학회	
한정	혼합부터 배출까지	혼합부터 타설 완료까지	
한도	1.5시간*	외기온도	일반
		25℃ 이상	90분
		25℃ 미만	120분

* 구입자와 협의하여 운반시간의 한도를 변경(단축 또는 연장)할 수 있도록 하고 있다. 일반적으로 더운 계절에는 그 한도를 단축할수록 좋다.

관리 6 펌프차의 기종선정은 적절한가?

펌프차의 기종은 다음에서 산정한 압송부하 P를 1.25배한 값을 웃도는 최대 이론토출압력을 가진 것을 선정한다.

$$P = K(L+3B+2T+2F)+WH\times10^{-3}$$

P : 콘크리트 펌프에 가하는 압송부하(N/㎟)
K : 수평관의 관내압력손실(N/㎟/m)
L : 직관의 길이(m)
B : 벤트관의 길이(m)
T : 테이퍼관의 길이(m)
F : 플렉시블 호스의 길이(m)
W : 생콘크리트의 단위용적당 중량(kN/㎥)
H : 압송높이(m)

❖ 현장관리 포인트

☞ 레미콘공장을 선정할 때에는 ① KS표시허가 공장인지, ② 콘크리트 기술을 가진 주임기사 등이 상주하고 있는지, ③ 레미콘공장에서 현장까지의 수송시간이 일정한도 이내에 있는지, ④ 1일 타설량에 대해 충분한 출하능력이 있는지, ⑤ 공사에 필요한 종류, 강도의 콘크리트에 대해 충분한 제조능력이 있는지의 조건을 갖추어야 한다.

☞ 레미콘공장에서 공사현장까지 레미콘차 등의 차량으로 콘크리트를 운반하는 것을 '수송'이라 한다.

4 타설관리 (1)

관리 1 타설예정일 1주 전까지 타설관계자와의 협의를 마쳤는가?

타설관계자*를 소집하여 현장사무소 측에서 타설 준비와 계획을 설명함과 동시에 다음과 같은 사항에 대해 철저히 주지시키도록 한다.

① 타설구획, 타설순서
② 타설인원(작업반장, 콘크리트공, 제물마감시 미장공 외)
③ 타설장비(압송장비 · 다짐장비 · 양생 장구류 등)
④ 점심휴식 방법
⑤ 다짐 및 표면마무리 방법
⑥ 다짐불량 발생이 예상되는 곳 확인
⑦ 시공이음 처리방법
⑧ 안전면에서의 확인
⑨ 타설 후의 양생방법
⑩ 남은 콘크리트의 폐기장소

※타설관계자란 콘크리트공, 압송공, 거푸집공, 철근공, 설비공, 전기공, 레미콘 관계자, 시험대행업자를 일컫는다.

관리 2 공정계획에 타설전 검사일이 들어 있는가?

콘크리트를 타설하기 전에 배근검사, 거푸집 및 지보공검사, 설비검사를 하기 때문에 공정계획에 품질확인검사를 위한 시간을 할애할 필요가 있다.

배근검사 : 철근이 구조도의 사양대로 조립되어 있는가?
거푸집검사 : 거푸집이 구체도에 따라 정확하고 견고하게 틈새 없이 계획서대로 안전하게 조립되어 있는가?
설비검사 : 매입배관이나 설비관련사항에 빠뜨린 점은 없는가?

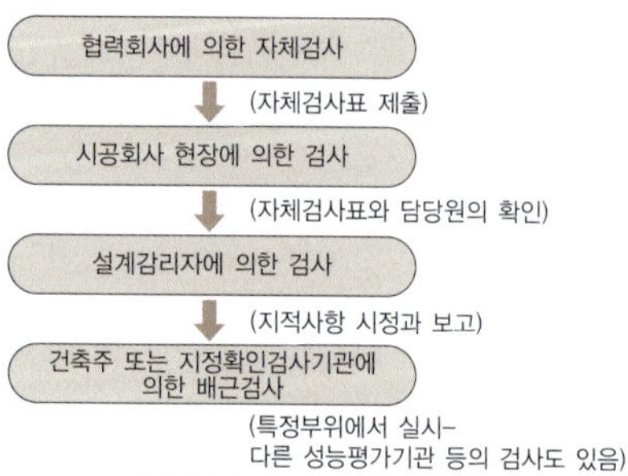

검사의 흐름

관리 3 타설을 하기 전 인근 주민에게 연락을 취했는가?

p.21 관리 5

인근환경보전대책(소음, 차량교통, 배기가스, 오염 등), 콘크리트 타설 개시 · 종료 예정시각 · 작업종료 예정시각에 대해 전화, 방문, 안내서 등을 배포하여 협의하고 그 결정내용에 따라 대응할 것. 인근주민의 민원 때문에 공사장에 실시간 소음안내 전광판을 부착하여 민원을 해결한 현장도 있다.

관리 4 타설 전날 타설 관계자에게 수배 확인을 하였는가?

타설 관계자에게 확인해야 할 사항

확인처	확인사항
레미콘공장	① 배합, ② 납입량, ③ 타설개시(종료) 예정시각, ④ 시간당 출하량
레미콘 관계자	① 연락원 파견, ② 타설개시 예정시각
압송업자	① 현장도착 시각, ② 펌프차의 대수와 작업원수, ③ 기종과 능력
검사회사	① 타설개시 예정시각, ② 검사항목, ③ 검사횟수
타설공사업자	① 현장도착 시각, ② 작업원수, ③ 용구의 종류와 수량, ④ 다짐용 기기의 종류와 수량
미장공사업자	① 현장도착 시각, ② 마감의 종류와 수량, ③ 작업원수, ④ 용구의 종류와 수량

준비작업시 확인해야 할 사항

공사	확인사항
압송공사	① 사전배관(전날 배관), ② 기종에 따른 펌프차 설치장소 확보
가설공사	① 슬래브 하부 조명, ② 마감조명, ③ 다짐기기용 전원 ④ 이어치기 재료, ⑤ 콘크리트 비계(통로), ⑥ 비산방지 양생 ⑦ 충전된 연락용 무전기
타설공사	① 남은 재료의 철거와 청소, ② 거푸집 바닥 주위의 틈 및 청소구 봉합 ③ 콘크리트 상단 기준레벨 확인
설비공사	① 슬리브 위치, 개구부 위치의 표시, ② 매입볼트류의 양생
거푸집공사	① 거푸집지보공 점검, ② 개구부 표시, ③ 공기유통 구멍 오픈 ④ 콘크리트 상단 포인트 철물 설치
잡공사	① 매입용 철물류 실치(드레인, 피난해치, 인서트, 트랩 · 용접기초 철물 등), ② 슬리브류, 줄눈봉 등의 설치

품질확인검사 시 주요부분 기록 · 사진으로 남긴다.
매입 배관새의 게통리인을 찬영해두다.

❖ 현장관리 포인트

☞ 콘크리트 타설 예정일 1주 전까지 타설 관계자를 소집하여 타설 준비와 계획을 설명함과 동시에 주의사항과 확인사항에 대해 철저히 주지시킨다.
☞ 인근 주민에게 콘크리트 타설 개시 · 종료예정시각과 작업종료예정시각, 소음, 차량교통 등에 대해 미리 연락해 둘 것.
☞ 콘크리트 타설 전날에는 다시 한번 공사관계자에게 수배내용을 확인할 것.

5 타설관리 (2)

관리 1 타설 전 출하, 연락대기 수량 등의 최종확인을 하였는가?

p.97 관리 5
p.100 관리 2
p.101 관리 3 관리 4 관리 5
p.103 관리 6

콘크리트 타설일의 타임 스케줄(예)

8:00 타설전	① 아침조회, 작업원 점검, 회의
	② 펌프차 설치위치 확인
	③ 타설준비 종료확인
	④ 출하지시(배합, 타설량, AM타설량, AM연락대기대수)
8:30 도착시	① 레미콘 전표(납품서)확인(배합, 작업장소, 운반시간)
	② 반입검사(품질시험)
8:45 타 설	① 타설개시 지시, 타설개시, 부리는 지점에서 콘크리트 성상(육안) 확인
	② 타설중 관리(수시)
11:00 조 정	① AM중 타설잔량 계산(연락대기 레미콘차 출하전 쯤)
	② AM 타설잔량 조정, 지시
12:00 점심 휴식	① 콘크리트 타설공 교대로 공사 진행
13:00 타 설	타설 재개, 부리는 지점에서 콘크리트 성상 확인
	여름철에는 펌프차 배관이 막히지 않도록 연결 레미콘차의 필요 여부를 검토할 것! PM의 레미콘차 1대째는 성상변화에 주의!
15:00 조 정	① 타설잔량 계산(연락대기 레미콘차 출하전 쯤)
	타설이 중단되지 않도록 운반시간을 고려할 것!
	② 타설잔량 조정, 지시
16:00	타설종료
17:00 종 료	폐기 콘크리트 및 주변 정리 확인, 펌프차 퇴장

※서중콘크리트인 경우는 타설시간을 06:00경으로 조정할 수 있다.

관리 2 타설 당일에 납입된 콘크리트의 품질은 확인하였는가?

p.96 관리 1 관리 3 관리 4

반입시의 확인항목

항목	시기 · 횟수	시험 · 검사방법	판정기준
콘크리트의 상태	• 반입시 • 타설중 수시로	육안 확인	워커빌리티가 좋을 것. 품질이 안정적일 것
슬럼프 시험*	• 압축강도시험용 공시체 채취시 • 품질변화가 인정되었을 때 • 타설중 수시	콘크리트를 채운 몰드를 들어올려 콘크리트 처짐 정도가 슬럼프 값.	슬럼프: 8~18±2.5cm 슬럼프: 21±1.5cm
공기량 측정		일반적으로 공기실압력법 등의 전용용기로 측정	보통콘크리트 : 4.5±1.5% 경량콘크리트 : 5.0±1.5%
염화물량 측정	• 원칙적으로 1일 1회(염화물이 포함될 우려가 있을 때는 150m³에 1회)	일반적으로 공사현장에서는 간이염화물량 측정기(캔터브 등)	• 염화물 이온량 0.3kg/m³ 이하 • 고내구성 0.2kg/m³ 이하

조골재 40mm 이하의 고유동콘크리트, 고강도콘크리트의 시공연도는 슬럼프플로우로 측정한다. 경량콘크리트의 경우는 단위용적질량을 확인한다.

관리 3 강도시험의 공시체는 150m³마다 또 타설일마다 1회 이상 채취하였는가?

공시체에는 '사용할 콘크리트의 압축강도시험용'과 '구조체 콘크리트 압축강도시험용'의 2종류가 있다.

p.106 관리 2

공시체는 탈형시 콘크리트 표면에 현장명과 그 외 정보를 기재한 검인지를 부착하여 착오를 방지한다.

공시체(테스트 피스)의 양생과 압축강도시험

시험의 종류	사용할 콘크리트의 압축강도시험	구조체 콘크리트의 압축강도시험
시험의 목적	납입된 콘크리트의 압축강도관리	구조체 콘크리트의 압축강도 추정
양생방법	표준수중양생(20±3℃)	관리재령=28일 : 표준양생은 현장수중양생 관리재령 〉 28일 : 현장봉함양생
재령	28일	강도관리재령(보통 28일)
검사 로트의 구성	작업구역, 작업일별로 또한 150m³ 또는 그 단수별로 1회, 1검사 로트에 3회	작업구역, 작업일별로 또한 150m³ 또는 그 단수별로 1회
채취방법	1회의 시험은 임의로 1대의 운반차에서 채취한 3개의 공시체	1회의 시험은 적당한 간격을 둔 3대의 운반차에서 1개씩 채취한 합계 3개의 공시체

관리 4 펌프관 내의 최초 압송용 모르타르를 압송 · 폐기하였는가?

부배합의 선 압송용 모르타르는 수송관 내에 페이스트분이 부착되어 콘크리트의 품질 저하 및 압송관 내가 막히는 것을 방지한다. 압송용 모르타르는 압송 후 폐기하고, 거푸집 내에 칠 경우는 사용할 콘크리트 강도보다 3N/mm² 이상 높은 것을 사용해야 하며, 거푸집 내에 광범위하게 분산시켜서 타설한다.

관리 5 이어붓기 시간 간격은 120분 이내인가?

p.104 관리 3

이어붓기 시간간격 한노의 기준

슬럼프 \ 기온		15℃ 이하	15~25℃	25℃ 이상
보통콘크리트	18cm 이하	2.5h	2.0h	1.5h
	18cm 초과	3.0h	2.5h	2.0h

❖ 현장관리 포인트

☞ 콘크리트 타설을 시작할 때에는 우선 납입서에서 수송시간과 지정한 콘크리트의 종류, 품질이 적합한 것인지 확인한다.

☞ 반입검사는 제3자 기관에 의한 ① 콘크리트의 상태, ② 슬럼프, ③ 공기량, ④ 콘크리트 온도, ⑤ 염화물량 검사를 한다.

☞ 슬래브상의 콘크리트 통로는 너무 빨리 정리해버리면 슬래브근을 흐트러뜨릴 수 있으므로 타설 직전까지 철거하지 말고 둔다.

☞ 콘크리트 온도는 원칙적으로 10℃ 이상(한중콘크리트), 35℃ 이하(서중콘크리트).

6 타설방법 (1)

관리 1 타설속도는 30m³/h 이내인가?

일반적인 보통콘크리트를 콘크리트펌프공법으로 타설하는 경우 타설부위에 따라 다르긴 하지만 30m³/h 정도를 기준으로 한다. 타설속도가 너무 빠르면 다짐불량이나 거푸집 들뜸 · 공극 · 곰보, 콘크리트 균열의 원인이 된다.

관리 2 펌프차 1대의 치는 양에 맞춰 타설구획을 정하였는가?

① 1일 타설 양은 타설부위와 타설속도, 작업시간 등에 따라 제한이 있다. 품질확보를 위해 적정하고 무리 없는 계획이 필요하다.

② 콘크리트 타설 양이 많아서 하루에 다 하지 못하는 경우는 적정한 부위에서 이어치기부분을 두어 구분을 한다.

③ 과도한 타설속도는 레미콘으로 공기가 들어가거나 다짐불량으로 이어진다.

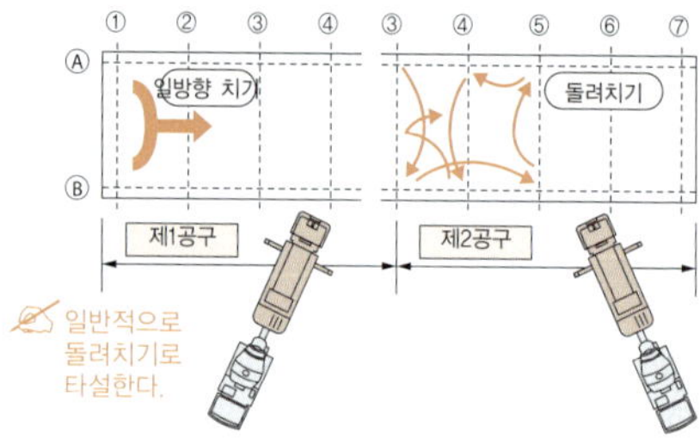

타설공구 구분과 타설방법

관리 3 인원을 적절히 배치하고 타설순서를 주지시켰는가?

① 사전에 콘크리트의 타설순서, 역할분담에 대해 철저히 주지시키도록 한다.

② 작업의 혼란을 피하기 위해 무선을 이용하여 상하층의 작업상황을 지휘 · 조정한다. 상하층의 높은 기둥 등의 부재에는 타설순서를 표시한 표시판을 부착해도 좋다.

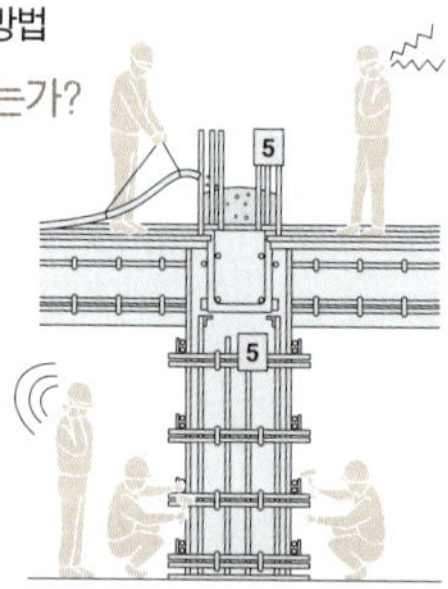

원도급회사 직원
지휘자 (1명)
품질관리자 (1명)
공사담당자 (1명)

콘크리트공
살수 · 준비 (1명)
타설공 (5명)
다짐 (3명)
거푸집 두드리기 (2명)
정리 (1명)

압송공 (3명)
거푸집공 (1명)
철근공 (1명)
설비 (1명)
전기 (1명)
레미콘 관계자 (1명)
시험대행업자 (1명)

인원배치(예)

관리 4 콘크리트 이어치기 위치의 계획은 적정한가?

이어치기 위치

부위	수평이어치기	수직이어치기		
	기둥, 벽	슬래브	큰 보	지중보
위치	바닥슬래브 상단 또는 보 하단	스팬(보 안치수)의 1/4 위치	중앙부분	중앙부분 기초보에 바닥판이 붙지 않은 독립기초의 경우
비고	시공상의 이유로 슬래브 상단이 되는 경우가 많음	스팬 중앙부분에서도 가능	시공상의 이유로 1/4 위치가 되는 경우가 많음	스팬(기둥 안치수)의 1/4 위치

관리 5 이어치기 부분의 레이턴스는 제거하였는가?

p.91 관리 5

① 콘크리트 이어치기 부분의 레이턴스는 미리 고압세정기나 브러시로 제거해 둔다.

② 이어치기 부분의 나무 부스러기 등은 청소기나 물세척하여 거푸집 청소구에서 제거시킨다.

관리 6 부어넣기 전에 건조된 거푸집에 살수를 하였는가?

콘크리트 타설시 거푸집 표면이 건조하면 콘크리트의 수분이 거푸집에 흡수되어 페이스트가 부착되고, 거푸집을 제거할 때 콘크리트 표면이 박리된다. 이를 방지하기 위해서는 콘크리트 타설 전에 거푸집에 살수를 하여 표면을 촉촉하게 해둔다. 다만, 살수하여 고인 물은 부어넣기 전에 고압공기 등으로 제거해야 한다.

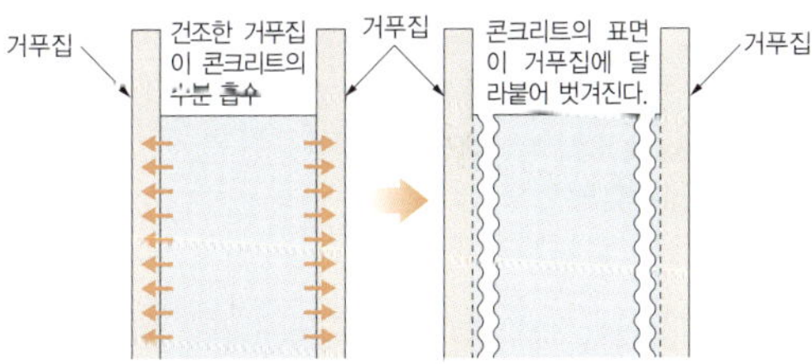

거푸집에 살수 부족으로 인한 콘크리트 표면의 결함

❖ 현장관리 포인트

☞ 공사구역을 나누어 이어치기를 하면 품질, 공정, 비용면에서 불리해지기 쉬우므로 한번에 치는 것이 바람직하다. 하지만 한번에 타설하기 어려운 경우에는 구조내력 및 내구성 등 종합적인 판단 하에 공사구역을 나누도록 한다.

☞ 이어치기 거푸집 부분은 공극이 발생하는 등의 결함을 방지하기 위해 견고하게 조립하고, 이어치기면은 레이턴스 이외에 취약한 콘크리트 등을 제거한 후 물을 적셔 두어 나중에 치는 콘크리트와 일체화시킨다.

☞ 콘크리트를 치는 중에 배근이 흐트러지거나 거푸집이 파손되는 일이 없도록 관리한다.

7 타설방법 (2)

관리 1 기둥 타설순서로서 보 밑과 보 위로 나누었는가?

① 기둥 타설순서는 보 밑까지 부어넣고 1시간 정도 지나 콘크리트가 침하되어 안정되기를 기다린 후 상부를 친다. 외기에 따라 안정시간이 다를 수 있으므로 확인하면서 타설한다.

② 한번에 타설하면 보 밑 주위에 침하수축에 의한 균열이 발생하기 쉽다. 또한 높이가 3m를 초과하는 경우는 그때마다 나누어서 타설한다.

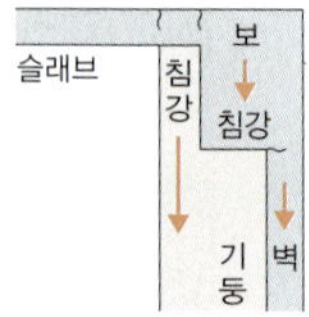

침강의 영향으로 발생하는 균열

관리 2 거푸집 두드리기는 충분히 하였는가?

① 타설 아랫부분에서 거푸집 두드리기는 콘크리트의 유동화와 말려 들어간 공기포를 빼내며, 충전상황을 확인하는 것이 목적이다. 타설된 아래에서 위로 두드려 공기를 빼낸다.

② 너무 많이 두드리면 기포가 집중되거나 거푸집이 부풀어 공동 같은 불량이 생길 수 있으므로 주의한다.

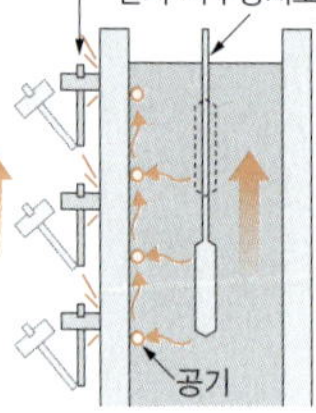

공기를 빼내는 방법

관리 3 다짐은 적정하게 하였는가?

① 바이브레이터의 목적은 콘크리트를 붓기 위한 것이 아니라 다지기 위한 것이다. 콘크리트 가로붓기는 분리로 이어진다.

② 배근이 조밀하여 바이브레이터에 의한 다짐이 어려울 경우에는 대나무(봉) 다짐방법도 있다.

③ 슬래브 위의 탬핑은 여분의 물 등이 빠져나와 콘크리트 균열방지에 효과적이다.

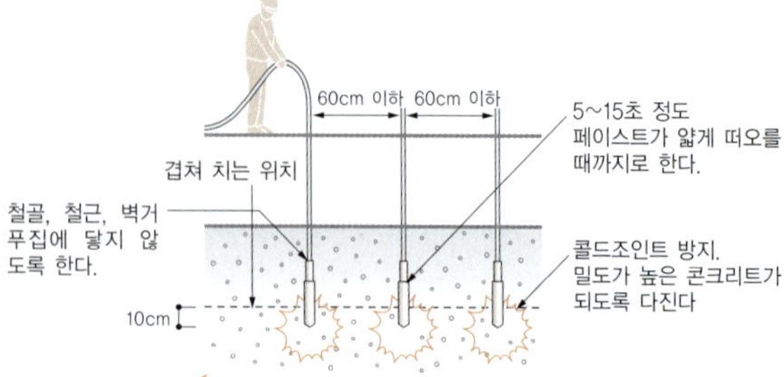

바이브레이터 사용법

관리 4 구조슬릿에 휨 등의 불량은 없는가?

p.85 관리 3

① 구조슬릿은 거푸집이나 철근 등으로 지지되어 있지만 콘크리트를 한쪽 방향으로만 타설하면 휨 등의 불량이 발생하는 경우가 있다.

② 구조슬릿 부분은 콘크리트를 양쪽에서 균등하게 타설하여 휨 등의 불량이 생기는 것을 막는다. 치기 전에 구조슬릿의 장소를 명시해두는 것이 좋다.

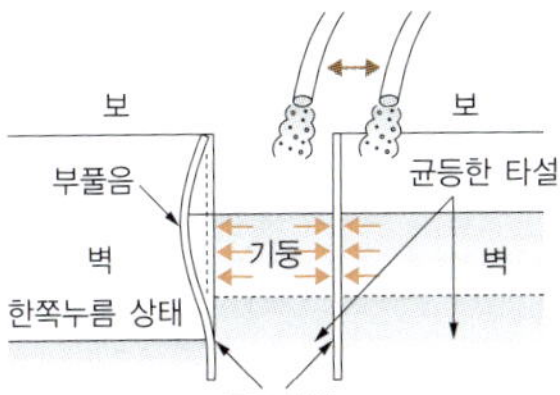

구조슬릿부분 치기

관리 5 요벽에 공동은 없는가?

p.91 관리 5

① 요벽은 공동이 생기기 쉽기 때문에 요벽의 덮개가 되는 거푸집에 공기 유통구를 만들어 콘크리트를 부어넣을 때 나무망치 등으로 두드려 충전상태를 확인한다.

② 요벽이 커서 충전이 어려운 경우에는 미리 요벽에 타설구를 별도로 만들어 타설한다.

③ 요벽이란 개구부 밑부분 등 허리벽을 말한다.

관리 6 SRC조의 철골보 아래 콘크리트에 공동은 없는가?

철골 보 하부에 공동이 생기는 경우가 있다. 플랜지 한쪽에서 콘크리트를 채우고 반대쪽에서 확인하며 진동기를 이용하여 충전한다.

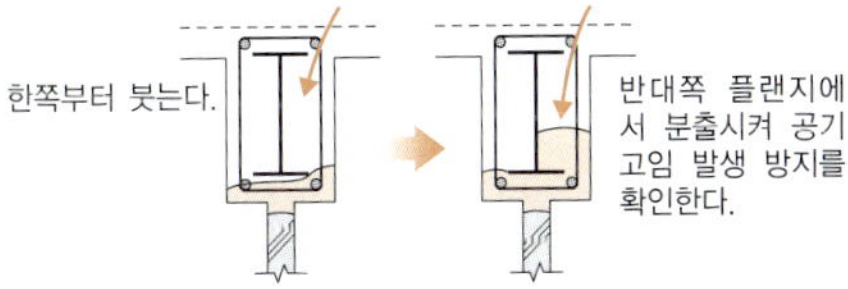

보의 타설방법

❖ 현장관리 포인트

☞ 기둥, 벽, 보를 연속해서 곧바로 타설하면 침강의 영향으로 기둥, 벽과 보, 보와 슬래브 경계면에 균열이 발생할 우려가 있으므로 주의한다.

☞ 벽구조의 구체나 폭이 좁은 벽, 형태가 복잡한 벽, 창 · 설비개구부, 전기배관이 많은 부위, 개구보강근 등의 밀집부위, 타설하기 시작하는 부위 등은 충전부족이나 균열이 생기기 쉬우므로 천천히 진동기에 의해 밀실하게 다지고 거푸집을 두드려가며 확인한다.

8 마무리 형태

관리 1 습윤양생기간은 5일 이상 또는 압축강도 10N/mm² 이상인가?

p.89 관리 5

① 타설 후 콘크리트 표면을 촉촉하게 유지하여 건조수축에 의한 균열이 생기지 않도록 한다. 표면 건조방지에는 살수나 양생매트깔기, 막양생제 도포 등의 방법이 있다.

② 고온시, 강풍시, 직사일광을 받는 등의 조건에서는 조기건조균열이 생기기 쉽다. 또한 초기 동해 우려가 있는 동절기에는 보온, 난방 등으로 콘크리트 온도를 2℃ 이상으로 유지하여 콘크리트가 동결되는 것을 방지한다.

습윤양생기간

계획공용기간의 등급 \ 시멘트의 종류		조강포틀랜드 시멘트	보통포틀랜드 시멘트	기타
일반 및 표준	기간	3일 이상	5일 이상	7일 이상
	압축강도*	10 이상	10 이상	–
장기	기간	5일 이상	7일 이상	10일 이상
	압축강도*	15 이상	15 이상	–

※두께 18cm 이상의 콘크리트 부재에서 습윤양생을 중지할 수 있는 콘크리트의 압축강도(N/㎟)

관리 2 구조체 콘크리트의 압축강도는 적절한가?

p.89 관리 6
p.101 관리 3

① 사용할 콘크리트의 판정기준 – 지정된 호칭강도 이상을 확보하면 합격이 된다.

② 구조체 콘크리트의 판정기준

구조체 콘크리트의 압축강도 판정기준[11]

강도관리재령	공시체의 양생방법	판정기준
28일	표준수중양생	$X \geqq Fq+T$
	현장수중양생	$X \geqq Fq$
28일 초과 91일 이내의 n일	현장봉함양생	$Xn \geqq Fq$

Fq : 콘크리트의 품질기준강도(N/mm²)
X : 재령 28일에 1회 시험에서 3개의 공시체 압축강도의 평균치(N/mm²)
Xn : 재령 n일에 1회 시험에서 3개의 공시체 압축강도의 평균치(N/mm²)
T : 구조체 콘크리트의 강도관리재령을 28일로 했을 경우 콘크리트 타설부터 28일까지의 예상평균기온에 의한 콘크리트 강도의 보정치(N/mm²)

관리 3 기둥 상단의 중앙부분을 10~20mm 높게 타설하였는가?

① 구조상 중요한 수평이어치기 부분은 중앙을 높게 타설하여 레이턴스나 물, 나무부스러기 등이 고이기 어렵게 한다.

② 벽이나 내압판 타설시 지중보라도 동일한 조치가 필요하다.

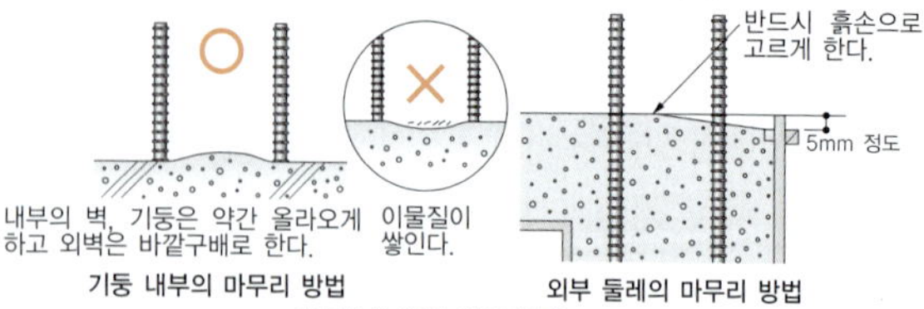

기둥(보) 내의 이어치기

관리 4 공극 · 곰보의 보수요령 선정은 적절한가?

공극 · 곰보의 정도와 보수방법

판단기준	개념도	보수방법
레벨 1 자갈이 노출되어 있지만 떨어지지는 않는다. (깊이 10~30mm)	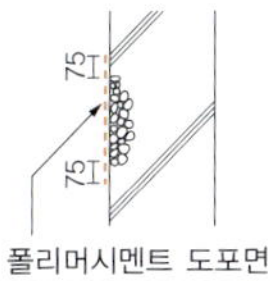	① 폴리머시멘트 모르타르 도포
레벨 2 떨어지는 자갈이 있다. (깊이 10~30mm)	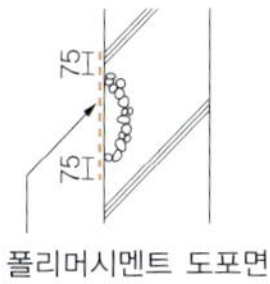	① 표층부를 조금 깎아낸다. ② 폴리머시멘트 페이스트 등의 도포 ③ 폴리머시멘트 모르타르 등의 충전
레벨 3 철근이 보일 정도로 심하다. (깊이 30~100mm)	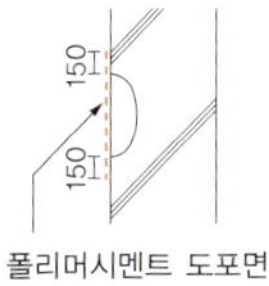	① 공극 · 곰보 제거 ② 무수축모르타르 그라우트 ③ 표층에 폴리머시멘트 페이스트 도포
레벨 4 자갈을 두드리면 연속적으로 떨어진다. (깊이 100mm 이상)	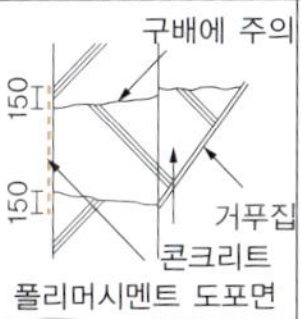	① 공극 · 곰보 제거 ② 콘크리트 타설 ③ 폴리머시멘트 페이스트 도포

관리 5 콜드조인트의 보수방법은 적절한가?

콜드조인트에 의한 열화상황과 보수방법

열화상황	보수방법
테두리선이 보이지 않을 때	폴리머시멘트 모르타르 도포
테두리선이 보일 때	테두리선 부분의 표면을 V컷하고 실링충전 후 폴리머시멘트 페이스트 도포

❖ 현장관리 포인트

☞ 구체공사의 철골, 철근, 거푸집, 설비의 각 공사와 레미콘 타설까지의 일련의 작업이 건축물 품질의 양부를 좌우한다.

☞ 한랭기에는 타설 후 5일 이상은 콘크리트의 온도를 2℃ 이상으로 유지하도록 하고 필요에 따라 보온양생을 한다.

☞ 여름철에는 콘크리트가 급격한 온도상승에 의해 균열 등이 발생하기 때문에 습윤양생이나 거푸집널의 존치기간을 연장하는 등의 조치가 필요하다.

1 공장선정 · 재료

관리 1 철골제작공장의 그레이드는 확인하였는가?

요구품질을 만족시키고 제작능력 등의 조건이 맞는 철골제작공장을 선정한다. 일본 국토교통성이 인정한 철골제작공장의 그레이드는 다음 표와 같이 구분된다.

철골제작공장의 그레이드

그레이드	건물 규모	적용 강재	적용 판두께	용접자세
S	제한 없음	제한 없음	제한 없음	제한 없음
H	제한 없음	400N, 490N 520N	60mm 이하 (70mm 이하)	하향 수평 수직
M	제한 없음	400N, 490N	40mm 이하 (50mm 이하)	하향 수평
R	5층 이하 바닥연면적 3000m² 이내 높이 20m 이하	400N, 490N	25mm 이하 (32mm 이하)	하향 원칙
J	3층 이하 바닥연면적 500m² 이내 높이 13m 이하 또는 처마높이 10m 이하	400N	16mm 이하 (22mm 이하)	하향 원칙

( )안은 통재 다이어프램의 판두께를 나타냄

관리 2 사용할 강재의 종류, 형상을 확인하였는가?

① 일반구조용 압연강재(SS재) : 일반적으로 많이 사용된다.

② 용접구조용 압연강재(SM재) : 용접성이 우수하여 용접하는 부위에 사용된다.

③ 건축구조용 압연강재(SN재) : SS재, SN재의 JIS 규격치를 만족시키며 용접성과 인성변형능력 확보가 가능하다.

④ 건축구조용 탄소강관(STKN재) : 재질을 SN재와 동등하게 한 원형 강관

⑤ 건축구조용 TMCP강 : 초고층 건축 등에서 판두께가 큰 경우에 사용된다.

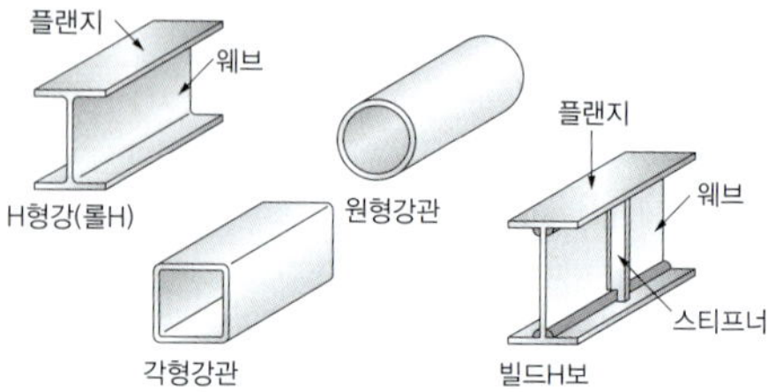

강재의 종류 · 형상

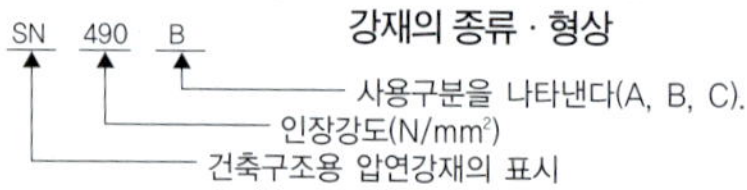

SN재의 표기 의미

관리 3 다이어프램의 간격은 150mm 이상 되는가?

① 작은 간격으로 맞댐용접이 증가하면 왜곡이나 용접불량이 생기기 쉬우므로 다이어프램 간격을 150mm 이상으로 한다.

② 패널 존에 설치하는 보의 춤이 D/2인 범위에서 다른 경우는 춤이 낮은 보에 맞춰 내 다이어프램으로 한다.

③ 150mm 이하가 되는 경우는 보에 헌치를 단다.

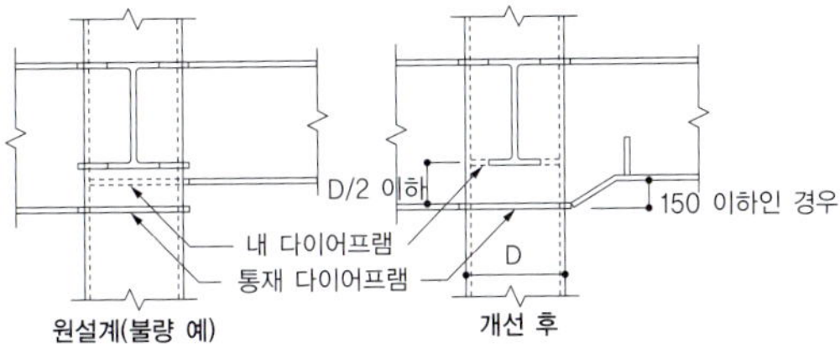

패널 존의 마무리(예)

관리 4 기둥 · 보 맞춤 부분의 스캘럽 가공은 확인하였는가?

용접이 교차하는 부위에 설계하는 스캘럽 가공에는 논스캘럽 공법, 복합원형 스캘럽공법, 개량형 스캘럽공법이 있다.

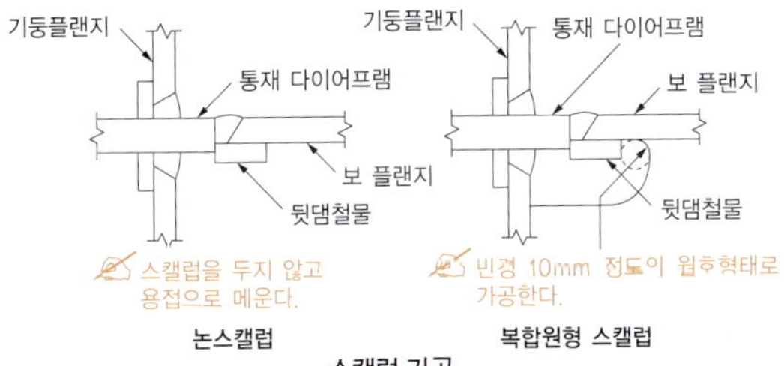

스캘럽 가공

관리 5 세우기 공법의 선정은 적절한가?

적상방식과 병풍방식, 리프트업방식 등이 있으며, 철골의 자립 · 안정성, 부지조건, 규모, 높이, 구조, 양중기 등을 바탕으로 결정한다.

❖ 현장관리 포인트

☞ 철골제작공장을 선정할 때에는 건물규모, 요구품질을 만족시킬 수 있는 보증 및 평가능력, 생산능력, 품질관리조직 등을 종합적으로 판단하여 결정해야 한다.

☞ 강재의 재질은 강재에 표기된 스탬프, 라벨, 식별 색 표시, 강재검사증명서(밀시트)로 확인한다.

☞ 특히 SRC조의 경우는 콘크리트와 일체화하여 안정하는 구조이기 때문에 세우기 검토시 보강이 필요한지의 여부를 확인해야 한다.

2 현치검사 · 조립검사

관리 1 공사현장과 철골제작공장에서 오차가 생기지 않도록 쌍방에서 사용하는 강제줄자의 테이프 맞춤은 하였는가?

p.109 관리 4 p.110 관리 2 p.111 관리 4 관리 5

강제줄자는 KS B 5209(강제줄자) 1급품을 사용하며 현치검사시 테이프맞춤(길이 비교)을 한다. 오차의 허용치는 일반적으로 10m에 0.5mm로 한다.

(현치검사시의 체크포인트)
- 테이프 맞춤
- 기준먹의 직각도
- 스팬, 층고
- 부재의 위치, 형상, 치수
- 용접작업성
- 스캘럽, 논스캘럽의 형상
- 철근구멍의 위치, 크기
- 고력볼트 조임의 작업성

그 밖에, 공장의 품질관리 상황, 제작상황 확인, 시공성과 마감공사와의 관련 검토, 미결정사항의 질의응답 등을 한다.

관리 2 볼트 및 철근관통 구멍직경 은 적절한가?

① 고장력볼트 · 볼트 및 앵커볼트, SRC조의 철근관통에 대한 구멍직경은 다음 표와 같다.

고력볼트 · 볼트 및 앵커볼트의 구멍직경[12]

종류	구멍직경 d	공칭축직경(d_l)
고장력볼트	d_l+2.0, d_l+3.0	d_l〈27, d_l≧27
볼트	d_l+0.5	–
앵커볼트	d_l+5.0	–

철근관통구멍의 구멍지름[13]

(mm)

원형 철근		철근직경+10mm							
이형 철근	호칭	D10	D13	D16	D19	D22	D25	D29	D32
	구멍지름	21	24	28	31	35	38	43	46

② 공작도에서는 설비배관용 관통구멍이나 파스너 부착철물, 안전설비 등의 가설용 철물, 세퍼레이터의 관통구멍 등도 확인한다.

관리 3 용접공의 기술증명서 및 자격 적정 여부를 확인하였는가?

피복아크용접, 반자동아크용접, 자동아크용접을 하는 기능자는 용접기술승인 시험에 합격한 유자격자로 한다. 용접기술증명서에 기재되어 있는 표기의 의미는 다음과 같다.

① 수동용접 · 반자동용접의 구분
S : 반자동(S가 없는 경우는 수동용접)

② 용접방법의 구분
A : 아크용접(뒷댐철물 설치)/N : 아크용접(뒷댐철물 없음)/G : 가스용접(뒷댐철물 없음)

③ 대상으로 하는 판두께
1 : 박판(6mm 이하)/2 : 중판(4.5mm 이상 25mm 이하)/3 : 후판(6mm 이상 50mm 이하)

④ 용접자세
F : 하향 / V : 수직 / H : 수평 / O : 상향 / P : 강관

관리 4 용접부의 정확도와 외관의 형상을 확인하였는가?

이음의 틈새나 오차, 루트간격, 루트면, 개선각도, 용접 여유, 사이즈 등이 사양에 맞게 되어 있는지 확인한다.

① 뒷댐재는 용접금속이 녹아내리는 것을 방지하며, 이를 사용하는 경우 루트부의 용입을 얻을 수 있도록 충분한 루트 간격을 확보하여 뒷댐재를 밀착시킨다.

② 뒷댐철물은 모재와 같은 재질의 것을 사용한다.

③ 용접의 시작단과 끝단에는 용접결함이 생기기 쉬우므로 개선이 있는 용접의 양쪽 끝에는 전단면이 완전한 용접이 될 수 있도록 엔드탭을 이용한다.

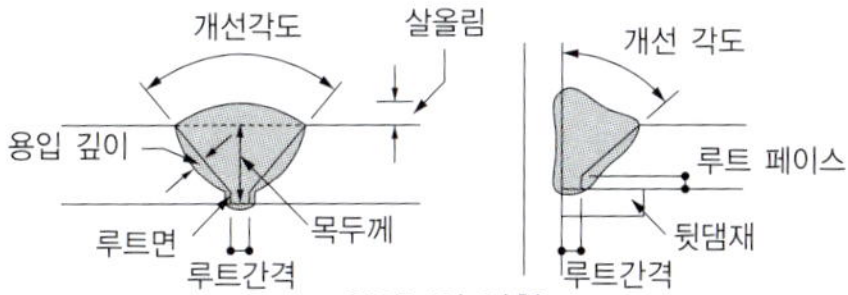

용접부의 명칭

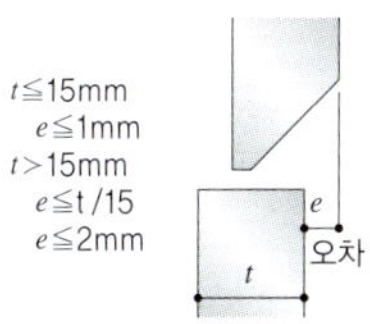

오차

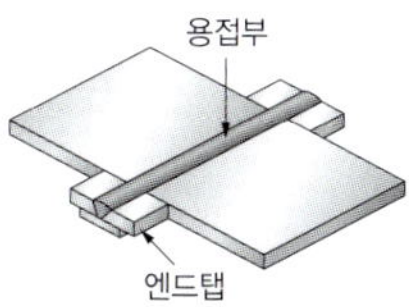

엔드탭

관리 5 용접부분에 표면 결함은 없는가?

언더컷은 과대한 전류나 용접속도 등이 원인이 되어 발생한다.

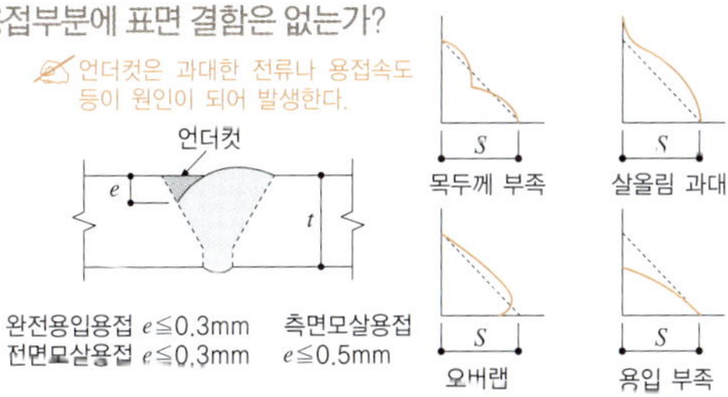

용접부의 결함(예)

❖ 현장관리 포인트

☞ 공작도에서는 설비배관용 관통구멍과 파스너 부착 철물, 안전설비 등의 가설용 철물, 세퍼레이터의 관통구멍 등도 확인할 것.

☞ 피복아크용접, 반자동아크용접, 자동아크용접을 하는 기능자는 용접기술승인시험에 합격한 유자격자라야 한다.

☞ 용접기술자는 유자격자와 동등 경험자로 강구조, 용접금속, 용접시공 등에 관한 전문지식과 경험을 갖추고 작업자의 감독지도를 수행할 능력을 갖추면 자격시험 규정을 따르지 않아도 된다.

3 세우기 (1)

관리 1 세우기의 순서를 확인하였는가?

p.34 관리 1
p.35 관리 2
p.62 관리 1
관리 2
p.67 관리 2

앵커볼트 재확인

↓ 기준먹을 치고 위치, 높이 등을 확인

베이스모르타르

↓ 베이스모르타르의 크기, 두께, 양생기간 확인

반입 · 세우기 준비

↓ ① 세우기 방식 · 세우기용 중기 선정, 가설재 확인
② 철골 · 고력볼트 등의 반입검사(고력볼트 접합부의 마찰면 상황 확인)

철골 세우기

↓ ① 강우량 1mm/h 이상, 최대풍속 10m/s 이상은 작업중지
② 세우기중의 외력에 대한 보강 · 안전대책(SRC조는 요주의)
③ 가볼트 개수는 접합부 볼트수의 1/3 이상 또는 2개 이상

가설자재의 운반

↓ 중량물의 임시적치인 경우에는 강도 검증

세우기 검사 및 교정

↓ ① 세우기 정도는 1/1,000 이하(측정시, 일사에 의한 철골의 열신축 영향에 주의)
② 기울기 측정, 수직도 검사
③ 조립 수정은 와이어로프나 턴버클, 체인블록 등으로 수정

앵커볼트 조임

↓ 더블너트로 볼트머리의 나사산 3개 이상

고력볼트접합 · 용접접합

↓ ① 1차 조임, 표시, 본조임 순서 확인
② 용접재료의 적합여부, 건조 · 보관상황 확인
③ 작업자 기량자격, 용접시 날씨, 주위상황, 완성형 확인
(강우 · 기온 0℃ 이하 · 습도 90% 이상시 작업중지, 바람에 대한 대책 강구)
④ 용접 접합부는 초음파탐상시험(UT)으로 실시 · 확인

데크플레이트 깔기

↓ 필요한 양 확인

정리 · 다음 공정

철골세우기 작업의 흐름

✍ SRC조의 경우 콘크리트와 일체화 되기까지는 불안정한 상태이므로 특히 주의한다.

관리 2 앵커볼트는 장해물 없이 조임을 할 수 있는가?

✍ 앵커볼트의 노출부분은 세우기까지 양생을 철저히 하고 손상이나 콘크리트 부착, 녹 발생을 방지할 것.

✍ 앵커볼트의 부착정도 관리를 충분히 한다(심먹으로부터 3mm 이내).

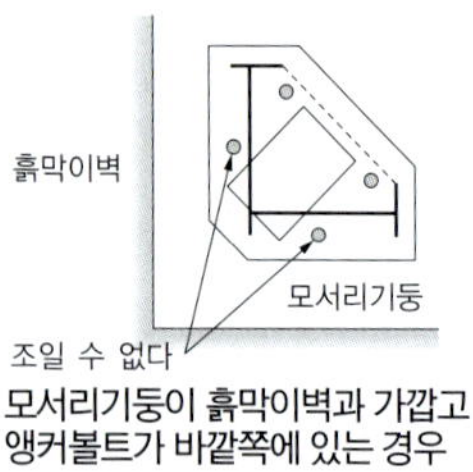

모서리기둥이 흙막이벽과 가깝고 앵커볼트가 바깥쪽에 있는 경우

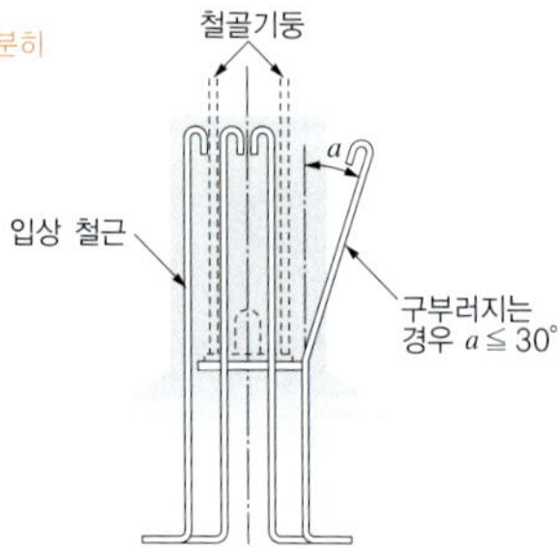

주근이 혼합되어 있는 경우

관리 3 베이스모르타르는 틈새 없이 잘 충전되어 있는가?

① 철골 세우기 후 베이스플레이트 아래에 공극이 있으면 구조상 문제가 되기 때문에 충전시 베이스모르타르의 유동성, 유입속도에 주의하고 그 주위의 상황을 철저히 확인한다.

② 베이스모르타르에는 무수축 모르타르를 사용한다.

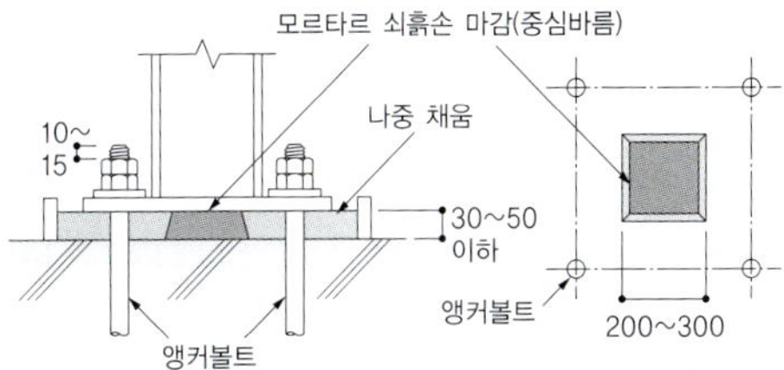

베이스모르타르(나중 채움 중심바르기 공법의 예)

관리 4 고장력볼트의 반입검사를 하였는가?

고장력볼트는 단볼트박스 등에 포장되어 규격, 수량, 로트번호 등이 표시되어 있으며, 그 표시와 제조업체가 발행한 규격품검사증명서의 일치, 또한 하자 · 외관, 등급 등의 이상 유무를 각각 확인하여 반입된다. 검사성적서를 분실하거나 장기간 보관되어 있었을 경우, 또는 특기사양 등에 품질확인시험을 필요로 하는 경우에는 고장력 육각볼트의 경우 토크계수치 시험을 하고, 토크시어형 고력볼트의 경우는 도입장력확인시험을 한다.

고력볼트의 품질확인시험 합격치

(kN)

볼트의 호칭	볼트장력의 범위	도입장력의 평균치
	고력육각볼트(F10T)*1	토크시어형 고력볼트*2
M12	53.1~72.1	-
M16	98.7~134	110~133
M20	154~209	172~207
M22	191~259	212~256
M24	222~301	247~298
M27	289~392	322~388
M30	353~480	394~474

※1) 토크계수치 측정을 위한 볼트장력의 범위를 나타낸다.
2) 1로트 5세트의 도입장력에서 평균치의 범위를 나타낸다.

❖ 현장관리 포인트

☞ 고장력볼트 반입시 외관, 종류, 등급, 지름, 길이, 로트번호 등을 확인하고, 제작자 검사증명서를 대조, 확인한다.

☞ 고장력볼트 접합부의 마찰면에는 녹막이 도장을 절대 금한다. 또한 적청 발생이나 숏 블라스트처리를 확인할 것.

☞ 철골세우기를 할 때는 도괴방지 조치를 강구할 것. 특히 SRC조의 경우 콘크리트와 일체화될 때까지는 불안정하므로 주의한다.

☞ 베이스플레이트의 임시조임은 더블 너트로 하고, 너트를 조인 후 볼트의 나사산이 3개 이상 돌출되어 있는지 확인할 것.

4 세우기 (2)

관리 1 철골이음부분의 1차 조임 · 본조임은 일정한 조임력으로 되어 있는가?

고장력볼트의 조임력과 순서

고장력 육각볼트	토크시어형 고장력볼트

1차 조임

일군의 볼트별로 본조임 볼트 삽입 후 바로 한다.

프리세트형 토크렌치, 전동 임팩트렌치 등으로 한다.

1차조임 토크값 (N · m)

볼트의 호칭	1차조임 토크값
M12	약 50
M16	약 100
M20, M22	약 150
M24	약 200
M27	약 300
M30	약 400

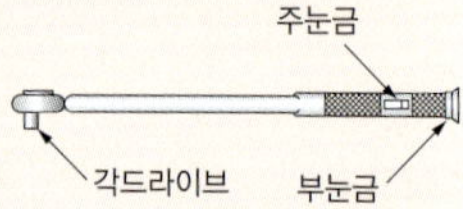

프리세트형 토크렌치

표시

회전각 제어기능이 있는 전동조임기로 너트를 120°(M12는 60°)회전시킨다.

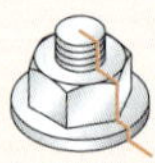

고장력 육각볼트 표시

토크시어형 전용 전동조임기로 조인다.

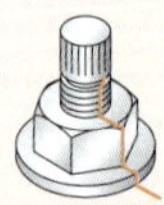

토크시어형 고장력볼트 표시

본조임

고장력 육각볼트

① 공회전 · 축회전이 없다.
② 회전량은 120° ± 30°
③ 볼트 여장은 너트면에서 돌출 나사산 1~6개 범위
④ 시험시 평균 토크값 ±10% 이내

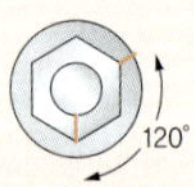

너트 2산분

토크시어형 고장력볼트

① 핀테일 파괴
② 공회전 · 축회전이 없다.
③ 1차조임 군의 각 너트 회전량은 평균 ± 30° 이내 (60~90° 적정)
④ 볼트 여장은 너트면에서 돌출 나사산 1~6개 범위

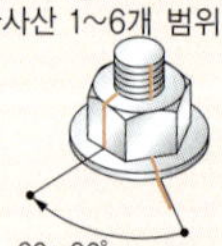

회전량

불량 예

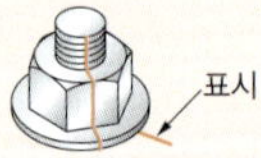

볼트의 공회전현상

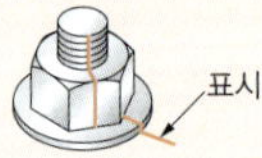

볼트의 축회전현상

관리 2 조임순서는 중앙에서 단부를 향하고 있는가?

1차 조임 · 본조임과 함께 일군의 볼트에 의한 조임은 중앙에서 단부를 향하는 순서로 한다.

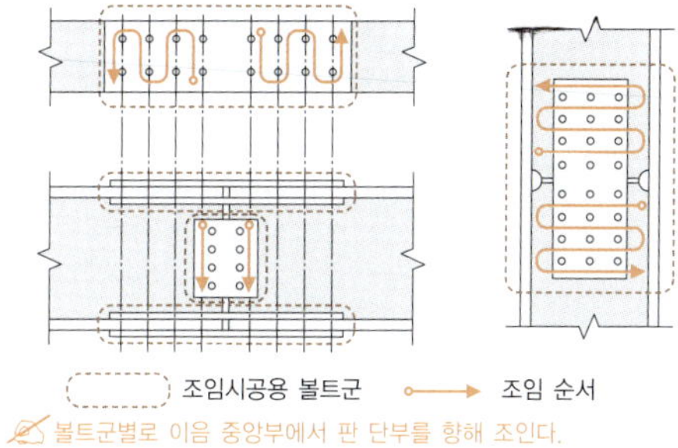

볼트조임 순서

관리 3 현장용접에서 패스(pass)간 온도 · 입열관리를 하고 있는가?

두꺼운 판의 모재를 완전용입용접하는 경우 용접패스를 여러 번 반복해야 한다. 그러한 다(多)패스 용접에서 다음 패스가 시작되기 전의 '온도(패스간 온도)'와 용접시 외부에서 용접부에 가해지는 '열량(입열)'이 높아지면 필요한 강도를 얻을 수 없기 때문에 온도 쵸크나 시온 도료를 사용해 용접열 관리를 한다.

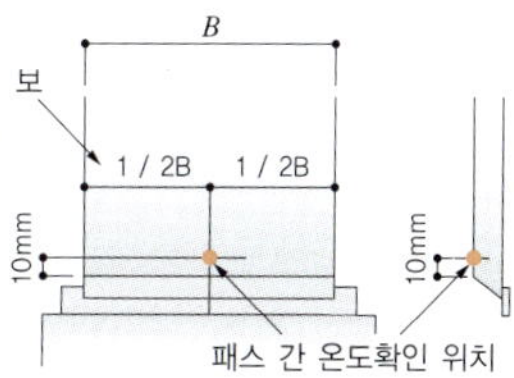

패스 간 온도

철골조 건축물의 와이어 사용구분 (JIS Z 3312-1999)

용접조건		적용강재의 인장강도		
입열 (kJ/cm)	패스 간 온도(℃)	400N/mm²급	490N/mm²급	520N/mm²급
15~20	≦150	YGW-11, 15, 18, 19	YGW-11, 15, 18, 19	YGW-18, 19
15~30	≦250	YGW-11, 15, 18, 19	YGW-11, 15, 18, 19	YGW-18, 19
15~40	≦350	YGW-11, 15, 18, 19	YGW-18, 19	-

❖ 현장관리 포인트

- ☞ 비가 오거나 습도 90% 이상, 기온 -5℃ 이하일 때에는 용접작업을 중지한다.
- ☞ 용접개소는 방풍대책을 하고 CO_2 반자동용접의 경우 풍속이 2m/s 이하, 피복아크용접 · 셀프실드아크용접의 경우 10m/s 이하라야 한다.
- ☞ 예열온도의 조건을 확인하여 예열이 필요한 경우는 지정위치에서 확인할 것.
- ☞ 용접 시에는 작업원의 기량자격, 용접순서, 용접재, 전류 · 전압 등을 확인할 것.

9장 마감공사 콘크리트블록공사

1 장벽

관리 1 장벽의 벽두께는 적절한가?

RC조나 SRC조 건물 등의 칸막이벽과 지하이중벽, 외벽에서 공동블록을 사용한 블록 장벽의 최소 벽두께 및 지점 간, 돌출부 최대길이는 다음 표와 같다.

블록 장벽의 최소 벽두께 및 지점 간, 돌출부 최대길이 (cm)

장벽의 종류		일반 장벽		소벽 장벽(돌출벽)	
		최소벽두께	최대지점 간 길이	최소벽두께	돌출부 길이
내벽		12[*1]	25t 또는 350[*2]	12	11t 또는 160
외벽	지반면으로부터의 높이가 10m 이하인 부분	12		12	11t 또는 160
	지반면으로부터의 높이가 10m 초과 31m 이하인 부분	15		15	9t 또는 160[*3]

t : 블록장벽의 두께(cm) / 일반장벽 : 상하 또는 좌우의 마주보는 두 변 이상이 주요구조부분에 지지된 블록장벽 / 소벽장벽 : 아랫변 또는 아랫변과 그에 인접한 한 변만이 주요구조부분에 지지된 블록장벽

※1) 지반면으로부터의 높이 10m 이하 또는 3층 이하의 부분에서는 10으로 할 수 있음
2) 지하부분에 있는 층의 내벽은 25t 또는 420으로 할 수 있음.
3) 풍압력에 대해 구조상 안전하다는 것이 확인 되었을 경우 11t 또는 160으로 할 수 있다.

관리 2 개구부의 인방 마무리는 적절한가?

개구폭이 810mm를 넘는 경우 RC조 또는 기성인방용 거푸집에 콘크리트 또는 모르타르를 충전한 것으로 한다. 인방 양끝의 벽체에 대한 걸침폭은 200mm 이상으로 하고, 그 범위 내에 있는 창문틀 좌우 옆 벽 블록의 공동부는 인방블록 하단까지 모두 모르타르 또는 그라우트를 충전한다.

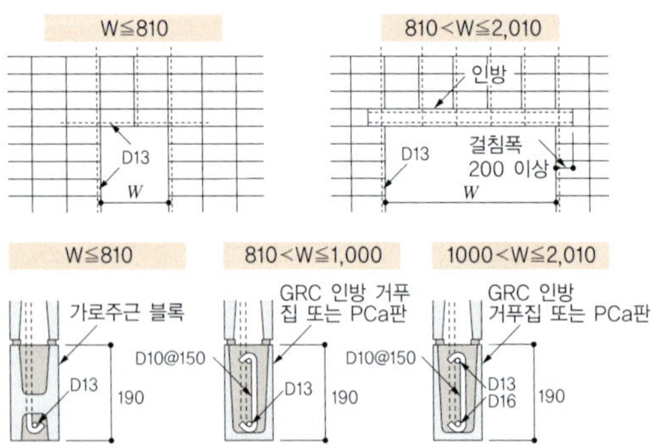

인방의 배근

관리 3 주근과 배력근의 방향 및 배근은 적절한가?

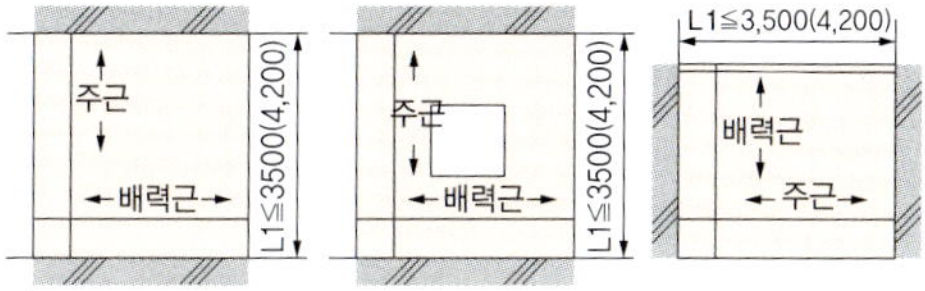

주요 지점변

주요 지점간 거리(일반장벽)

일반장벽의 배근

짱벽의 위치		칸막이벽	외벽 지반으로부터의 높이 10m 이하의 부분
주근 $L_1 \leq 2.4m$	호칭-간격(cm)	D10 이상-80 이하	D10 이상-80 이하
주근 $2.4m < L_1 \leq 4.2m$	호칭-간격(cm)	D10 이상-40 이하	D10 이상-40 이하
배력근	호칭-간격(cm)	D10 이상-80 이하	D10 이상-80 이하

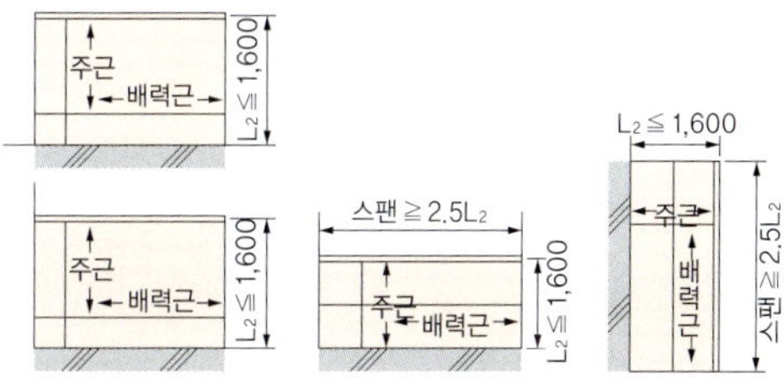

소벽장벽

스팬이 돌출부 길이(L_2)의 2.5배를 넘는 경우는 소벽장벽

주요 지점변

주요 방향의 돌출부 길이(소벽장벽)

소벽상벽의 배근

장벽의 위치		칸막이벽	외벽 지반으로부터의 높이 10m 이하의 부분
주근 $L_2 \leq 1.2m$	호칭-간격(cm)	D10 이상-40 이하	D10 이상-40 이하
주근 $1.2m < L_2 \leq 1.6m$	호칭-간격(cm)	D13 이상-40 이하	D13 이상-40 이하
배력근	호칭-간격(cm)	D10 이상-60 이하	D10 이상-60 이하

❖ 현장관리 포인트

- ☞ 세로근을 구부려 시공하면 지진시 수평력에 의해 철근이 늘어나고 줄눈이 박리되어 파괴되기 쉬우므로 주의할 것.
- ☞ 세로근은 시공중에 흔들림을 일으키면 충전했던 콘크리트와 모르타르의 부착을 약하게 하거나 줄눈 잘림을 유발할 우려가 있으므로 사전에 흔들림 방지(가설)를 하여 고정시킬 것.
- ☞ 블록의 세로줄눈 공동부분은 반드시 콘크리트 또는 모르타르로 블록쌓기 2~3단마다 충전하여 잘 굳힐 것.

ALC패널공사

1 지붕 · 칸막이벽

관리 1 사용재료는 적절한가?

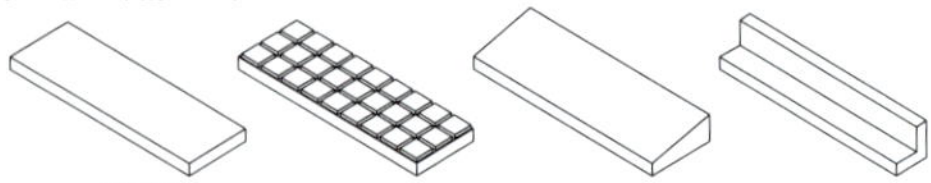

ALC패널의 종류(예)

ALC패널의 치수 (mm)

종류		평패널	의장패널	
용도		외벽, 칸막이벽, 지붕	외벽, 칸막이벽	
치수	두께*1	75, 80, 100, 120, 125 150, 175, 180, 200	100, 120, 125	150, 175 180, 200
	길이	6,000 이하		
	폭*2	600 또는 606		
의장	막 모양의 홈 깊이	–	25 이하	30 이하
	경사면의 두께의 차	–	25 이하	60 이하

※1) 두께는 패널의 가장 두꺼운 부분
2) 마무리상 불가피한 경우는 600mm 미만이라도 된다.

관리 2 ALC패널은 적정 시공부위에 적합한 공법을 채용하였는가?

ALC패널의 설치공법

부위	패널의 방향	공법명	비고
지붕	–	부설근공법	습식
칸막이벽	수직벽	푸트 플레이트공법	슬라이드, 건식
		줄눈 플레이트공법	슬라이드, 건식
		앵커근 공법	슬라이드, 습식
	가로벽	볼트조임공법	슬라이드, 건식
외벽	수직벽	로킹공법 (볼트조임공법)	건식
		슬라이드공법 (삽입근공법)	습식
	가로벽	매입앵커공법	슬라이드, 건식
		볼트조임공법	슬라이드, 건식

관리 3 지붕패널은 구배에 대해 직교방향으로 설치되어 있는가?

지붕패널은 패널의 휨에 의해 물고임이 생기는 것을 방지하기 위해 구배에 대해 장변이 직교방향이 되도록 배치한다.

ALC패널은 크리프에 의한 휨 발생을 피할 수 없다.

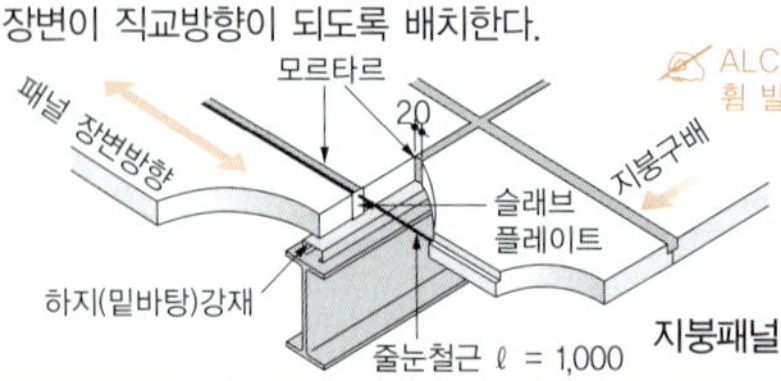

지붕패널 설치 예(부설근공법)

관리 4 칸막이벽 패널은 적합한 공법을 채용하였는가?

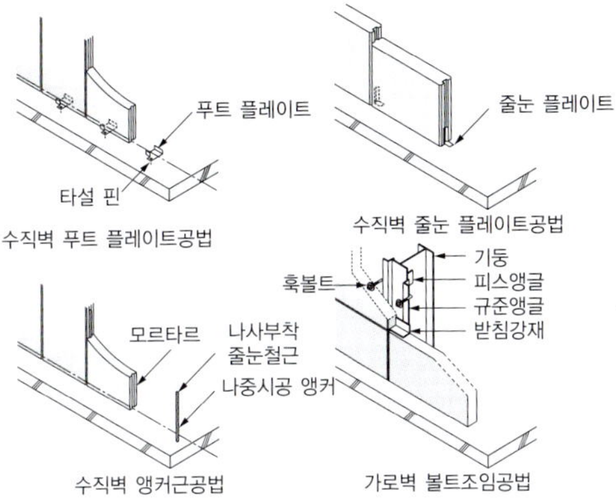

칸막이벽 패널의 부착(예)

관리 5 ALC 패널의 결손을 확인하였는가?

제품 반입 시 결함이나 균열 등이 있는지 육안으로 확인한다. ALC패널은 결함이나 갈라짐이 생기기 쉬운 재료이므로 취급에 주의가 필요하다. 일부에 결함이나 갈라짐이 있는 경우 사용에 지장이 없는 범위인지 판단한다.

보수해서 사용할 수 있는 결손부분의 크기와 기준 (mm)

결손	코너결손	측면결손
결손개소	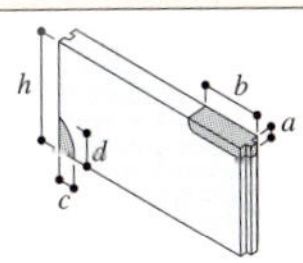	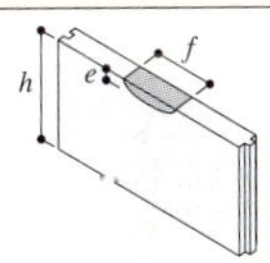
결손크기	① 패널길이 방향의 결손 $a \leqq 30$ $b \leqq 100$ ② 패널폭 방향의 결손 $c \leqq 30$ $d \leqq 50$	$e \leqq 30$ $f \leqq 100$

❖ 현장관리 포인트

- ☞ ALC패널의 두께, 설치방법 및 개구부 보강에 대해서는 강도계산을 하여 안전성을 확인할 것.
- ☞ 패널 거동에 의해 방수층이 파단될 우려가 있는 벽체 패널에는 직접 방수를 시공하지 말 것.
- ☞ 강도상 유해한 홈파기 · 구멍 뚫기 · 절단 등의 가공은 하지 말 것.
- ☞ 마감재에는 패널의 신축줄눈과 동일한 위치에 줄눈을 두어 패널의 거동을 방해하지 않는 공법으로 할 것.

2 외벽

관리 1 변형 추종을 파악한 공법 선정을 하였는가?

① 수직벽 로킹공법

지진 등에 의한 구체의 변형시 패널 한 장 한 장이 독립되어 면내에 회전을 일으킴으로써 층간변위에 추종한다.

② 수직벽 슬라이드공법

구체의 변형시 각 층마다 패널 상부가 면내 방향으로 슬라이드 됨으로써 층간변위에 추종한다.

③ 가로벽 매입앵커공법/가로벽 볼트조임공법

볼트로 패널을 구체에 설치하고 구체의 움직임과 함께 슬라이드 됨으로써 층간변위에 추종한다.

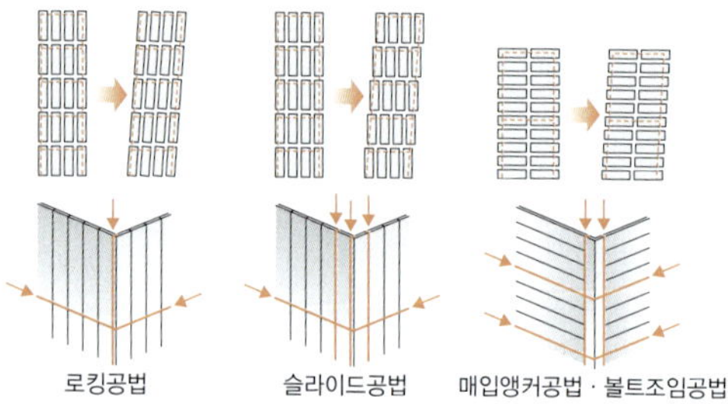

변형 추종의 메커니즘 (위 그림), 신축줄눈 위치(아래 그림)

관리 2 외벽 세로벽 패널은 바르게 설치되어 있는가?

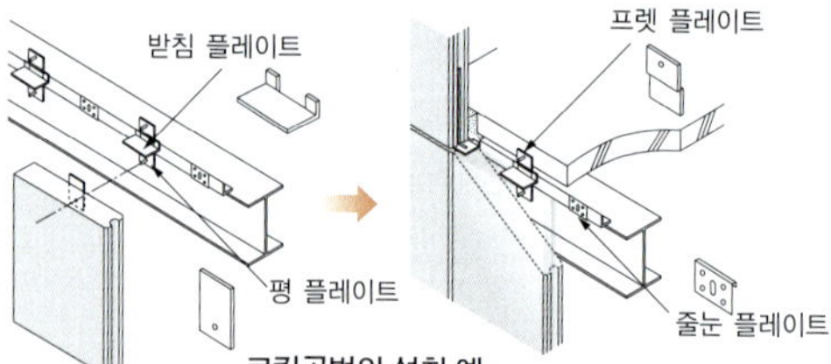

로킹공법의 설치 예

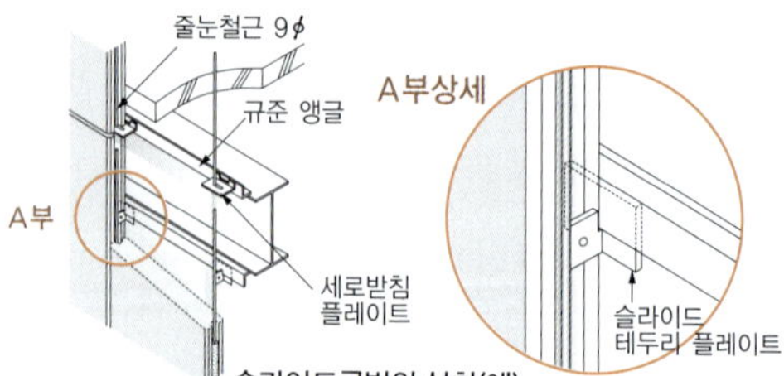

슬라이드공법의 설치(예)

관리 3 외벽 가로벽 패널은 바르게 설치되어 있는가?

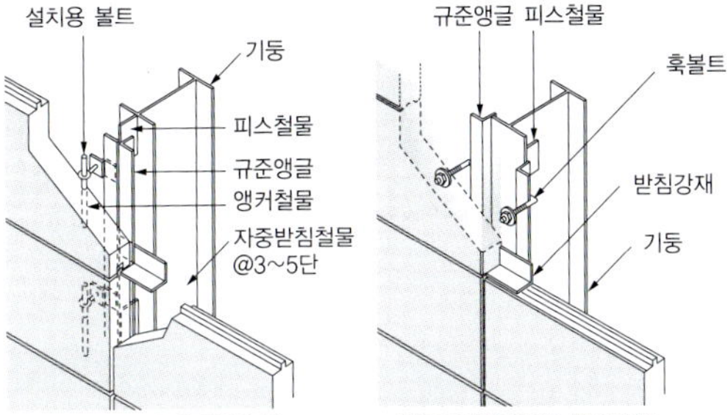

매입앵커공법의 설치(예) 볼트조임공법의 설치(예)

클레임 외벽 가로벽 패널이 관통볼트 주위에서 파손되어 누수되었다 !

〈현상〉 시공한 지 7년 된 S조 입체자동창고로, 외벽에 댄 가로벽 ALC패널이 설치관통볼트(φ12) 주위에서 파손되어 일부에서 누수가 발생하였다.

〈처치〉 파손된 ALC패널을 새 패널로 다시 붙이고 설치용 볼트의 위치를 반력점과 동일한 위치에 설치했다.

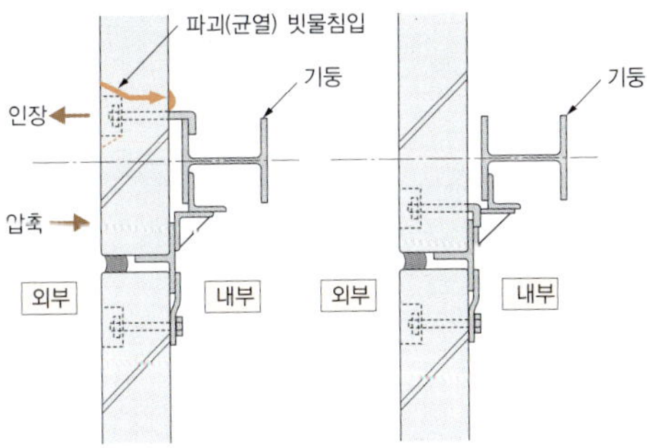

불량발생 상황(평면) 재발방지대책(편면)

❖ 현장관리 포인트

☞ 외벽 및 지붕패널의 두께는 주요지점간 거리의 1/35 이상 또는 75mm 이상, 칸막이벽 패널의 두께는 주요지점간 거리의 1/41 이상 또는 75mm 이상, 패널측 보 치수의 허용치는 지붕의 경우 두께의 3배 이하, 벽의 경우 두께의 6배 이하로 할 것.

☞ ALC패널은 표면강도가 작아 강한 접착력을 기대할 수 없기 때문에 타일붙임이나 돌붙임 같은 무거운 재료나 에폭시 흡착타일 같은 경화시 응집력이 강한 마감재료는 사용하지 말 것.

압출성형시멘트 패널공사

1 외벽 · 칸막이벽

관리 1 사용 재료는 적절한가?

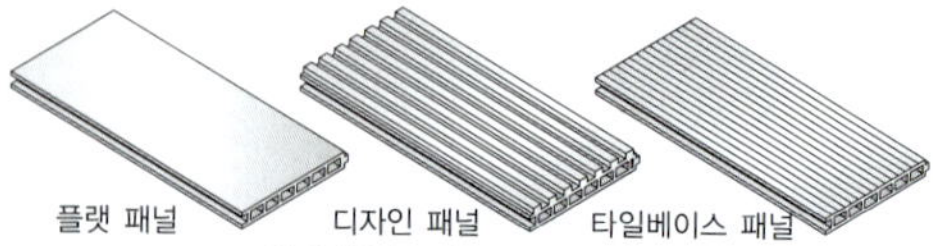

압출성형시멘트 패널의 종류(예)

압출성형시멘트 패널의 치수 (mm)

표면형상에 따른 분류	두께	작용 폭	길이
플랫 패널	35 50	450 500 600	5,000 이하
	60 75	450 500 600 900 1,000 1,200	5,000 이하
	100	450 500 600	5,000 이하
디자인 패널	50 60	600	5,000 이하
타일베이스 패널	60	605 이하	5,000 이하

관리 2 외벽패널은 바르게 설치되어 있는가?

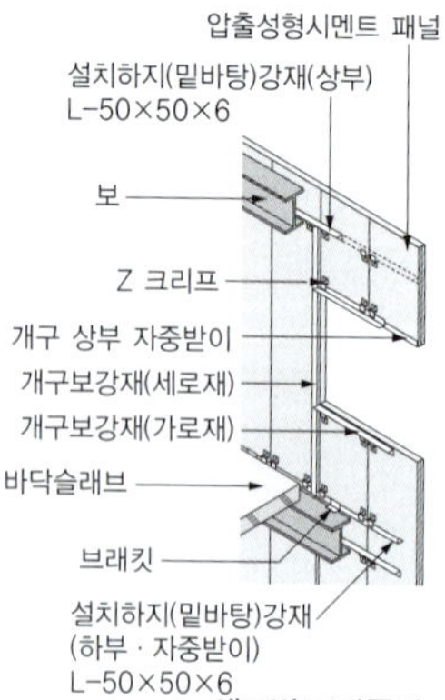

세로벽 로킹공법

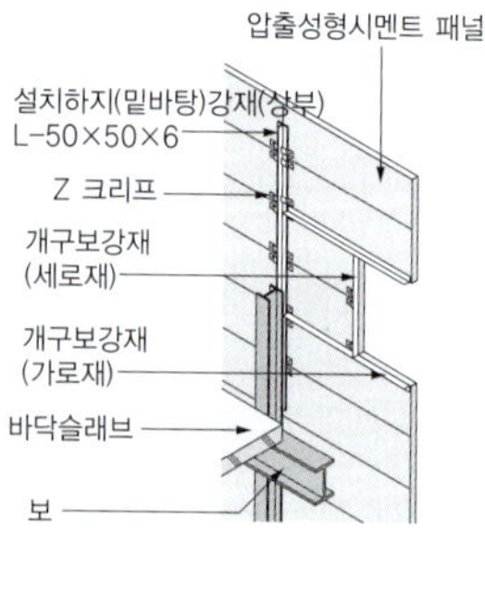

가로벽 슬라이드공법

관리 3 칸막이벽 패널은 바르게 설치되어 있는가?

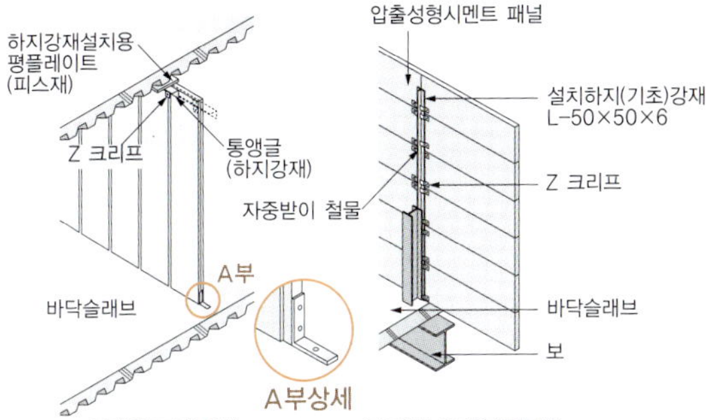

수직벽 로킹공법　　가로벽 슬라이드공법

관리 4 패널의 결손한도는 확인하였는가?

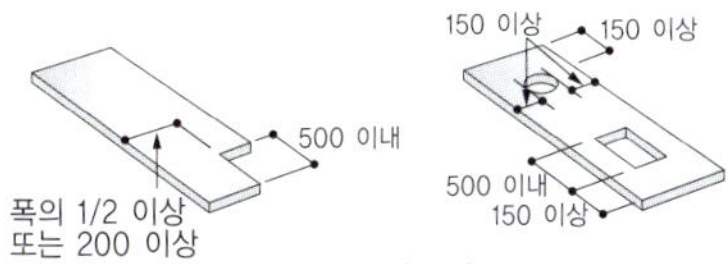

패널의 결손한도

클레임 외벽 가로벽의 자중받이 부분이 파손되어 상부패널이 어긋나서 추락했다!

〈현상〉 시공한 지 3년 된 S조 4층 창고의 외벽에서 가로벽 슬라이드공법으로 설치되었던 압출성형시멘트 패널이 자중받이 부분에서 파손되어 상부 3단의 패널이 어긋나 추락하였다.

〈처치〉 어긋나 떨어진 3장의 패널과 바로 아래의 패널 1장을 제외하고 자중받이 부분에 패널 결손이 생기지 않는 설치방법으로 개선하였다.

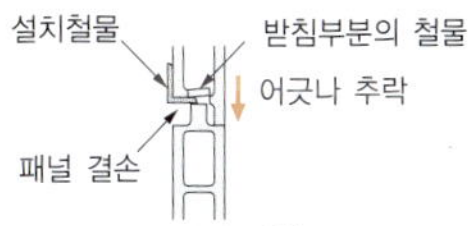

불량발생 상황

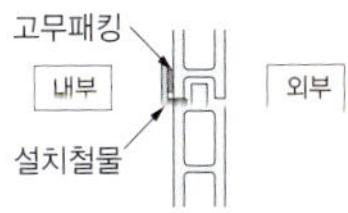

자중받이 부분의 마무리
(재발방지대책)

❖ 현장관리 포인트

☞ 외벽패널은 겉과 안을 확인하고 나서 설치할 것.

☞ 패널붙임기초의 패널은 한 면이 흡수되는 경우나 일사에 의한 영향으로 휨이 발생하는 경우가 있으므로 두께 60mm 이상, 길이 4m 이하로 한다. 길이가 4m를 넘는 경우나 의장상 특별히 외벽면의 정밀도가 요구되는 경우에는 패널의 중간부분에도 지지점을 늘려 강제적으로 휨을 억제하는 대책을 세운다. 타일은 패널 단부에서 돌출되게 붙이지 않도록 할 것.

공동 프리스트레스트콘크리트 패널공사

1 외벽 · 칸막이벽

관리 1 사용재료는 적절한가?

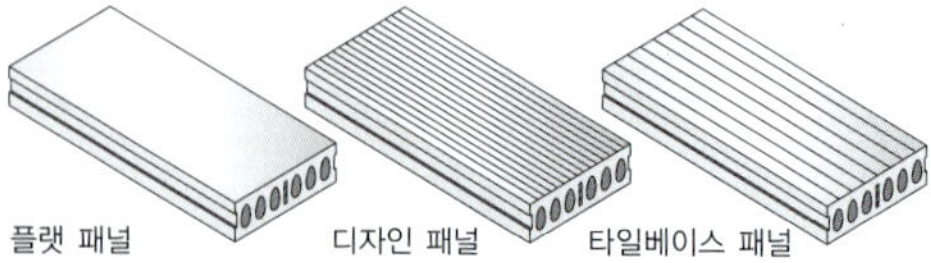

콘크리트 패널의 종류(예)

공동 프리스트레스트콘크리트 패널의 종류 예(JIS A 6511)

종류	바닥용 패널(S)*1							벽용 패널(W)*2			
두께(mm)	70	100	120	150	200	250	300	70	100	120	150
종별*3	30 45	30 45	30 45	30 45	30 45	30 45	30 45	30 45	30 45	30 45	30 45

※1) S는 주로 수평적으로 사용하는 패널
2) W는 주로 수직적으로 사용하는 패널
3) 종별 30은 단면평균 유효프리스트레스의 양(N/㎟)이 3.00±0.75
종별 45는 단면평균 유효프리스트레스의 양(N/㎟)이 4.50±0.75

패널의 휨은 부재길이의 1/500 이하로 한다.

관리 2 외벽패널은 바르게 설치되어 있는가?

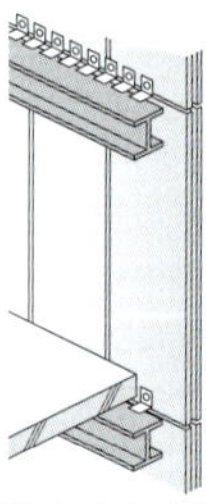

수직벽 슬라이드공법

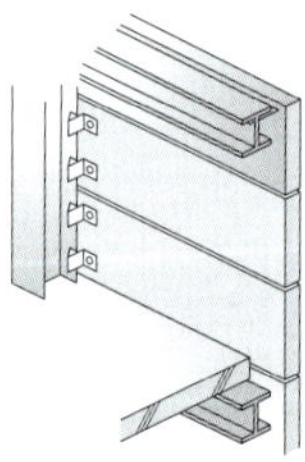

가로벽 슬라이드공법

관리 3 칸막이벽 패널은 바르게 설치되어 있는가?

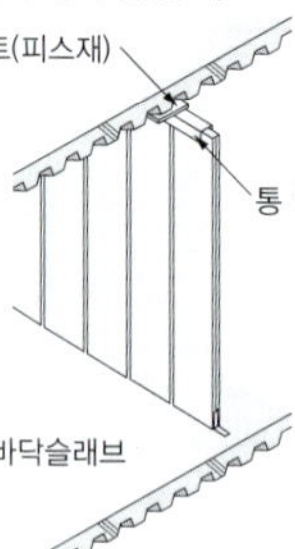

수직벽 슬라이드공법

관리 4 패널의 결손한도는 확인하였는가?

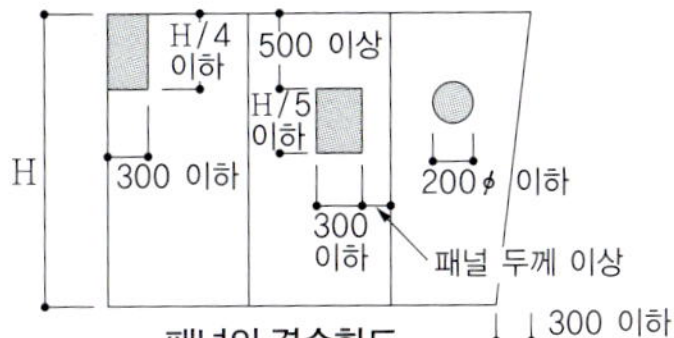

패널의 결손한도

관리 5 반입시 패널의 결손을 확인하였는가?

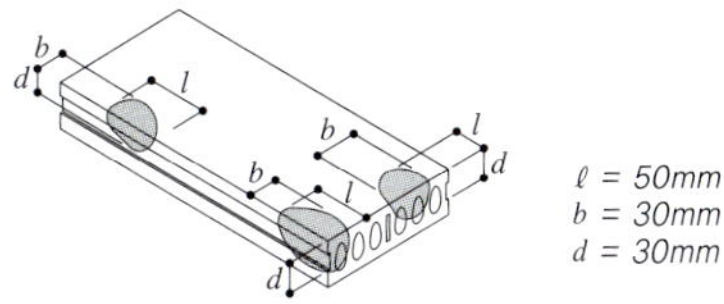

보수하여 사용 가능한 결손부분의 크기 기준

클레임 강풍우에 의해 외벽(세로벽)의 수평줄눈 등에서 실내에 누수가 발생했다!

〈현상〉 시공한지 3년 된 S조 6층 대형 창고에서 외벽패널의 수평줄눈 및 발코니 지지보 관통부의 실링재 경계면이 박리된 곳에서 빗물이 들어와 패널 내벽면과 중공구멍을 통하여 아래층으로 누수가 발생했다.

〈처치〉 실링재를 교체하고 층간변위에 의한 줄눈의 거동에 대해 충분한 줄눈 폭을 확보하기 위하여 수평줄눈 상부에 스테인리스제 물끊기를 설치했다.

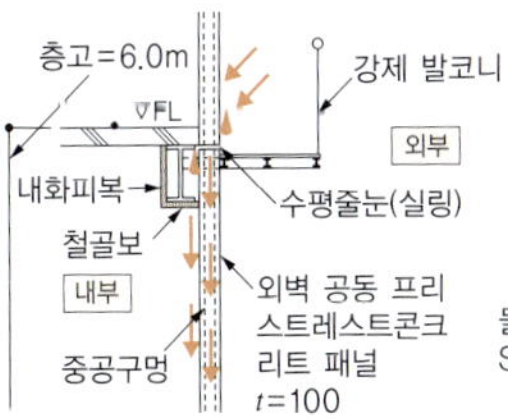

불량발생 상황

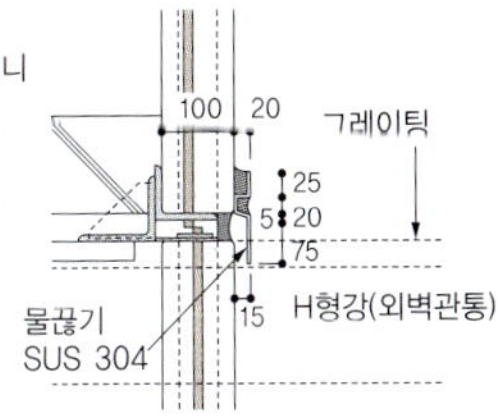

수평줄눈부분의 마무리(재발방지대책)

❖ 현장관리 포인트

☞ 외벽패널은 겉과 안을 확인하고 나서 설치할 것.

☞ 패널의 지지간격과 두께 및 개구보강에 대해서는 강도계산을 하여 안전성을 확인할 것.

☞ 외벽패널의 두께는 주요지점간 거리의 1/60 이상 또는 100mm 이상으로한다. 타일 붙임 바탕으로 사용하는 패널은 표면에 홈가공을 한 전용패널을 사용하고, 패널이 제조 후 2주 이상 경과된 것인지 확인한 후에 사용한다. 타일은 패널 단부에서 돌출되게 붙이지 말 것.

1 아스팔트방수

관리 1 사용재료를 확인하였는가?

아스팔트는 방수공사용 3종(온난지) 또는 4종(한랭지)(JIS K 2207 : 석유아스팔트)을 사용한다.

> 방수공사에 사용하는 아스팔트의 품질은 아스팔트가 고온시 연화, 저온시 취화를 일으키기 쉬움을 나타내는 침입도지수, 저온시의 가동성을 나타내는 플라스취화점에 의해 구분된다.

방수공사용 아스팔트의 품질

종류 \ 항목		연화점(℃)	침입도(25℃)	침입도지수	증발질량변화율질량(%)	인화점(℃)	사염화탄소가용분질량(%)	플라스취화점(℃)	처짐길이(mm)	가열안정성(플라스취화점)(℃)
방수공사용	1종	85 이상	25 이상 45 이하	3.5 이상	1 이하	250 이상	98 이상	−5 이하	−	5 이하
	2종	90 이상	20 이상 40 이하	4.0 이상	1 이하	270 이상	98 이상	−10 이하	−	
	3종	100 이상	20 이상 40 이하	5.0 이상	1 이하	280 이상	95 이상	−15 이하	8 이하	
	4종	95 이상	30 이상 50 이하	6.0 이상	1 이하	280 이상	92 이상	−20 이하	8 이하	
방수공사용 개량 아스팔트		120~160	20~50	7.0~10.0	1 이하	280~330	−	−20~−28	0~1	

관리 2 아스팔트의 온도관리는 적절한가?

① 아스팔트 용융온도의 상한을 확인한다.

② 종래에는 아스팔트의 연화점+170℃로 해왔으나 최근에는 저온용융형, 환경부하저감형 등 용융온도를 낮게 설정한 제품도 있으므로 방수재 제조업체가 지정한 온도를 확인한다.

③ 아스팔트 용융온도는 최소한 30분에 1회 정도 측정하고, 접착력 저하 방지를 위하여 200℃ 이하가 되지 않도록 한다.

관리 3 방수층을 붙이는 방법에 잘못은 없는가?

① 긴 변과 폭방향 모두 100mm 정도의 겹침 부분을 두고 붙여나간다.

② 루핑을 붙이는 방향은 물매의 아래쪽으로부터 위로 향해 붙이고, 패러핏이나 바탕 등의 치켜올림부는 먼저 붙인다.

③ ALC나 PC판 바탕인 경우는 이음부분에 절연용 테이프(폭 75mm 정도) 또는 시트(스트레치 루핑 등)에 의해 폭 200~300mm 정도)를 늘려 붙인다.

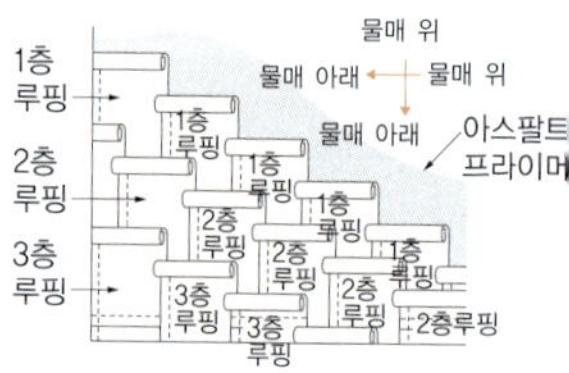

물매구배와 루핑류의 붙임

관리 4 치올림방수층 말단부의 마무리는 적절한가?

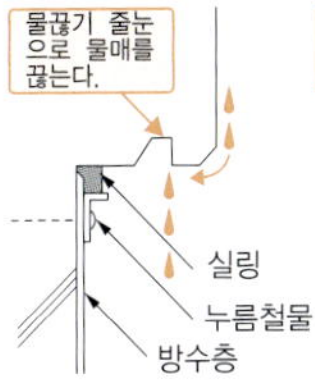

패러핏의 마무리(예)

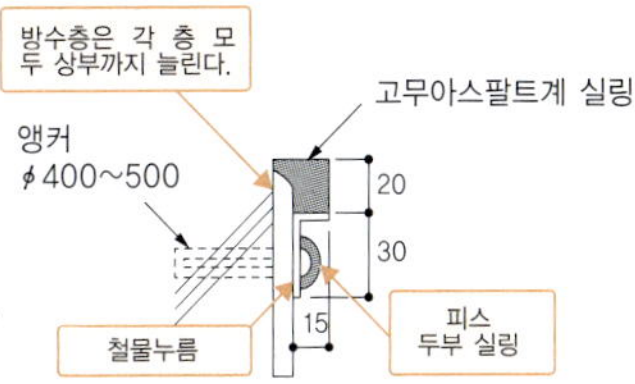

방수층 말단부의 마무리 (예)

관리 5 패러핏의 턱(chim) 높이는 적절한가?

① 패러핏에 턱이 부착되는 형태의 턱 아래 치수는 빗물이 튀거나 턱 아래에서 방수층 말단부를 마무리하는 시공성을 고려하여 평지의 마무리 상단에서 250mm 정도 이상으로 한다.

② 치올림 치수가 너무 크면 방수층이 쳐지기 쉬우므로 상한은 500mm 정도로 한다.

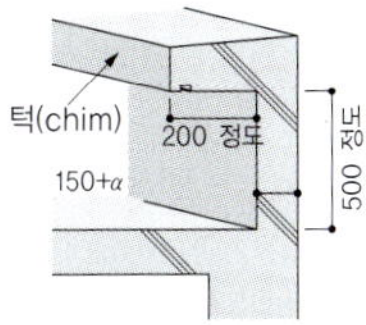

턱이 있는 패러핏(보호방수의 경우)

관리 6 보호콘크리트의 신축줄눈위치 및 시공방법은 적절한가?

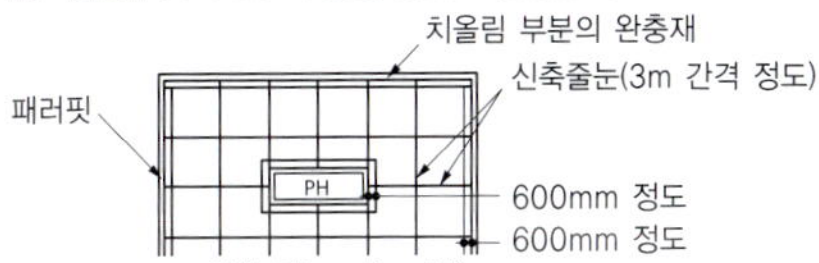

신축줄눈 나누기[14]

이단열방수의 경우는 보호콘크리트의 온도변화가 커지므로 줄눈간격을 2.5mm 정도로 한다.

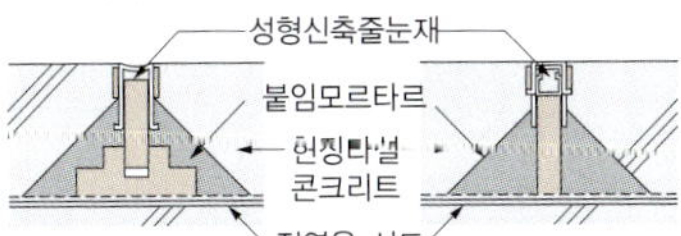

붙임모르타르는 500mm 정도의 간격으로 고정한다.

신축줄눈의 시공 예[15]

❖ 현장관리 포인트

☞ 루핑을 붙이는 방향은 물매의 아래쪽으로부터 위를 향해 붙이고, 긴 변과 축 방향 모두 100mm 정도 겹침하여 붙여나갈 것

☞ 방수층 말단부는 끝이 벌어지지 않도록 철물누름하고 실링 마무리를 한다.

☞ 패러핏의 턱 아래의 높이를 확보하도록 계획한다. 턱 아래의 높이는 평지 마감면에서 250mm 정도 이상, 500mm 정도 이하로 할 것.

☞ 보호콘크리트에 설치하는 신축줄눈은 표면뿐만 아니라 방수층까지 닿도록 하고, 그 간격은 3m 정도로 할 것.

2 시트방수

관리 1 시트방수의 공법 선정 및 단열재의 종류는 적절한가?

① 접착공법

접착제 또는 시멘트페이스트 등을 이용해 가황고무계 시트 등의 합성고무계 시트나 염화비닐수지, 에틸렌초산비닐계수지 등의 합성수지계 시트를 붙여 방수층을 만드는 공법

② 기계적 고정공법

고정철물을 사용해 합성고무계 시트나 합성수지계 시트를 고정하여 방수층을 만드는 공법

바탕의 건조기간이 충분하지 않은 단축공기시공의 경우는 바탕의 함수분에 영향을 미치기 어려운 기계적 고정공법의 채용을 검토한다.

단열재의 종류

시트의 종류	접착공법	기계적 고정공법
가황고무계 시트	폴리에틸렌폼 경질우레탄폼	-
염화비닐수지계 시트	폴리에틸렌폼	폴리스티렌폼 경질우레탄폼
에틸렌초산비닐수지계 시트	-	-

관리 2 시트의 접합방법 · 접합폭은 적절한가?

① 시트는 물매 위쪽의 시트가 물매 아래쪽 시트의 위가 되도록 붙인다.

② 접합부의 처리는 중요하며 접합방법, 접합폭은 다음 표에 의한다.

시트의 종류별 접합방법[16)]

시트의 종류	접합방법	평면부의 접합폭	평면부와 치올림부		
			접합폭	접합위치	접합순서
가황고무계 시트	접착제에 의한 경우 (테이프형 실링 병용)	긴변 · 폭 100mm	150mm	치올림면	평면부 선시공
염화비닐수지계 시트	용제용착에 의한 경우, 또는 열융착에 의한 경우	긴변 · 폭 40mm	40mm	평면부	평면부 선시공
에틸렌초산비닐수지계 시트	폴리머시멘트페이스트에 의한 경우	긴변 · 폭 100mm	100mm	평면부	치켜올림부 선시공

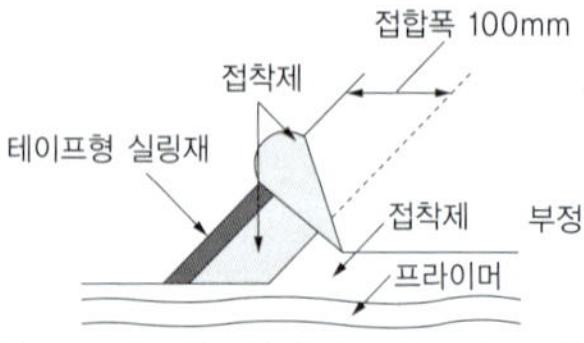

접합부의 마무리(가황고무계 시트의 경우)

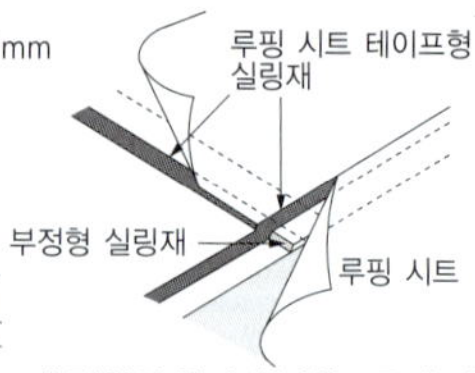

3매 겹침의 처리예(가황고무계 시트의 경우)

관리 3 기계적 고정공법에서는 내풍압성을 확보하였는가?

① 앵커의 고정강도는 앵커의 근입길이와 바탕콘크리트의 강도 · 상태에 의해 좌우되기 때문에 안전율을 감안한 강도계산이 필요하다.

② 지붕마루, 처마, 박공단 부분과 패러핏에 가까운 부분은 풍압이 강하게 작용하므로 고정철물의 수를 늘리는 등의 보강조치를 취할 것.

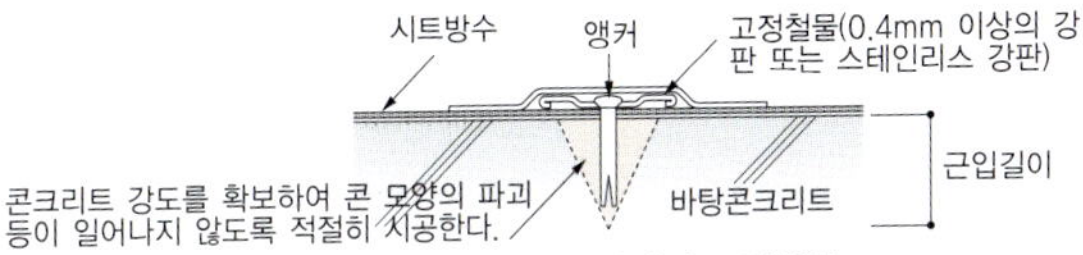

시트방수의 기계적 고정방법

관리 4 드레인 및 드레인 주위의 처치는 적절한가?

p.154 관리 1
p.155 관리 3

루프드레인 지름과 그 중심으로부터 외벽면까지의 거리[19]

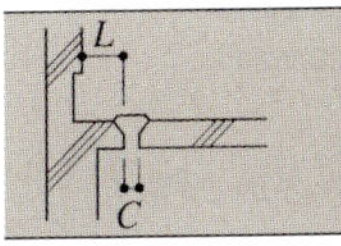	루프드레인 지름 C(mm)	80	100	125	150	200
	중심거리 L(mm)	325	350	375	400	425

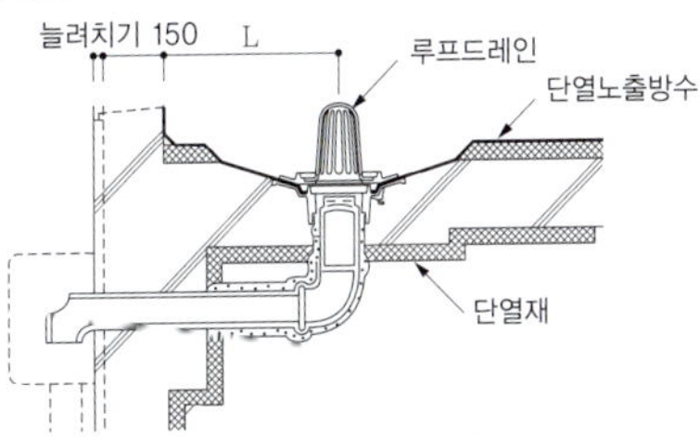

드레인 주위의 마무리(예)

관리 5 조류피해에 관한 사항을 검토하였는가?

까마귀가 사는 지역에서는 가황고무계 시트를 사용했을 경우 시트가 쏘여 피손되는 사례가 있다. 조류피해에 대한 내책을 강구하거나, 피해가 비교적 적은 염화비닐수지계 시트 등의 다른 사양으로 변경하는 것을 검토한다.

❖ 현장관리 포인트

- ☞ 건조기간이 충분히 확보되지 않은 경우는 전면접착공법을 피하고, 절연탈기공법이나 기계적 고정공법의 채용을 검토할 것.
- ☞ 단열 사양으로 하는 경우는 사용할 단열재의 종류를 확인할 것.
- ☞ 시트끼리의 접합방법을 확인하고 접합부 관리를 충분히 할 것.
- ☞ 접착공법에서는 사용 접착제의 종류와 오픈타임 관리를 할 것.
- ☞ 노출사양(도막방수 포함)인 지붕에 대해서는 불에 의한 내연소성을 확인할 것

3 도막방수

관리 1 방수 바탕의 구배는 적절한가?

방수층의 바탕구배는 구조체에서 쇠흙손으로 편평하게 마무리한다. 또한 바탕의 돌기물이나 부착물은 제거하며, 굴곡진 부분은 수지모르타르 등으로 보수한다.

방수공법별 옥상슬래브의 구배

보호의 유무	방수공법	구 배
보호방수	아스팔트방수	1/100~1/50 정도를 표준으로 한다.
노출방수	아스팔트방수 개량아스팔트 시트방수 도막방수	방수의 종류에 관계없이 1/50~1/20 정도를 표준으로 한다. ALC 바탕에서는 ALC패널의 크리프에 의한 휨 발생을 고려하여 물구배에 대해 ALC 패널의 긴 변이 직교방향이 되도록 배치한다.

관리 2 방수 바탕 콘크리트의 건조상태를 확인하였는가?

바탕의 건조상태는 거푸집 등의 슬래브 상황, 콘크리트 타설 후의 양생기간(동절기에는 일반지역의 경우 3주 정도), 고주파 표면수분계(함수율 8% 정도 이하) 및 간이체크법 등으로 확인한다. 부풀음을 방지하기 위해서는 절연탈기공법 채용을 검토한다.

간이체크법이란 방수하는 시점에서 검은 색 비닐시트(가로세로 약 1m 정도의 크기)를 씌우고 하루 동안 방치하여 시트 뒷면에 물방울이 생겼는지의 여부로 프라이머 시공가능여부를 판단하는 방법

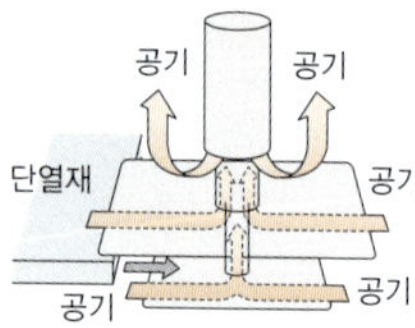

탈기장치에 의한 탈기효과 모식도

관리 3 볼록 모서리 · 오목 모서리의 형태는 적절한가?

볼록모서리 · 오목모서리의 형태[20]

부위	아스팔트방수		개량아스팔트 시트방수(토치공법) · 시트방수 · 도막방수	
볼록모서리(수직단면)	면접기	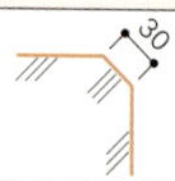	면접기	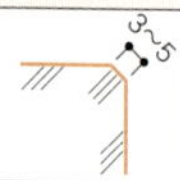
오목모서리(수직단면)	삼각형	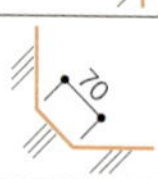	직각	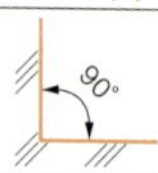
치올림부의 볼록모서리(수평단면)	면접기	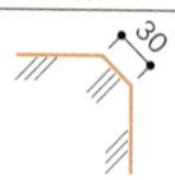	면접기	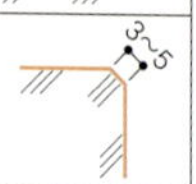
치올림부의 오목모서리(수평단면)	삼각형	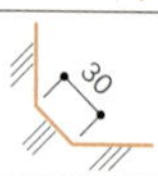	직각	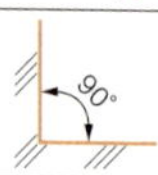

관리 4 프라이머 선정은 적절한가?

프라이머는 종류와 사용시기에 따라 건조시간이 다르기 때문에 방수층 시공을 할 때에는 건조상황을 확인한다. 특히 바탕흡입이 심한 경우에는 겹쳐 바르기를 한다.

✍ 용제형 프라이머를 사용하는 경우는 화기에 주의할 것

관리 5 도막방수재료의 혼합 · 교반은 적절한가?

혼합은 제조업체가 지정한 비율에 따라 기포가 들어가지 않는 속도로 교반(전동비빔기)하고, 표면에는 기포나 물결무늬가 생기지 않도록 균일하게 도포한다.

관리 6 필요한 도막두께가 확보되었는가?

① 균일하게 도포하기 위해 보강포를 사용하거나 구획나누기를 한다.

② 시공면적당 사용량을 관리하고 일정 두께를 얻을 수 있는지 확인한다.

사용량(kg/m²)=최종두께(mm)×경화물 비중

✍ 도막두께 3mm이며 경화물 비중이 1.0인 경우 3.0kg/m²가 된다.

웨트 게이지

✍ 보강포는 합성섬유, 유리섬유 재료로 방수층과 병용해서 방수층의 보강효과를 낸다.

경화물 비중과 도막두께 확보에 필요한 사용량 (kg/m²)

경화물 비중	평면부	치올림부
0.9	2.7	1.8
1.0	3.0	2.0
1.1	3.3	2.2
1.2	3.6	2.4
1.3	3.9	2.6
1.4	4.2	2.8
1.5	4.5	3.0
1.6	4.8	3.2
1.7	5.1	3.4
1.8	5.4	3.6

위의 표는 도막두께를 평면부 3mm, 치켜올림부 2mm로 한 경우이다.

관리 7 도막방수 시공순서 · 방법은 적절한가?

① 방수재의 시공은 치올림 부분에서 평면부 순서로 도포한다.

② 시공은 고무주걱, 솔, 롤러, 뿜칠기구 등을 사용하여 도포하고, 시공시에는 기포나 핀홀이 생기지 않도록 주의한다.

③ 겹쳐바름은 최장시간을 초과하지 않도록 지정된 시간 내에 한다.

④ 보강포에 도포하는 경우는 불침투부분이 생기지 않도록 주의한다.

❖ 현장관리 포인트

☞ 방수 바탕의 구배는 구조체에서 기계흙손으로 마무리하고, 오목모서리는 직각 모양으로 할 것.

☞ 바탕이 건조되지 않은 상태에서 프라이머를 도포하면 부착성이 나빠 시공 후 부풀음 발생의 원인이 되므로 방수시공을 하기 전에 간이체크법이나 고주파표면수분계를 이용하여 바탕의 건조상황을 확인할 것.

☞ 재료의 혼합 · 교반시 기포가 들어가지 않도록 주의할 것.

☞ 사용량을 철저히 관리하여 소정의 도막두께를 확보할 것.

1 실링재의 종류와 특징

관리 1 실링재는 피착체와의 적합성을 고려하여 선정하였는가?

p.170 관리 1 p.171 관리 2

실링재의 종류는 피착체에 대한 접착성, 오염성 등의 적합성과 시공조건 등을 종합적으로 검토하여 선정한다.

실링재의 특징

종류	기호	주요 특징과 주의사항	
실리콘계	SR-1 (1성분형)	유리 내광접착성이 좋아서 유리 주위에 사용할 수 있다. 비를 맞는 외부에 사용하면 줄눈 주변을 오염시킨다.	타 기재와 이어치기가 어렵다.
	SR-2 (2성분형)		동적 추종성, 내후성이 매우 우수하여 움직임이 큰 줄눈에 사용할 수 있다.
변성실리콘계	MS-1 (1성분형)	유리 내광접착성이 떨어지기 때문에 유리 주위에는 사용할 수 없다.	복원성이 떨어지기 때문에 움직임이 큰 줄눈에는 부적합하다.
	MS-2 (2성분형)		동적 추종성, 내후성이 우수하여 움직임이 큰 줄눈에 사용할 수 있다.
폴리설파이드계	PS-2 (2성분형)	석재 등의 다공질에도 잘 오염되지 않는다. 동적 추종성이 약간 떨어지기 때문에 움직임이 큰 줄눈에는 사용을 피하도록 한다. 유리 주위에서의 사용은 가능하지만 내광접착성은 SR-2보다 떨어진다.	
폴리우레탄계	PU-1 (1성분형)	표면내후성이 떨어지기 때문에 표면도장이 필요하다.	움직임이 큰 줄눈에서는 사용을 피할 것. 소량의 부위(미완성부분의 마무리 부분 보수 등)에 사용한다.
	PU-2 (2성분형)		움직임이 큰 줄눈에서는 사용을 피할 것

표면내후성 : 옥외에서 실링재 표면이 일광 · 눈 · 비 등의 자연조건을 받아 시간이 경과함에 따라 생기는 재료의 물리적 · 화학적 변화에 대한 저항 정도. 유리 내광접착성 : 유리면을 투과하는 태양광(자외선)에 견딜 수 있는 접착성 정도.

2성분형 실링재의 평가

평가항목 \ 실링의 종류		2성분형 실리콘계 SR-2	2성분형 변성실리콘계 MS-2	2성분형 폴리설파이드계 PS-2	2성분형 폴리우레탄계 PU-2(논플리드)
미관	줄눈주변	–	○	◎~○	○(노출시)
	줄눈표면	△•	△	◎~○	△(노출시)
동적 피로성		◎	○	○~△	△~–
내구성 구분		10030	9030	9030	8020
표면내후성		◎	○	○	–
유리 내광접착성		◎	용도 외	△	용도 외
도장성		–	△	△	◎
표면 터크	초기	○	△	○~△	△
	경시	◎	△	◎	△
작업성		△	◎	○	○

◎ : 추천 재료 / ○ : 사용 가능 / △ : 제조자에게 사전 확인을 요함 / – : 사용불가

부정형 실링재의 선정(외장)

재료 · 피착체		부 위	1성분형				2성분형			
			SR-1 (LM)	MS-1 (LM)	PU -1	AC -E	SR -2	MS -2	PS -2	PU -2
금속계	알루미늄	패러핏 두겁대줄눈, 패널 간 줄눈, 새시틀 주위, 새시틀 조인트줄눈	–	–	–	–	○	◎	–	–
		금속판 접합줄눈 (ECP, PC, 화강암, 타일)	–	–	–	–	–	◎	○	–
		새시틀 주위 (콘크리트 등)	–	–	–	–	–	◎	○	△
		(유리홈 외측)	○	–			◎	–	○	–
		(유리홈 내측)	◎	–	–	–	◎	–	–	–
		(화강암, 타일)	–	–	–	–	–	◎	◎	–
		(ALC)	–	–	△	–	–	◎	–	△
		(폴리카보네이트판, 아크릴수지판)	○	–	–	–	–	–	–	–
	포장인화	패널간 줄눈	–	–	–	–	–	◎	◎	–
	불소인화		–	–	–	–	○	○	–	–
	아연도금		–	–	–	–	○	○	○	–
	스테인리스	새시틀 주위	–	–	–	–	○	○	○	–
콘크리트계	콘크리트, 모르타르, PCF	균열유발줄눈, 이어치기줄눈 (1차 실 : 줄눈위 도장 무)	–	○	–	–	–	○	◎	–
		(1차 실 : 줄눈위 도장 유)	–	–	◎	–	–	○	–	◎
		2차 실	–	–	◎	–	–	–	–	◎
		접합줄눈 (ECP)	–	○	△	–	–	○	◎	△
		(PC : 화강암, 타일)	–	–	–	–	–	○	◎	–
		(ALC)	–	○	△	–	–	◎	–	△
	PC	패널 간 줄눈	–	–	–	–	–	○	◎	–
	ECP		–	○	△	–	–	○	◎	△
돌, 화강암		일반줄눈, 두겁대줄눈	–	–	–	–	–	○	◎	–
타일		신축줄눈	–	–	–	–	–	○	◎	–
기타	유리	돌출줄눈	◎	–	–	–	◎	–	–	–
	ALC	일반줄눈	–	◎	△	△	–	◎	–	△
		신축줄눈	–	◎	△	–		◎	–	△

◎ : 추천 재료 / ○ : 사용 가능 / △ : 제조자에게 사전 확인을 요함 / – : 사용불가
1) LM : 저(低) 모듈라스 타입 / PCF : 프리캐스트콘크리트폼 / ECP : 압출성형시멘트 패널
2) ▢ : HM(고(高)모듈라스 타입)을 사용 / ▢ : 수직벽 슬라이드공법일 경우에만 사용가능

❖ 현장관리 포인트

☞ 신축이 큰 줄눈에는 2성분형 실리콘계나 2성분형 변성실리콘계를 사용할 것.

☞ 불소 · 아크릴수지 전착도장 알루미늄, 스테인리스, 동판, 포장, 염화비닐, 불소수지 인화강판 등은 실물에 따라 접착성을 확인할 것.

☞ ALC패널의 신축줄눈에는 저(低) 모듈라스 타입(50% 인장응력이 0.2N/mm^2 이하)을 사용할 것.

2 줄눈폭과 형상

관리 1 줄눈폭은 변형성상을 고려한 치수로 되어 있는가?

줄눈폭은 온도변화, 층간변위, 시공성, 제작오차, 시공오차 등을 고려하여 실링재의 인장 · 압축 · 전단허용 변형률의 한계 내에서 결정한다. 실링재의 최소 줄눈폭은 글레이징 부분을 제외하고 5mm, 최대줄눈폭은 40mm로 한다.

$W \geqq \delta / \varepsilon \times 100 + |t|$

W : 설계줄눈폭(mm)
δ : 줄눈의 변형량(mm)
ε : 실링재의 설계허용 변형률(%)
t : 줄눈폭의 허용차(mm)

※1. δ/ε는 온도변화 또는 층간변위에 의한 계산치 중 큰 수치를 잡는다.
※2. 인장, 압축, 전단의 각 변형성상은 다음 그림에 따른다.

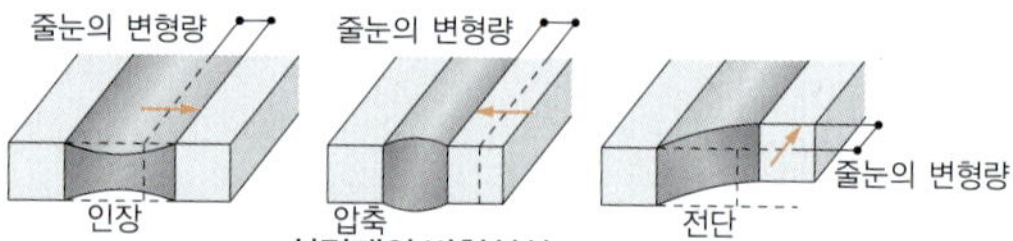

실링재의 변형성상

실링재의 설계허용 변형률 (%)

실링의 종류		기호	내구성 구분*	인장		압축		전단	
				장기	단기	장기	단기	장기	단기
실리콘계	1성분형	SR-1HM	9030G	(10)	(15)	(10)	(15)	(20)	(30)
		SR-1LM	10030 9030	15	40	15	30	30	60 (40)
	2성분형	SR-2	10030	25	45	25	30	30	60 (40)
변성 실리콘계	1성분형	MS-1	9030 8020	10	15	10	15	15	30
	2성분형	MS-2	9030	20	40	20	30	30	60
폴리설파이드계	2성분형	PS-2	9030 8020	15	30	10	20	20	40 (30)
폴리우레탄계	1성분형	PU-1	9030 8020	10	20	10	20	20	40
	2성분형	PU-2	8020						

※JIS A 5758(건축용 실링재) 부속서 2(참고)의 구분에 의한다.
1) 장기는 열에 의한 신축의 허용치를 나타낸다. 단기는 바람, 지진에 의한 신축의 허용치를 나타낸다.
2) ( )안의 수치는 글레이징인 경우를 나타낸다.

관리 2 줄눈의 형상은 적절한가?

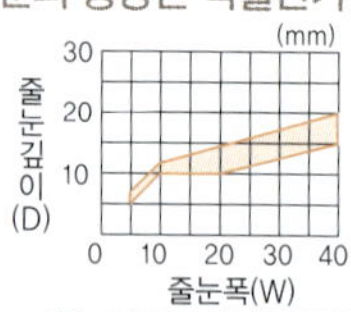

줄눈깊이 D의 허용범위

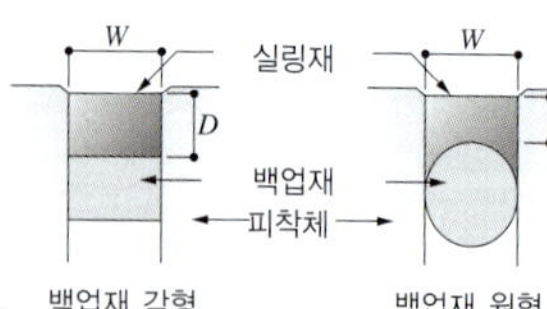

줄눈단면형상

관리 3 실링재의 접착면이나 이어치는 경우의 상성은 좋은가?

실링재는 2면 접착으로 한다. 단, 콘크리트의 균열유발줄눈 등 거동이 작은 경우는 3면 접착으로 해도 된다. 실링재의 이어치기는 다음 표에 의한다. 또한 현장에서의 이어치기, 공장에서 충전하고 현장에서 나중에 치는 실링의 이어치기도 동일 제조자, 동일 제품으로 하는 것이 바람직하다.

실링재의 이어치기

먼저치기	기호	나중치기				
		실리콘계	변성실리콘계	폴리설파이드계	폴리우레탄계	아크릴계
실리콘계	SR-1·2	○*1	×	×	×	×
변성실리콘계	MS-1·2	○*2	○*2	×	×	×
폴리설파이드계	PS-2	○	○	○	○	○
폴리우레탄계	PU-1·2	○	○	○	○	×
아크릴계	AC-E	×	○	○	○	○

○ : 이어치기 가능 / × : 이어치기 불가능

※1) 1성분형 실리콘계 고(高) 모듈라스 타입을 먼저치기하는 경우에는 동일 재료 외의 것과 이어치는 것이 불가능하다.

※2) 커트하여 새로운 면을 내고 전용 타입의 프라이머를 도포하면 이어치기가 가능하다.

클레임 유리 세팅 블록 주위의 실링재가 변색되었다!

〈현상〉 시공한 지 반 년 된 S조 10층짜리 호텔에서 유리창 주위의 하부 실리콘계 실링재의 일부가 유리세팅블록 클로로프렌고무와 실링재의 직접 접촉에 의해 클로로프렌고무의 가소제가 실링재로 옮겨져 자외선의 영향을 받아 변색되었다.

〈처치〉 변색된 부분은 유리면과 실링재와의 접착력 저하가 확인되었기 때문에 변색된 부분의 실링재를 제거하고 클로로프렌고무와의 접촉을 끊기 위해 본드브레이커를 붙인 후 실링재를 재시공했다.

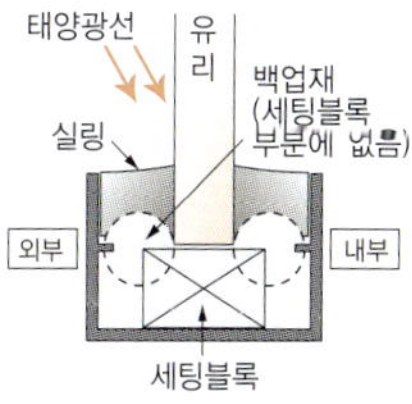

세시 단면

❖ 현장관리 포인트

☞ 커튼월이나 두겁대 등에서 거동이 큰 부분의 접합부는 실링재의 파단이나 열화를 고려하여 2차 실링과 배수기구를 설치한다.

☞ 실링재 시공은 원칙적으로 도장(공장도장 제외)이나 마감재공사보다 먼저 할 것.

☞ 피착체 표면온도 50℃이상, 습도 85% 이상인 경우나 강우 · 강설 · 강풍시에는 실링 시공을 하지 않는다. 또한 저온 하에서 작업하는 경우는 피착체면에 결로가 없는 것을 확인한 후에 시공할 것.

1 돌의 종류 · 돌의 두께 · 줄눈폭

관리 1 사용하는 돌의 종류는 적절한가?

적용부위와 돌의 종류

부위 \ 돌의 종류		화강암	대리석	사암
벽 · 뒷면	외부	○	–	○
	내부	○	○	○
	칸막이벽	○	○	–
바닥	외부	○	–	–
	내부	○	○	○

○ : 적용 가능 / – : 적용 불가

석재를 사용하는 부위에 요구되는 성능

요구성능 \ 사용부위	설계				외관			자중렛 · 외력에 견딤									생산		관리용이성
	색·무늬가 풍부	마감이 풍부	부착·마무리가 양호	미끄러지지 않음	색바램·얼룩이 적음	오염·이끼가 적음	백화가 생기지 않음	동해·염해를 받지 않음	충격에 파손되지 않음	지진력에 견딤	풍하중에 견딤	마모되기 어려움	내열성이 있음	내약품성이 있음	자중에 견딤	거동에 견딤	성형가공이 쉬움	시공성이 풍부함	
내부바닥	◎	○	△	◎	△							○		△		○	○	△	○
외부바닥	○	○	△	◎	◎	○	○	◎				○		○		○	○	△	○
내벽	◎	○	○		△		△		○	◎					△	○	○	○	△
외벽	○	○	○		◎	○	○	◎	○	◎	◎		○	◎	○	◎	○	○	△

◎ : 관련이 많음 / ○ : 관련이 있음 / △ : 경우에 따라 관련 있음

관리 2 돌의 두께는 적절한가?

p.138 관리 2 관리 3 p.139 관리 4

적용부위별 표준적 돌두께

(mm)

돌의 종류	마감	외벽용		내벽용		바닥용
		건식	습식 (전체 시멘트 페이스트)	건식	습식 (부분 시멘트 페이스트)	습식 (회바름)
화강암	갈기	30	25	25	20	20~25
	제트버너	30~35	25~30	25~30	25~30	25~30
	거친갈기	40 이상	40	40이상	40	40 이상
대리석	갈기	–	–	25	20	20~25
	잔다듬	–	–	40이상	40이상	–
사암	거친갈기	–	25	–	25	25
	바탕 나누기	–	40	–	40	–
테라조블록	갈기	–	–	–	25이상	25이상
테라조타일	갈기	–	–	–	–	25이상
의석블록	거친갈기	–	40~60	–	40~60	–

1) 수치는 가공완료시의 규준치수를 나타냄. 단, 거친갈기는 원판의 두께를, 또한 버너, 바탕나누기는 대략 평균적인 두께를 나타낸 것이다.
2) 상기 이외에 물성, 사용개소를 잘 검토한 후에 돌두께를 결정한다.

관리 3 돌의 줄눈폭은 적절한가?

p.132 관리 1

적용부위별 줄눈폭

부위 등 \ 공법			건식	부분사춤 (부분 시멘트 페이스트)	습식: 전체 시멘트 페이스트	습식: 회바름	습식: 접착제 바름	패널: GPCa	비고
외부·욕실·욕조	벽(기둥)	일반부분, 두겁대, 걸레받이, 모서리, 균열유발줄눈	8	–	6	–	–	6	*
		개구부틀 접합	10	–	10	–	–	15~20	
		FL이어치기 짐받이	8	–	9	–	–	–	
		금속두겁대	20	–	20	–	–	20	
		L형 일체화	6	–	6	–	–	6	
		석벽상부선행접합	20	–	15	–	–	–	
	바닥(계단)	일반부, 단판	–	–	–	6	–	6	
		신축줄눈	–	–	–	10	–	–	30m² 내외 또는 6m내외 *
		유닛(석판) 상호	8~10	–	–	–	–	8~10	이중바닥*
내부	벽(기둥)	볼록 모서리보 바닥일반 두겁대 – 갈기	6(1)	1~6	1~6	–	–	6	
		볼록 모서리보 바닥일반 두겁대 – 제트버너	6	6	4~6	–	–	6	
		개구부틀·FL이어치기 부분접합, 짐받이부분, 오목모서리, 균열유발줄눈	6	6	6	–	6	–	짐받이마무리에 의함*
		L형일체화 면접기 갈기	0	0	0	–		0	
	바닥(계단)	일반부, 단판 – 대리석, 화강암	–	–	–	3~6 4~6	–	6	
		일반부, 단판 – 테라조 타일갈기	–	–	–	0.5~6	–	–	
		신축줄눈	–		–	6	6	–	50m² 내외*

※바탕콘크리트 줄눈에 맞춘다.
1) 기재한 수치는 일반적인 줄눈폭을 나타낸다. 2) ( )안은 장소, 공법 등의 검토에 의해 채용하는 경우를 나타낸다. 3) –는 해당되지 않음을 나타낸다.

❖ 현장관리 포인트

☞ 대리석이나 라임스톤은 빗물이나 탄산가스 등이 침투되기 쉬우므로 외부에는 사용하지 말 것.

☞ 외부 및 내부에서 비가 들이치거나 빗물이 들어올 수 있는 부분의 바닥 마무리는 본갈기 및 물갈기로 하지 말 것.

☞ 화강암의 돌결은 그다지 명확하지 않지만 보통 돌결이 판석의 두께방향(무늿결)이 되도록 사용하고, 대리석은 무늬를 디자인으로 사용하기 때문에 돌결이 판석면에 있도록 사용한다.

2 돌붙임공법(1)

관리 1 시공부위에 적합한 돌붙임공법을 채용하였는가?

석재 사용부위와 적용공법

공법 / 바탕 / 부위		건식		부분사춤 (부분 시멘트 페이스트)		습식			패널
		건식		부분사춤 (부분 시멘트 페이스트)		전체 시멘트 페이스트	회붙임	접착제 붙임	GPCa
		RC	S	RC	CB	RC	RC 기타	RC 기타	RC S
외부	벽	◎	△*	–	–	△	–	–	◎
외부	외부바닥 계단	–	–	–	–	–	○	–	○
내부	벽	○	◎	◎	△	△	–	–	○
내부	바닥	–	–	–	–	–	○	○	–
욕실	벽	○	–	◎	△	–	–	–	–
욕실	바닥	–	–	–	–	–	○	–	–
욕조		–	–	–	–	△ (치올림부)	○ (바닥면)	–	–

◎ : 권장 / ○ : 사용 가능 / △ : 조건부 사용가능 / – : 사용불가
*외벽으로서의 내화와 지수 등의 제성능을 확보하기 위해 상세한 검토를 요한다.

관리 2 벽의 건식공법에 의한 돌붙임이 바르게 되어 있는가?

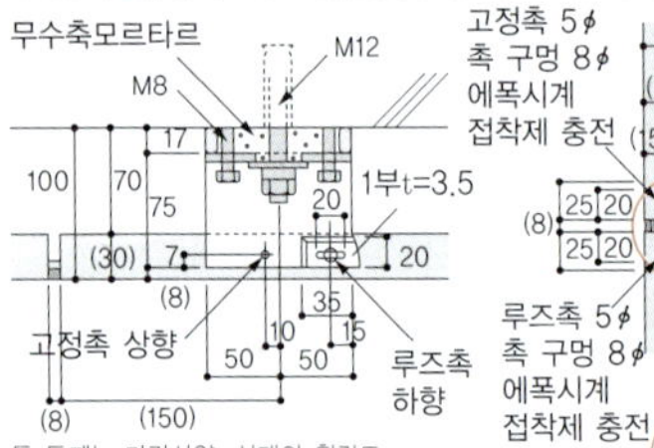

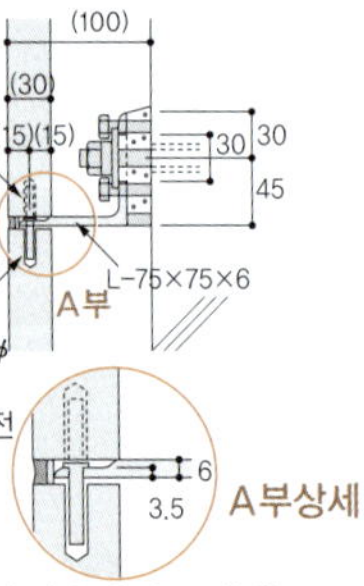

1) 돌 두께는 마감사양, 석재의 휨강도 및 촉 주위 강도시험에 의해 결정한다.
2) 너트는 느슨해짐을 방지하는 홈이 있는 너트를 사용한다.
3) 철물은 모두 스테인리스제로 한다.

싱글 파스너인 경우의 마무리(예)

관리 3 벽의 부분사춤(부분 시멘트페이스트)공법에 의한 돌은 바르게 부착되어 있는가?

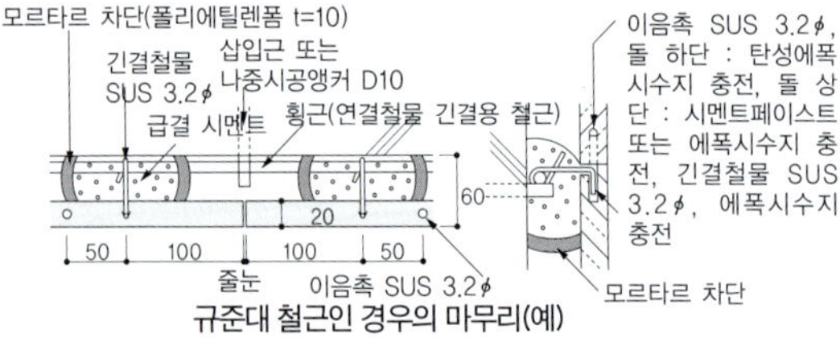

규준대 철근인 경우의 마무리(예)

관리 4 벽의 습식(전체 시멘트페이스트)공법의 판돌이 바르게 부착되어 있는가?

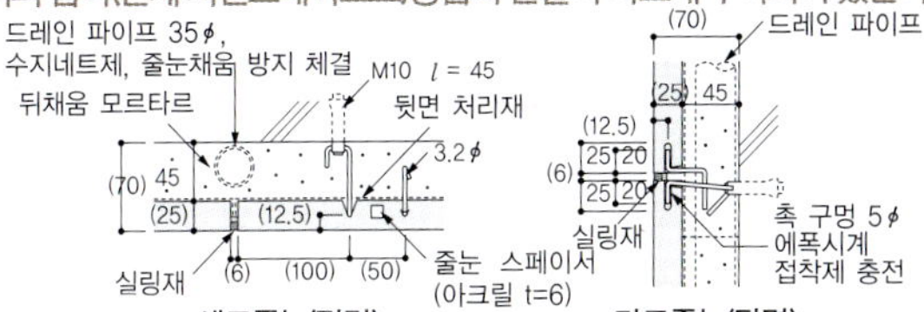

세로줄눈(평면) 가로줄눈(단면)

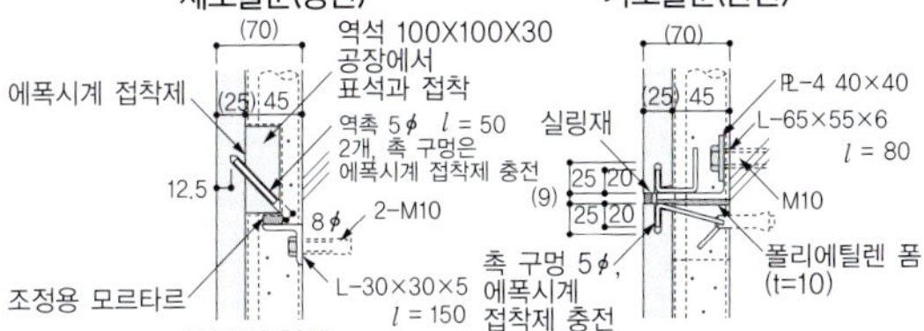

돌받이 철물
(돌 하단에 설치할 수 없는 경우)

돌받이 철물
(돌 하단에 설치할 수 있는 경우)

1) 뒷면처리재는 돌 뒷면, 마구리(돌 표면에서 10mm까지) 및 촉 구멍에 도포한다.
2) 드레인 파이프는 세로줄눈 1개마다 오목모서리에 설치한다.
3) 돌받이 철물은 각층(층고가 큰 경우는 4m)마다 돌 1매에 2곳 설치한다.
4) 철물은 모두 스테인리스제를 사용한다.

클레임 내벽 건식 바탕 돌붙임의 안전성에 문제가 생겼다!

[현상] 오픈스페이스 로비의 내벽을 ECP(압출성형시멘트 패널) 바탕으로 하고, 대리석을 건식공법으로 시공중인 RC조 8층짜리 사무소 건물에서 내진성능에 문제가 있는 것으로 나타났다.

[처치] ① 바탕으로서 강성이 부족했기 때문에 이를 보강하였다.

② ECP의 층간변위흡수와 정합되도록 돌 붙임을 일부 수정하였다.

③ 돌 긴결철물이 습식공법의 긴결철물로 고정되어 있었기 때문에 건식공법 철물로 교체하였다.

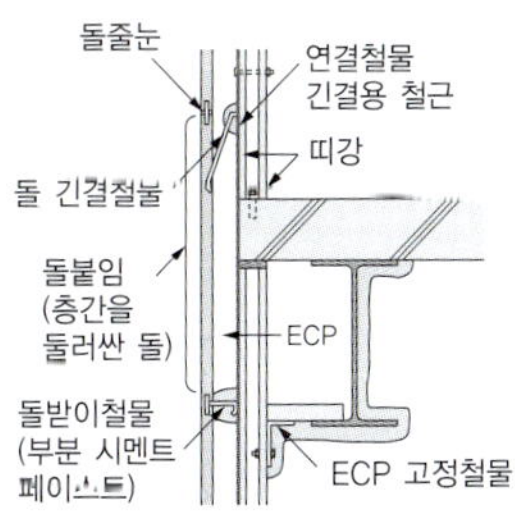

불량발생 상황(단면)

❖ 현장관리 포인트

- 외벽에 석재를 건식공법으로 붙이는 경우는 지진시 구체 변형에 대해 파괴 · 탈락이 생기지 않도록 할 것.
- 건식공법에 사용하는 석재의 촉 구멍 주위의 강도 및 석재의 휨 강도는 시공도 작성에 앞서 확인할 것.
- 철골 바탕에서 건식공법으로 할 경우는 안쪽에 소정의 내화 · 지수성능을 가진 벽을 설치한다(특히 외벽). 외벽 및 내벽 모두 물이 닿는 곳의 돌받이철물 · 앵커류 · 연결철물 긴결용 철근 등은 스테인리스로 할 것.

3 돌붙임공법(2)

관리 1 석재와 콘크리트를 일체화시킨 PC공법에서 돌의 정착철물은 적절한가?

PC패널에 석재를 부착(콘크리트 치기)하는 GPC공법은 돌과 콘크리트의 접착보다 기계적으로 돌의 정착철물로 필요강도를 확보한다.

돌의 정착철물(예)

항목	시어커넥터	거멀장	메커니컬 앵커 (호크앵커)
재질 형상 치수	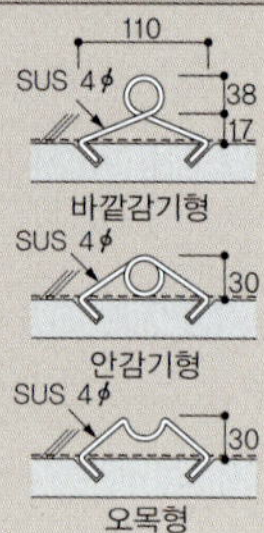	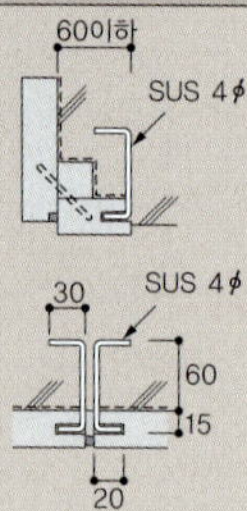	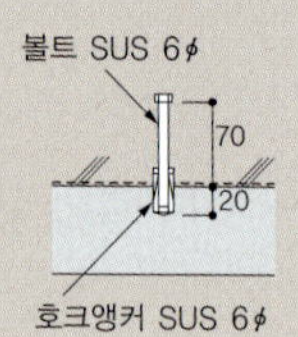
사용법	일부분에 사용	코너, 두겁대 등의 가늘고 긴 돌에 사용	돌 두께 70mm 이상인 경우에 사용. 가장자리 구멍은 150mm 이상 확보
정착방법	촉 구멍으로 접착제(돌 뒷면처리의 도포제 등)를 충전하거나 시어커넥터를 삽입하여 정착시킨다.	촉 구멍으로 접착제(돌 뒷면처리 도포제 등)를 충전하거나 거멀장을 삽입하여 정착시킨다.	정착용 구멍에 앵커(이너+아우터)를 삽입하고 나무망치 등으로 가볍게 두드려 넣는다. 이어서 링이 부착된 앵커볼트를 삽입하고 지름을 넓혀 마찰력을 확보하기 위해 토크를 가해 정착시킨다.

화강암인 경우의 시어커넥터 최소개수 (기준)

사용부위 높이(m)		24 미만	24~50 미만	50~160 미만
풍하중(kN/m²)		4.0 미만	4.0~4.8 미만	4.8~6.4 미만
돌 면적과 시어커넥터 개수례 · 배치	0.5m² 미만		 4개	
	0.5~1m² 미만	 5개	 6개	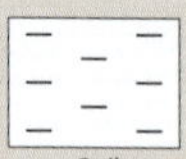 8개

관리 2 벽과 바닥의 접합 마무리는 적절한가?

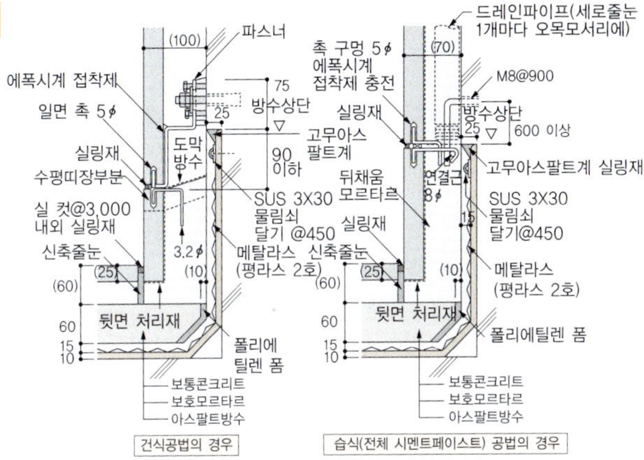

외벽의 바닥접합 마무리(방수가 있는 경우의 예)

관리 3 벽의 코너 마무리는 적절한가?

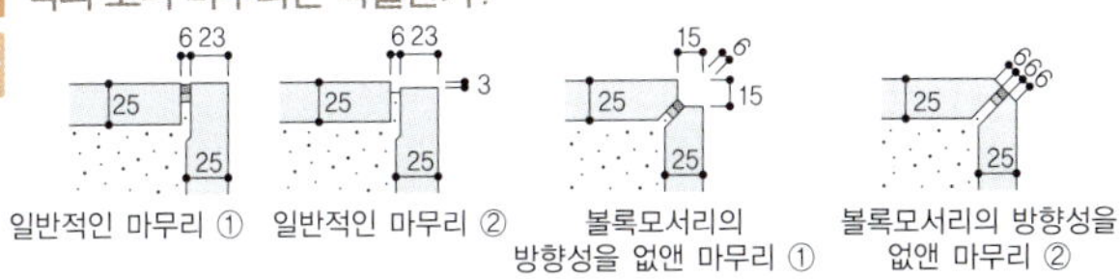

볼록모서리의 마무리(예)

관리 4 석재판의 끼움이나 구멍뚫기는 적절한가?

석재판의 끼움이나 구멍뚫기는 갈라짐 발생의 원인이 되기 쉬우므로 끝을 뚫거나 끼움치수에 주의해야 한다.

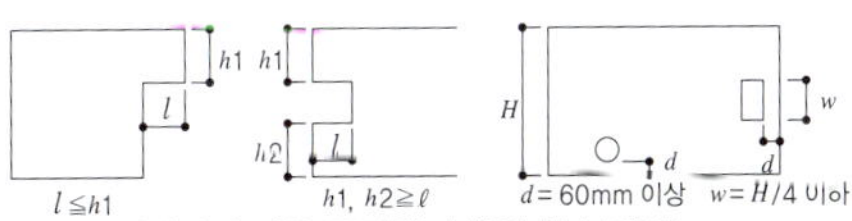

석재판의 끼움, 구멍뚫기 끝의 치수(기준)

❖ 현장관리 포인트

- ☞ 외부 또는 외부에 준하는 부분의 새시 · 셔터 레일 · 이종바탕의 접합부분 및 구조슬릿 부분에는 신축줄눈을 두고 탄성실링재를 충전할 것.
- ☞ 외벽 및 내벽에 물을 접하는 부분의 석재 접합철물 주위에는 충전재로서 석고계 재료는 사용하지 말 것.
- ☞ 백색계 대리석을 사용하는 경우 바탕모르타르나 뒤채움 모르타르로 백색시멘트를 사용할 것.

타일공사

1 타일붙임 공법

관리 1 벽타일붙임 공법은 적절한가?

벽타일붙임 공법 ①

(mm)

공법	부위	공법개요	시공순서도	마감상황
떠붙이기	외벽·내벽	타일 뒷면에 붙임 모르타르를 바르고 한 장씩 붙여 가는 일반적인 공법	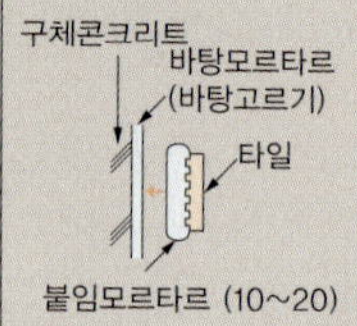 구체콘크리트 바탕모르타르 (바탕고르기) 타일 붙임모르타르 (10~20)	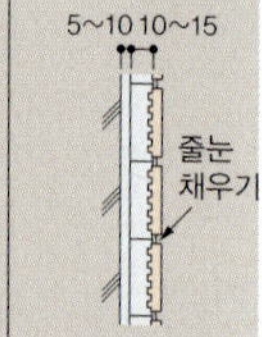 5~10 10~15 줄눈 채우기
개량 떠붙이기	외벽·내벽	타일 이면에 모르타르를 떠붙이기보다 얇게 바르고 나무흙손으로 누른 바탕모르타르면에 눌러가며 붙이는 공법	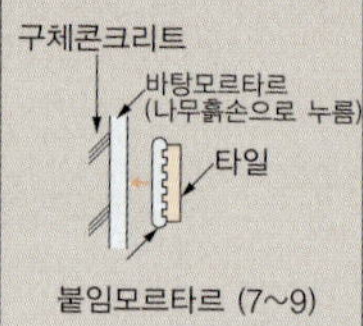 구체콘크리트 바탕모르타르 (나무흙손으로 누름) 타일 붙임모르타르 (7~9)	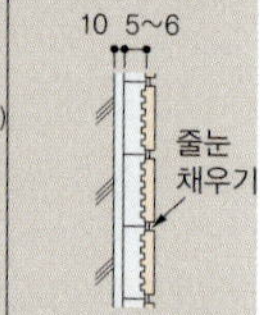 10 5~6 줄눈 채우기
개량 압착붙이기	외벽·내벽	바탕면에 붙임 모르타르를 엷게 바르고 타일 뒷면에도 붙임 모르타르를 발라 타일을 두들겨 붙이는 공법	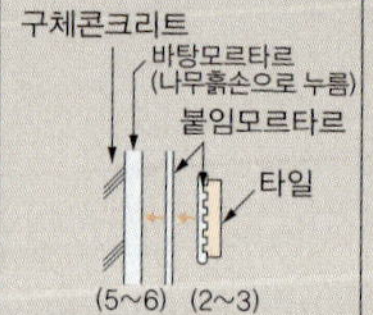 구체콘크리트 바탕모르타르 (나무흙손으로 누름) 붙임모르타르 타일 (5~6) (2~3)	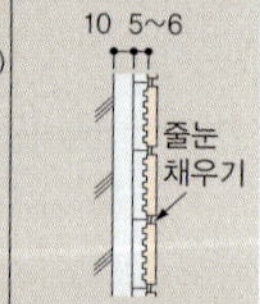 10 5~6 줄눈 채우기
밀착붙이기 (비브라토 공법)	외벽·내벽	바탕면에 붙임모르타르를 바르고 전용 전동공구로 진동을 가하면서 타일을 매입하듯 부착하는 공법	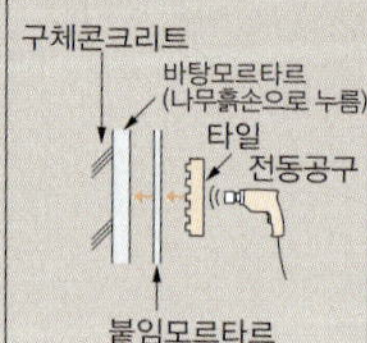 구체콘크리트 바탕모르타르 (나무흙손으로 누름) 타일 전동공구 붙임모르타르	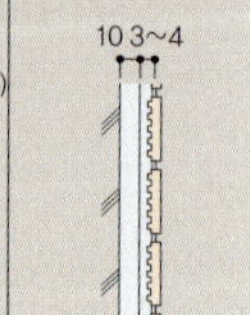 10 3~4

벽타일 붙임공법 ②

(mm)

공법	부위	공법개요	시공순서도	마감상황
모자이크 타일 붙이기	외벽 · 내벽	나무흙손으로 평탄하게 누른 바탕모르타르면에 붙임모르타르를 바르고 그 위에 표지를 붙인 타일을 눌러가며 붙인다.	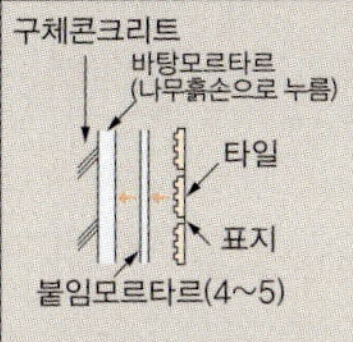	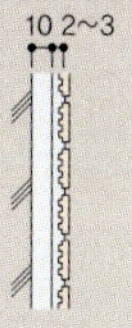
마스크 붙이기	외벽 · 내벽	나무흙손으로 평탄하게 누른 바탕모르타르면에 마스크를 가이드로서 타일 뒷면에 붙임모르타르를 바른 타일 유닛을 눌러가며 붙인다.	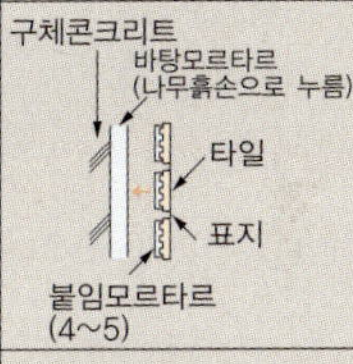	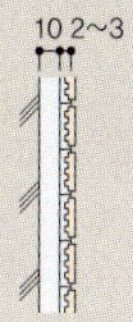
접착제 붙이기	내벽	쇠흙손으로 평탄하게 누른 건조한 모르타르면에 빗살자국흙손으로 접착제를 바르고 타일유닛을 눌러가며 붙인다.	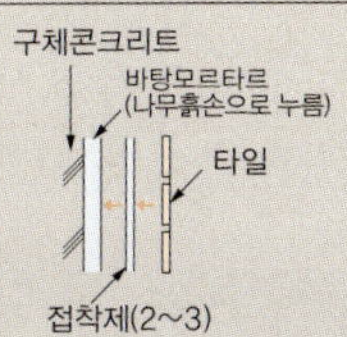	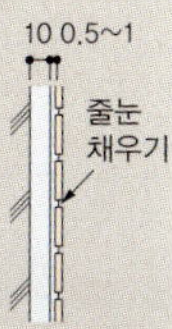
양면개량 모자이크 붙이기	외벽	압출성형시멘트 패널면 및 타일면에 모르타르를 바르고 타일유닛을 눌러가며 붙인다.	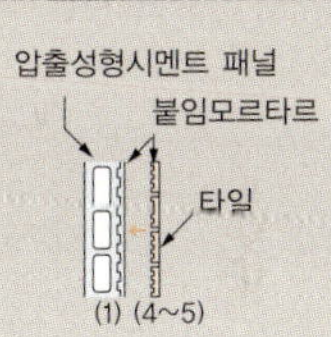	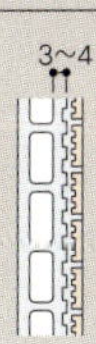

붙임모르타르를 2번에 나누어 바르는 경우도 있다.

ALC 패널에 현장에서의 타일붙임 마무리를 하지 말 것. ALC패널은 표면강도가 작아 강한 십식력을 기대할 수 없기 때문에 공장가공붙임(건물높이 20m 정도 이하를 기준)을 검토한다.

❖ 현장관리 포인트

☞ 경사지붕이나 경사외벽 및 처마 뒷면 · 천장면, 보 밑면에는 타일붙임을 가능한 하지 말 것.

☞ 외장타일의 갈고리 역할을 하는 뒷발형상은 압축식으로 하고, 흡수율은 일반적인 경우 4% 이하, 한랭지에서 동해될 우려가 있는 경우 1% 이하로 할 것.

☞ 타일 유약면에 특수처리를 한 타일(라스터 타일, 펄 타일 등)은 변색을 방지하기 위한 유약면의 내산성, 내알칼리성 시험으로 확인한 것을 사용할 것.

2 외장타일의 마무리

관리 1 유닛타일 붙임시에 지장이 없는 연결방법인가?

모자이크 타일, 마구리 말단의 외장타일, 100각, 50각 정도의 소형 바닥타일 및 내장타일은 유닛타일로 사용되는 경우가 많다. 유닛타일은 작업성이 좋으며 접착성에 지장이 없어야 한다.

유닛타일의 연결방법[21]

(mm)

유닛타일	치수	연결방법
외장용 모자이크 타일	300×300 300×400	표지 붙임 수지 연결
내장용 모자이크 타일	300×300 303×303	표지 붙임 속망입 붙임
외장(마구리 말단) 타일	300×300 정도	표지붙임
바닥(소형) 타일	300×300	속망입 붙임
내장(소형) 타일	300×300 300×400	속망입 붙임

※국내 외장타일의 크기는 108×60, 내장타일은 200×200, 200×250, 300×300 등 크기가 다양하다.

관리 2 외장타일의 줄눈폭 · 줄눈깊이는 적절한가?

외장타일은 타일마다 가로 세로 모두 줄눈 채우기를 하는데, 줄눈깊이는 너무 깊게 하지 않는다.

타일의 줄눈폭[22]

(mm)

타일의 종류	외장타일	모자이크타일	내장타일	바닥타일
줄눈폭	8~10	4~5	2~3	6~10

관리 3 외장타일의 신축줄눈은 필요한 위치에 배치되어 있는가?

p.132 관리 1

① 수평방향

· 각층의 콘크리트 이어치기부분 · 내진슬릿과 같은 부위

② 수직방향

· 콘크리트의 균열유발줄눈 · 이어치기부분 · 내진슬릿과 같은 부위

③ 기타

· 벽식구조 등 콘크리트의 균열유발줄눈이 없는 경우의 수직방향은 @3.6m 정도

· 타일과 창호틀 등 다른 마감재와의 접합부

· 콘크리트계 패널을 바탕으로 하는 경우는 패널의 줄눈과 같은 부위

외장타일의 신축줄눈에는 탄성 실링재를 충전한다.

모자이크 타일의 수평이어치기 및 균열유발줄눈의 줄눈폭은 10mm를 표준으로 한다.

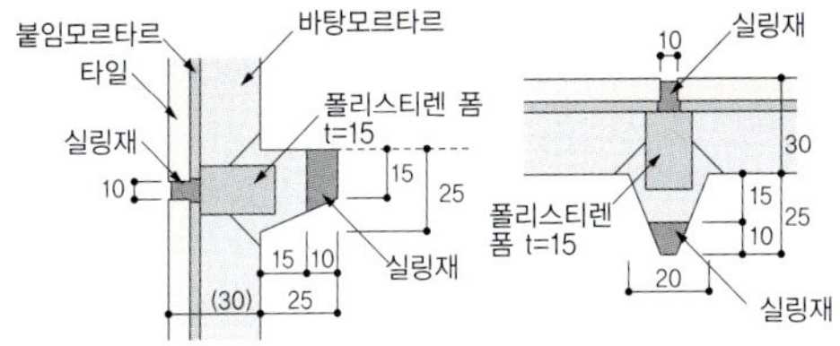

수평이어치기줄눈(가로줄눈)　　균열유발줄눈(세로줄눈)

외장붙임타일의 신축줄눈 마무리

관리 4 외장붙임 타일의 바탕처리는 적절한가?

콘크리트 표면의 청소 및 닦기방법

방법	개요	청소	닦기
와이어브러시로 문지르기	콘크리트 표면을 와이어브러시로 문질러 취약층을 제거한다.	○	×
고압수 세정	토출압 50MPa, 노즐 이격거리 10cm 이내, 운행속도 3~5분/m² 정도	○	△
초고압수 세정	토출압 150MPa, 노즐이격거리 5cm 이내, 운행속도는 콘크리트의 강도 · 재질 · 재령에 따라 다르므로 본 시공에 앞서 닦기 견본으로 확인한다.	○	◎

관리 5 외장타일의 줄눈폭 · 줄눈깊이는 적절한가?

① 볼록모서리 부분의 붙임 예

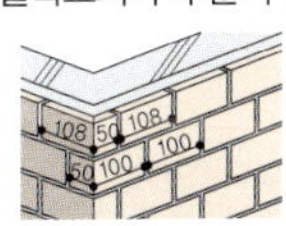

마구리타일
(마구리 휨 사용)

이정괘 타일
(표순 휨 사용)

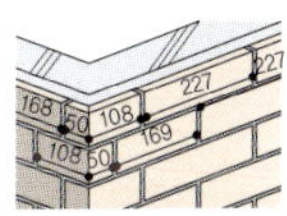

이정괘 타일
(마구리 휨 · 이형평사용)

② 오목모서리 부분의 붙임 예]

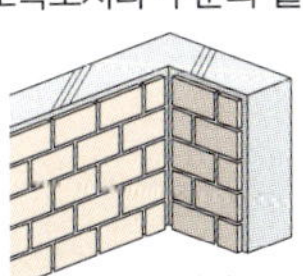

마구리 타일

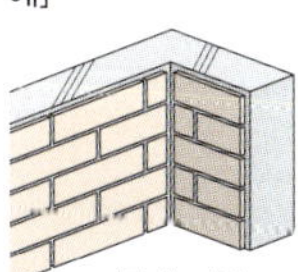

이정괘 타일

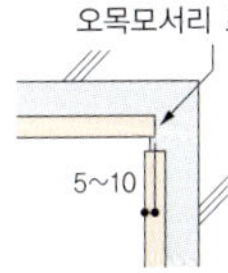

오목모서리 평면

❖ 현장관리 포인트

☞ 외장타일은 타일마다 가로세로 줄눈깊이를 너무 깊게 하지 말 것. 타일의 신축줄눈은 구조체의 신축줄눈, 바탕모르타르의 신축줄눈 위치가 가능한 일치하도록 맞춘다.

☞ 콘크리트의 수평방향 이어치기부분 · 균열유발줄눈 · 내진슬릿, 다른 마감재와의 이질바탕의 접합부분, 콘크리트계 패널을 바탕으로 하는 경우의 패널줄눈 등 신축줄눈은 필요한 위치에 배치할 것.

☞ 신축줄눈과 조절줄눈, 시공줄눈 그리고 분리용 줄눈을 포함한 모든 줄눈은 모르타르 바탕, 타일 부속재료 설치시 그 위치를 설정한다.

3 내장타일 접착제 붙이기 · PC부재매입 타일

관리 1 내장벽타일 접착제 붙이기에 사용하는 보드계 바탕은 적절한가?

내장타일 접착제 붙이기에 사용하는 보드계 바탕은 다음 표로 하고, 바탕의 평탄도가 많이 요구되기 때문에 사잇기둥 간격은 300mm 이하로, 보드 조인트 부분의 단차는 0.5mm 이내로 한다.

내장벽타일 접착제붙이기의 바탕

적용 타일	바탕재	적용장소	
		일반용도, 간헐적으로 물방울이튀기는 부위	직접 물에 접하는 부분
두께 10mm를 넘는 타일 또는 200mm각을 넘는 타일 *1	석고보드(12.5mm) 붙임 +규산칼슘판(8mm)	○	×
	규산칼슘판(8mm) 이중붙임	○	○
	내수합판(12mm)*2	○	×
상기 이외의 타일	시징석고보드 (12.5mm)	○	×
	규산칼슘판(8mm)	○	○
	오토클레이브처리 섬유강화 시멘트판 (6mm)	○	○
	내수합판(12mm)*2	○	×

※1) 적용 타일은 400mm각 이내, 또한 두께 12mm 정도까지로 한다.
2) 방화성을 필요로 하는 곳에는 사용하지 않는다.

내장벽 대형 타일붙임의 접착제

공법	접착제	적용장소	
		일반용도, 간헐적으로 물방울이 튀기는 부위	직접 물에 접하는 부위
점(부분) 접착	에폭시수지계	◎	-
	변성실리콘계(탄성계)	◎*	-
	에폭시수지계(탄성계)	◎*	-
선상(비드) 접착	에폭시수지계	○	-
	변성실리콘계(탄성계)	◎*	-
	에폭시수지계(탄성계)	○*	-
전면 접착	에폭시수지계	○	◎
	변성실리콘계(탄성계)	○*	-
	에폭시수지계(탄성계)	○*	◎*

◎ : 추천 / ○ : 사용 가능 / - : 사용불가

※보드계 바탕의 경우는 탄성계 접착제를 사용한다.

내장벽 대형 타일접착제 붙이기 공법

(mm)

적용장소	일반용도, 간헐적으로 물방울이 튀기는 부위		직접 물에 접하는 부위
공법	점(부분) 접착	선상(비드) 접착	전면 접착
시공방법	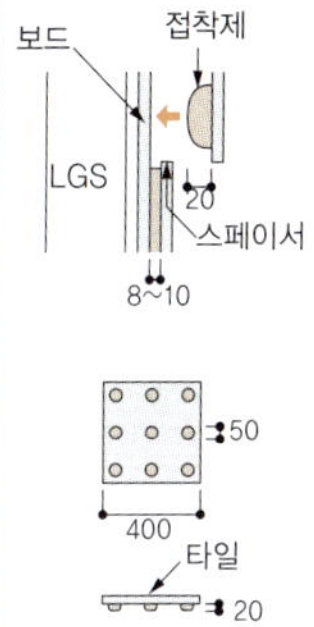 주)접착제를 동그랗게 도포	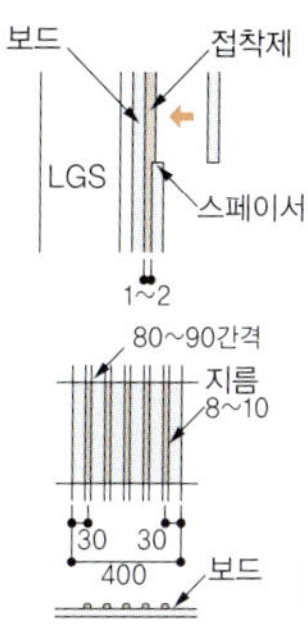 주)접착제를 비드형으로 도포	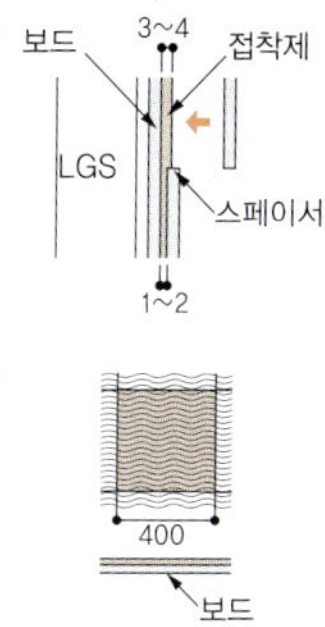 주)접착제를 빗살무늬로 도포

관리 2

PC부재의 타일 고정방법은 적절한가?

타일 거푸집 선부착공법의 PC(PCa, PCF) 부재는 접착성능이 극히 좋고 타일 이면에 공극이 없어야 한다. 또한 치수의 정확도와 줄눈 및 조인트의 마무리가 좋아야 하며, 백화현상의 발생이 없어야 한다.

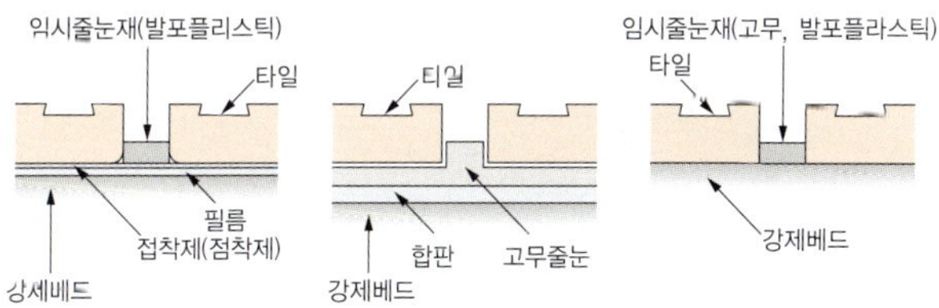

타일시트법　　동줄눈법　　타일조합법

❖ 현장관리 포인트

- ☞ 대형 타일 · 천연석타일처럼 무거운 타일의 경우 접착제 붙이기 1일의 떠붙이기에서 높이는 1.2m를 한도로 할 것.
- ☞ PC판 매입 타일에서 줄눈 착색 등을 위한 깔모르타르는 사용하지 말고 콘크리트 직접치기로 할 것.
- ☞ PC판 매입 타일에서 타일 유약면에 특수처리를 한 타일(오염방지처리 타일, 라스터 타일 등)에 오토클레이브 양생을 하면 변색 · 변질의 우려가 있으므로 행하지 말 것.

1 S조 · RC조 · SRC조 등에서의 내부공사

관리 1 바닥판 붙임 및 장선 간격은 적절한가?

p.255
새집증후군

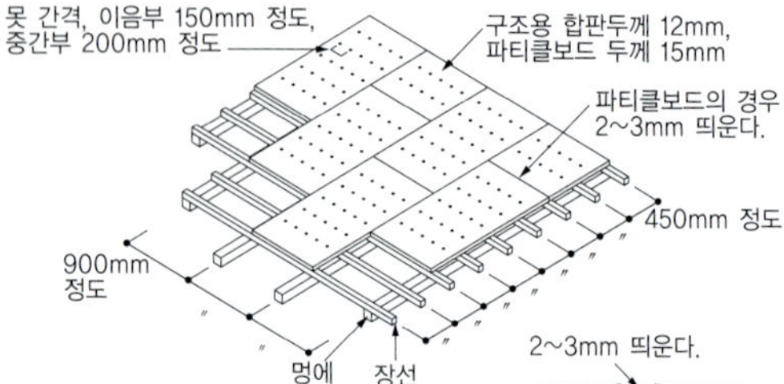

다다미 아래 바닥판 붙임(예)

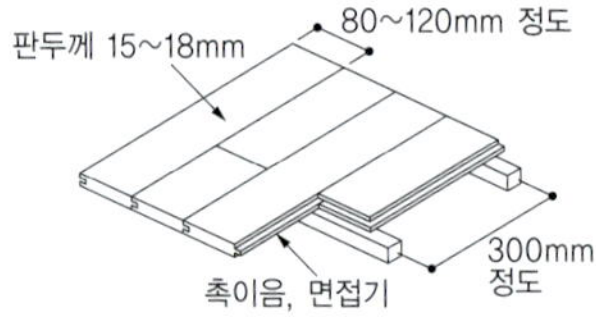

플로어링판 붙임(예)

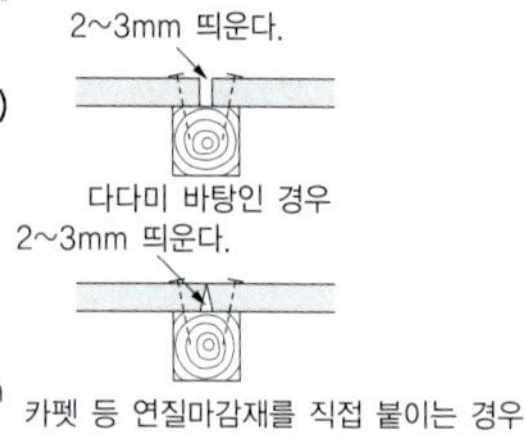

바탕용 바닥판의 줄눈마무리
(파티클 보드의 예)

바탕용 바닥판의 장선간격

(mm)

마감	종별	
	바탕붙임 · 두께	장선간격
비닐바닥시트 비닐바닥타일 고무타일카펫	12	300
	12+5.5	360
	15	360
플로어링(12mm, 15mm) 화장합판(12mm)	12	360
	바탕붙임 없음	300
플로어링판(15mm 이상)	바탕붙임 없음	300
다다미	12	450

관리 2 벽 및 천장 바탕의 마무리는 적절한가?

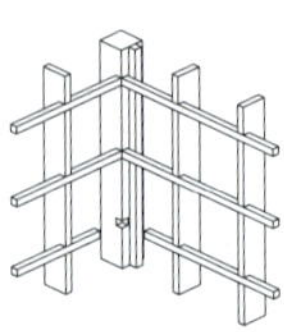
벽 띠장
(기둥 및 간사이기둥에 결합)

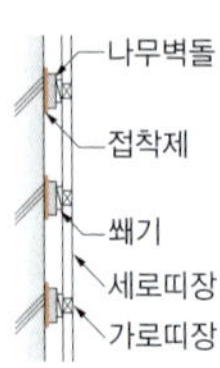

콘크리트벽에
띠장을 붙이는 경우

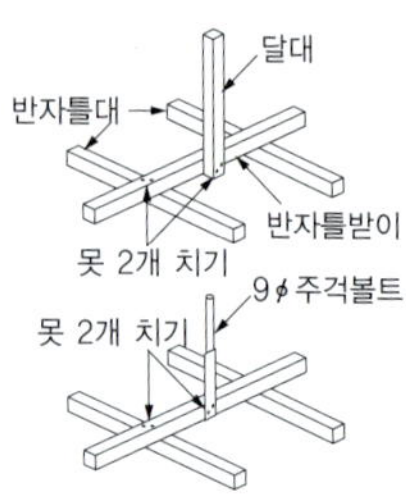

천장 바탕

관리 3 조작의 마무리 · 치수는 적절한가?

p.255 새집증후군

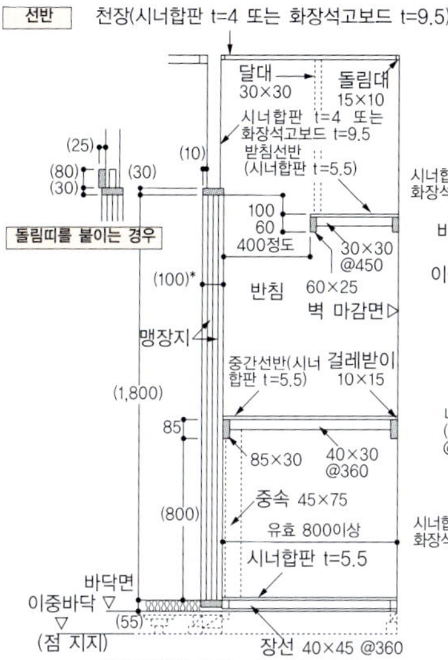

집합주택의 경우는 80 정도로 한다.

일본식 방의 구조(반침) 마무리(예)

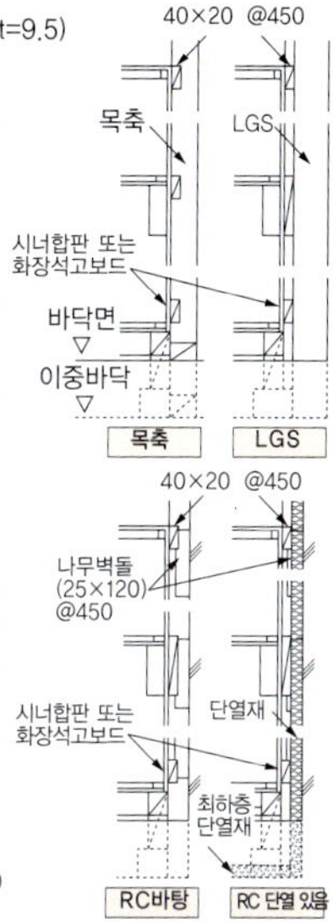

벽 접합부

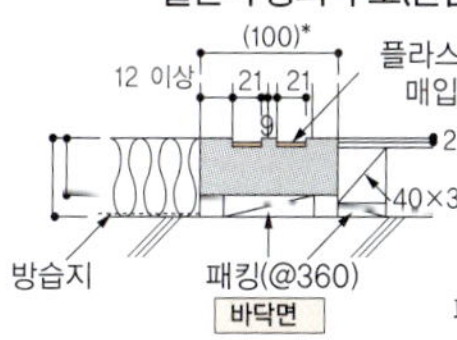

밑홈대 접합부

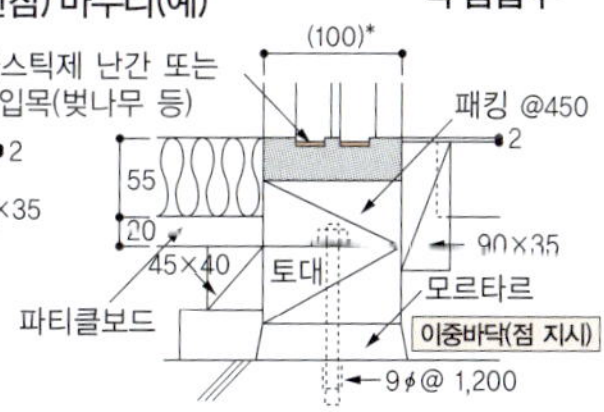

관리 4 사용 목재의 함수율은 적절한가?

시공현장 반입시 목재의 함수율(전단면의 평균 추정치)은 수장재가 A종 15% 이하, B종 20% 이하, C종 24% 이하, 바탕재는 20% 이하로 한다.

❖ 현장관리 포인트

- ☞ 반침 내부의 마감재는 시너합판이나 화장석고보드(반침용 보드)로 하고, 나왕합판은 사용하지 말 것
- ☞ 합판의 포름알데히드 방산량은 시험에서 완전무취(F_0)의 경우 평균 0.5mg/l 이하이고 최대 0.7mg/l 이하일 것. 무취(F_1) 상태는 평균 1.5mg/l 이하, 최대 2.1mg/l 이하일 것.
- ☞ 내장재를 직접 붙이는 경우 띠장 및 반자틀대의 접합면은 기계대패 1회 갈기로 하고, 못의 길이는 판두께의 2.5~3.0배인 것을, 판두께 6mm 이하인 경우는 4배를 표준으로 할 것.

지붕 · 홈통공사

1 지붕잇기 재료 · 구배

관리 1 지붕구배는 적절한가?

지붕잇기의 사양

<table>
<tr><th colspan="2" rowspan="2">사양
지붕잇기의 종류</th><th rowspan="2">산높이
(mm)</th><th rowspan="2">물매
길이
(m)</th><th colspan="4">최소구배</th><th colspan="2">판두께(mm)</th></tr>
<tr><th>일반</th><th>한랭</th><th>다설</th><th>극한</th><th>강판
스테인리스</th><th>동판</th></tr>
<tr><td rowspan="14">금속판잇기</td><td>일문자잇기</td><td>–</td><td>0~20</td><td>3/10</td><td>3.5/10</td><td>3.5/10</td><td>3.5/10</td><td>0.4 이상</td><td>0.35 이상
곡부
0.4 이상</td></tr>
<tr><td rowspan="4">장척와봉잇기</td><td rowspan="2">30~45</td><td>0~10</td><td>1.5/10</td><td>2/10</td><td>3/10</td><td>3/10</td><td rowspan="4">0.4 이상
곡부
0.5 이상</td><td rowspan="4">0.3 이상
곡부
0.4 이상</td></tr>
<tr><td>10~30</td><td>2/10</td><td>2.5/10</td><td>3/10</td><td>1/30</td></tr>
<tr><td rowspan="2">45~80</td><td>0~10</td><td>1/20</td><td>1/10</td><td>2/10</td><td>2/10</td></tr>
<tr><td>10~40</td><td>1/10</td><td>2/10</td><td>3/10</td><td>3/10</td></tr>
<tr><td rowspan="7">절판잇기</td><td rowspan="2">80~120</td><td>0~10</td><td>1/50</td><td>1/50</td><td>1/30</td><td>1/50</td><td rowspan="4">산높이
80~145
0.6 이상</td><td rowspan="7">–</td></tr>
<tr><td>10~40</td><td>1/30</td><td>1/30</td><td>1/30</td><td>1/30</td></tr>
<tr><td rowspan="3">120~160</td><td>0~10</td><td>1/100</td><td>1/50</td><td>1/30</td><td>1/50</td></tr>
<tr><td>10~25</td><td>1/50</td><td>1/50</td><td>1/30</td><td>1/50</td></tr>
<tr><td>25~50</td><td>1/30</td><td>1/30</td><td>1/30</td><td>1/30</td><td rowspan="3">산높이
145 이상
0.8 이상</td></tr>
<tr><td rowspan="2">160 이상</td><td>0~20</td><td>1/100</td><td>1/50</td><td>1/30</td><td>1/50</td></tr>
<tr><td>20~50</td><td>1/50</td><td>1/50</td><td>1/30</td><td>1/50</td></tr>
<tr><td>가로잇기
(단잇기)</td><td>–</td><td>0~30</td><td>3/10</td><td>3/10</td><td>3/10</td><td>3/10</td><td>0.4 이상</td><td>0.4 이상</td></tr>
<tr><td>스테인리스시트
용접잇기</td><td>–</td><td>0~50</td><td>1/50</td><td>1/50</td><td>1/50</td><td>1/50</td><td>0.4 이상</td><td>–</td></tr>
<tr><td colspan="2">슬레이트파판잇기</td><td>–</td><td>0~20</td><td>3/10</td><td>3.5/10</td><td>×</td><td>×</td><td>–</td><td>–</td></tr>
<tr><td colspan="2">기와잇기</td><td>–</td><td>0~20</td><td>4/10</td><td>4.5/10</td><td>4.5/10</td><td>×</td><td>–</td><td>–</td></tr>
<tr><td colspan="2">섬유시멘트
지붕재잇기</td><td>–</td><td>0~20</td><td>3/10</td><td>3.5/10</td><td>3.5/10</td><td>3.5/10</td><td>–</td><td>–</td></tr>
<tr><td colspan="2">아스팔트싱글잇기</td><td>–</td><td>0~20</td><td>3/10</td><td>3/10</td><td>×</td><td>×</td><td>–</td><td>–</td></tr>
</table>

관리 2 기와잇기에 사용하는 회반죽 및 모르타르의 배합은 적절한가?

회반죽 및 모르타르의 배합

재료 종류	시멘트 (l)	소석회 (l)	모래 (l)	여물 (g)	해초풀 (g)	혼화제
회반죽	–	1.0	0.4	삼여물 또는 짚여물 6	62.5	적량
모르타르	1.0	0.5	4.0	삼여물 적량	–	적량

관리 3 바탕 및 바탕잇기는 적절한가?

바탕 · 바탕잇기 재료

바탕 · 바탕잇기 재료		개요
지붕널	합판	합판은 KS F 3101(보통합판)의 규격에 합격한 두께 12mm 이상인 것. 단, 처마 · 박공단 주변에서 100mm 이내인 부분은 합판에 교체판류를 사용한다. 고정은 못치기 또는 나무나사조임으로 하고 고정간격은 이음부 150mm 내외, 중간부 200mm 내외로 한다.
	판류	삼나무판 15mm 이상, 노송나무판 12mm 이상으로 한다.
	경질목편 시멘트판	판두께 25mm 이상인 것. 지붕내화로 할 경우는 인정품을 사용한다.
	화산성 유리질복합판	두께 18mm 이상인 것. 지붕내화로 할 경우는 인정품을 사용한다.
지붕슬래브콘크리트 위의 모르타르바름		바탕용으로 사용하는 모르타르는 흑요석계 펄라이트 혼입 모르타르 · 발포우레탄 혼입 모르타르 등으로 하고, 바름두께는 고정용 못의 길이를 고려하여 35mm 내외로 나무흙손누름으로 한다. 현장조합 흑요석계 펄라이트모르타르는 시멘트 1 : 모래 1 : 흑요석계 펄라이트 2(용적비)로 한다. 단, 이들 모두 미리 시험바름 등을 하여 필요내력의 3배 이상의 보정력을 가졌는지 확인한다.
바탕잇기용 아스팔트루핑		KS F 4902(아스팔트루핑)에 의한 아스팔트루핑 1280품 이상으로 하고, 이음겹침은 가로세로 모두 100mm 이상이며, 물구배를 고려하여 물구배 하측의 루핑에 덧붙인다. 골진 부분과 곡면지붕의 용마루부분의 루핑은 점착층이 있는 고무아스팔트계 루핑(두께 1.5mm 이상)으로 한다.

클레임 열신축에 의해 이중절판잇기 지붕에서 소리울림이 발생했다!

〈현상〉 이중절판잇기를 한 창고 지붕에서 시공 직후 건축주가 용도를 일부 변경하여 최상층에 회의실을 두었다. 상절판의 온도변화에 의해 옻나무끼리 또는 옻나무와 타이트프레임이 어긋나는 연속적인 소리와 절판 자체에서의 단발적인 소리(백링음)가 발생하여 회의실에 지장을 초래하게 되었다.

〈처치〉 상절판 지지의 고정철물을 슬라이드 타입의 철물로 교체하고 옻나무 사이에 미끄럼재를 빌랐으며, 상절판 지지철물의 하절판 접합면에는 제진재를 삽입했다.

재발방지대책으로는 이중절판지붕이 기구 자체의 문제로 인해 소리울림을 100% 방지하는 것은 불가능하므로 지붕 바로 아래층이 정숙을 요하는 용도인 경우는 옻나무형 이중절판이 아닌 지붕공법을 검토한다.

❖ 현장관리 포인트

☞ 금속판 지붕은 여러 이점이 있으나 열전도율이 크고 화염. 고열에 약하고 재료의 신축성 · 부식성 · 차음성이 적으며 접합부 결함이 생길 우려가 있다.

☞ 강우강도는 10분간 30mm를 표준으로 할 것.

☞ 스테인리스시트 용접잇기의 박공지붕이나 완만한 구배의 지붕에서는 각부에 휨, 느슨함 등이 발생하거나 또는 마무리상 물 · 모래 · 먼지 · 낙엽 등이 고이기 쉬우므로 미관상 지장이 있는 경우에는 사용하지 말 것.

2 지붕의 마무리

관리 1 강판절판잇기의 마무리는 적절한가?

p.150
관리 1

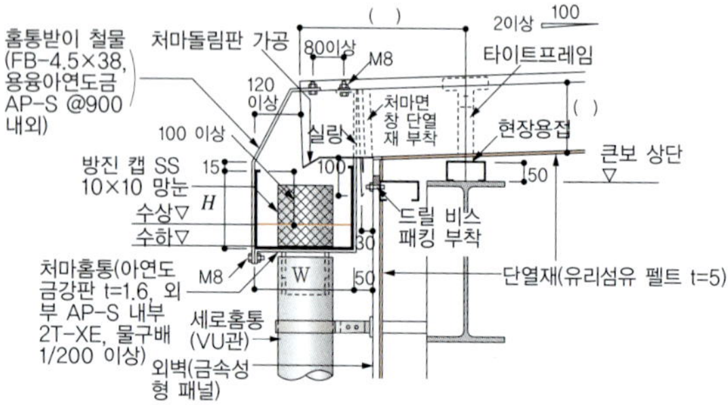

강판절판 옻나무형 싱글잇기의 마무리(처마 예)

관리 2 강판가로잇기의 마무리는 적절한가?

p.150
관리 1

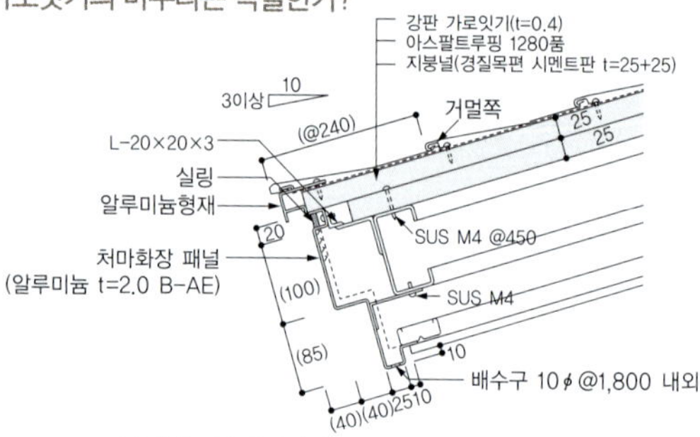

강판가로잇기(단잇기)의 마무리(처마 예)

관리 3 기와잇기의 마무리는 적절한가?

p.150
관리 1

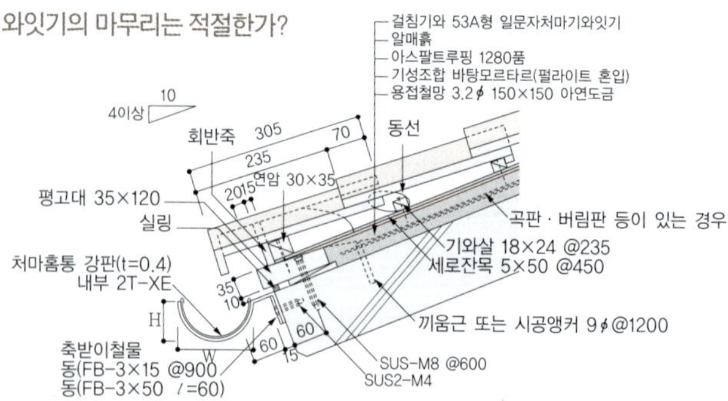

일식 기와잇기(RC바탕)의 마무리(처마 예)

관리 4 섬유시멘트 지붕재 잇기의 마무리는 적절한가?

p.150
관리 1

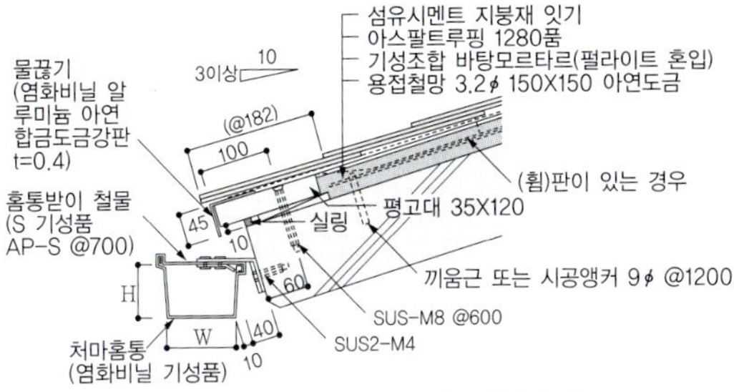

섬유시멘트 지붕재 잇기(RC바탕)의 마무리(처마 예)

클레임 강풍에 의해 절판잇기 지붕의 일부가 날아갔다!

〈현상〉 시공한지 1년 된 S조 2층짜리 공장(처마높이 11.5m)에서 강풍에 의해 절판잇기지붕이 박공단 주위에서 걷혀져 날아갔다. 당일 최대순간풍속은 38.1m/s이며 국부부압은 설계풍압력(부압)보다 작은 수치였지만 박공단 씌움(물끊기판)의 폭 치수가 넓고 타이트프레임의 간격이 일반부분과 같은 4.0m였기 때문에 고정이 불충분하고 강도가 부족해 박공단 씌움(물끊기판)에서 박리되어 날아간 것이다.

〈처치〉 박공단용 타이트플레임의 피치를 1m로 고정하고 고정철물의 수를 일반부분의 2배로 하여 다시 이었다. 박공단 씌움과 물끊기 등의 폭 치수는 250mm 이하, 단부용 타이트프레임의 간격은 1m 내외로 견고한 바탕에 고정하고 박공단 등의 국부 부압이 생기는 부분은 고정철물의 수를 늘렸나.

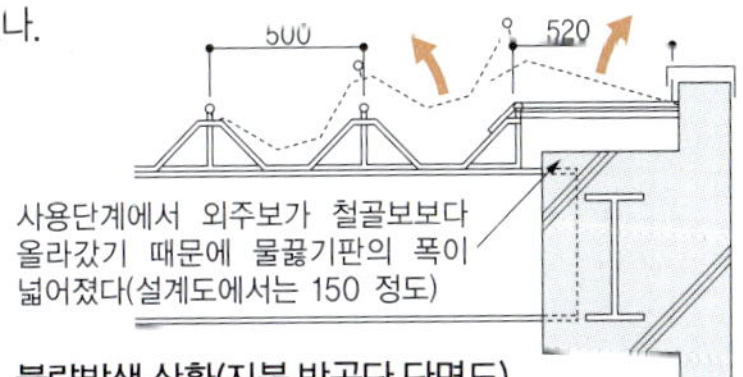

불량발생 상황(지붕 박공단 단면도)

❖ 현장관리 포인트

☞ 경금속판 잇기에 사용하는 고정용 철물은 경금속 못, 스테인리스 못 및 황동못 또는 카드뮴도금 철못 및 아연도금 철못으로 시공할 것.

☞ 금속판 잇기 지붕에 눈막이 철물을 사용하는 경우는 적설량 · 지붕구배를 고려하여 계산에 의해 눈막이를 설치할 것.

☞ 콘크리트 지붕 슬래브에 기와잇기는 못치기가 가능한 고정바탕을 만들고 30mm 이상의 각재로 된 기와살을 스테인리스제 나사못으로 붙인다. 그 위에 기와를 고정하고 지붕의 경사에 따라 처마 끝이나 감내림새에서는 동선으로 긴결하거나 못 고정한다.

3 홈통

관리 1 지붕면적에 대한 홈통의 관경은 적절한가?

평지붕 홈통의 관경과 부담 가능한 지붕면적은 다음 표에 의한다. 또한 비가 많이 오거나 적게 오는 지역에서는 다음 식에 의한 수치로 한다.

$$\text{아래 표의 최대지붕면적} \times \frac{180}{\text{과거의 10년간 최대강우량} \times 6}$$

관경과 부담 가능한 지붕면적

관경(호칭경) mm	최대지붕면적 m^2		
	종형 드레인 및 종관	횡형 드레인 및 횡인관*1 (구배 1/50)	횡인관*1 (구배 1/100)
80*2	110	70	50
100	240	160	110
125	430	280	200
150	690	460	330
200	1,500	1,000	700

※1) 횡인관(가로관)의 길이가 2m를 넘는 경우. 그 이하인 경우는 세로관과 동등한 부담면적으로 하고, 횡인관에 접속하는 물구배 측의 종관은 세로관과 같은 지름으로 한다.
2) 염화비닐관의 경우는 75로 바꿔 읽는다.

관리 2 홈통의 재료는 적절한가?

홈통 재료의 규격 · 종별

재료	규격	종별
용융아연도금강판	JIS G 3302(용융아연도금강판 및 강대)	SGCC
스테인리스강판	JIS G 4305, JIS G 4307, JIS G 3320	SUS 304, 316
동판	JIS H 3100(동 및 동합금판)	인탈산동
아스팔트 또는 염화비닐수지 피복철판	제조자의 규격에 따름	–
강관 · 스테인리스관	JIS G 3452(배관용 탄소강관) JIS G 3442(수도용 아연도금강관) JIS G 3448(일반배관용 스테인리스강관) WSP 032(배수용 타르에폭시도장강관)	백관 – SUS 304 –
염화비닐관	JIS K 6741(경질염화비닐관)	VU
경질염화비닐 빗물홈통	JIS A 5706(경질염화비닐 빗물홈통)	–

선 홈통은 동판 · 염화비닐관 또는 염화비닐 라이닝강관을 사용한다.

홈통재료의 판두께

(mm)

재료	처마홈통	안홈통 · 곡홈통
용융아연도금강판	0.5 이상	2.3 이상
스테인리스강판	0.4 이상	1.5 이상
동판	0.4 이상	–
아스팔트 또는 염화비닐수지 피복철판	0.5 이상	–

관리 3 홈통은 유지관리성을 고려한 마무리로 되어 있는가?

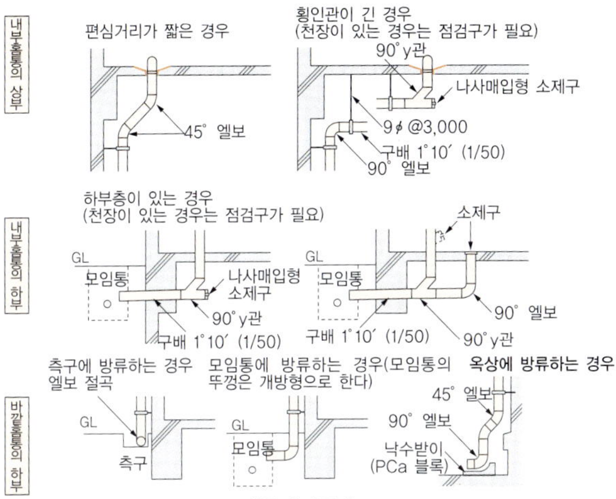

홈통의 마무리

클레임 집중호우시 이음지붕의 내부홈통에서 실내로 누수가 발생했다!

〈현상〉 시공한 지 5년 된 RC조 7층짜리 상업시설에서, 1층 점포부분의 이음 지붕 내부홈통(폭 300, 깊이 200, 길이 21,000, 구배 1/200, 배수구 2곳, 오버플로 없음)에서 홈통 바닥에 흙이 50mm 정도 쌓여 있고, 배수구멍 스트레이너의 높이도 50mm 정도로 낮아 2곳의 스트레이너 모두 낙엽 · 비닐 · 종이 등이 메워져 있었다. 거기에 집중호우가 내리자 내부홈통의 치올림을 넘어 실내로 누수된 것이다.

〈처치〉 내부홈통에 퇴적된 흙 · 낙엽 · 비닐 · 종이 등을 제거하고 다음과 같은 대책을 실시했다.

① 스트레이너를 높이 150mm짜리로 교체했다.

② 오버플로우관을 배수구 주위에 2곳 설치했다.

③ 청소를 쉽게 할 수 있도록 지붕면까지의 경로를 확보했다.

④ 건축주에게 정기점검(2개월에 1번 정도)을 하도록 의뢰했다.

❖ 현장관리 포인트

☞ 주요 기능실 상부에는 구부린 홈통, 내부홈통, 빗물배관을 두지 말 것.

☞ 극한지역의 세로홈통은 내부홈통으로 한다.

☞ 고층 벽면 하부에 돌출된 날개지붕(발코니와 동일한) 등의 홈통은 상부 벽면의 50%를 부담면적에 더해 우량을 산정할 것.

☞ 곡면홈통 · 내부홈통의 물구배는 1/100 이상으로 하고, 2곳 이상의 세로홈통과 오버플로우를 둘 것. 처마홈통의 물구배는 1/200 이상으로 한다.

금속공사

1 표면처리

관리 1 이종금속 접촉부식방지처리는 적절한가?

비를 맞거나 습기가 많은 곳에서 이종금속이 접촉하는 경우는 다음 표에 나타내는 방법에 따라 접촉부식을 방지한다.

이종금속과 접하는 면의 접촉부식방지처리

조합		접촉부위의 처리방법	
철-알루미늄	철측	아연도금	녹 방지 도료 2회
	알루미늄측	· 양극산화 피막(또는 전해착색)+접촉부 도장(에폭시계 등) · 도장마감인 경우는 그대로	· 양극산화 피막(또는 전해착색) · 도장마감인 경우는 그대로
알루미늄-스테인리스	알루미늄측	· 양극산화 피막(또는 전해착색) · 도장마감인 경우는 그대로	
	스테인리스측	무처리	
철-동	철측	아스팔트계 도료 2회 또는 녹방지 도료 2회 바름	
	동측	무처리	
알루미늄-동	알루미늄측	· 양극산화 피막(또는 전해착색)+접촉부 도장(에폭시계 등) · 도장마감인 경우는 그대로	
	동측	무처리	
스테인리스-동	스테인리스측	무처리	
	동측	무처리	
스테인리스-티탄	스테인리스측	무처리 (단, 공업지역은 도장)	
	티탄측	무처리	
티탄-알루미늄	티탄측	무처리	
	알루미늄측	· 양극산화 피막(또는 전해착색)+접촉부 도장(에폭시계 등) · 도장마감인 경우는 그대로	

1) 도장은 두께 7㎛ 이상으로 한다.
2) 도장 대신 합성수지 등에 의한 절연층을 사용해도 좋다.

관리 2 금속의 표면처리는 적절한가?

① 철의 아연도금

각종 아연도금의 양

종 류	규 격	종 별
용융아연도금강판	JIS G 3302 (용융아연도금강판 및 강대)	F12 또는 Z12 (최소부착량은 양면 합계 120g/m^2) 이상
전기아연도금	JIS H 8610 (전기아연도금)	2종 3급 (한쪽면 두께 8㎛) 이상
용융아연도금	JIS H 8641 (용융아연도금)	2종 HD Z35 (유효부착량 350g/m^2) 이상

아연도금은 철의 방식을 목적으로 하는 표면처리 중 가장 많이 행해지는 방법이다.

② 스테인리스의 표면마감

스테인리스의 표면마감

종류	표면마감의 개요
No.2D	냉간압연 후 열처리 · 산세척을 한 것으로 둔탁한 회색으로 무광마감
No.2B	No.2D 마감재에 가볍게 냉간압연을 한 것으로, No.2D 마감재보다 매끄럽고 약간 광택이 있는 마감
No.4	No.2D 또는 No.2B 마감재를 150~180번 입자의 연마벨트로 연마한 광택이 있는 마감
헤어라인	JIS R 6010에 의한 P120~180의 연마재로 연속한 연마선이 생길 때까지 마감한 것.
바이브레이션	무방향 헤어라인으로 마감한 것.
버프	연마선이 눈에 띄지 않을 때까지 마감한 것.
경면	연마선이 없어질 때까지 마감한 것.

③ 알루미늄의 표면처리

알루미늄의 표면처리

사용구분	표면처리 종별	양극산화 피막의 두께	투명합성수지 소부도장의 두께	비고
기성 창호	양극산화피막+투명합성수지 도료	9㎛ 이상	7㎛ 이상	
	2차전해착색+투명합성수지 도료	9㎛ 이상	7㎛ 이상	양극산화 피막처리를 한 후 2차 전해착색을 하며 다시 투명합성수지 도장을 한다.
상기 외의 창호, 금속 커튼월 두겁대, 패널	양극산화피막	AA15* 또는 14㎛ 이상	-	
	양극산화피막+투명합성수시 도료	14㎛ 이상	7㎛ 이상	
	2차전해착색	AA15* 또는 14㎛ 이상	-	양극산화 피막을 처리한 후 2차 전해착색을 한다.
	2차전해착색+투명합성수지 도료	14㎛ 이상	7㎛ 이상	양극산화 피막처리를 한 후 2차 전해착색을 하며 다시 투명합성수지 도장을 한다.
	전해발색(자연발색)	AA15* 또는 14㎛ 이상	-	

※ JIS H 8601(알루미늄 및 알루미늄합금의 양극산화 피막)에 의한 피막두께, 평균 15㎛ 이상.

❖ 현장관리 포인트

☞ 금속 표면처리(표면마감)의 사양에 대해서는 내구성과 미관 외에도, 이종금속이 접촉되는 마무리 부분의 부식방지처리에 문제가 생기지 않도록 잘 확인할 것.

☞ 나중시공 앵커의 접착계 앵커는 하향 시공에만 사용하되, 부득이 가로방향에 사용하는 경우에는 캡슐형을 사용할 것.

☞ 금속확장 앵커는 콘너트식을 사용하여 토크관리를 하고, 암나사형 매입식 앵커는 사용하지 말 것.

2 천장 · 칸막이벽의 강제 바탕

관리 1 내부(실내) 천장 바탕의 구성은 적절한가?

천장 바탕재는 건축용 금속제의 규격을 만족하는 것을 사용하여 견고하게 조립한다.

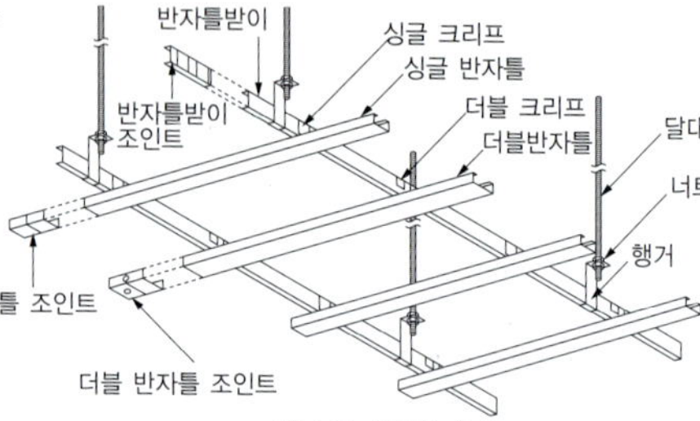

내부 강제천장 바탕

반자틀의 간격

(mm)

정벌바름의 종류		반자틀 간격
보드류로 바탕붙임이 있는 경우		360 내외
바탕붙임이 없는 경우	표준(보드치수 900×1800 내외)	300 내외
	화장석고보드(450×900 내외)	225 내외
금속 패널		450 내외

달대볼트가 일정 간격으로 설치되어 있지 않은 경우의 보강방법 (mm)

달대볼트 간격	보강재 치수	보강재 간격
2,000~2,500	[-60×30×10×1.6	900
2,500~4,000	[-75×45×10×2.0	900

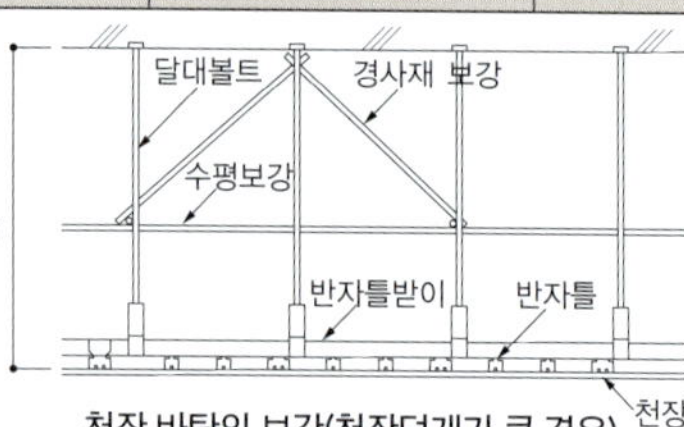

천장 바탕의 보강(천장덮개가 큰 경우)

관리 2 외부 처마반자 바탕의 구성은 적절한가?

외부 처마반자 등에서 풍압력이 2,000N/m²를 넘는 경우는 강도계산을 하여 부재(반자틀, 반자틀받이, 진동방지재 등)를 결정한다. 반자틀은 300mm 이하의 간격으로 비스클립을 사용해 풍압에 의한 달대의 좌굴방지 및 행거의 어긋남 방지를 한다.

천장덮개가 1.0m 이상인 경우는 환강 또는 형강을 사용해 요소에 진동방지 보강을 한다.

관리 3 칸막이벽(건식 보드벽) 바탕의 구성은 적절한가?

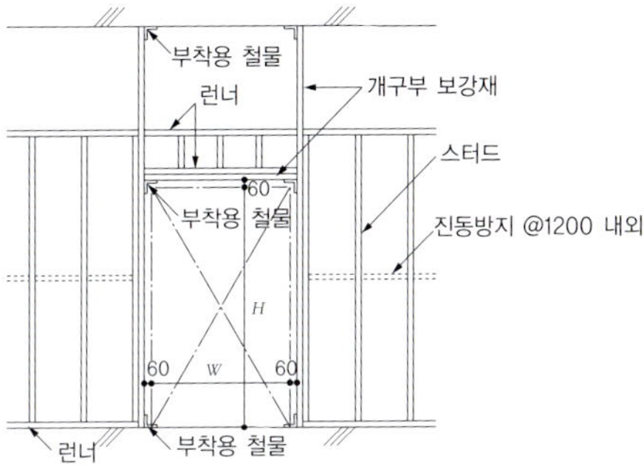

칸막이벽 바탕(천장밑 보드붙임)

칸막이벽 바탕 부재

(mm)

종별	스터드	런너	스터드의 높이에 따른 적용
50형	50×45×0.8	52×40×0.8	높이 2.7m 이하
65형	65×45×0.8	67×40×0.8	높이 3.7m 이하
75형	75×45×0.8	77×40×0.8	높이 4.0m 이하
90형	90×45×0.8	92×40×0.8	높이 4.5m 이하
100형	100×45×0.8	102×40×0.8	높이 5.0m 이하

종별	출입구 및 이에 준하는 개구부의 보강재	보강재 부착용 철물	높이에 따른 적용
50형	⊏-40×20×2.3(1.6)	L-30×30×3	높이 2.7m 이하
65형	⊏-60×30×10×2.3		높이 3.7m 이하
75형			높이 4.0m 이하
90형	⊏-75×45×15×2.3	L-50×50×4	높이 4.5m 이하
100형	2⊏-75×45×15×2.3		높이 5.0m 이하

1) 설비의 개구부 보강재에 대해서도 위 표에 준한다.
2) 스터드의 높이에 고저차가 있는 경우는 높은 쪽을 적용한다.
3) 개구부 보강재 및 보강재 부착용 철물은 아연도금 또는 녹방지 도장을 한 것으로 한다.

출입구 등의 수직방향 보강근은 진동이나 충격하중에 견딜 수 있도록 상하 모두 시공 앵커 등으로 고정한 철물에 용접 또는 볼트 등으로 부착한다.

❖ 현장관리 포인트

- 천장 바탕재의 반자틀받이는 반자틀과 직각방향으로, 주변부의 경우는 단에서 150mm 내외의 위치에 배치하고, 달대볼트는 지름 9mm 이상의 봉강으로 900mm 내외의 간격으로 달 것.
- 반자틀은 한 방향으로 통하고 이음을 엇모로 배치한다. 반자틀의 방향은 보드류의 긴 변 방향과 직각으로 할 것.

3 두겁대 · 난간 · 달대고리 · 기타

관리 1 두겁대의 설치는 적절한가?

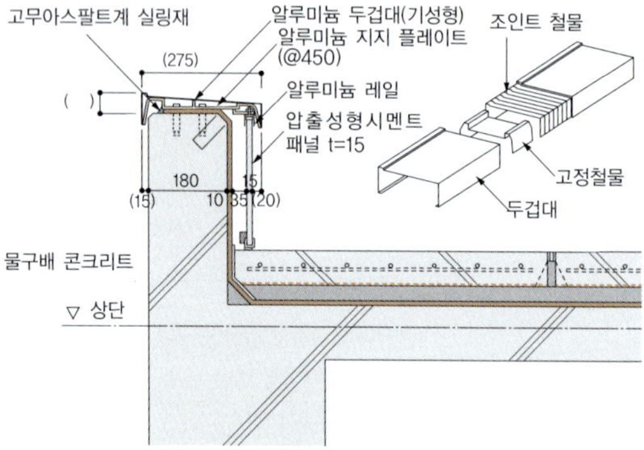

두겁대(기성형 오픈 두겁대)의 마무리 (예)

관리 2 난간의 설치는 적절한가?

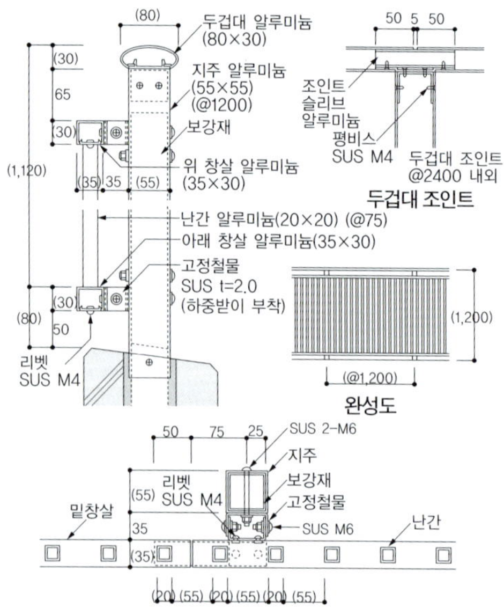

난간 마무리(예)

관리 3 달대고리의 부착은 적절한가?

달대고리의 앵커 부분은 콘크리트치기로 한다.

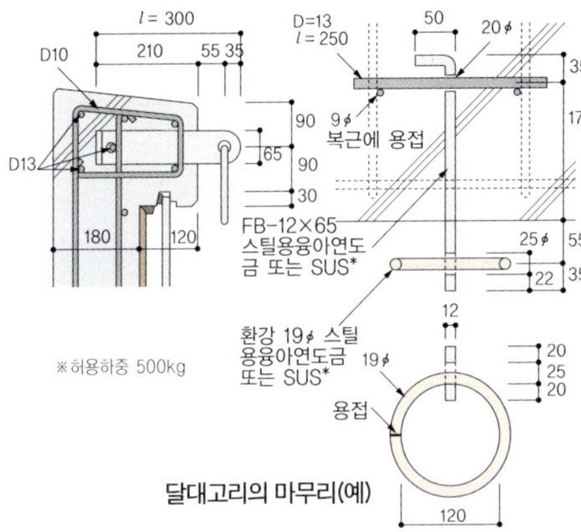

달대고리의 마무리(예)

관리 4 사다리의 부착은 적절한가?

사다리의 앵커부분은 콘크리트치기로 한다.

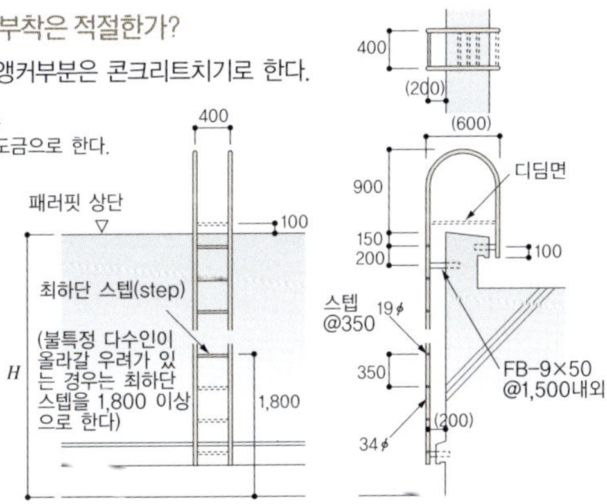

사다리의 마무리(방호울타리가 없는 경우의 예)

❖ 현장관리 포인트

☞ 어린이가 접근하는 장소의 난간은 세로창살이나 패널형식으로 하고, 세로창살의 틈새 간격은 100mm 이하, 하부와 측면의 틈새간격은 90mm 이하로 한다.

☞ 집합주택의 난간높이는 디딤면으로부터 1,200mm 이상, 발걸침(유아가 발을 걸쳐 올라갈 위험이 있는 부분)에서 850mm 이상, 폭이 넓은 발 걸침부분에서 1,200mm 이상으로 할 것.

☞ 중량물 달기 · 부착앵커류 및 평상시 진동을 받는 앵커류는 선부착(콘크리트타설)으로 할 것.

1 재료 · 공법

관리 1 모르타르 바름의 사용재료는 적절한가?

① 시멘트

미장용으로서, 통상 보통포틀랜드시멘트를 사용한다.

작업성 면에서 부배합으로 사용되는 경우가 있지만 수축이 커져 균열이 생기기 쉬우므로 주의한다.

② 기성배합 모르타르

기성배합 모르타르의 종류와 용도

종류	호칭명	바름두께	용도
시멘트계 바탕 조정도재(2종)	C-2	1~3mm 정도	· 내외벽의 전면바탕 조정 · 결 차이, 기포구멍 메우기 정도의 바탕조정
시멘트계 바탕 조정후도재(2종)	CM-2	3~10mm 정도	· 내외벽의 전면바탕 조정 · 부분적인 결함 조정

③ 골재

모래는 양질이며 유해물질인 철분, 염화물, 흙, 먼지, 유기불순물을 포함하지 않아야 하며, 모래의 입도는 아래 표를 표준으로 한다.

모래의 표준입도

체의 호칭치수 (mm) / 골재의 종류	체를 통과하는 것의 중량백분율(%)					
	5	2.5	1.2	0.6	0.3	0.15
바닥용 및 초벌 · 재벌바름용	100	80~100	50~90	25~65	10~35	2~10
정벌바름용	−	100	70~100	35~80	15~45	2~10
정벌바름용, 얇게 바름용	−	−	100	45~90	20~60	5~15

④ 흡입조정용 합성수지 에멀션

재질은 에틸렌초산비닐수지계 에멀션, 또는 아크릴수지계 에멀션으로 하고 에멀션의 품질은 KSF 4916(시멘트혼화용플리머)의 규격에 합격하거나 다음 표의 시험항목 판정기준에 합격한 것을 사용한다.

흡입조정용 합성수지 에멀션의 판정기준

시험의 종류	시험항목	규정
디스퍼전 시험	외관	거친 입자, 이물질, 응고물이 없을 것
	전고형분	표시값±1.0% 이하일 것
흡수시험	흡수성	30분간 1g 이하일 것
접착강도시험	표준상태	심한 균열 및 박리가 없고 접착강도가 1.0N/mm^2 이상이며, 계면박리가 50% 이하일 것
	열냉반복 저항성	
	동결융해 저항성	
	열알칼리용액 저항성	

⑤ 혼화재료

염화칼슘계 혼화재는 사용하지 않는다. 유리섬유를 균열방지에 사용할 경우는 내알칼리성인 것으로 한다.

⑥ 배합, 바름두께

모르타르의 배합(용적비)

바탕	시공개소	초벌바름 또는 라스 먹임	고름질 재벌바름	정벌바름
		시멘트 : 모래	시멘트 : 모래	시멘트 : 모래
콘크리트	부착물이 있는 바탕의 바닥	–	–	1 : 3
	바닥의 마감바름	–	–	1 : 2.5
	내벽	1 : 2.5	1 : 3	1 : 3
	외벽, 기타	1 : 2.5	1 : 3	1 : 3.5
콘크리트 블록	내벽	1 : 3	1 : 3	1 : 3
	외벽, 기타	1 : 3	1 : 3	1 : 3.5
메탈라스 와이어라스 철판라스 용접철물	내벽	1 : 3	1 : 3	1 : 3
	천장	1 : 2.5	1 : 3	1 : 3
	외벽, 기타	1 : 2.5	1 : 3	1 : 3.5

1) 내벽의 재벌 · 정벌바름 시멘트는 포틀랜드 1에 대해 소석회, 돌로마이트 플라스터, 포졸란 등의 무기질혼화재를 0.1~0.3 정도 더한 것으로 해도 된다.
2) 라스먹임을 할 때 시공상 필요한 경우 여물을 혼합해도 된다.

각 공정의 바름두께

(mm)

바탕	시공개소	초벌바름 또는 라스먹임	고름질	재벌바름	정벌바름
콘크리트 콘크리트블록	바닥	–	–	–	24
	내벽 외벽, 기타	6	0~6	6	3~6
메탈라스 와이어라스 철판라스 용접철물	내벽	라스 두께보다 2mm 내외 두껍게 바른다.	0~6	6	3~6
	천장 · 차양		–	6	3~6
	외벽, 기타		0~9	0~6	6

※마무리 두께에서 천장, 차양은 15mm 이하, 기타는 15mm 이상으로 한다.

관리 2 모르타르 바름의 시공방법은 적절한가?

p.107
관리 4
관리 5

① 바탕 바르기를 하기 전에 바탕 청소 및 물로 씻어내거나 물축이기 한 후 물의 흡수를 조정하고 나서 초벌바름한다.

② 혼화재를 사용하는 경우는 모르타르와 균일하게 배합되도록 그 재료에 맞는 반죽방법에 의한다. 비빔은 기계반죽을 원칙으로 하며, 1회 비빔량은 2시간 이내에 사용할 수 있는 양으로 한다.

③ 흡입조정용 합성수지 에멀션의 도포는 바탕의 물세척 청소를 하고 건조 후에 도포한다.

본 시공을 하기에 앞서 실 시공면의 일부에 시험바름을 하고, 에멀션 도포방법, 도포량, 모르타르의 접착강도 및 들뜸이 없는지 확인한다.

❖ 현장관리 포인트

☞ 콘크리트 이어치기 부분, 개구부 주위, 보드류의 이음 등은 적절한 균열방지대책을 세우고, 바탕이 다른 재료의 접합부분, 구체의 균열유발줄눈 부분 및 연속된 긴 벽에는 줄눈을 둘 것.

☞ 천장공사에서 콘크리트슬래브 직접 바르기의 미장 마무리는 가능한 하지 않는다. 부득이한 경우는 두께 6mm 이하의 얇게 바름용 모르타르나 수지플라스터로 할 것.

1 금속제 창호

관리 1 알루미늄제 창호의 마무리는 적절한가?

p.168 관리 1
p.170 관리 1
p.171 관리 2

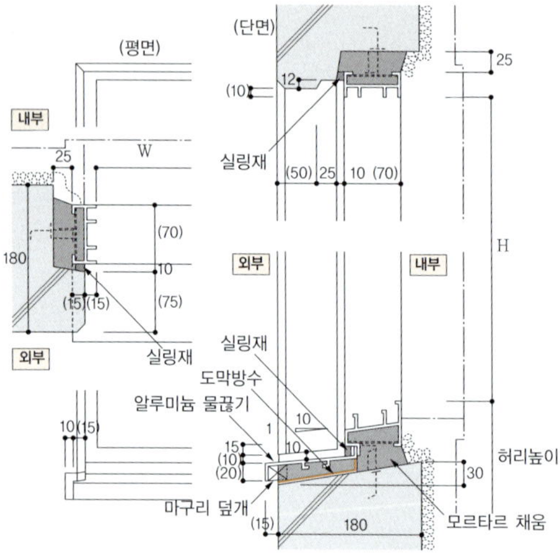

RC벽 마무리(미세기 · 틀 안기장 70mm인 경우의 예)

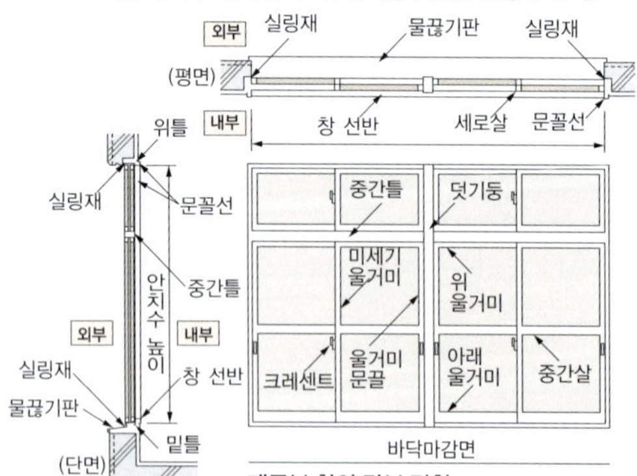

개구부 창의 각부 명칭

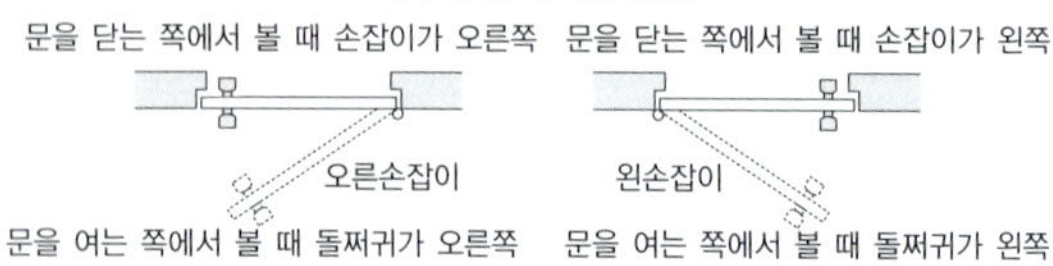

문을 여는 방향

관리 2 강제창호의 마무리는 적절한가?

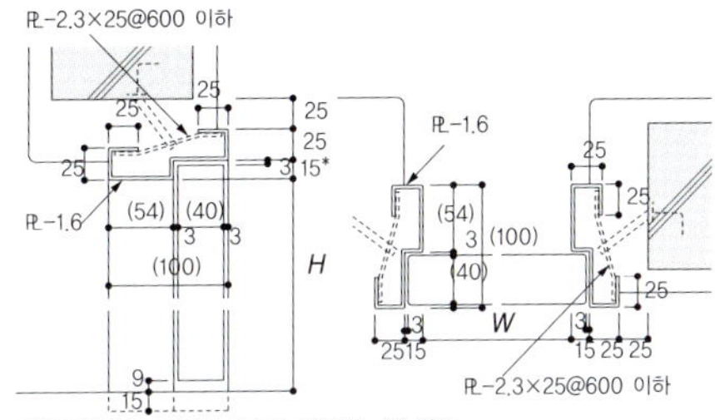

RC벽 마무리(한쪽 문꼴선, 틀 안기장이 100mm인 경우의 예)

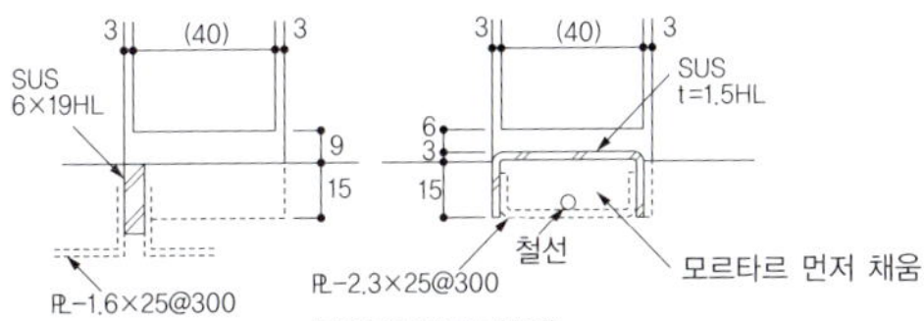

문턱의 마무리(예)

관리 3 스테인리스제 창호의 부재두께는 적절한가?

스테인리스제 창호의 판두께

(mm)

구분	부재	화장판 두께 (보강뒷판이 있는 경우)	화장판 두께 (뒷판이 없는 경우)
창	하부 틀의 플러싱	1.5	2.0
	창문틀	1.5	1.5
	이동창	1.5	1.5
출입문	문지방	–	2.0 이상
	문틀	1.5	1.5
	문의 프레임	1.5	1.5
	문의 플러시판	2.0	2.0
앵커류	습기가 있는 곳	SUS 304 2.3(강판)	–
	습기가 없는 곳	SUS 304 1.6(강판)	

❖ 현장관리 포인트

☞ 덮개가 없는 외부 문에서 외벽면과 같은 면의 마감 위틀에는 물끊기를 설치한다.
☞ 폭 5m를 넘는 연창 새시는 상부 콘크리트의 크리프에 의한 변형을 방지하기 위해 위틀 상단에 완충재를 삽입한다. 특히 구체의 쪽보 부분에 설치하는 경우에는 주의해야 한다.
☞ 알루미늄제 창호의 글레이징 챈넬 · 글레이징 비드용 부재에는 실링재를 사용하지 말 것.
☞ 방수층과 직접 접하는 창호틀에는 방수받이 플래싱을 설치한다.

2 목제창호 · 강제셔터 · 창호철물

관리 2 목제창호의 마무리는 적절한가?

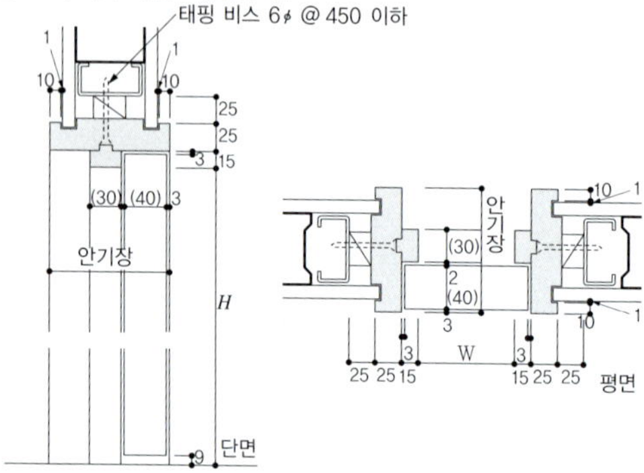

강제 바탕보드 붙임벽의 마무리(양 문꼴선의 예)

목제창호의 목재 등급

창호종별		마루귀틀, 창살, 루버, 누름대	판재
서양식 창호	생지 마감	무절	–
	도장 마감	상소절	상소절
일본식 창호	장지문류	무절	무절
	미닫이문 · 여닫이문	무절	무절
	빈지문류	상소절	상소절

목제창호의 안기장 치수

(mm)

창호치수	서양식 창호	빈지문, 유리장지	종이장지	맹장지(홈폭)
W : 900 미만 H : 1000 미만	25~30	25~30	24~30	21
W : 900 미만 H : 1000 이상 1800 미만	30~36	30	27~30	21
W : 900 미만 H : 1800 이상 2200 미만	36~40	–	–	–

목제창호의 안치수 허용차

(mm)

항 목		허용차
부위치수	안기장	±0.5
	외관	±1.0
창호치수	H	±3.0
	W	
변형	뒤틀림	3.0
	대각선 길이의 차이	2.0*

※대각선 길이가 1000mm 이하인 경우에는 1.0mm로 한다.

관리 2 강제셔터의 부재두께 · 가이드 레일의 홈 깊이는 적절한가?

강제셔터의 부재두께 (mm)

부재		두께
슬랫	일반용 및 특정방화설비	1.6
	특정방화설비 이외의 방화설비	0.8
케이스	특정방화설비	1.6
	특정방화설비 이외의 방화설비	0.8
홈(가이드레일)		1.6(1.5)
문미(개구부 상부에 댄 횡가재)		1.6(1.5)

( )안의 숫자는 스테인리스 강제를 나타낸다. 마무리는 원칙적으로 헤어라인 마무리로 한다.

가이드레일의 홈 깊이 (mm)

셔터의 안치수 폭	5m 미만	5m 이상 7m 미만	7m 이상
레일의 홈 깊이	60	75	90

관리 3 창호철물의 선정은 적절한가?

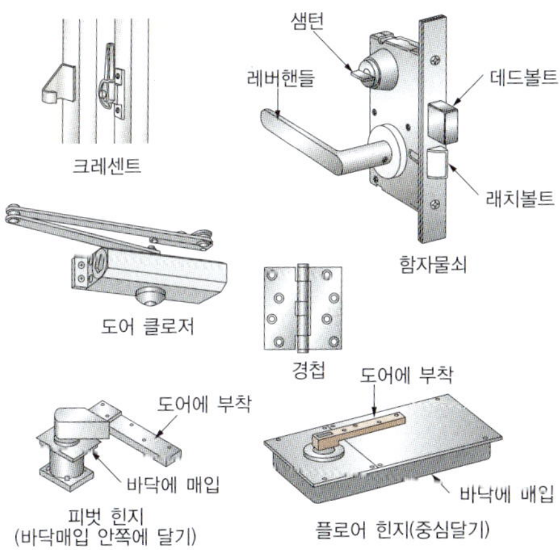

창호철물(예)

❖ 현장관리 포인트

- 목제창호에서 사용목재는 거심재로 하고, 시방서에서 정한바가 없는 경우 함수율 18%(경판 등은 15%) 이하, 나왕재는 방충처리한 것을 사용하며, 못은 스테인리스 또는 황동으로 한다.
- 방재용 창호에 관해서는 행정청에 따라 지도내용이 다른 경우가 있으므로 미리 확인하여 충분히 협의할 것.

유리공사

1 종류 · 성능

관리 1 사용할 유리의 치수는 적절한가?

판유리의 최대치수 및 품질규정[23] (mm)

품종	두께의 종류	최대수주 치수	품질규정
플로트판유리	3, 4	1,829×1,219	JIS R 3202 (플로트판유리 및 마감판유리)
	5	3,658×2,438	
	6	4,267×2,921	
	8, 10	7,620×2,921	
	12	10,160×2,921	
	15, 19	10,160×2,921	
형판유리	4	1,829×12,169	JIS R 3203 (형판유리)
	6	2,438×1,829	
망입마감판유리 선입마감판유리	6.8	3,048×2,032	JIS R 3204 (망입판유리 및 선입형판유리)
	10	4,572×2,438	
망입형 판유리 선입형 판유리	6.8	2,438×1,829	
열선흡수판유리	3	1,829×914	JIS R 3208 (열선흡수판유리)
	5	3,658×2,438	
	6	4,267×2,921	
	8, 10, 12, 15	4,572×2,921	
열선흡수 망입마감판유리 열선흡수 선입마감판유리	6.8	2,438×1,829	JIS R 3208 (열선흡수판유리)
열선반사유리 열선흡수 열선반사유리	6	2,438×1,829	JIS R 3221 (열선반사유리)
	8, 10, 12	7,620×2,438	

판유리 가공품의 최대수주 치수 및 품질규정[24] (mm)

품종	두께의 종류	최대수주 치수	품질규정
고성능 차폐 열선반사유리	6, 8, 10, 12	3,600×2,500	JIS R 3221 (열선반사유리)
배강도유리	6	2,400×1,800	JIS R 3222 (배강도유리)
	8, 10, 12	3,000×2,000	
강화유리	4	1,800×1,000	JIS R 3206 (강화유리)
	5, 6	2,000×1,200	
	8	2,500×2,000	
	10	3,000×2,400	
	12, 15, 19	3,500×2,920	
열판강화유리	4	1,800×1,000	
조합유리	3+3, 4+4	1,800×1,200	JIS R 3205 (조합유리)
	5+5, 6+6, 8+8+, 10+10, 12+12	3,500×2,500	
	5+6.8W, 6+6.8W, 8+6.8W	2,400×1,800	
	8+10W, 10+10W, 12+10W	3,000×2,400	
복층유리 Low-E 복층 유리	3+A+3, 4+A+4	1,800×1,200	JIS R 3209 (복층유리)
	5+A+5, 6+A+6	2,400×1,800	
	8+A+8, 10+A+10, 12+A+12	3,000×2,000	
	5+A+6.8W, 6+A+6.8W, 8+A+6.8W	2,400×1,800	
	8+A+10W, 10+A+10W, 12+A+10W	3,000×2,000	

1) 상세 데이터는 제조업체에 확인할 것, 2) 표 중에서 W는 선입마감판유리를 나타냄

관리 2 변형추종 성능은 확인하였는가?

붙박이창 · 커튼월 유리는 그 부위의 최대변형량에 대해 다음 식과 같은 에징 클리어런스를 확보한다. 단, 종횡비가 0.5 이하인 가로가 긴 유리이고, 세로틀 상단부의 유리홈 바닥에 충격흡수용 클로로프렌 고무시트 등을 설치하지 않는 경우는 슬라이드만으로 변형을 흡수시킨다.

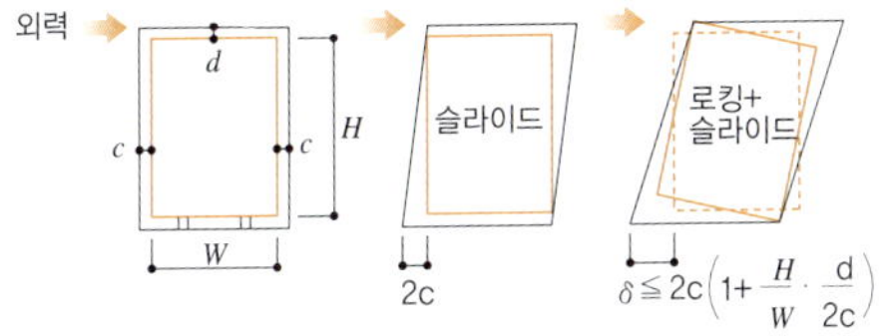

δ : 틀의 최대변형량　　c : 좌우 변의 에징 클리어런스
d : 윗변의 에징 클리어런스　　H : 유리의 세로치수　　W : 유리의 가로치수

붙박이창의 변형흡수기구

관리 3 요구되는 내풍압성능은 확보되었는가?

① 끼우기 유리의 설계하중값 P_d는 건축법규시행령 구조기준에 관한 규칙 제3조 1항에 따라 산출한다, 끼우기 유리의 내풍압 성능값은 건축공사표준시방서에 나타낸 계산식을 이용한다. 설계용 풍압력의 최소치는 ±1,200N/㎡로 한다.

② 유리 끼우기 공법, 2변지지공법 등과 같은 특수한 지지방법에 의하는 경우는 지지상태에 맞는 조건으로 응력계산을 하여 안전성을 확인한다.

관리 4 내열깨짐 성능은 확인하였는가?

① 망판 · 선판유리, 열선흡수판유리, 열선흡수망입판유리, 열선반사판유리, 고성능 차폐열선반사유리, 고성능 차폐열선반사망입유리는 필요에 따라 열깨짐 계산을 하여 지장이 없는지 확인한다.

② 유리 뒷면에 일사차폐필름을 붙이는 경우나 유리의 뒷면이 방열을 막는 밀폐상태가 되는 등 열깨짐을 초래할 우려가 있는 경우는 유리 단부 온도계수 및 유리 단부의 파괴강노값 등에 따른 열깨짐 계산을 하여 지장이 없는지 확인한다.

❖ 현장관리 포인트

☞ 강화유리는 높은 곳(지반면, 바닥으로부터 3m 이상, 학교 · 주택용에서 사용한 두께 5mm 이하의 강화유리인 경우는 12m 이상)에서는 사용하지 않는다. 부득이한 경우는 비산방지필름을 부착하는 등의 낙하방지대책을 취한다. 강화유리는 평면, 곡면강화유리로 파쇄시험, 평면강화유리로 파쇄 및 쇼트백시험에서 만족한 결과를 얻은 것을 사용할 것.

☞ 유리의 실링재는 폭 · 깊이(부착길이) 모두 4mm 이상으로 하고 형상계수(깊이/폭)는 2/3~1을 표준으로 할 것.

2 글레이징

관리 1 글레이징은 적절한가?

① 부정형 실링재에 의한 고정

유리 홈의 치수

(mm)

유리 고정재	유리두께 (t)	면 클리어런스(a)	에징 클리어런스(b)			걸침폭
			부위	고정부	가동부	
실링재	단판유리 6.8 이하	5 이상*	위 · 세로	4이상	3이상	6.5 또는 유리두께의 1.2배 이상
			아래	4이상		
	단판유리 8 및 10	5 이상	위 · 세로	4이상	3이상	유리두께의 1.2배 이상
			아래	7이상		
	복층유리 총두께 18 이하	5 이상	위 · 세로	4이상	3이상	15 이상
			아래	7이상		

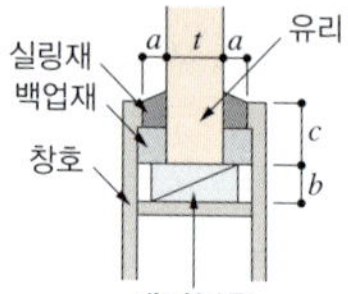

※(b)에 의한 배수기구를 설치했을 경우는 면클리어런 스를 3.5mm 정도로 할 수 있다.

1) 조합유리를 사용하는 경우는 유리의 합계두께에 의한다.

2) 강화유리 및 배강도유리를 사용하는 경우 제외

② 지퍼 개스킷에 의한 고정

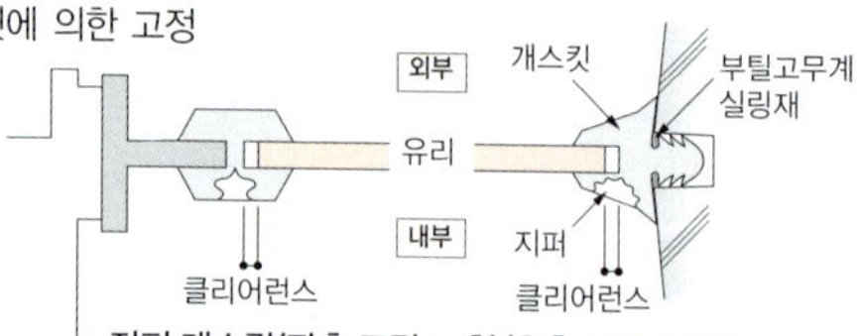

지퍼 개스킷(좌측 그림 : H형/우측 그림 : Y형)

클리어런스의 치수

(mm)

부위	H형	Y형
윗변	5~6	6~7
측변	3~4	4~5
밑변	0	0

③ 글레이징 채널 · 글레이징 비드에 의한 고정

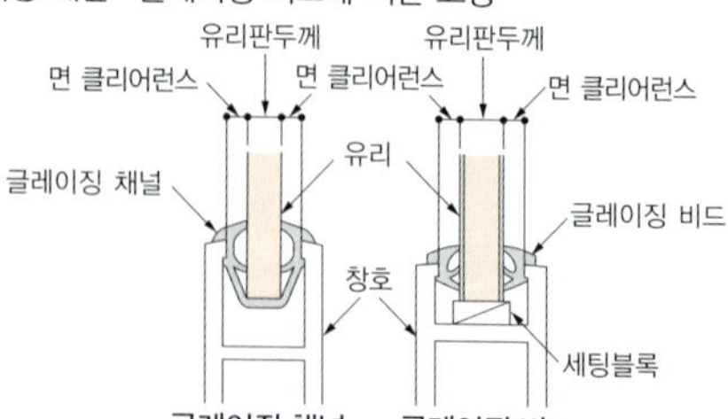

글레이징 채널 글레이징 비드

관리 2 각종 유리의 설치방법은 적절한가?

각종 유리의 설치방법

유리 · 공법의 종류	설치방법
열선흡수망입 · 선판유리 고성능차폐열선 반사망입 · 선판 유리	• 열깨짐 방지를 위해 에징 클리어런스는 네 변 모두 5mm 이상으로 한다.
복층유리	• 유리의 걸침폭은 유리의 봉착부분을 자외선으로부터 보호하기 위해 외부측 유리두께에 9mm 이상 더한 값이거나 15mm 이상으로 한다. • 에징 클리어런스는 7mm 이상으로 한다. • 유리틀 아래의 홈 부분에는 고인 물이 신속하게 빠질 수 있도록 하기 위해 지름 8mm 이상의 배수구를 3곳 이상 둔다. • 세팅블록은 봉착재인 부정형 실링재의 경화불량을 방지하기 위해 세팅블록 윗면에 불소수지 등의 본드 브레이커를 바른 것으로 한다. 봉착재에 실리콘계 실링재를 사용하는 경우는 내실리콘형 정형고무 세팅블록을 사용한다.
열선반사유리, 고성능차폐열선 반사유리	• 유리의 면 클리어런스는 반사영상 조정을 위해 7mm 이상으로 한다. • 세팅 블록 윗면에는 반사영상 조정 시 유리를 원활하게 움직이도록 하기 위해 불소나 나일론 등의 수지판을 붙인다. • 스패타링법의 반사막은 내후성이 떨어지므로 막면이 실내 쪽으로 오게 한다. • 스프레이법의 반사막도 콘크리트나 타일붙임의 외벽 아랫부분에 있어 유리석회 등의 알칼리성 수용액 · 녹물 등 기타 막면을 열화시킬 수 있는 점을 고려하여 반사막면을 실내 쪽에 오게 한다.
SSG 공법 (구조실란트에 의한 유리지지공법)	• 멀리온, 프레임 등을 면진구조로 하여 구조용 실런트에는 지진력에 의한 무브먼트가 작용되지 않도록 한다. • 실링재는 스트럭처 글레이징 전용 제품을 사용하며, 원칙적으로 공장 실링을 한다. • 실링재의 열화를 최소화하기 위해 원칙적으로 열선반사유리를 사용한다.
DPG 공법 (점지지구멍뚫기 강화유리공법)	• 유리지지 구멍 부분에는 응력집중을 완화하기 위해 테플론수지 등의 라이너를 댄다. • 유리를 지지하는 파스너는 층간변형 시 거동을 흡수하는 회전기구를 설치한 것을 사용한다.
MPG 공법 (피스압연공법)	• 유리 맞댐줄눈에서 나온 피스 모양의 압연은 층간변형 시 유리 마구리와 접촉되지 않도록 클로로프렌고무 등의 스페이서를 둔다.
내열판 유리	• 내열강화유리는 강화유리와 같은 파괴성상을 보이므로 외장이나 내장의 바닥면에서 3m 이상인 곳에 사용하는 경우에는 비산방지필름을 붙인다.
대형 판유리	• 유리가 헐거워지는 것을 방지하기 위해 높이 6m를 넘는 경우는 매달기 공법으로 한다. • 리브유리의 두께는 페이스유리와의 걸침폭을 확보하기 위해 15mm 이상으로 한다.

❖ 현장관리 포인트

☞ 유리의 창호틀에 대한 걸침폭은 유리두께의 1.2배 이상으로 하고, 밑틀 부분의 외부 실은 구배를 잡아 유리측으로 올라오게 할 것.

☞ 열선반사유리를 사용할 때에는 주변에 반사광 공해나 야간실내반사에 유의할 것.

☞ SSG 공법에서 낙하방지를 위해 상하 두 변을 틀에 넣는 등의 대책을 강구할 것. SSG시스템은 건물의 창과 외벽을 구성하는 유리와 패널류를 실내 측의 멀리온, 프레임 등에 접착, 고정하는 공법이다.

☞ DPG 공법은 강화유리판의 네 구석에 구멍을 내 특수볼트를 삽입하여 유리를 고정하는 공법. 연소될 우려가 있는 부분에는 DPG 공법을 채용하지 말 것.

1 종류 · 성능

관리 1 커튼월 구성재의 선정은 적절한가?

① PC 커튼월

프리캐스트콘크리트 커튼월에 사용하는 콘크리트 종류는 보통콘크리트 또는 경량1종 콘크리트를 원칙으로 한다.

② 금속 커튼월

알루미늄재는 산화보호막이 용이하게 형성되어 내식성이 뛰어나다. 또한 전연성 · 가공성이 좋아 복잡한 형상을 만들 수 있으며 미관성도 뛰어나 적응성이 높다. 강재는 산화물 · 수산화물에 의해 녹이 발생하기 쉬우므로 아연도금이나 도장 등의 표면처리를 한 다음에 사용한다. 스테인리스강재는 광택이 있는 마감을 얻을 수 있으며, 내식성이 우수하여 녹이 잘 슬지 않는 재료로 고가지만 적응성이 높다.

관리 2 요구되는 성능은 확인하였는가?

p.168 관리 1
p.169 관리 2 관리 3 관리 4

① 내풍압성능

요구성능치에 대해 지점간 거리가 4.0m 이하인 경우는 주요부재의 변형이 1/150 이하, 절대량은 20mm 이하로 한다.

지점간 거리가 4.0m를 초과하는 경우는 주의한다. 또한 건물의 모서리 부분의 풍압력(특히 부압)이 매우 커지기 때문에 국부풍압이 고려되어야 한다.

② 내진성 · 층간변위 추종성능

건물의 볼록모서리 · 오목모서리 부분의 패널 사이 또는 패널과 접하는 부분은 그 거동을 고려한 줄눈폭을 확보한다. 줄눈폭은 대지진 시 부재의 파손 · 탈락과 중지진 시 실내 측으로의 누수를 방지하기 위해 실링성능을 유지하는 설계로 되어 있는지 확인한다. 또한 틀 부재가 변형되어도 유리에 영향을 미치지 않도록 유리의 에징 클리어런스를 충분히 확보한다.

패널형 커튼월은 면내 강성이 높아 패널 자체의 변형으로 층간변위를 흡수할 수 없다. 따라서 고정철물에 의해 미끄럼(슬라이드 방식) 또는 회전(로킹 방식)시킴으로써 흡수한다.

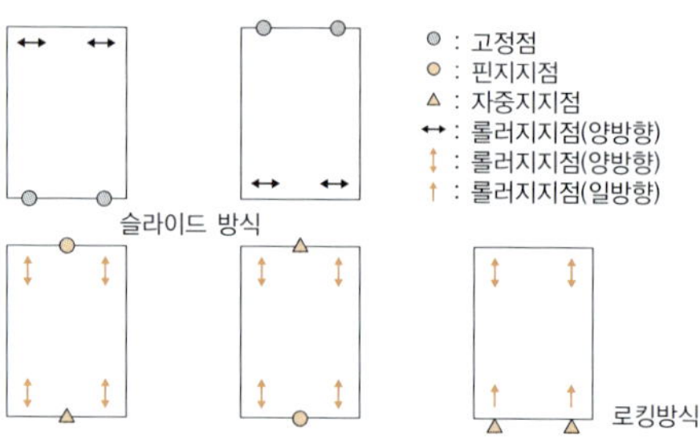

슬라이드와 로킹의 개념도(패널 유닛 고정)

③ 수밀성능

태풍 등의 강풍우에 대해 누수를 일으키지 않도록 요구수밀성능을 미리 확인한다.

④ 내화성능

내화성능상 커튼월 부재와 바닥의 틈새(층간 봉쇄) 또는 줄눈의 틈새 부분에서 내부 연소를 일으키지 않도록 하기 위해 화염방지조치를 한다.

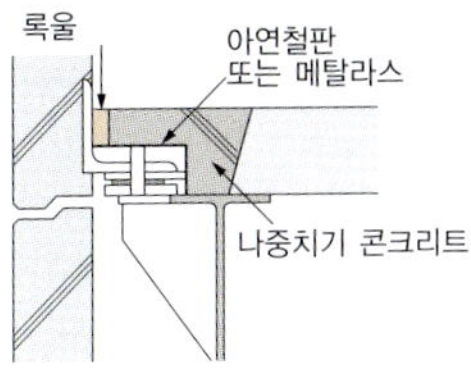

PC 패널 후부착의 예

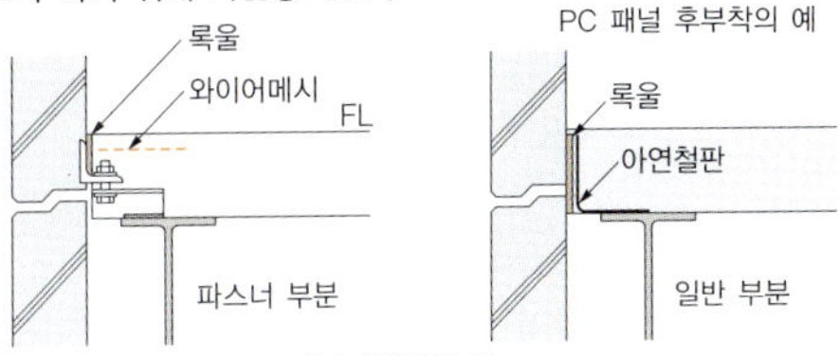

PC 패널 선부착의 예

층간막음(예)

관리 3 줄눈의 마무리는 적절한가?

p.132 관리 1
p.134 관리 1 관리 2

① 오픈 조인트 부분

등압공간은 외부압력과 줄눈 내부압력을 균형있게 유지하도록 적절히 구획할 것.

② 배수기구

부재의 조인트부분을 단일 실링처리보다는 더블 실링방식이나 배수기구를 설치하여 마무리하도록 할 것.

접합부의 기구도

공법	싱글 실 조인트 공법	더블 실 조인트 공법 (배수기구 없음)	더블 실 조인트 공법 (배수기구 있음)
개념도	외부 내부	외부 내부 1차 실 2차 실	외부 내부 2차 실 1차 실 배수

❖ 현장관리 포인트

☞ 설계풍압의 커튼월 부재 처짐은 유리물림 깊이(glass bite)가 원 계획 치수의 최소 75% 이상 유지하고, 유리 자중에 의한 처짐은 3.2mm 이하이어야 한다.

☞ 수밀성능은 초기성능뿐만 아니라 시간이 경과함에 따른 재료열화 등을 감안한 마무리가 되도록 할 것.

☞ 파스너의 가동부분을 고정하면 지진시 그 주위가 파괴되어 엄청난 피해 발생으로 이어지므로 주의할 것.

2 PC 커튼월

관리 1 고정철물(파스너)의 마무리는 적절한가?

p.172 관리 2

① 소요강도를 확인한다.

② 지진시 파손 · 탈락되지 않도록 고정한다.

③ 층간변위 추종방식에 따른 파스너의 마무리를 확인한다. 슬라이드 방식일 경우에는 가동측 파스너에 수평방향의 루즈 홀을 둔다. 로킹 방식일 경우에는 연직방향으로 변위할 수 있는 기구로 한다.

④ 바람이나 지진에 의한 반복하중에 대해 이중너트로 하는 등의 느슨함 방지 조치를 취한다.

⑤ 파스너는 전기아연도금한 것을 사용한다. 또한 용접을 한 부분은 방청도장을 도포한다.

⑥ 파스너에는 고정을 위한 조정분을 수평 · 수직 방향 모두에 적어도 10mm 이상 확보한다.

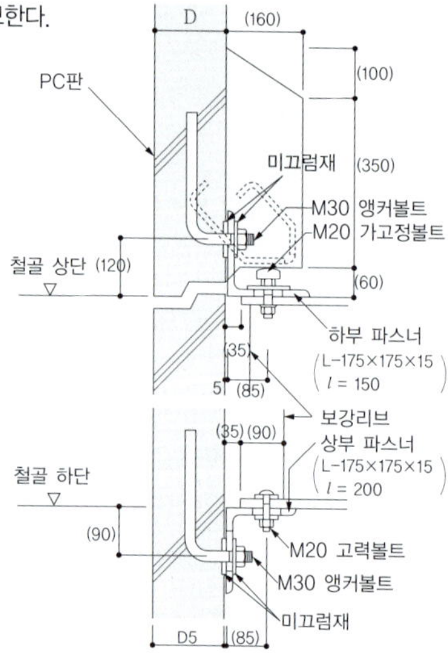

로킹 방식의 마무리(예)

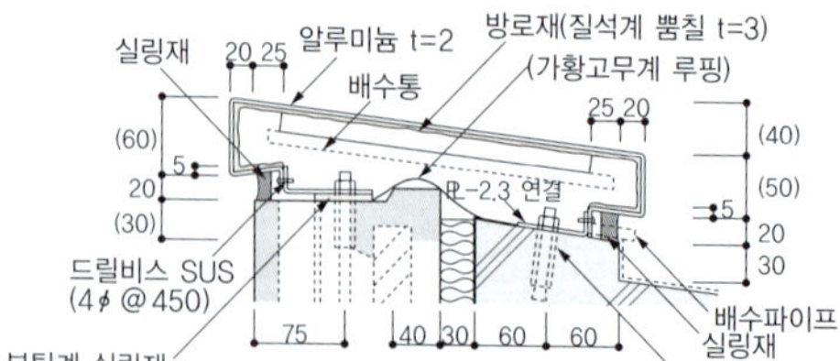

패러핏 두겁대의 마무리(예)

관리 2 제품 정도 및 고정 정도는 확인하였는가?

① 제작과정에서 육안, 실측에 의한 공장 자체검사 또는 입회검사를 실시한다. 거푸집 정도, 배근상황, 매입 철물과 매입 타일 · 석재의 정도, 콘크리트 타설상황 등을 확인한다.

② 출하 전에는 육안 · 실측검사를 실시하여 균열, 결함 · 휨의 유무, 치수, 고정철물의 정도, 마감상황 등을 확인한다.

PC판의 제작정도 허용치(예)

(mm)

항목	허용차	항목	허용차
변 길이	±7	비틀림	5
대각선 길이의 오차	7	휨	3
판두께	±2	면의 요철	3
개구부 내측 치수	±2	선부착 철물의 위치	±5

관리 3 줄눈의 마무리는 적절한가?

p.173 관리 3

① 빗물의 유입을 차단하기 위해 2차 실링의 기밀성 · 수밀성을 충분히 확보하고, 실재가 시공 후 변색, 오염, 파손 및 배수경로의 결함 등이 생기지 않도록 시공한다.

② 배수경로는 막힘을 막고 배수용량을 얻기 위해 가급적 크게 잡으며, 배수파이프 구멍은 1스팬당 1~2개소로 잡는 등 가능한 한 구분해서 설치한다. 가로줄눈의 2차 실링 위치는 침입수를 고려하여 낙차를 둔다. 부재와 부재가 접하는 부분은 변형에 의해 물이 침입하지 않도록 비스 주위의 공장 실링과 고무패킹을 좁히는 등의 조치를 취한다.

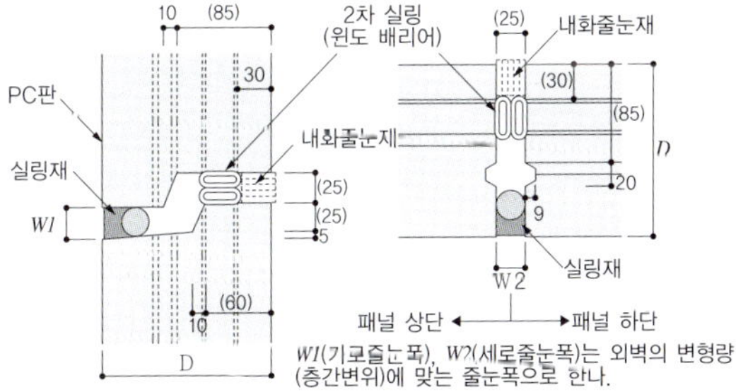

줄눈의 마무리(예)

❖ 현장관리 포인트

☞ 윈도 배리어재는 온도 · 층간변위 움직임에 대한 추종성이 뛰어난 합성고분자계 개스킷, 실링재를 사용한다.

☞ 더블 실링방식에서는 1차측 실링이 자외선 등에 의해 열화되더라도 2차측 실링이 기능하여 1차측과 2차측 사이에서 배수되는 기구를 마련함으로써 성능을 유지하게 할 수 있다.

☞ PC판의 제작요령서를 작성하여 매입 타일 부분에 공극 등이 발생했을 경우의 처치방법과 관리책임자 등을 선정하여 명확하게 처리하도록 조처한다.

3 금속 커튼월

관리 1 금속 커튼월의 내구성은 고려되어 있는가?

p.156 관리 1 관리 2

① 청소하기 용이한 형태로 하고 정기적으로 청소할 수 있는 설비를 마련한다.
② 알루미늄재, 스테인리스강재 등의 내식성 재료를 사용한다.
③ 이종금속과 접촉되지 않도록 합성고무, 폴리에틸렌 등으로 절연한다. 부득이한 경우에는 부식전위차가 근접한 금속을 선정한다.

관리 2 고정철물(파스너)의 마무리는 적절한가?

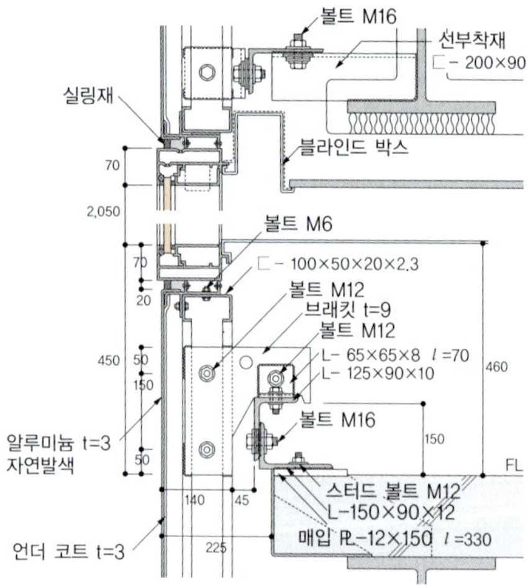

비층간형 패널(보형의 마무리 예)

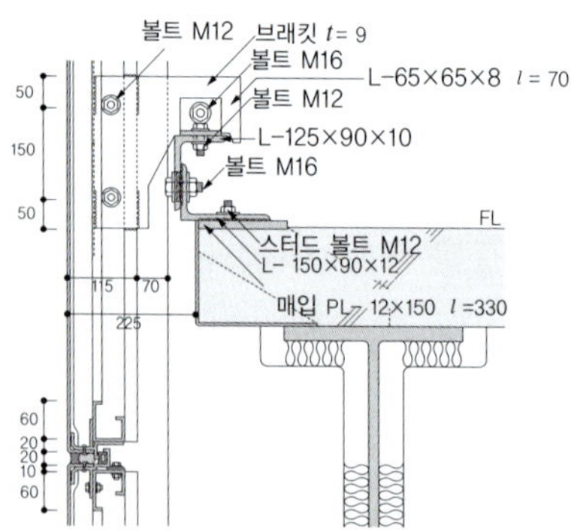

층간형 패널(기둥형의 마무리 예)

관리 3 부재의 반입 · 고정방법은 검토하였는가?

① 운반과 양중을 고려한 치수로 제작한다.

② 달대철물은 자중 및 충격하중을 고려한 강도로 하며, 계획했던 것을 사용한다.

③ 강풍시에는 고정작업을 하지 않는다.

④ 임시고정 상태로 장시간 방치하지 않는다.

관리 4 고정위치 관계의 치수허용차는 적절한가?

금속 커튼월 부재의 설치위치 치수허용차(예)

(mm)

항목	허용차
줄눈폭의 허용차	±3
줄눈중심 사이의 허용차[*1]	2
줄눈 양측의 단차의 허용차[*2]	2
각층의 기준먹에서 각 부재까지의 거리 허용차	±3

※1 줄눈 교차부위에서 체크한다(a, b 치수).
※2 부재의 내면 또는 외면의 일정 위치를 정하여 체크한다.

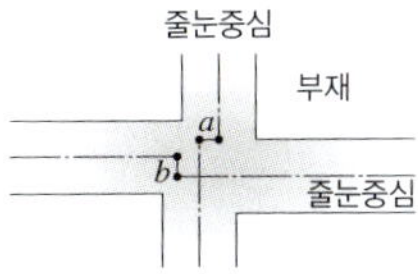

줄눈(입면)

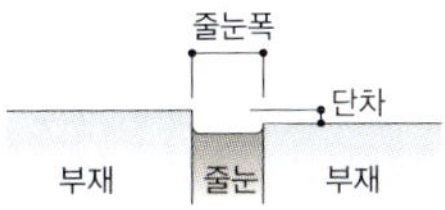

줄눈(단면)

클레임 DPG 공법의 유리가 파괴되었다.

〈현상〉 시공한 지 1년 된 RC조 7층짜리 건물의 쇼룸에서 3방향이 DPG공법에 의한 유리커튼월로 시공되었는데, 남쪽 2층 부분의 강화유리가 갑자기 파괴되었다.

〈처치〉 강화유리는 그 성질상 파괴되는 경우가 있는 것으로 알려져 있는데, 그 파괴 자체를 완전히 막기는 어려우므로 다음과 같은 조치를 취할 필요가 있다.

① 공장에서 불량제품이 출하되는 것을 막기 위해 히트 소크시험을 실시하여 확인한다.

② 만일에 일어날 파괴에 의해 탈락 · 비산되는 것을 방지하기 위해 비산방지필름을 붙인다

③ 중간에 라미네이트 필름 등을 붙인 맞댐유리 사용도 검토한다.

❖ 현장관리 포인트

☞ 금속 패널에서 거동이 큰 접합부는 실링재가 파단되거나 열화되는 것을 고려하여 유효한 2차 실링과 배수기구 마련을 염두에 둘 것.

☞ 금속판의 실내측 뒷면에는 방음 겸 결로방지재를 댈 것.

☞ 마감재 용접은 눈에 보이지 않는 부분에서 한다. 부득이 눈에 보이는 부분에서 용접하는 경우에는 마감 정도에 대해 감리(설계)자와 협의한다.

☞ 빗물의 아무림이 필요한 곳을 용접 외의 방법으로 접합하는 경우에는 실링재를 정확히 가압 충전하여 수밀구조로 할 것.

1 종류 · 공법

관리 1 도장의 종류는 바탕에 적합한가?

칠 재료는 사용환경, 부위, 사용구분, 바탕과의 적합성, 내용연수 등을 검토하여 선정한다. 사용재료는 환경을 고려하여 유기용제나 중금속 등의 함유량이 최대한 적은 것을 사용하도록 한다.

도장사양 일람

바탕 / 도장의 종류	철재면	아연도금면	알루미늄면	콘크리트, 모르타르, 콘크리트계 패널면*1	보드*2, 플라스터면	목재면
합성수지조합페인트도장	○	○				○
프탈산수지에나멜도장	○	○				○
수성아크릴수지에나멜도장		○				
아크릴수지에나멜도장			○			
비수분산형 아크릴수지에나멜도장				○	○	
2액형 타르에폭시수지도료도장	○ (내부)	○ (내부)				
2액형 폴리우레탄에나멜도장	○	○	○	○		
아크릴실리콘수지에나멜도장	○	○	○	○		
상온건조형 불소수지에나멜도장	○	○	○	○		
소부아크릴수지에나멜도장	○	○	○			
소부폴리우레탄에나멜도장			○			
소부불소수지에나멜도장			○			
보이지 않는 부분의 녹방지페인트도장	○	○				
합성수지에멀션페인트도장				○	○	○
염유합성수지에멜션페인트도장				○	○	
스테인도장						○
1액형 유변성폴리우레탄바니시도장 2액형 폴리우레탄바니시도장						○ (내부)
클리어래커도장						
래커에나멜도장						
침투성 흡수방지재+클리어도장				○		

○ : 적용바탕을 나타냄

※1) 바탕의 콘크리트계 패널면은 프리캐스트콘크리트, ALC 패널, 유리섬유보강 시멘트패널, 압출성형 시멘트패널, 공동 프리스트레스트콘크리트 패널에 적용한다.

2) 바탕의 보드면은 슬레이트보드, 규산칼슘판, 석고보드에 적용한다.

관리 2 도장을 하기 전 바탕조정은 적절한가?

아무리 성능이 우수한 도료를 사용한다 해도 바탕조정이 적절치 못하면 도장 후의 마무리 상태가 좋지 않음은 물론 도막이 조기에 박리되거나 바탕 열화 등을 초래하게 되므로 다음과 같은 점에 유의해야 한다.

① 두께가 3mm 이상인 아연도금면의 화성피막처리는 불균질한 처리로 인해 도막과의 부착성 불량이 생길 우려가 있으므로 하지 않는다.

② 알루미늄 면의 오염 및 부착물을 제거할 때에는 바탕면에 흠집을 내지 않도록 주의한다.

③ 콘크리트, 모르타르, 플라스터면 바탕의 표면함수율은 고주파 표면수분계로 측정하여 8% 이하를 기준으로 한다.

④ 규산칼슘판의 흡입 방지는 사용할 도료와 동일한 제조업체의 합성수지계 용제형 전용 실러를 사용한다.

⑤ 목부 바탕 도장시 함수율은 13~18% 이하로 한다.

바탕의 건조방치기간(기준)

바탕재료	여름	봄가을	겨울
콘크리트	21일	21~28일	28일
시멘트모르타르 석고플라스터	14일	14~21일	21일

관리 5 재료 · 도장방식 및 시공환경은 적절한가?

① 2액형 도료 사용시 제조업체가 지정하는 주제 · 경화제의 혼합비율, 사용가능시간을 정확히 준수한다.

② 도장방식은 붓 및 롤러 바름 · 뿜칠 바름 등 재료 및 시공부위에 적합한 공법으로 한다.

③ 불투명 도료는 각 도막 층별로 약간 색깔을 바꾸어 도장공정을 확인하기 쉽게 한다.

④ 도장시의 온도가 2℃ 이하, 습도가 85% 이상인 경우는 도장을 하지 않는다. 부득이한 경우는 난방 · 환기 등의 적절한 조치를 취한다.

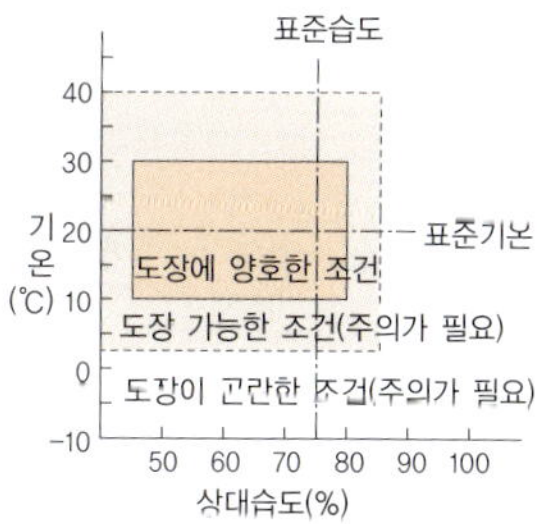

도장작업과 양생에 적합한 온습도 조건[25)]

❖ 현장관리 포인트

☞ 사용하는 재료는 환경을 고려하여 유기용제나 중금속 함유도가 최대한 적은 것을 사용할 것.

☞ 바탕조정은 도장마감의 중요한 공정이므로 내용을 충분히 파악하여 적절히 대응할 것.

☞ 화장 제치장콘크리트면의 마감은 침투성 흡수방지재만으로는 내구성을 기대할 수 없으므로 클리어(컬러 클리어)와 조합하여 사용할 것.

마감도장재공사

1 종류 · 공법

관리 1 마감도장재의 종류(재료)는 적절한가?

사용할 재료는 환경부하 저감을 고려한 약용제계나 수계를 사용한다. 방화재료 지정이 있는 경우는 건축기준법에 준한 인정을 받은 것으로 한다.

마감도장재의 종류

개소	종류		통칭	규격 또는 품질	비고
내외부용	얇은 도막용 마감도료	• 외장도료 E • 방수형 외장도료 E	• 수지리신 • 단층탄성	JIS A 6909 (건축용 마감도재)	기성혼합형과 사용시 혼합형이 있다. –
	두꺼운 도막용 마감도재	• 외장도장재 C • 외장도장재 E	• 시멘트 스터코 • 수지 스터코		외장도장재 C는 시멘트에 각종 골재 · 안료 · 혼화재 등 기성 혼합형이며, 뿜칠 5mm 흙손도장두께 8mm 정도이다.
	복층 마감도재	• 복층도장재 CE • 복층도장재 E • 방수형 복층도장재 E • 복층도장재 RE	• 시멘트계 뿜칠타일 • 수지계 뿜칠타일 • 복층탄성 • 에폭시 뿜칠타일		방수형 복층도료는 아크릴고무, 우레탄고무 등이 있으며 균열 거동에 따라 방수기능이 있다.
	외벽용 도막 방수재	• 도막방수재	–	JIS A 6021 (건축용 도막방수재)	아크릴고무계, 우레탄고무계 등이 있으며, 방수형 복층도료와 동등하거나 그 이상의 균열추종성능 · 차염성능이 있다.
내부용	록울	• 록울 뿜칠재	–	JIS A 9504 (인조광물섬유 보온재)에 의한 록울을 주재로 하여 시멘트 등의 무기질 결합재를 배합한 것으로 자연건조 후 밀도는 0.2~0.3g/cm² 이상, 부착력 0.0075N/mm² 이상으로 한다.	–
	경량골재마감도재	• 경량도장재	• 퍼라이트/질석	–	–

관리 3 마감도재의 종류와 바탕의 관계는 적절한가?

마감도재의 마무리에 적용할 수 있는 바탕은 다음 표에 의한다.

마감도재의 바탕

사용개소	바탕의 종류 / 마감의 종류	프리캐스트콘크리트 콘크리트·블록	모르타르 귀얄	모르타르 쇠흙손	모르타르 나무흙손	ALC 패널	석고보드	슬레이트보드	규산칼슘판	유리섬유보강시멘트 패널 압출성형시멘트 패널	바탕과의 부착강도 (JIS) N/㎟ 이상
내외부용	얇은 도막용 마감도재 • 외장도장재 E (수지리신)	○	○	○	○	○	×	○	○	○	0.5
	• 방수형 외장도장재 E (단층탄성)	○	–	○	–	○	×	○	×	○	0.7
	두꺼운 도막용 마감도재 • 외장도장재 C (시멘트 스터코)	○	○	–	○	×	×	×	×	×	0.5
	• 외장도장재 E (수지 스터코)	○	○	○	○	×	×	×	×	○	0.5
	복층마감도재 • 복층도장재 CE (시멘트계 뿜칠 타일)	○	○	○	○	×	×	×	×	○	0.5
	• 복층도장재 E (수지계 뿜칠 타일)	○	○	○	○	○	×	○	×	○	0.7
	• 방수형 복층도장재 E (복층탄싱)	○	–	○	–	○	×	○	×	○	0.7
	• 복층도장재 RE (에폭시 뿜칠 타일)	○	–	○	–	×	×	×	×	○	1.0
	외벽용 도막방수재 • 도막방수재	○	–	○	–	○	×	○	×	○	0.7
내부용	록울 • 록울뿜칠재	△	○	△	○	○	–	–	–	–	–
	경량골재 마감도장재 • 경량도장재(퍼라이트/질석)	○	○	○	○	○	○	○	–	○	

○ : 적용 가능 / △ : 조건부 적용 가능 / × : 적용 안함 / – : 보통 적용 안함
( ) 안은 통칭명을 나타낸 것이다.

❖ 현장관리 포인트

☞ ALC 패널 등과 같이 표면강도가 약한 바탕에는 두꺼운 외장도장재 C · E, 복층도장재 CE · RE를 사용하지 말 것

☞ 외벽에는 걸레받이 · 징두리벽 등의 흙에 접하는 곳까지 마감도료로 마무리를 하지 말 것.

☞ 차양, 발코니, 옥외계단층에 칠하는 마감도료는 빗물이 들어와 팽창되는 것을 막기 위해 투습성이 있는 얇은 외장도장재 E 등을 사용할 것.

1 바닥마감 (1)

관리 1 바닥마감의 바탕은 적절한가?

비닐바닥타일 · 고무타일 · 비닐바닥 시트붙임, 합성수지도장 바닥, 플로어링류 붙임바탕의 콘크리트 또는 모르타르는 쇠흙손마감으로 하고 충분히 건조시킨다. 건조상태 등은 다음 내용을 기준으로 한다.

① 콘크리트 바탕 : 콘크리트 타설 후 28일(콘크리트 하부에 데크플레이트, 방수층, 폴리에틸렌필름 등의 차습층이 있는 경우는 42일) 정도.

② 모르타르 바탕 : 모르타르바름 후 14일 정도

✍ 바탕의 표면함수율은 고주파수분계로 측정하여 8% 정도로 한다.

③ 매입형 바닥난방 설치 바탕 : 바닥난방의 피복콘크리트와 비난방부분의 접합에는 신축줄눈을 두고, 바닥난방의 프리히트에 의해 균열 발생과 콘크리트 건조를 촉진시킨다.

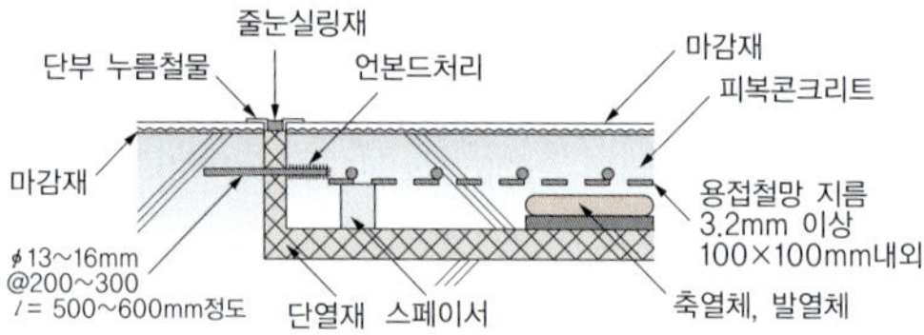

바닥난방부분과 비난방부분의 마무리(예)

④ 금속바탕 : 성능저하 요인이 발생하지 않도록 부착물을 충분히 제거하고 녹방지 도장 · 프라이머 등의 도포는 제조업체가 지정하는 재료 · 공법에 의한다. 플로어링보드 · 복합플로어링의 장선 간격은 밑붙임을 할 경우 360mm 내외, 밑붙임을 하지 않을 경우 300mm 내외로 한다.

관리 2 비닐바닥타일, 고무타일 등의 시공방법은 적절한가?

① 동절기에 붙임을 할 경우 또는 실온이 10℃ 이하가 될 우려가 있는 경우는 난방조치를 한다.

② 습기의 우려가 있는 다음과 같은 곳에는 에폭시수지계 접착제를 사용한다.

- 현관 홀, 탕비실, 세면실, 화장실, 탈의실
- 콘크리트 다짐바닥, 지하부분의 최하층 바닥
- 매입형 바닥난방을 설치한 곳
- 저수조, 고가수조 등의 직상층
- 그 외 물과 접할 우려가 있는 곳

③ 붙일 때 실온이 낮아 시공에 지장을 초래할 때에는 타일을 20~30℃ 정도로 가열하여 롤러전압 등 적당한 방법으로 접착면에 공기가 남지 않도록 눌러 붙인다.

④ 고무타일을 붙일 때에는 신축을 고려하여 시공시기와 고무타일의 두께에 맞는 간격을 둔다.

관리 3 합성수지도장 바닥의 사양 · 시공방법은 적절한가?

실온이 5℃ 이하인 경우는 난방조치를 한다.

① 규준대 밀기법 : 바름두께 1.5~2.0mm 정도, 바탕의 요철을 매끄럽게 하기 위해 2회에 나누어서 한다.

② 흙손도포법 : 1회의 바름두께는 4~6mm 정도.

합성수지도장바닥 사양 선정(기준)*1

요구성능	우레탄수지도장 바닥		에폭시수지도장 바닥				방진 도장
	평활마감	미끄럼 방지 마감	얇은 도막 마감	미끄럼 방지 마감	두꺼운 도막 마감	수지모르타르마감	
바름두께(mm)	1.5~2.5	2.0~3.0	0.8	1.2	2.0	5.0	0.2~0.3
방진성	◎	◎	◎	◎	◎	◎	○
내마모성	◎	○	◎	○	◎	◎	△
접착성	○	○	◎	◎	◎	◎	△
미끄럼방지성	△	◎	△	◎	◎*2	◎*2	△
내약품성	△	△	○	○	○	○	×
내충격성	○	○	○	○	◎	◎	△
내후성	○	○	×	×	×	×	△
표면마감성	○	○	△	△	○	◎	△
주요 용도	일반바닥, 복도	발코니, 실내주차장	일반바닥, 복도	주방, 실내주차장	실험실, 창고, 공장	창고, 공장	기계실, 전기실

◎ : 우수함 / ○ : 양호 / △ : 약간 떨어짐 / × : 떨어짐

※1) 특수조건의 공장 · 크린 룸이나 히트쇼크가 큰 식품공장 등은 제외

2) 방활성(미끄럼방지)을 필요로 하는 경우는 미끄럼방지 마감을 병용한다.

클레임 에폭시수지계 도장 바닥에 부풀음이 발생했다!

〈현상〉 RC조 3층 공장의 에폭시수지계 도장바닥(바탕콘크리트 하부에 방수층 있음)에서 시공한 지 3~6개월이 경과하자 바탕에 있던 수분으로 인해 콩알 만한 크기의 부풀음이 다수 발생했다. 이 공장의 도장바닥은 페이스트공법과 모르타르공법이 2종류로 시공되어 있었으며, 부풀음 현상은 페이스트공법 부분이 현저했다.

〈처지〉 부풀음 부분을 제거하고 최대한 건조시켜서 습윤프라이머를 사용해 부분보수를 했는데, 몇 개월 후 다시 보수부분을 포함해 부풀음이 발생하여 재차 보수했다.

❖ 현장관리 포인트

☞ 모르타르 또는 콘크리트 바탕 위에 비닐바닥시트나 합성수지도장바닥 등의 불투습 마감을 하는 경우는 접착불량이나 부풀음이 생기기 쉬우므로 바탕을 충분히 건조시킬 것.

☞ 흙에 접하는 다짐바닥 콘크리트 바탕 위에 합성수지도장바닥 또는 목제바탕으로 할 경우는 콘크리트 하부에 방습층으로 폴리에틸렌필름(두께 0.15mm 이상, 겹침폭 100mm 이상)을 깐 경우 규정된 양생기간을 확보하여 바탕을 충분히 건조시킬 것.

2 바닥마감 (2)

관리 1 플로어링류 붙임의 시공방법은 적절한가?

p.255 새집증후군

① 플로어링 보드 붙임에서 목조 바탕의 경우 턱솔이 없는 면 또는 줄바른 뼈대로서 견고한 구조로 한다. 플로어링류 바닥깔기는 못 박기, 접착제 붙임, 모르타르 붙임 공법 등이 있다.

② 걸레받이 아래와 밑홈대 아래의 판 옆에는 판의 신축을 고려하여 눈에 보이지 않는 부분에서 플로어링 보드 · 밑붙임 판 · 장선과의 간격을 둔다.

③ 접착제 바름에 사용하는 재료로 2성분형 접착제를 이용하는 경우 소정의 배합비에 의해 계량하고 교반한 후 주걱을 이용하여 균일하게 도포한다.

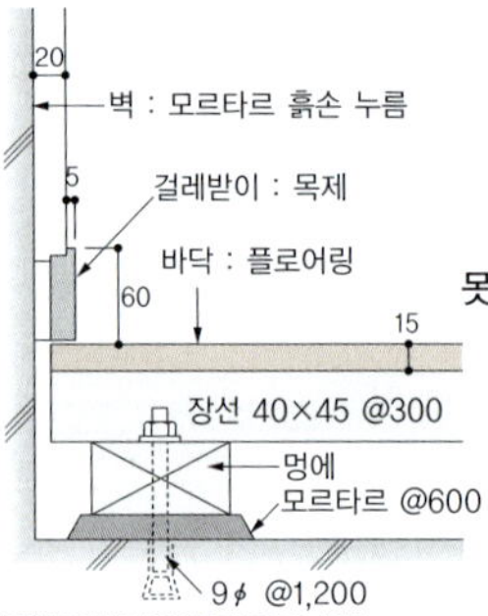

걸레받이 주위의 마무리 (예)

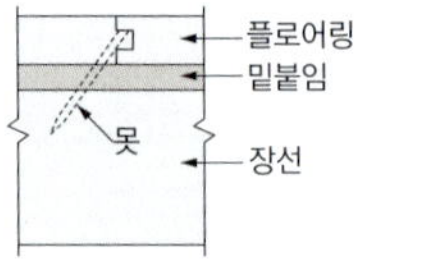

못고정공법(밑붙임이 있는 경우)

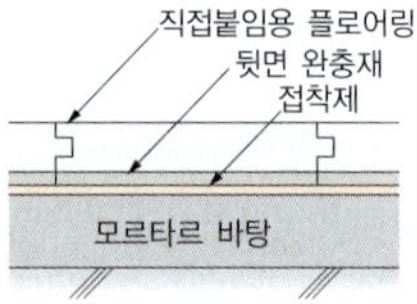

접착제붙임공법

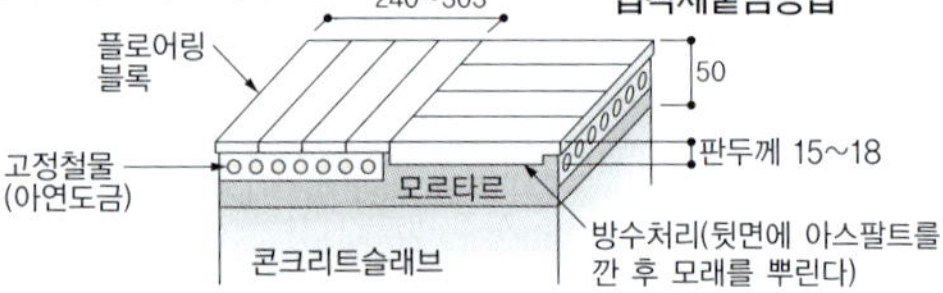

모르타르 붙임공법

관리 2 다다미 깔기의 시공방법은 적절한가?

① 실제 치수를 실측하여 다다미를 구획하고 틈새 · 엇갈림이 없도록 하며, 밑홈대와 다다미 받힘이 들뜨지 않게 깐다.

② 콘크리트 또는 모르타르 위에 다다미를 까는 경우는 타포린지 또는 아스팔트 펠트 1280품 정도의 방습지를 사용한다.

관리 3 타일카펫 깔기의 시공방법은 적절한가?

타일카펫의 접착제는 제조업체가 지정하는 점착박리형(pill up형)을 사용해 실 중앙에서 단부로 눌러 붙여가며 깔고, 프리액세스플로어(이중바닥)에 시공하는 경우는 바닥패널의 단 차이를 조정하여 불균등한 접착을 방지하기 위하여 롤러로 고르면서 두드러지거나 턱지지 않게 접착시킨다.

관리 4 목질계 이중바닥의 시공방법은 적절한가?

① 집합주택용 이중바닥의 차음성능은 바닥슬래브의 구성 · 두께 · 면적 등을 고려하여 LH(중량바닥충격음)-50, LL(경량바닥충격음)-45 이상을 확보할 수 있도록 설정한다.

② 휨성능은 패널지지점의 중앙부분에 집중하중 1,000N, 변형량은 2.5mm 이하, 귀진 곳의 집중하중 4,000N에 대해 유해한 파손이 생기지 않도록 한다.

③ 패널재는 파티클보드 20mm로 하고 지지각은 업체 사양에 따른다.

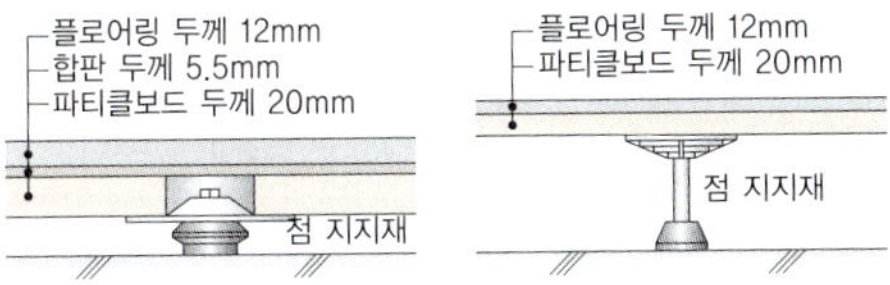

목질계 이중바닥의 마무리(예)

클레임 타일카펫에서 이상한 냄새가 난다!

〈현상〉 준공한 지 몇 개월 된 교육시설에서 셀프레벨링 바닥 바탕에 시공한 도서실과 회의실 등의 타일카펫에서 이상한 냄새가 났다. 타일카펫의 배킹재로 사용했던 염화비닐수지에 함유된 가소제가 접착제로 옮겨져 바탕의 수산화칼슘과 반응(함수율이 높은 콘크리트 바탕 · 모르타르 바탕과의 접촉)하여 이상한 냄새의 원인인 알코올계 화합물이 발생했다.

〈치치〉 이상한 냄새의 원인인 알코올계 화합물은 접착제와 바탕 내에 잔류되어 환기만으로는 제거되기 어렵기 때문에 기존 타일카펫을 세거하고 다음과 같은 조치를 취했다.

① 배킹재를 염화비닐수지 이외(올레핀 배킹재)의 타일카펫으로 교환했다.

② 재발 방지를 위해 바탕을 충분히 건조시켜 에폭시수지를 도포하는 등 바탕에서의 수분을 차폐하고 올레핀 배킹재의 타일카펫을 사용하였다.

❖ 현장관리 포인트

☞ 내장에 사용되는 목재품류는 KS F 3123(플로어링 블록), KS F 3103(플로어링 보드) 규격에 합격한 것을 사용하고 포름알데히드 방산량도 규격에 따른다.

☞ 차음용 플로어링은 공적 기관에서 차음성능이 인정된 것을 사용할 것.

☞ 타일카펫 아래에 플랫 케이블에 의한 언더 카펫 배선을 하는 경우는 줄눈부분에서의 차이를 피하기 위해 배선 위치를 타일카펫 중앙으로 통하게 조정할 것.

3 벽 마감

관리 1 석고보드 · 암면흡음판 붙임의 시공방법은 적절한가?

① 방수 석고보드 및 내습형 암면흡음판 외의 보드류는 세면실 · 탈의실 · 탕비실 · 주방 등과 같이 습기가 많은 곳에는 사용을 피한다.

② 보드류를 바탕재에 직접 붙이는 경우의 고정간격은 다음 표에 나타내는 바와 같다.

보드류의 고정간격

(mm)

바탕	시공개소	고정방법	고정간격	
			주변부	중간부
목제	천장	못 또는 스테이플	100	150
	벽	못 · 접착제 병용	150	200
강제	천장	나사류 고정	200	250
	벽		250	300

③ 석고보드가 콘크리트바닥과 접하는 부분은 바닥면으로부터의 흡습을 방지하기 위하여 6mm(GL 공법의 경우 10mm) 정도 바닥 위에서 떨어뜨려 붙인다.

장부용접착제 간격

(mm)

시공개소	접착제 간격
볼트 주변부	150~200
볼트 중앙부	250~300

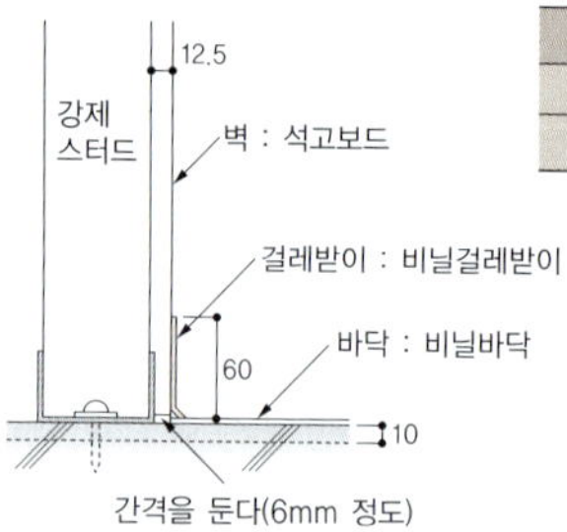

벽 석고보드와 콘크리트바닥의 접합

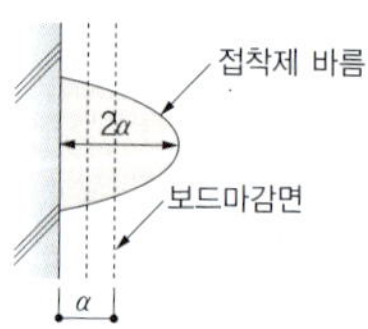

석고계 직접붙임용 접착제의 바름 높이

관리 2 석고보드 직접붙임(GL) 공법의 시공방법은 적절한가?

① 바탕면으로부터의 마감치수(마감두께)는 20~25mm로 한다.

② 바탕이 결로될 우려가 있는 부분, 뿜칠 내화피복면, 계단실의 ALC패널벽, 차음성이 요구되는 콘크리트 칸막이벽과 움직임이 있는 패널 바탕에는 채용하지 않는다.

③ 바탕의 신축줄눈과 이종바탕이 접하는 부분에는 동일 위치에 줄눈을 둔다.

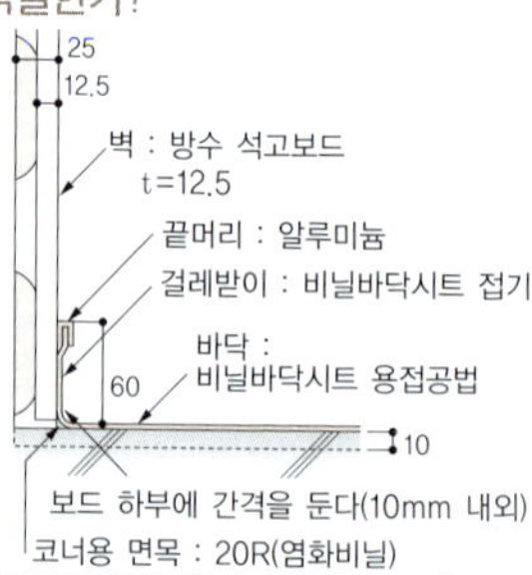

석고보드 직접붙임(GL)공법의 마무리(예)

관리 3 합판류 붙임의 시공방법은 적절한가?

① 천연목 화장합판의 단판이음이 부자연스럽게 되지 않도록 한다.

단판 붙이는 법

② 멜라민 화장판 등의 붙임은 뒤집힘을 방지하기 위해 표면재와 같은 재질의 뒷댐재를 대거나 뒷면에 도장 등을 한다.

③ 무처리 경질섬유판을 넓은 면적에 사용하는 경우에는 붙임을 하기 1~2일 전에 가볍게 적셔서 신축성을 갖게 한다.

관리 4 섬유강화 시멘트판류 붙임의 시공방법은 적절한가?

① 섬유강화 시멘트판류의 표면에 목질계 단판을 붙인 화장판의 줄눈은 표면재와 같은 재질로 이음가공을 한다. 면접기는 그라인더 또는 줄칼을 사용하여 평활하게 마무리한다.

② 도장 · 뿜칠바탕으로 하는 섬유강화 시멘트판류는 맞댐붙임으로 하지 않는다. 종이 · 천류 바탕의 맞댐붙임을 하는 경우는 규산칼슘판 · 퍼라이트판을 사용하며, 이음은 맞댐 퍼티땜 테이프처리를 한다.

클레임 석고보드 직접붙임(GL)공법으로 마감한 벽에서 차음에 문제가 생겼다!

〈현상〉 RC벽 양면이 석고보드 직접붙임(GL)공법으로 마감된 8층짜리 집합주택의 벽체에서 입주 후 이웃집으로부터 소음문제로 불만을 듣게 되었다.

〈처치〉 석고보드 직접붙임용 접착제 바름 공법으로 교체하였으나 거의 같은 차음특성 때문에 보드를 철거하고 결국 모르타르 바름으로 마감했다.

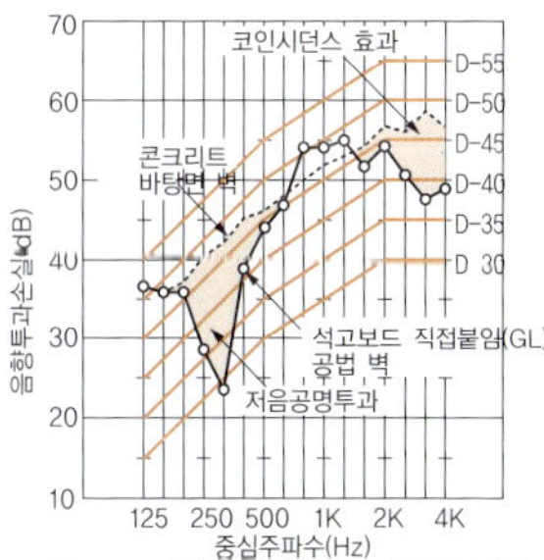

석고보드 직접붙임(GL) 공법에 의한 차음성능 저하사례

❖ 현장관리 포인트

- ☞ 석면을 함유한 제품은 사용하지 말 것.
- ☞ 석고보드 직접붙임(GL) 공법용 접착제는 곰팡이방지제를 혼입한 것으로, 석고보드 제조업체가 지정하는 제품으로 할 것.
- ☞ 집합주택이나 호텔과 같이 차음이 필요한 곳의 경계벽에는 석고보드 등의 직접붙임(GL) 공법을 채용하지 말 것.
- ☞ 보드류 붙임으로 벽 · 기둥형의 볼록모서리가 되는 부분은 코너 보호철물 등을 사용해 보강할 것.

4 천장마감

관리 1 종이 · 천 · 비닐크로스 붙임의 시공방법은 적절한가?

p.255 새집증후군

① 종이 · 천 · 비닐크로스는 법 규정에 준한 방화재료의 지정 또는 인정을 받은 것으로 한다.

② 방화성능을 요하는 크로스붙임 페인트 마감은 방화재료의 인정을 받은 유리크로스와 전용도료의 조합으로 한다.

③ 습기가 많은 곳이나 결로될 우려가 있는 부분에 사용하는 실러 및 접착제는 곰팡이방지제가 함유된 것을 사용한다.

④ 능직(실뜨기), 수직, 사자직(satin) 등의 천은 커팅된 단면에 부풀음이 생겨 보기 싫게 되므로 이음을 할 때 맞댐붙임은 하지 않는다.

⑤ 바탕의 이음과 벽지의 이음은 일치시키지 않는다.

⑥ 벽지의 이음을 맞댐으로 하는 경우는 겹쳐 자르기를 한다.

⑦ 벽지의 이음을 겹쳐 붙이는 경우는 광선에 의해 그림자가 생기지 않도록 겹침 방향에 주의한다.

⑧ 점착제를 바른 비닐시트는 이형지를 벗겨낸 상태로 장기간 방치하지 않도록 연속해서 압착한다.

관리 2 시스템 천장의 마무리는 적절한가?

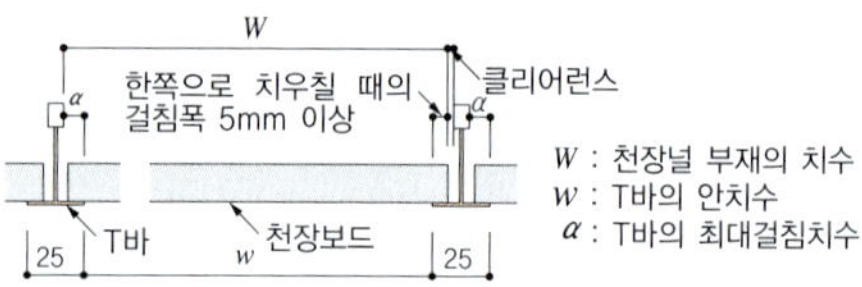

얹음부재 치수

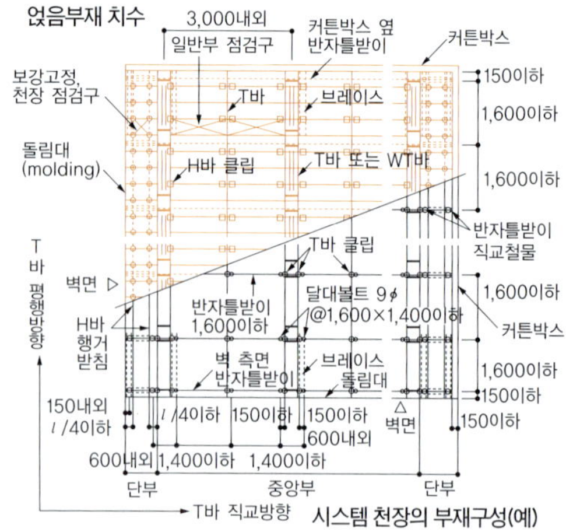

시스템 천장의 부재구성(예)

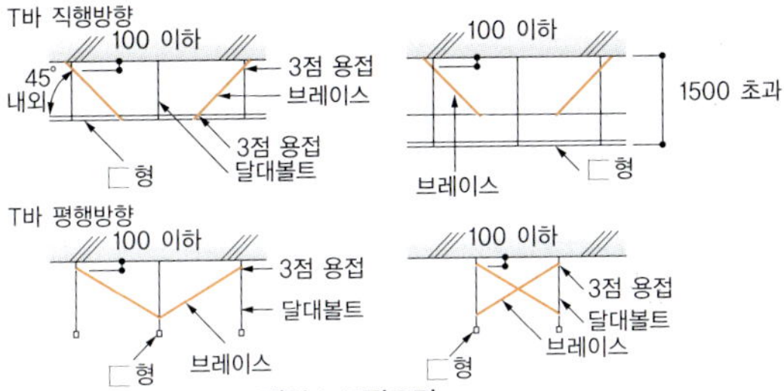

브레이스 고정요령

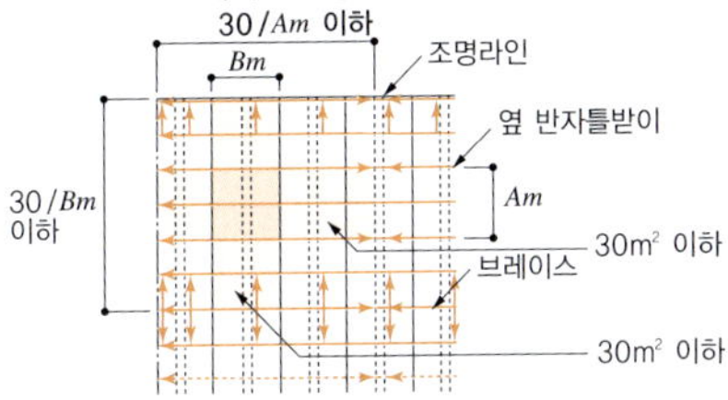

브레이스 분할 부착

관리 3 단열 · 흡음 · 방로 · 방습재의 시공방법은 적절한가?

① 폴리스티렌 폼 보온판 등의 단열보드류는 내부결로 방지를 위해 콘크리트 치기로 한다.

② 록울펠트 보온판 및 글라스울 보온판에 방로를 목적으로 방습층을 두는 경우 방습층은 고온 · 고습측으로 한다.

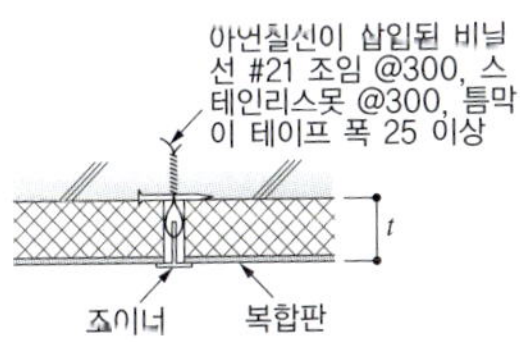

직접천장의 복합단열패널 매입(예)

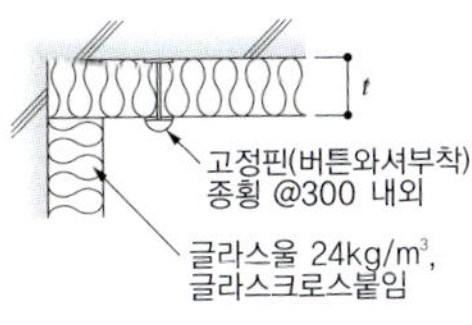

벽 · 천장의 흡음(예)

❖ 현장관리 포인트

☞ 종이 · 천 · 비닐 · 크로스류 붙임에 사용하는 접착제는 포름알데히드를 함유하지 않은 재료로 할 것.

☞ 시스템 천장의 천장 속 높이가 1.5m를 넘는 경우는 수평진동방지+브레이스 또는 브레이스의 단면을 할증하는 등의 고려를 할 것.

☞ 시스템 천장의 점검구는 T바 평행방향에 2매 이상 연속시키지 않는다.

☞ 현장발포 단열재에 이산화탄소(논프론)를 발포제로 하는 단열재를 사용하는 경우는 방화코팅을 할 것.

내화피복공사

1 재료 · 공법

관리 1 내화피복의 재료 · 공법 선정은 적절한가?

① 루트 A(사양설계) : 건축법에서 규정한 구조방법 또는 내화구조 인정을 받은 것을 사용한다.

② 루트 B(성능설계) : 건축법에서 규정한 내화성능검정법을 사용하여 내화성능을 검증한다.

③ 루트 C(성능설계) : 내화성능검정법 외의 방법을 사용해 내화성능을 검정하는 경우 KS규격 또는 공인시험기관의 인정을 받는다.

내화피복공법의 종류

(mm)

종류	반건식 록울붙임공법	습식공법			
		습식록울붙임	경량시멘트 모르타르	실리카 · 알루미나계	석고계
구성재료	록울, 시멘트	록울, 시멘트, 질석 등	시멘트, 펴라이트 등	수산화알루미늄, 시멘트 등	석고, 고지, 발포스티롤 등
시공법	물과 혼합하여 노즐로 뿜칠	물과 혼합하여 뿜칠 또는 흙손 바름			
시공시 주변양생	작업층의 양생이 필요	주변 양생이 필요			
시공후 분진	약간 발생한다.	발생하지 않는다.			
내화구조지정 구분	개별	개별	고시	개별	개별
제 1시간	10~25	15~30	30~40	20~25	20~25
제 2시간	23~45	30~40	50~60	35~40	35~45
제 3시간	65	40~50	70~80	40~55	50~65
제 1시간	12~25	15~25	30~40	20~25	20~25
제 2시간	23~45	30~35	50~60	35~40	35~45
제 3시간	35~60	40~45	70~80	40~55	50~65

종류	성형판붙임	말아 붙임	내화도료
구성재료	섬유혼입 규산칼슘판	세라믹파이버, 록울 등	열발포성 도료
시공법	접착제, 비스로 고정	말아 붙여 핀으로 고정	뿜칠, 귀얄, 롤러
시공시 주변양생	양생 불필요	양생 불필요	주변 양생이 필요
시공후 분진	발생하지 않음	발생하지 않음	발생하지 않음
내화구조지정의 구분	개별	개별	개별
제 1시간	15~25	13~43	1~5
제 2시간	25~45	37~60	1~5
제 3시간	35~63	57~95	–
제 1시간	15~25	13~38	1~5
제 2시간	25~42	32~60	1~5
제 3시간	35~63	57~90	–

관리 2 내화뿜칠공법의 시공요령 및 검사방법은 적절한가?

시공면적 5m²당 1개소 또는 기둥 1면에 각 1개, 보는 6m당 3개의 두께 확인 핀을 끼워 뿜칠두께를 확인하면서 시공한다. 비중은 각층별로 또는 바닥면적 1500m²당 각 부위별 1회(5개) 채취한 코어와 시험체로 확인한다. 불합격의 경우는 덧뿜칠 또는 재시공한다.

록울 뿜칠공법의 특징[26)]

분류	반건식 뿜칠	습식 뿜칠
공법개요	록울과 시멘트 슬러리를 별도로 압송하여 노즐 끝에서 혼합하여 뿜칠	록울, 시멘트, 물을 현장 저층부에서 혼합한 후 노즐 끝으로 압송하여 뿜칠
뿜칠 시스템	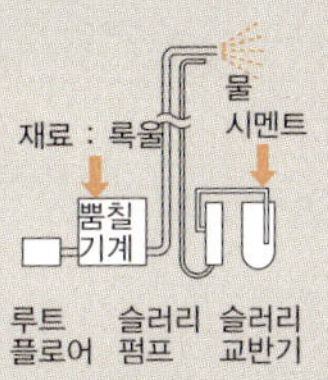	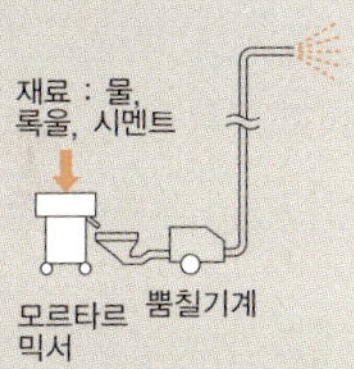
뿜칠 가능높이	100m	100m
뿜칠 기계	뿜칠기계, 루트 플로어, 슬러리 펌프, 슬러리교반기	습식뿜칠기계, 모르타르믹서
재료의 양중	불필요(현장 저층부에서 압송)	불필요(현장 저층부에서 압송)
재료배합(중량비)	록울 60±5% 시멘트 40±5%	록울 40~60% 시멘트 20~30% 석고 기타 40~10%
시공중의 분진 비산	시멘트 분진은 없지만 암면비산은 발생	분진은 없지만 암면비산은 발생
경화후 표면경도	표면 슬러리만 굳어 내충격성이 떨어진다.	견고하다.

관리 3 성형판 붙임 공법의 시공요령 및 검사방법은 적절한가?

내화피복성형판 붙임을 접착제에만 의존하면 시공 후 시간이 경과되면서 박락될 우려가 있으므로 못이니 나사못 등의 철물로 충분히 긴결한다. 재료 입하시 입하별로 제품의 종별 · 두께 · 치수 · 사용개소를 확인한다. 부재의 섭합부, 타 부재와의 접합부 등 이음 부분의 처치상황을 확인한다.

❖ 현장관리 포인트

☞ 내화피복의 낙하나 비산에 의해 실내환경과 기기에 영향을 미칠 우려가 있는 곳(엘리베이터 샤프트 및 기계실, 에어 챔버실, 전기실, 통신용 기계실 등)에서 반건식 피복공법으로 해야 하는 경우에는 시멘트슬러리 증가 등 표면경화처리를 할 것

☞ 내화피복공사의 범위는 주요구조부의 층간 막힘, 보 · 바닥 · 벽 등의 관통부 처리, 보와 데크 플레이트의 틈새 및 주요 고정용 철물의 피복 등을 포함한다.

유닛 · 기타 공사

1 유닛 · 기타 마무리

관리 1 프리 액세스 플로어의 종류와 적용개소는 적절한가?

프리 액세스 플로어의 사양 · 치수 · 허용하중 및 정전방지타일, 면진 · 방진사양, 바탕바닥면의 방진처리 필요 여부에 대해 확인한다.

프리 액세스 플로어의 종류

Type	형상 예	비 고
장선조립방식	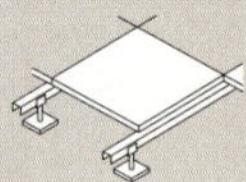	상부바닥 마감높이 80mm~ 일반적으로 높이가 큼 (예 : 클린룸 등)
공통독립기둥방식 (지주분리형)		상부바닥 마감높이 50mm~ 레벨조정 가능 (예 : 컴퓨터실 등)
다리부착 패널방식 (지주일체형)	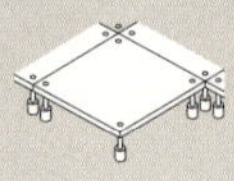	상부바닥 마감높이 40~200mm 레벨조정 가능 (예 : OA용)
깔기방식	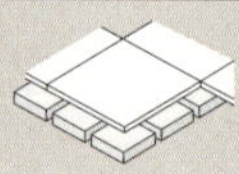	상부바닥 마감높이 35mm~ 일반적으로 높이가 가장 낮음 레벨조정 불가 (예 : OA용)
면진방식		구체바닥 위에 면진기구를 끼우고 바탕골조를 두며, 그 위에 바닥유닛을 올려놓는(바닥에 탑재하는 중요 기기류를 지진동으로부터 보호한다) 기구 (예 : 중요기능실 등)

관리 2 가동 · 이동 칸막이는 요구되는 차음성능을 가지고 있는가?

가동칸막이의 차음성능 기준[27)]

가동칸막이의 종류(통칭)	투과손실의 기준
알루미늄 파티션	15dB 정도
스틸 파티션	30dB 정도
고차음 칸막이	36dB 정도

가동칸막이 : 분해 · 조립 또는 이동이 가능한 칸막이

이동칸막이의 차음성능 기준[28)]

종류	투과손실(500Hz)
일반 매입	36dB 미만
차음 매입	36dB 이상

이동칸막이 : 일반적으로 이동 · 격납이 가능하도록 상부에서 매다는 패널식

관리 3 화장실 부스의 치수는 적절한가?

화장실 부스의 기본 치수

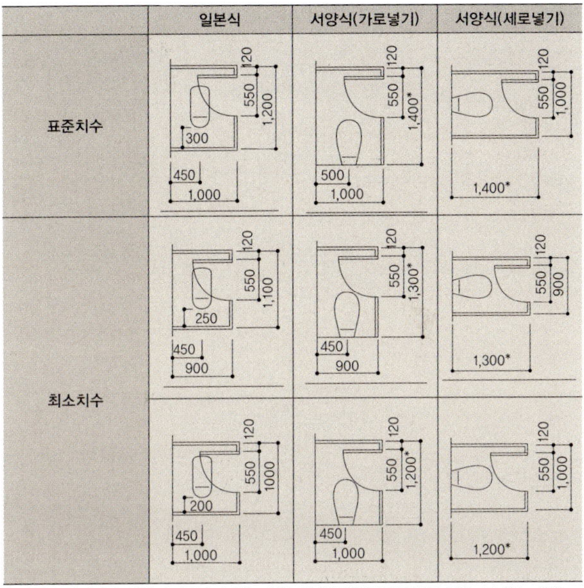

* 서양식 변기에서 배관 스페이스가 있는 경우 탈취(냄새 제거)조립은 250, 그 외는 200, 또한 로탱크 부착은 150 정도 크게 한다.

관리 4 굴뚝의 마무리는 적절한가?

① 배출가스의 압력이 다르기 때문에 보일러용과 자가발선기용 굴뚝은 공용으로 하지 않는다.

② 관입부 횡방향 연도를 제외하고 일반 연도 및 벽붙임 굴뚝은 배연성능 저하를 방지하기 위해 수직으로 설치하며 구부려서는 안 된다.

③ 라이닝재를 넣는 콘크리트는 두께 150mm 이상으로 하고, 굴뚝 최상부에는 철근콘크리트로 테두리를 만들고, 테두리의 너비가 클 때에는 그 갓둘레에 난간을 설치한다.

❖ 현장관리 포인트

☞ 프리 액세스 플로어의 사양 · 치수 · 허용하중 등을 확인하고, 깔기 방식인 경우는 레벨조정이 불가능하므로 바탕이 되는 콘크리트 바닥레벨의 정도에 주의할 것.

☞ 바탕 불균일에 의한 가동칸막이와 바닥 · 벽 및 천장의 접합부분에 틈이 생긴 이동칸막이의 경우 처리방법에 대해 사전에 확인한다.

☞ 욕실 · 세면 등의 유닛공사 시 유닛측에 포함되지 않는 공사의 사전확인과 조정을 위한 대응이 필요하다.

1 기기류의 기초

관리 1 방수층이 있는 경우의 기기 기초 마무리는 적절한가?

p.127
관리 4
관리 6
p.128
관리 2
p.130
관리 1
관리 3

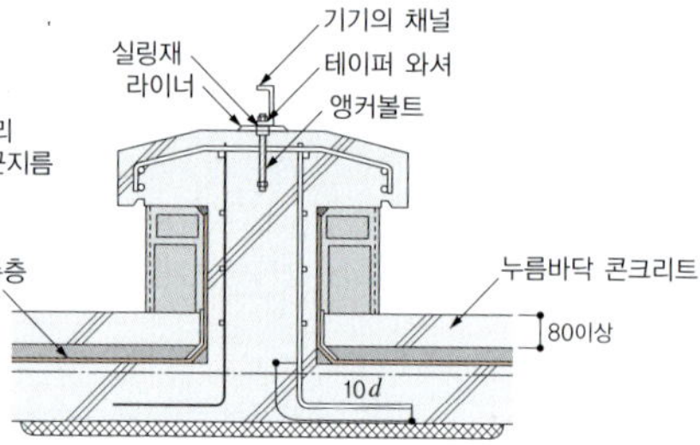

중량기기의 기초(누름바닥 콘크리트가 있는 경우)

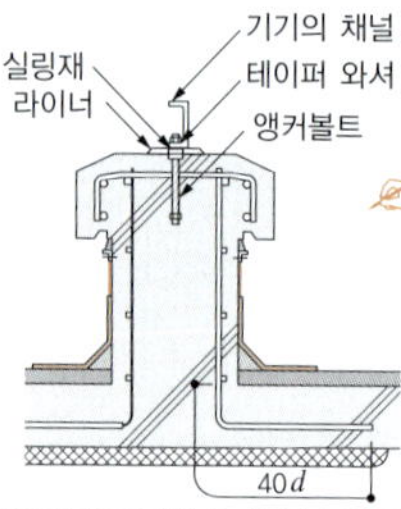

중량기기의 기초(노출방수인 경우)

기게 기초의 마무리에서는 다음 사항에 주의한다.
① 기초의 긴쪽 방향이 옥상 물매에 따르는 배치로 한다.
② 앵커볼트 주위에 실링재를 채운다.
③ 앵커볼트는 아연도금 또는 스테인리스 제품으로 한다.

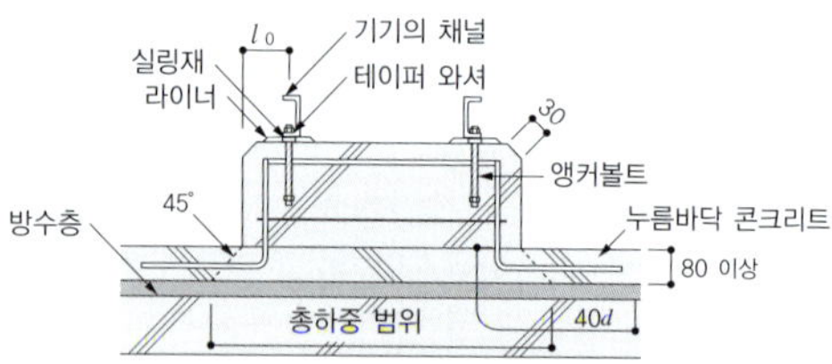

경량기기의 기초(누름바닥 콘크리트가 있는 경우)

노출 방수층에는 직접기초를 설비하지 않는다. 또, 적재하중은 1t/㎡로 한다.

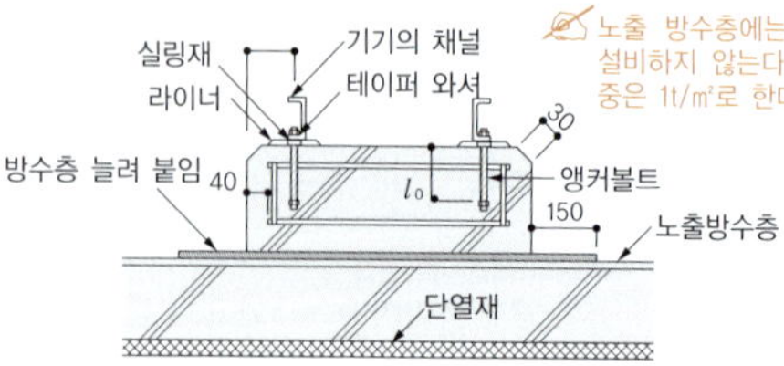

경량기기의 기초(노출방수인 경우 : 비내진기초)

관리 2 일반 바닥슬래브의 기기기초 마무리는 적절한가?

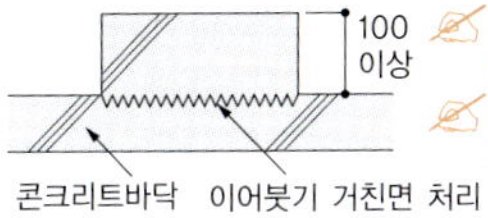

철근은 D10 이상을 사용한다.

이어붓기면을 해머 등으로 거칠게 한다.

콘크리트바닥에 독립해서 설치하는 경우

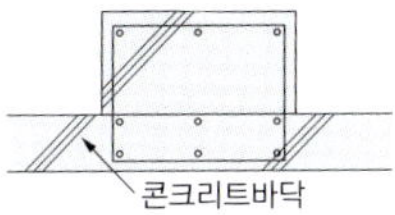

바닥슬래브 콘크리트와 일체로 시공한다.

바닥슬래브와 일체로 배근하는 경우

관리 3 철판틀을 사용하는 기기기초의 마무리는 적절한가?

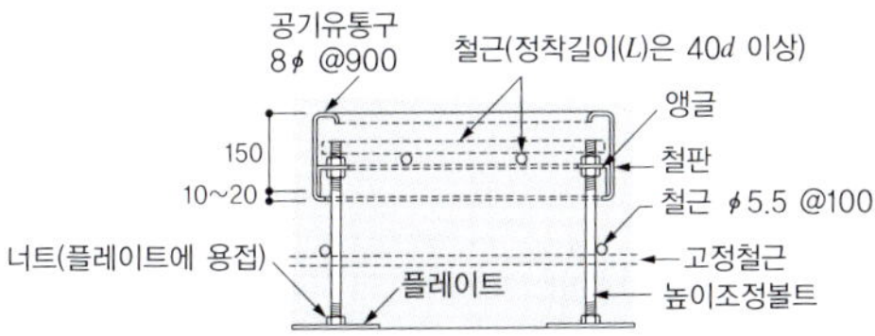

구체와 일체로 콘크리트를 타설하는 경우

관리 4 기초 앵커볼트의 설치는 적절한가?

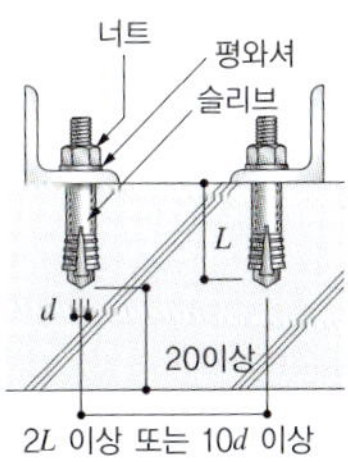

금속계 앵커볼트의 고정(예)

숫나사형 금속계 앵커볼트의 단기허용 인발하중

(kN)

볼트지름 d (호칭)	콘크리트 두께				매입 길이 L
	120	150	180	200	
M10	3.72	3.72	3.72	3.72	45
M12	6.57	6.57	6.57	6.57	60
M16	9.02	9.02	9.02	9.02	70
M20	11.76	11.76	11.76	11.76	90
M24	11.76	11.76	11.76	11.76	100
볼트의 매입 길이 한계	100 이하	130 이하	160 이하	180 이하	

콘크리트의 설계기준 강도는 $1.77KN/cm^2$

❖ 현장관리 포인트

- ☞ 노출방수 위에 기초를 두는 경우는 방수층을 늘려 붙임한 후 콘크리트기초를 둔다.
- ☞ 철판틀 기초시공인 경우 높이조정 볼트로 기기고정 면이 수평이 되도록 조정할 것.
- ☞ 실외에 설치하는 기기의 앵커볼트는 아연도금 또는 스테인리스제로 할 것.
- ☞ 진동하는 기기에는 더블 너트 등으로 진동방지 조치를 할 것.

2 벽 부착 기기의 표준 부착위치

관리 1 사무소 벽에 설치하는 설비기기류의 위치는 적절한가?

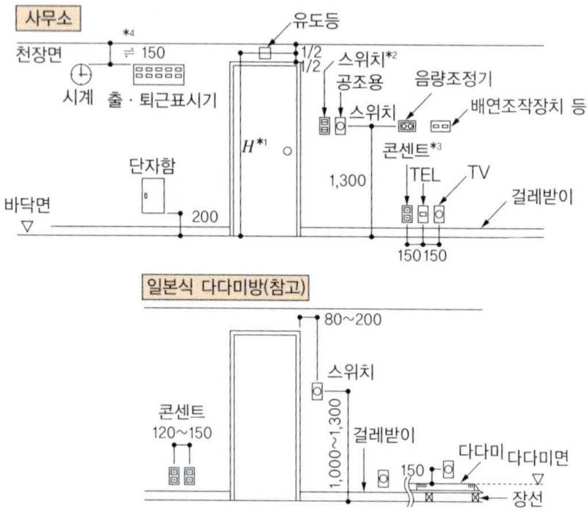

※1) H는 2,500 이상으로 한다.
2) 스위치류가 많이 나열되는 경우에는 플레이트재질을 통일한다.
3) 기구가 나열되는 경우에는 일체형 플레이트를 검토한다.
4) 천장높이, 조명높이, 취출구 등의 높이에 맞춰 조정한다.

전기설비기기의 표준설치위치

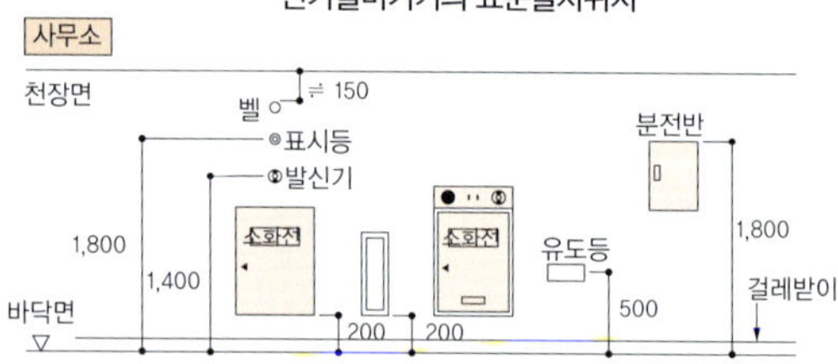

소방설비기기의 표준설치위치

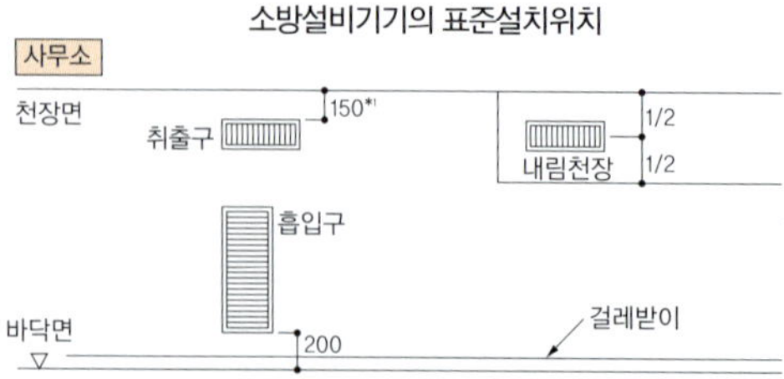

※천장면에서 취출구의 위치는 천장면을 손상하지 않게 150mm 이상 필요.

공조설비기기의 표준설치위치

관리 2 주방 · 세면실 · 화장실의 설비기기류 설치위치는 적절한가?

p.232
관리 1
관리 2
p.233
관리 3
관리 4

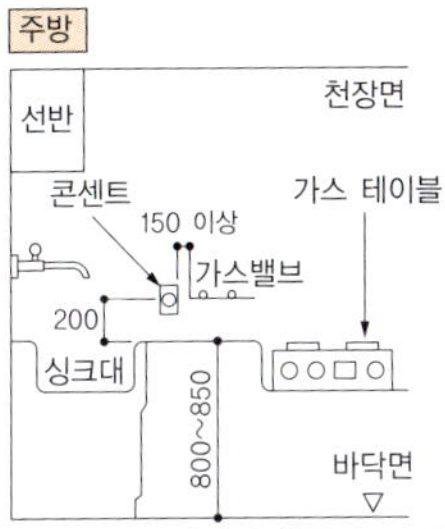

주방에 설치하는 설비기기류의 표준설치위치

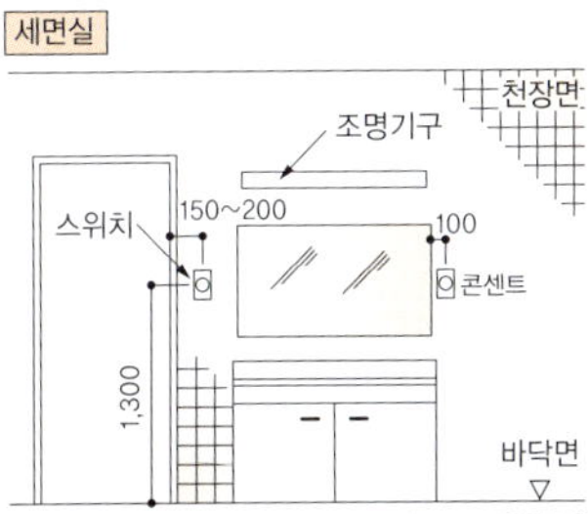

세면실에 설치하는 설비기기류의 표준설치위치

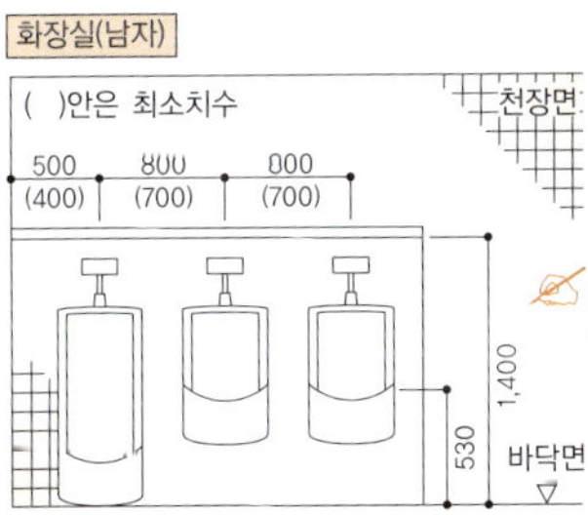

화장실에 설치하는 설비기기류의 표준설치위치(소변기)

설치 높이는 메이커 표준 사양을 기준으로 한다.

❖ 현장관리 포인트

- 벽에 관한 복합도를 작성하여 취합 조정을 한 다음에 설치위치를 정할 것.
- 천장면과 기구의 거리는 그 방의 천장높이에 따라 밸런스를 고려하여 정할 것.
- 동일 벽면에 각종 기기를 설치하는 경우는 각 외형치수를 고려한 후 상단 · 중심 · 하단 중 어느 한 곳으로 통일한다.
- 설치치수는 표준이며 필요에 따라 바꿀 수 있다.

3 외벽에 설치하는 설비기기

관리 1 외벽에 설치하는 조명기구, 옥외에 설치하는 함들의 방수처리는 적절한가?

빗물이 배관으로 침입하는 것을 막기 위해 외벽에 설치하는 조명기구나 옥외에 설치하는 각종 함의 전원은 위측에서 처리한다.

① 조명기구는 방수형 기구로 하고, 외벽과 기구와의 틈은 고무패킹 등으로 지수처리를 한다. 외벽마감이 타일인 경우는 박스 및 조명기구를 타일나누기로 최대한 맞춘다.

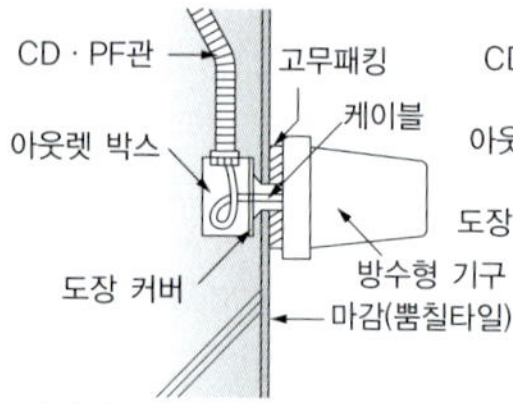

외벽이 뿜칠타일인 경우

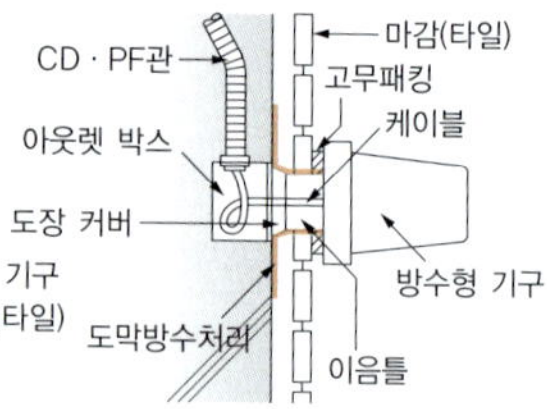

외벽이 타일인 경우

② 옥외함의 재질은 SUS제 또는 용융아연도금으로 한다.

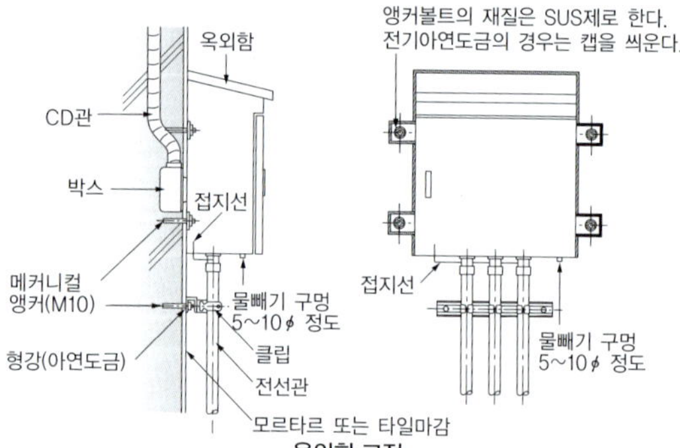

옥외함 고정

관리 2 덕트, 벤드캡의 마무리는 적절한가?

배기덕트는 바깥 방향으로 구배(1/100)를 잡고, 외벽으로부터 1m까지 결로방지를 위한 방로조치를 취한다.

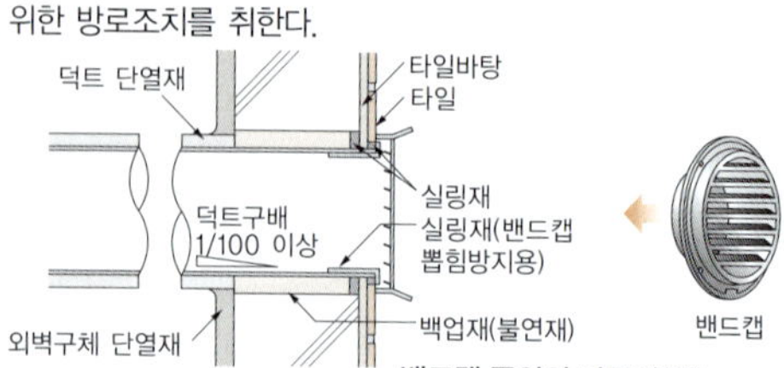

밴드캡 주위의 마무리(예)

관리 3 루버 설치는 적절한가?

루버 치수는 풍량, 허용통과풍속, 유효개구율로 결정한다. '연소될 우려가 있는 부분'에 있는 루버에는 방화댐퍼를 설치하고, 루버 접속 덕트에는 필요에 따라 점검구를 설치한다. 또한 지역에 따라 방조망, 방충망을 설치한다.

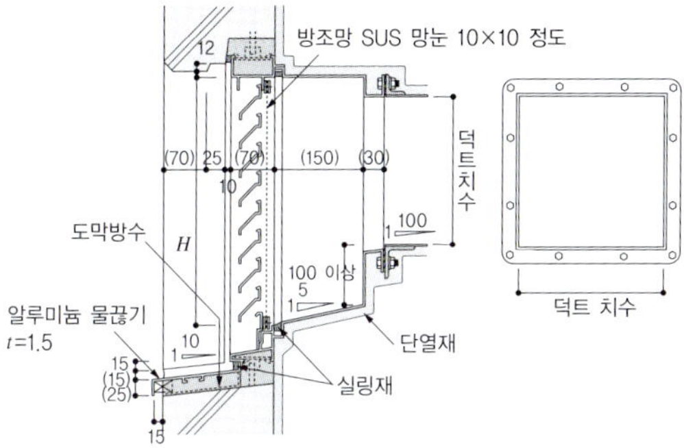

루버 주위의 마무리(예)

클레임 밴드캡 주위에서 빗물이 들어왔다!

〈현상〉 시공한 지 3년 된 RC조 8층짜리 집합주택에서 태풍에 의한 집중호우로 외벽의 밴드캡으로 들어온 빗물이 외벽 관통부에서 침투하여 거실 천장과 바닥을 더럽혔다. 누수된 곳을 조사한 결과 밴드캡 주위의 실링이 얇게 단열되어 있었고, 게다가 구체 관통슬리브의 구배가 실내 쪽을 향해 있었음을 알았다.

〈처치〉 ① 비 · 바람이 들어오는 곳에 설치하는 경우는 웨저커버를 설치하거나 심형 밴드캡을 설치한다.

② 접속 덕트는 바깥을 향해 구배(1/100)를 잡는다.

③ 슬리브와 덕트 사이 및 벤드캡과 외장마감 사이의 실링은 필요단면을 확보하여 시공한다.

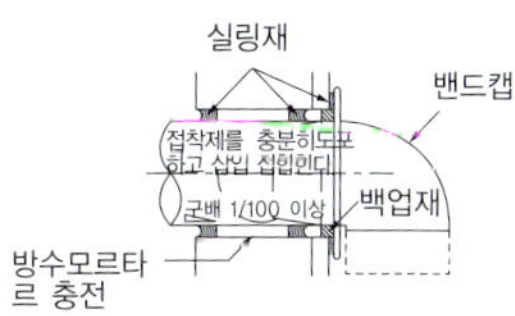

외벽부착 밴드캡의 마무리(예)

❖ 현장관리 포인트

☞ 구체공사 이전에 외벽에 설치하는 덕트, 박스 등의 위치를 결정하고 슬리브와 박스 매입을 계획한다.

☞ 밴드캡은 가급적 차양이나 발코니 아래처럼 직접 빗물이 들이치지 않는 곳에 설치한다.

☞ 밴드캡을 비 · 바람이 닿는 곳에 설치하는 경우는 웨저커버를 설치하거나 심형 밴드캡을 설치한다.

☞ 실링은 적절한 재료로 필요 단면을 확보하여 시공할 것.

4 방음대책

관리 1 실내에서 측정한 소음레벨이 허용치 이내인가?

NC값에 의한 소음평가는 실내의 공조소음처럼 NC곡선과 거의 같은 주파수 특성을 가진 광대역소음에 대해 적용한다. 단, 트랜스, 컴프레서 등과 같은 NC 곡선과 다른 특성의 소음이나 확실한 순음성분을 가진 소음에 대해서는 적용할 수 없다.

실내소음의 허용치

실의 종류	NC값	dB(A)
방송 스튜디오	NC-15~20	25~30
콘서트 홀	NC-15~20	25~30
극장(500석, 확성장치 없음)	NC-20~25	30~35
음악실	NC-25	35
교실(확성장치 없음)	NC-25	35
집합주택, 호텔	NC-25~30	35~40
회의실(확성장치 있음)	NC-25~30	35~40
가정(침실)	NC-25~30	35~40
영화관	NC-30	40
병원	NC-30	40
교회(확성장치 없음)	NC-30	40
도서관	NC-30	40~45
레스토랑	NC-45	55

사무실 내의 소음평가

NC값	소음환경의 상태	적용 예
NC-20~30	매우 조용한 사무실/전화에 지장 없음/대회의실 가능	임원실, 50명 회의실
NC-30~35	조용한 사무실/전화에 지장 없음/4.5m 테이블에서 회의 가능/3~9m 떨어져서 보통 목소리로 대화 가능	개인용실 또는 소규모 사무실, 응접실, 20명 회의실
NC-35~40	2~2.5m의 테이블에서 회의 가능/전화에 지장 없음/3~9m 떨어져서 보통 목소리로 대화 가능	중규모 사무실, 공장사무실
NC-40~50	1.5m 테이블에서 회의 가능/전화하기 약간 곤란한 경우 있음/보통 목소리로 1~2m/큰소리로 2~4m 떨어져서 대화 가능	대제도실 등
NC-50~55	2~3명 이상의 회의 불가능/전화에 약간 지장 있음/보통 목소리로 0.3~0.6m/큰소리로 1~2m 떨어져서 대화 가능	타이프실, 계산기실, 복사실
NC-55 이상	매우 소란스러움/사무실로 부적합/전화 곤란	사무실로 부적격

실의 종류에 따라 소음 허용치가 정해진다. 사용하는 기기의 소음치를 미리 확인함과 동시에 건축 마감재도 소음과 관련이 깊으므로 미리 확인해둘 필요가 있다.

관리 2 덕트의 벽 · 바닥 관통부분의 방음대책은 적절한가?

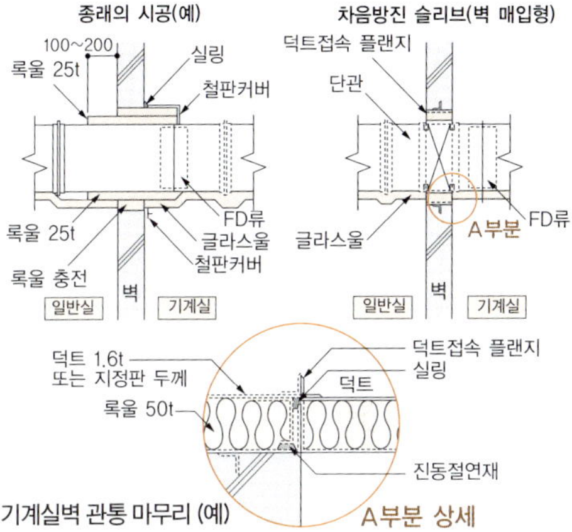

덕트의 기계실벽 관통 마무리 (예)

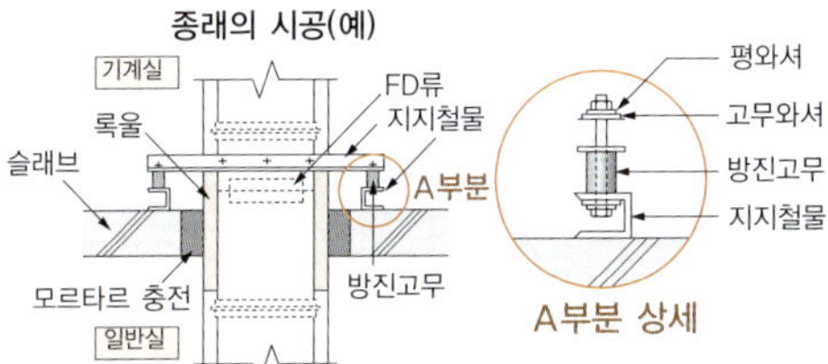

차음방진 슬리브(바닥매입형)

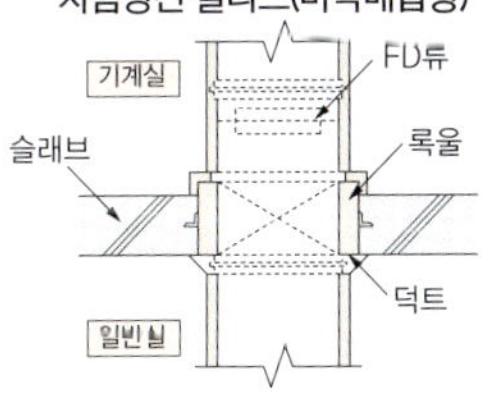

덕트의 기계실 바닥 관통 마무리(예)

- 기계실에서 일반 거실 천장 내의 관통 덕트는 차음시트를 낼 것.
- 보드와 덕트의 틈에는 록울을 충전하고 절판으로 기계실에서 누른다.

❖ 현장관리 포인트

- ☞ 실내소음 허용치를 확인한 후에 시공에 들어간다. 건축재료의 흡음재도 소음과 관련이 있으므로 미리 설계자와 협의를 한다.
- ☞ 설비기기류의 소음은 근린문제가 되는 경우가 많으므로 냉각탑 등은 저소음형을 채용하는 것이 바람직하다. 또한 방음벽 설치가 필요한 경우도 있으므로 미리 검토할 필요가 있다.
- ☞ 기계실에서 일반실로 덕트가 관통하는 경우는 덕트에 차음시트를 대는 등의 조치를 취한다.

5 방진대책

관리 1 고유진동수와 방진재료의 대응은 적절한가?

방진재료의 특징

재료	특징
금속 스프링	• 방진고무에 비해 탄력정수를 작게, 고유진동을 낮게 할 수 있다. 가진력의 진동수가 낮은 기기의 방진재로 사용된다. • 감쇠계수가 거의 0이며, 공진점의 진폭증가가 빠른 것이 결점이다. • 높은 진동수에서는 서징 같은 결점이 있기 때문에 방진고무와 병용하거나 댐퍼를 설치한다.
방진고무	• 천연고무는 내열성이 나쁘기 때문에 50℃ 이상의 환경에서는 사용하지 않는다. • 천연고무는 기름에 약하여 팽윤한다. 기름과 관련이 있는 경우는 네오프렌 등의 합성고무로 한다. • 합성고무는 내한성이 나쁘며 또한 내클리프성도 천연고무에 비해 떨어진다.

고유진동수 · 방진재료 대응표

종별			고유진동수	방진재료
기기	1,200rpm 이상의 회전수를 가진 기기	연속 운전하는 기기	rpm×1/2	고무
		간헐 운전하는 기기	600rpm	고무
		필요에 따라 운전하는 기기		
	1,200~850rpm의 회전수를 가진 기기		rpm×1/2	고무
	850~400rpm의 회전수를 가진 기기	연약한 구조의 건물 지상층, 그 외 특별히 지시가 있는 기기	rpm×1/2	스프링
		상기 이외의 기기	360rpm	고무
	400rpm 이하의 회전수를 가진 기기	연약한 구조의 건물 지상층, 그 외 특별히 지시가 있는 기기	rpm×1/2	스프링
		상기 외에 동력 5.5kW 이상의 기기	rpm×1/1.5	스프링
		상기 외에 동력 5.5kW 미만의 기기	600rpm	고무
배관			600rpm	고무
덕트			600rpm	고무

관리 2 방진재료의 고정은 적절한가?

금속스프링은 보통 용수철이 사용되는 경우가 많으며 용수철 축방향의 탄력정수 K는 다음 식으로 구할 수 있다.

$$K = \frac{G \cdot d^4}{8 \cdot n \cdot D^3}$$

K : 축방향의 탄력정수(kg/cm)
G : 횡탄성계수(kg/cm²)
d : 선지름(cm)
n : 유효권수
D : 코일직경(cm)

용수철의 횡탄성계수 G

d(cm)	G(kg/cm²)
$d \geq 1.3$	7.5×10^5
$1.3 > d > 0.55$	8.0×10^5
$0.55 > d > 0.2$	8.4×10^5
$d \leq 0.2$	8.8×10^5

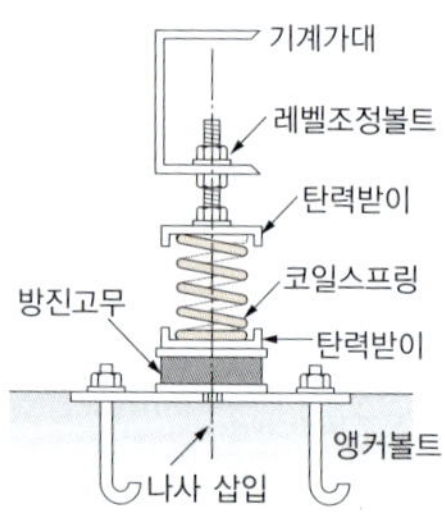

코일스프링

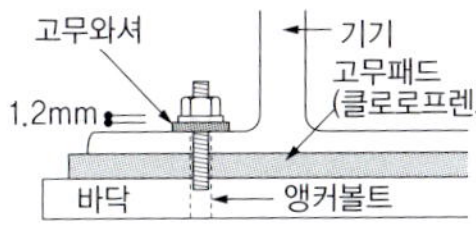

고무패드

고무패드는 기기 하부의 테두리에서 5mm 외측으로 노출시키고, 2매 이상 겹쳐 사용할 경우에는 그 사이에 2~3mm 철판을 넣는다.

가대 내측에는 물이 고이지 않도록 배수구 등을 마련한다.

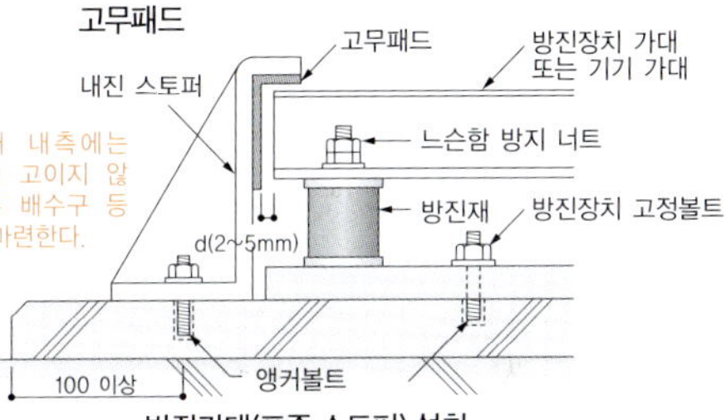

방진가대(표준 스토퍼) 설치

관리 3 방진기기 설치는 적절한가?

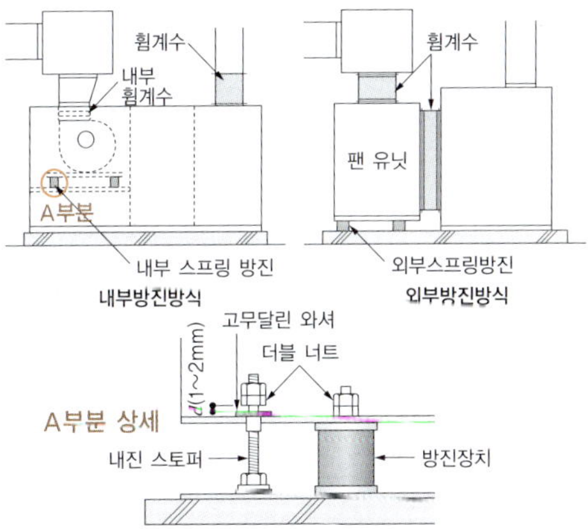

공조기의 방진기기 설치(인접실, 아래층이 NC-35 이상인 경우)

❖ 현장관리 포인트

- ☞ 금속 스프링, 방진고무는 사용조건을 잘 확인한 다음 적합한 재료를 사용할 것.
- ☞ 고무패드에는 균등하게 하중이 가해지도록 할 것.
- ☞ 방진가대는 운송여건상 너트를 채워서 반입하므로 너트를 푼 다음에 고정할 것.
- ☞ 기초와 기초의 간격은 500mm 이상으로 하고, 주위는 서비스(메인터넌스) 공간으로 할 것.

6 내진대책

관리 1 설비기기의 기초, 배관의 지지는 내진성능을 가지고 있는가?

p.204 관리 2

건축물은 일반적으로 고층부보다 저층부, 그리고 저층부보다 지하층이 지진에 의한 응답가속도(변위)가 작은 것으로 알려져 있다. 응답가속도(변위)가 커지면 기기 등에 가해지는 지진력도 커지고, 설계용 지진입력은 증가하게 된다. 설비기기의 설치 및 기초, 배관의 지지에 있어서는 다음과 같은 점에 주의해야 한다.

① 건축물의 진동성상과 건축설비의 진동성상을 고려한다. 특히 건축물과 설비기기, 배관 등의 공진을 막는다.

② 설비기기와 기초, 설비기기와 배관, 건물과 배관의 접속부에는 큰 응력집중이 가해지는 경우가 있으므로 주의한다.

③ 무른 재료와 연약한 재료를 결합했을 경우에는 변형추종성의 차이에 의해 약한 재료쪽에 파괴가 생기기 쉽다.

④ 방진용수철, 방진고무 등을 설치한 기기는 크게 흔들린다.

⑤ 볼트나 점용접 등의 점결합은 가능한 부재의 강도에 적합한 다수의 결합으로 한다.

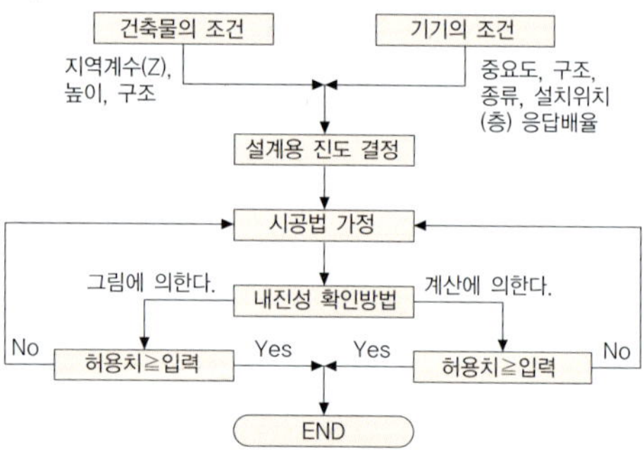

전기설비의 내진설계순서(예)

관리 2 지진의 입력은 적절한가?

설계용 표준진도(Ks)

적용층	중요성이 높은 건축 설비기기의 표준진도	일반 건축설비기기의 표준진도	적용층 구분
최상층, 옥상 및 옥탑	1.5 (2.0)	1.0	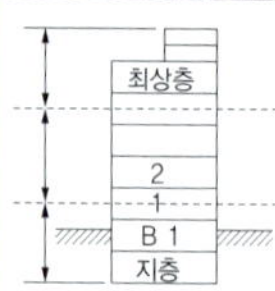
2층 이상	1.0 (1.3)	0.6	
지층 및 1층	0.6	0.4	

( )안의 수치는 중요성이 높은 방진설비기기인 경우의 진도를 나타냄

① 설계용 수평지진력 F_H는 다음 식에 의하고, 작용점은 원칙적으로 중력의 중심으로 한다.

$F_H = K_H \cdot W$　　　　　$K_H = Z \cdot K_S$

K_H : 설계용 수평진도

K_S : 설계용 표준진도(표 「설계용표준진도(K_S)」의 값 이상)

Z : 지역계수(전기설비로는 Z=1.0으로 할 수 있음)

W : 기기의 중량

② 설계용 연직지진력 F_V를 고려할 필요가 있는 경우는 다음 식에 의한다.

$F_V = K_V \cdot W = 1/2F_H$　　　　$K_V = 1/2K_H$

K_V : 설계용 연직진도

관리 3 설비기기의 벽 이음, 천장 이음의 꼭대기 부분 지지는 적절한가?

바닥슬래브에 설치되는 기기는 원칙적으로 지진 시 이동 · 전도되지 않도록 바닥 또는 기초에 앵커볼트 등으로 긴결하는데, 종횡비가 크고 전도 모멘트가 강해지는 기기에 대해서는 꼭대기 부분을 지지할 것.

관리 4 내진 스토퍼의 설치방법은 적절한가?

p.202 관리 2
p.203 관리 3

① 방진지지 등을 하여 앵커볼트로 지지고정을 할 수 없는 경우는 내진스토퍼를 사용한다.

② 스토퍼와 본체의 간격은 정상운전중 접촉하지 않는 범위에서 최대한 작게 되도록 내진스토퍼를 설치한다.

③ 지진 시에는 기기의 중력의 위치에 지진력이 작용되는 것으로 하고, 기기가 전도될 가능성을 판단한 다음에 내진 스토퍼의 형식을 선정한다.

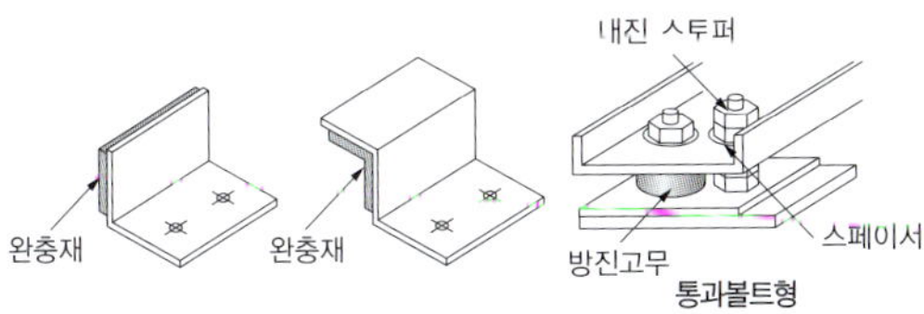

L형 플레이트형 내진 스토퍼 (이동방지형)　크랭크 플레이트형 내진스토퍼 (이동 · 전도방지형)　그 외 내진스토퍼 (이동 · 전도방지형)

❖ 현장관리 포인트

- 건물의 진동성상과 건축설비의 진동성상을 잘 고려하여 시공한다. 특히 건축물과 설비기기, 배관 등이 공진하지 않도록 할 것.
- 볼트나 점용접 등의 점결합은 부재강도에 맞는 수의 결합으로 한다.
- 종횡비가 크고 전도모멘트가 강해지는 기기에 대해서는 최정상 부분을 지지할 것.
- 내진스토퍼 선정은 기기의 중심 위치에 지진력이 작용하여 전도될 가능성이 있는지 판단한 후에 결정할 것.

7 환기대책

관리 1 급기와 배기의 환기대책은 적절한가?

① 급기 루버와 배기 루버를 동일 벽면에 근접하게 설치하지 않는다.
② 주방배기, 정화조배기는 원칙적으로 옥상까지 덕트를 올려 상부에서 배기한다.
③ 배기 루버의 경우는 풍향에 주의하여 급기 루버와의 설치거리를 충분히 확보할 것.

관리 2 급기루버와 환기루버의 설치위치는 적절한가?

외벽에 급기루버와 배기루버가 있는 경우 거리가 떨어져 있더라도 배기 냄새가 바람을 타고 옮겨오는 경우가 있다. 이러한 현상을 '코언더 효과'라고 한다.

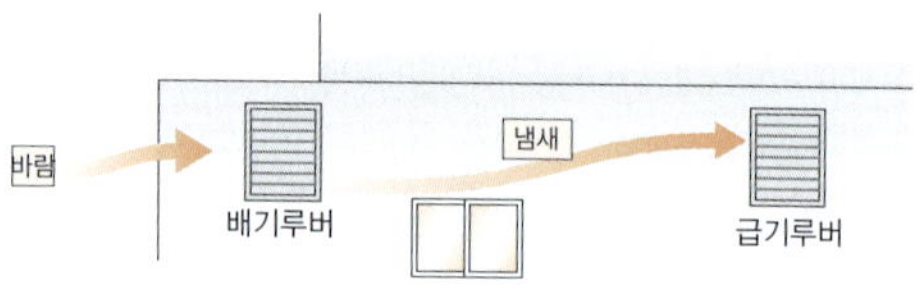

코언더 효과

관리 3 배수트랩의 봉수는 파봉되어 있지 않은가?

배수트랩은 관내의 악취가 실내로 유입되는 것을 막는 장치로, 봉수가 다음과 같은 원인으로 파손되면 냄새가 발생하므로 주의한다.

① 자기 사이펀 작용 : 트랩과 기구배수관이 만수상태에서 배수가 흐르면 사이펀관을 형성하여 그 작용에 의해 봉수를 흡출하여 파봉된다.
② 대기압 변동 : 입상관 내에서 일시에 대량의 배수가 흐르면 관내 기압이 급격히 변동한다. 이 변동에 의해 입상관 가까이에 있는 기구의 트랩봉수가 흡출되거나 튀어올라 파봉된다.
③ 모관현상 : 트랩의 수면부분에 실 부스러기나 머리카락 등이 걸려 모관현상으로 서서히 봉수가 배수관 측으로 유출되어 파봉된다.
④ 증발 : 별로 사용하지 않는 위생기구의 트랩에서는 봉수가 증발하여 파봉된다.

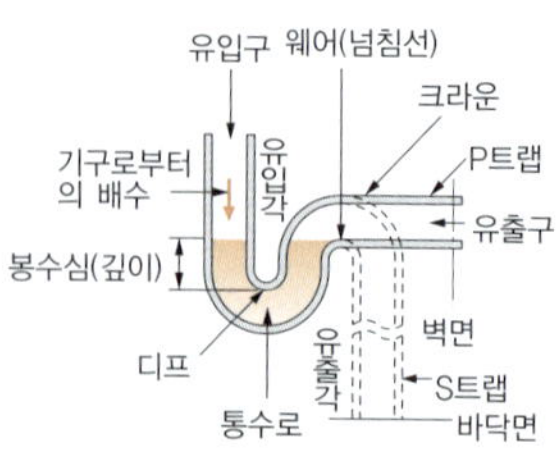

트랩 각부의 명칭

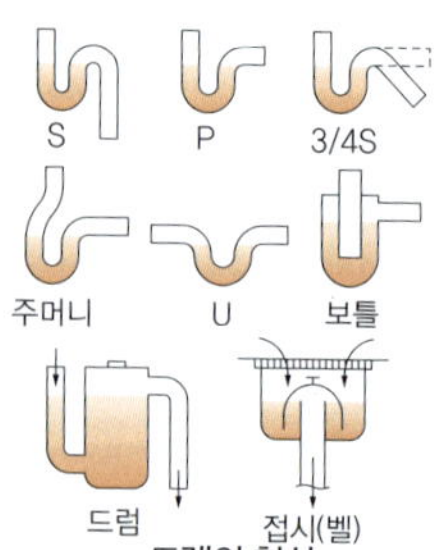

트랩의 형상

관리 4 건물 내 배수계통의 통기는 기능하고 있는가?

배수관 내의 물은 불규칙적으로 흐르기 때문에 배수관 내 기압이 그 흐름에 의해 크게 변동한다. 이러한 기압의 변동에 따라 대기 개구부에서 공기를 보급 혹은 배제하면서 배수관 내의 기압을 대기압과 같게 유지하는 것이 통기관의 역할이다.

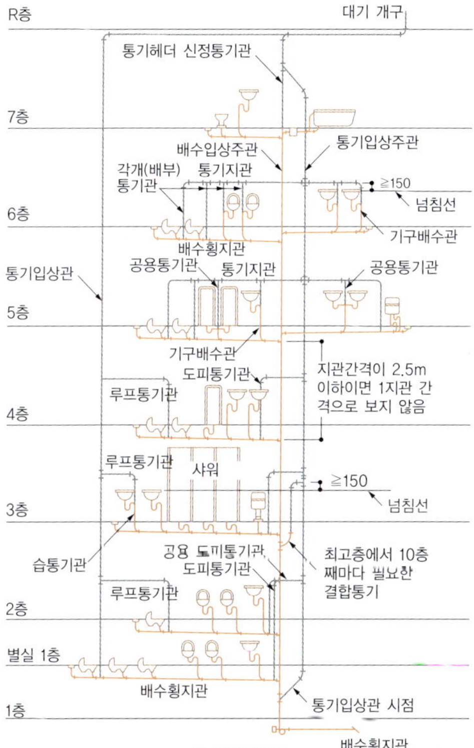

배수통기방식

❖ 현장관리 포인트

- ☞ 급기루버와 배기루버의 설치장소는 풍향 등을 고려하여 급기루버에 배기냄새가 유입되지 않도록 배치할 것.
- ☞ 급기루버와 배기루버의 거리가 떨어져 있더라도 코언더 효과에 의해 배기냄새가 유입되는 경우가 있으므로 주위의 상황을 잘 고려한다.
- ☞ 배수트랩의 봉수 파봉은 냄새 발생의 원인이 되므로 주의할 것. 통기관을 바르게 시공해야 배수트랩의 파봉이 생기지 않는다는 것을 이해하도록 한다.

1 매입은폐배관 · 배선

관리 1 바닥슬래브에 매입하는 전선관의 시공은 적절한가?

바닥슬래브에 매설하는 전선관의 외형치수는 슬래브 두께의 1/4 이하를 기준으로 하며, 배관 관통용 콘크리트 슬래브 및 금속관은 호칭경 25mm 이하, CD관 및 PF관은 호칭경 22mm 이하의 것을 사용한다.

보에서 500mm 이내의 범위에서는 보와 평행한 배관을 하지 않도록 한다. 배관이 병렬되는 경우에는 관과 관의 간격을 40mm 이상으로 한다.

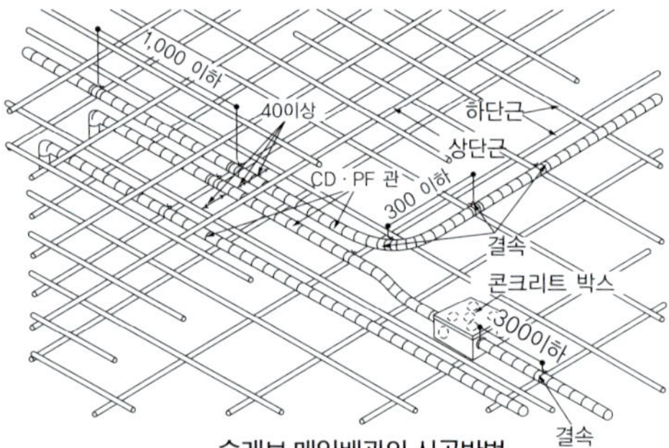

슬래브 매입배관의 시공방법

관리 2 콘크리트벽체 배관의 매입방식은 적절한가?

벽 내에서의 배관 교차 및 벽 내에서의 가로방향 배관은 하지 않는다. 싱글배근인 경우는 균열을 방지하기 위해 철근이 없는 쪽에 메시근을 배근한다.

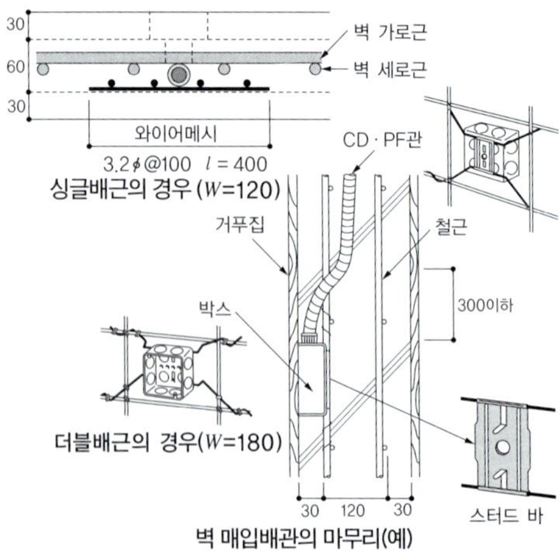

벽 매입배관의 마무리(예)

관리 3 칸막이벽 내 은폐배관 · 배선의 시공방법은 적절한가?

간 사잇기둥과 박스의 접합을 시공 전에 조정해 둔다. 또한 박스는 뒷맞댐으로 하지 않는다. 칸막이벽 내 은폐배선은 케이블 보호를 위해 PF관에 들어가는 것이 좋다. VVF 케이블을 직접 배선하는 경우, 경량재 또는 목축재의 관통 개소에는 반드시 보호 부싱(목축의 경우는 철 슬리브)을 사용한다.

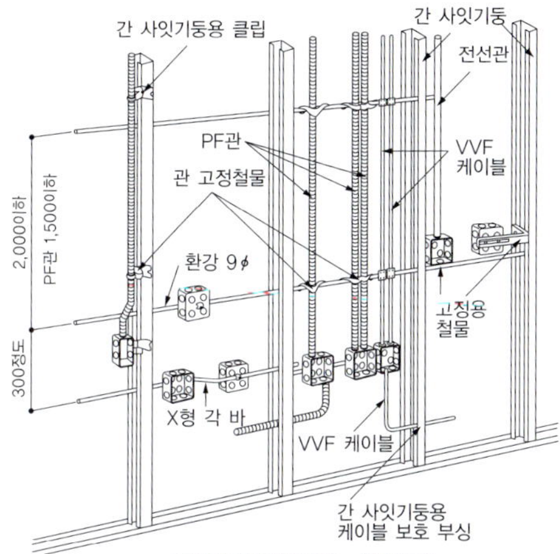

칸막이벽 내의 배관 · 배선(예)

클레임 칸막이벽에 균열이 발생했다!

〈현상〉 시공한 지 3년 된 RC조 8층짜리 집합주택 중 4층의 칸막이벽에 균열이 발생했다. TV 공청용 배관을 칸막이벽에 매입하였는데, 싱글배근이며 콘크리트의 피복이 충분치 못했다.

〈처지〉 구조적으로 내력벽이 아니었기 때문에 균열부분을 보수한 다음에 크로스 붙임을 했다. 재발방지대책은 다음과 같다.

① 싱글배근의 경우 매입배관은 세로근과 같은 쪽에 배관한다.

② 콘크리트의 피복두께를 30mm 정도 확보하고 메시근을 댄다.

❖ 현장관리 포인트

- ☞ 외벽에는 매입배관을 하지 않는다. 부득이한 경우에는 구조담당자와 협의한 후 더블배근 내에 하도록 한다.
- ☞ 옥상바닥 슬래브에는 매입배관을 하지 않는다.
- ☞ 전선관 및 박스의 콘크리트 피복두께는 30mm 이상으로 한다.
- ☞ 전선관의 휨 내경은 가급적 크게 관 내경의 6배 이상으로 하며, 90° 이상 구부려서는 안 된다.

2 지중매설관 인입과 지중벽 방수처리

관리 1 지중매설배관의 매설깊이는 적절한가?

직접매설인 경우의 깊이 제한

부설 장소	매설 깊이
차량 그 외 중량물의 압력을 받을 우려가 있는 장소	1.2m 이상
그 외의 장소	0.6m 이상

관리 2 맨홀(핸드홀) 주위의 마무리는 적절한가?

맨홀(핸드홀)의 뚜껑은 방수형 주철제로 하고 차량이 통행하는 곳은 중내형으로 한다.

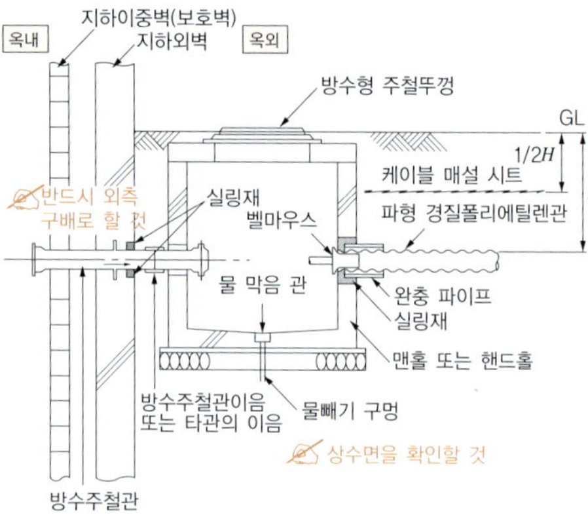

맨홀(핸드홀)이 건물에 근접해 있는 경우

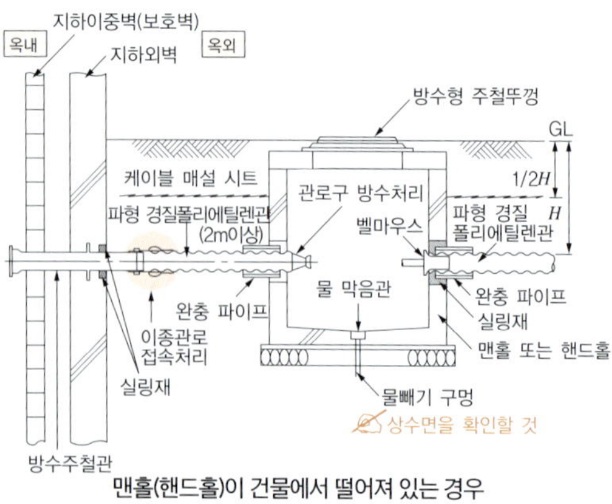

맨홀(핸드홀)이 건물에서 떨어져 있는 경우

관리 3 지중외벽 관통부의 방수처리는 적절한가?

슬리브를 사용하는 경우는 지수날이 부착된 강관슬리브를 실외측에 구배를 두어 매입하고, 배관과 강관 슬리브의 틈은 배킹재와 실링재로 지수처리한다.

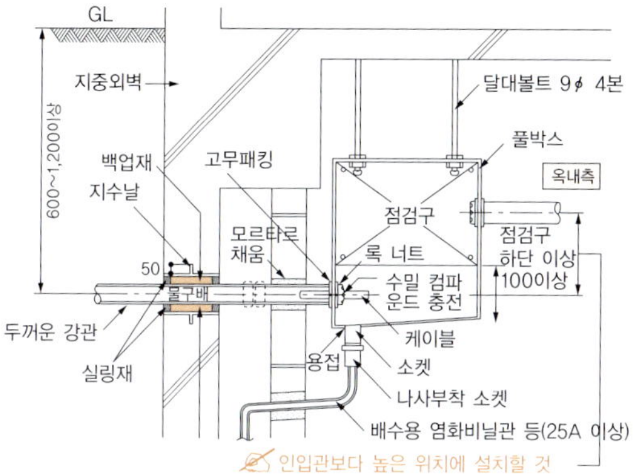

슬리브 사용의 경우

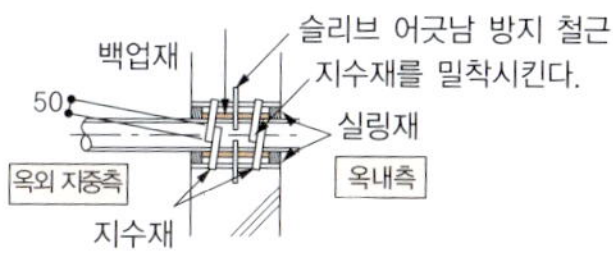

지수재 부착 슬리브의 경우

클레임 지하외벽의 전기 인입관으로 실내에 빗물이 들어왔다!

〈현상〉 시공한 지 3년 된 RC조 8층짜리 종합병원에서 빗물이 풀박스 2차측 배관을 통해 들어와 사무실 천장 및 바닥을 더럽혔다.

〈처치〉

① 풀박스 내의 배선과 배관의 틈에 수밀 컴파운드를 충전했다.

② 풀박스의 2차측 배관위치를 높게 했다.

③ 풀박스 바닥에 물빼기 배관을 설치하고, 이중벽 내를 통하는 측구 또는 배수조까지 유도했다.

❖ 현장관리 포인트

☞ 지중외벽 관통부에는 지수날이 부착된 방수주철관 또는 지수날이 부착된 강관슬리브를 사용하며 구조체 매입으로 할 것.

☞ 슬리브와 배관의 틈 및 배관 케이블과의 틈은 백업재와 실링재로 처리할 것.

☞ 메인터넌스용 점검구는 풀박스 가로에 설치할 것.

☞ 맨홀(핸드홀)의 되메우기는 모래 또는 이에 준하는 양질의 흙으로 할 것.

3 큐비클

관리 1 지상 설치 큐비클(cubicle) 주위의 마무리는 적절한가?

기초 윗면에는 물고임이 생기지 않도록 구배를 둔다. 빗물에 의해 흙이 튀는 것을 방지하거나 잡초가 생육하는 것을 억제하기 위해 기초 주위에는 자갈을 깐다. 또한 기초에 보수점검을 위한 공간을 두며, 기초가 높은 경우는 발판을 준비한다.

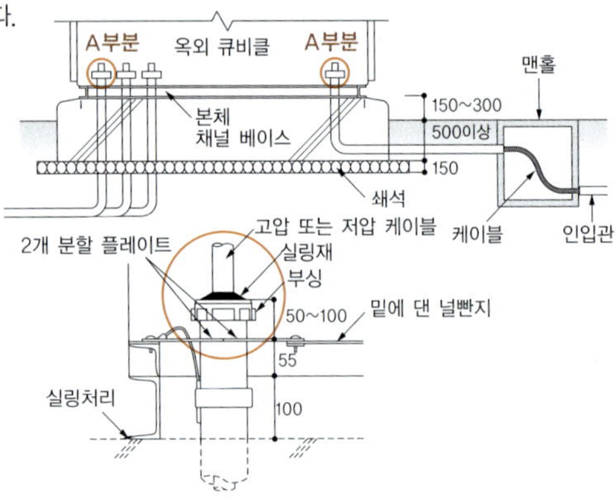

지상설치 큐비클의 마무리

관리 2 큐비클의 보수 · 점검상 이격거리는 적절한가?

큐비클 주위의 치수는 조작면(앞면) 1.2m 이상, 점검면 0.6m 이상, 환기구를 가진 면 0.2m 이상으로 한다.

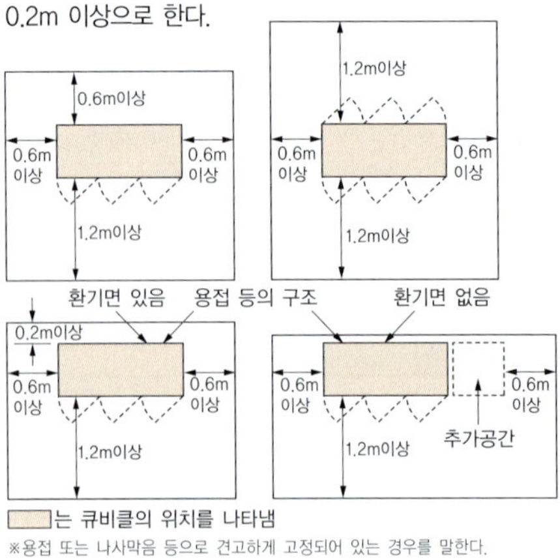

큐비클의 보수 · 점검상 이격거리

관리 3 옥상 큐비클 주위의 마무리는 적절한가?

p.194
[관리 1]

옥외 큐비클의 본체, 지붕, 문 및 울타리는 KS규격에 규정된 강판으로, 표준 두께 2.3mm 이상, 바닥판은 1.6mm 이상으로 한다.

옥상 큐비클용 도리 기초는 구조담당자와 협의하여 구조상 문제가 없는 위치에 설치한다. 동시에 옥상의 물구배 방향을 고려한다. 큐비클 내의 온도를 규정치 이내로 억제하기 위해서는 자연환기 또는 기계환기가 필요하며, 환기구에는 빗물이나 벌레 등의 침입을 막기 위한 처리를 할 것.

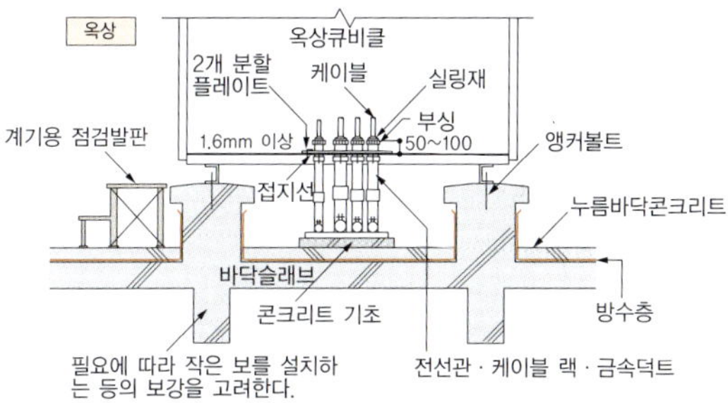

옥상슬래브를 관통시키지 않는 마무리(전선관의 경우)

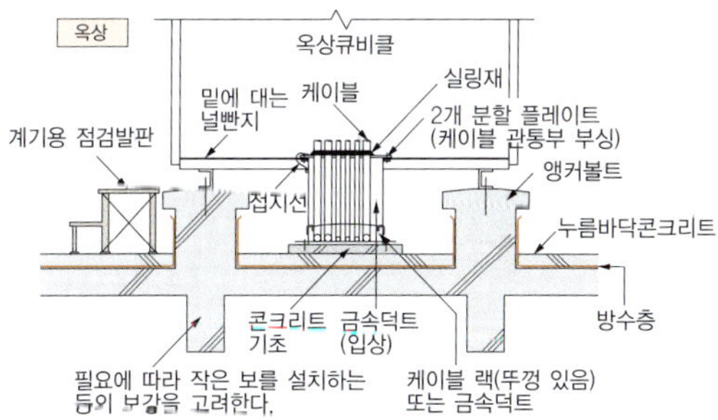

옥상 슬래브를 관통시키지 않는 마무리(케이블 랙의 경우)

❖ 현장관리 포인트

☞ 큐비클 주위의 보호 펜스(fence) 입구 문은 1.2m 이상으로 한다.

☞ 소방법으로 규정되어 있는 소방설비를 설치할 것.

☞ 옥외에 설치하는 변전설비는 건물로부터 3m 이상 이격거리를 둔다. 단, 불연재로 만들거나 피복된 외벽에서 개구부가 없는 것에 면한 경우는 예외이다.

☞ 빗물이나 벌레, 작은 동물 등이 들어오는 것을 방지하기 위해 옥상 큐비클 내에는 바닥판을 설치할 것

4 접지공사

관리 1 접지공사는 적절하게 행해지고 있는가?

접지의 목적은 사람에 대한 감전방지, 기기에 대한 장해방지 등을 위해서이다.

접지공사의 목적과 종류

목적	방법	종류	대상시설	
대지 전압 저감	계통접지	B종 접지공사	특별고압 또는 고압전로와 저압전로를 결합하는 변압기의 중성점 또는 1단자 등	
	기기 설치	A종 접지공사	특별고압 및 고압	기계기구의 금속제 외부박스 등
		C종 접지공사	300V 초과	
		D종 접지공사	300V 이하	
낙뢰피해 방지	낙뢰보호 접지	A종 접지공사	피뢰기, 방전통 등	
		A형 접지극	낙뢰보호설비	
		B형 접지극		
기능상의 접지		용도별	기능상 회로의 일부로 필요한 곳	

대지 : 공중에서 지상을 대하는것

관리 2 접지극 · 접지선의 시공순서는 적절한가?

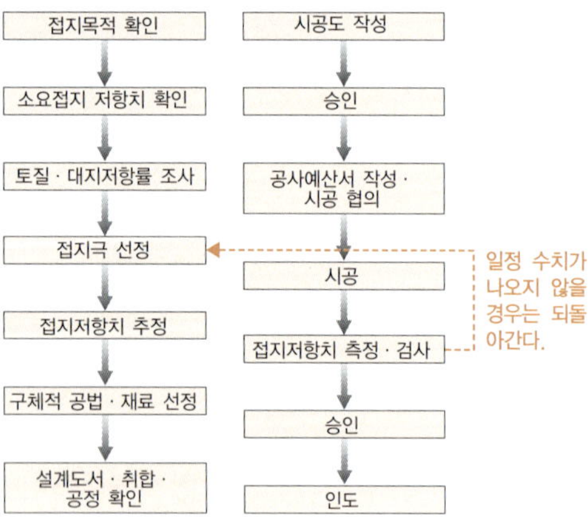

접지공사 순서

관리 3 접지선의 물끊기 처리는 적절한가?

① 물끊기 철물은 모세관 현상에 의해 접지선을 통해 올라오는 물을 저지하기 위한 것이다.

② 노출동선 부분 또는 물끊기 철물은 철근 등 다른 금속체에 접촉시키지 않는다.

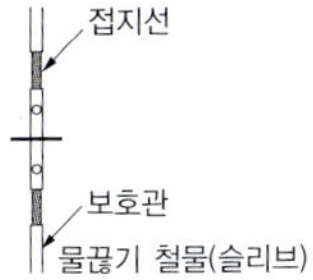

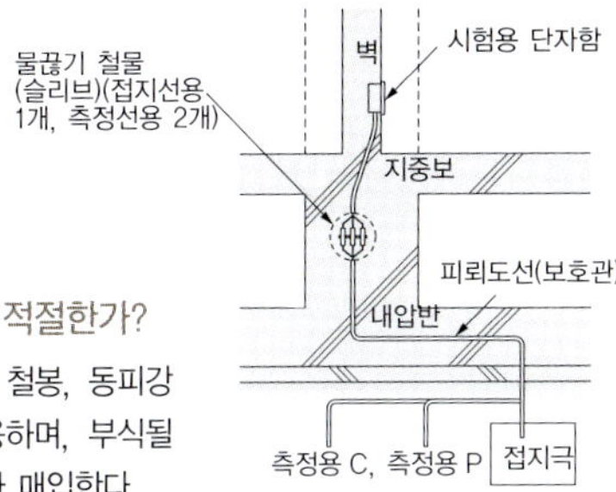

물끊기 단자(바닥용) 설치(예)

관리 4 접지극 매설과 이격거리는 적절한가?

접지극은 동판, 동봉, 철관, 철봉, 동피강판, 탄소피복강봉 등을 사용하며, 부식될 우려가 없는 곳에 매설하거나 매입한다.

① 동판은 두께 0.7mm 이상, 표면적 900cm²(한쪽 면) 이상의 것으로 한다.

② 동봉 또는 동용복강봉, 탄소피복동봉은 직경 8.0mm 이상, 길이 0.9m 이상의 것으로 한다.

③ 철봉은 직경 12mm 이상, 길이 0.9m 이상의 아연도금 철봉으로 한다.

④ 접지극과 접지선은 황동로 붙임, 동테르밋용접 등 확실한 방법으로 한다.

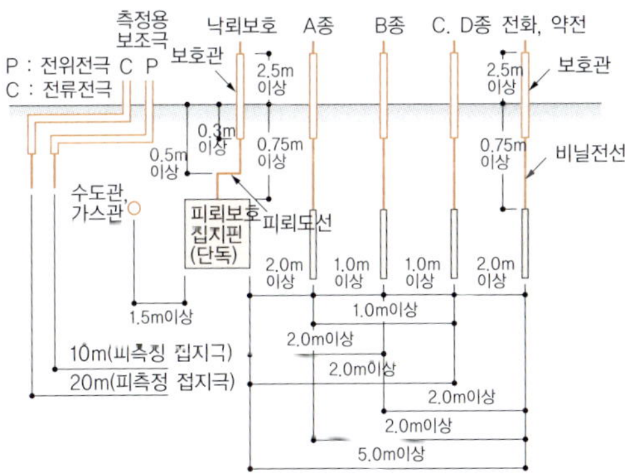

접지극 매설과 이격거리

❖ 현장관리 포인트

- ☞ 접지극은 피뢰용, 전력용, 전화 · 약전용을 각각 단독으로 하는 것을 기본으로 한다.
- ☞ 1조의 인하도선에 2개 이상의 접지극을 접속하는 경우의 간격은 2m 이상으로 한다.
- ☞ 접지극 및 매설 접지선은 가스관 · 수도관에서 1.5m 이상 이격시킨다.
- ☞ 접지저항저감제는 저감효과를 경년적으로 변화시키지 말고 무공해이며 접지극을 부식시키지 않는 것으로 한다.

5 방화구획 관통처리

관리 1 전선관의 방화구획 관통처리 시공방법은 적절한가?

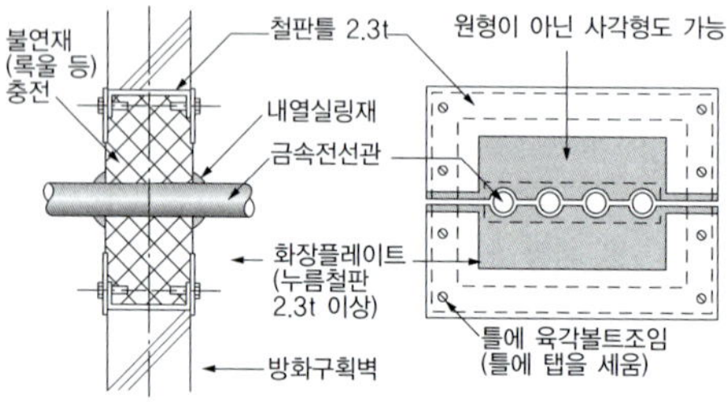

전선관의 방화구획 관통처리(틀을 사용하는 경우)

관리 1 케이블의 방화구획 관통처리 시공방법은 적절한가?

① 케이블에 의한 편측공법

편측공법이기 때문에 특히 각종 실링재 처리에 주의할 것.

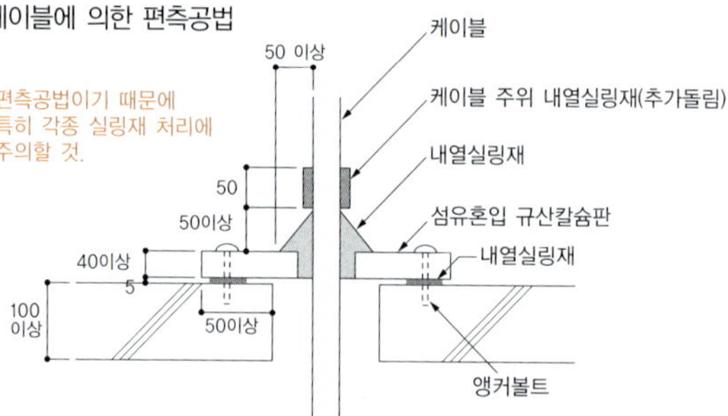

케이블의 방화구획 관통처리(편측공법인 경우)

① 금속관에 의한 공법

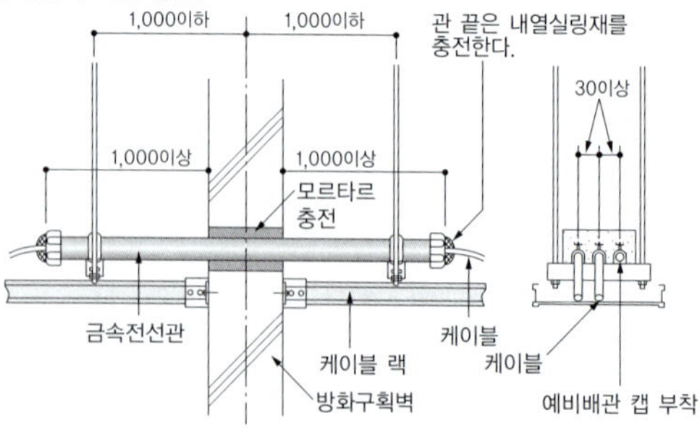

케이블의 방화구획 관통처리(금속관에 의한 공법인 경우)

관리 3 케이블 랙의 방화구획 관통처리 시공방법은 적절한가?

① 내화 칸막이판에 케이블 랙의 중량이 가해지지 않도록 관통부의 벽중심으로부터 1m 이내에 케이블 랙을 고정한다.

② 내화 칸막이판과 방화구획벽 사이의 내열실링 처리를 잊지 않도록 주의한다.

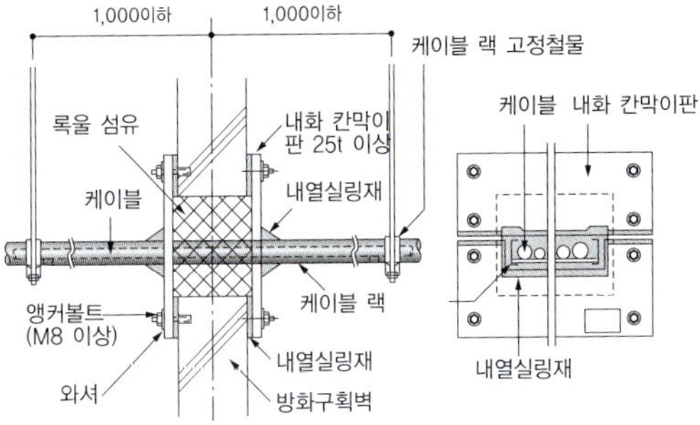

케이블 랙의 방화구획 관통처리

관리 4 금속덕트의 방화구획 관통처리 시공방법은 적절한가?

섬유혼입 규산칼슘판 관통부의 케이블 주위는 내열실링재로 충분한 실링처리를 한다.

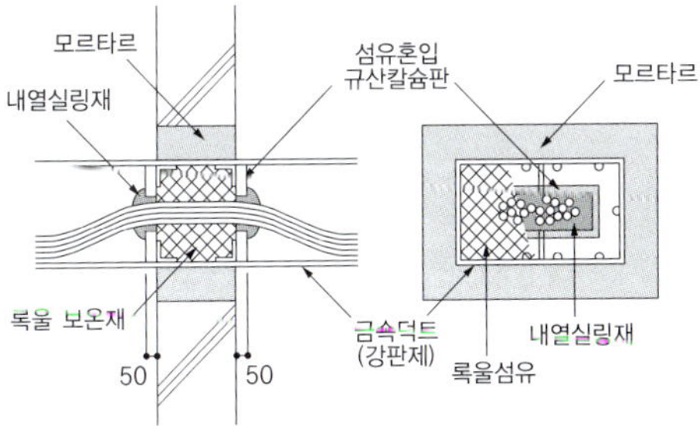

금속덕트의 방화구획 관통처리

❖ 현장관리 포인트

☞ 방화구획을 관통하는 전선관은 벽면으로부터 1m 이내는 불연재로 한다(관의 외형이 82mm 이하인 경우는 예외).

☞ 록울의 밀도, 섬유 혼입 규산칼슘판의 두께 등은 공법에 따라 다르므로 주의한다.

☞ 차후 배선 증설 또는 삭감이 가능하도록 고려한다.

☞ 표준공법 외에도 각 업체가 개발한 공법들이 출시되고 있으므로 사용장소, 사용조건, 비용 등을 고려하여 채용공법을 결정한다.

1 배관 · 덕트 달기 및 지지

관리 1 횡주관 달기 및 지지는 적절한가?

① 인서트 또는 앵커는 슬래브 면에 대해 직각으로 설치한다.

② 볼트는 너트부분에서 3산을 남기고, 머리부분은 녹방지 처리를 한다.

③ 하중이 균등해지도록 배치한다(달대볼트로 공통가대를 다는 경우 3점 달기는 하지 않는다.)

④ 강관의 횡주관 봉강 달기 지름은 배관 호칭경 100 이하는 M10, 125~200은 M12, 250 이상은 M16으로 한다.

⑤ 전동밸브 등의 중량물 및 가동성을 가진 이음은 바로 근처에서 매단다.

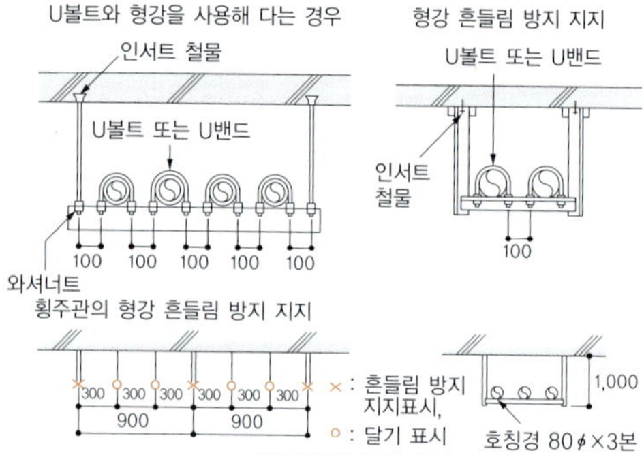

횡주관 달기 및 지지

관리 2 입상관의 흔들림 방지 고정은 적절한가?

① 흔들림 방지는 건물의 층간변위를 확인한 다음에 필요개소에 설치한다.

② 강판 용접은 공장가공으로 하고 용접 후 배관 내 · 외면에 방청처리를 한다.

③ 보온할 때 방진장치까지 보온해서는 안 된다.

④ 배관하중을 받지 않게 너무 조이지 않도록 주의한다.

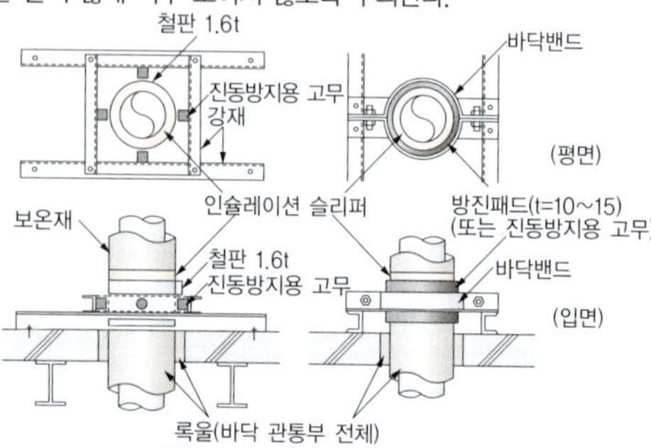

입상관의 진동방지 지지

관리 3 벽의 배관지지는 적절한가?

① 한랭지에서는 외벽에 배관을 해서는 안 된다.
② 지지철물은 받침이 달리고 발이 높은 철물을 사용한다.
③ 지지철물이 결로되는 것을 막기 위해 지지부에도 보온재를 감는다.
④ 배관시공은 발포우레탄 뿜칠보다 먼저 시행한다.
⑤ 배수관은 바닥에서 지지한다.

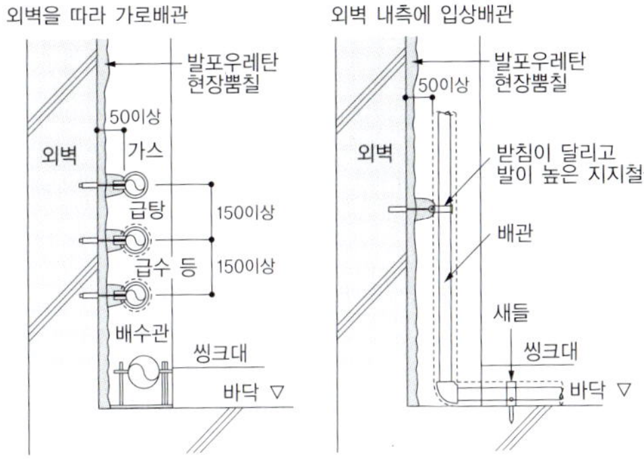

외벽의 실내측 배관지지

관리 4 장방형 덕트의 지지는 적절한가?

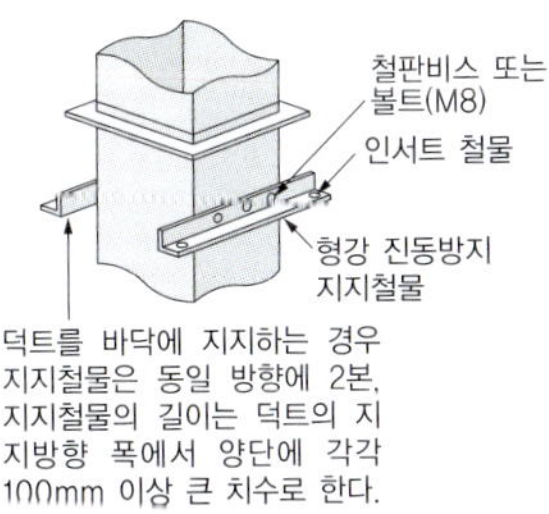

바닥에 관통하는 덕트의 지지(예)

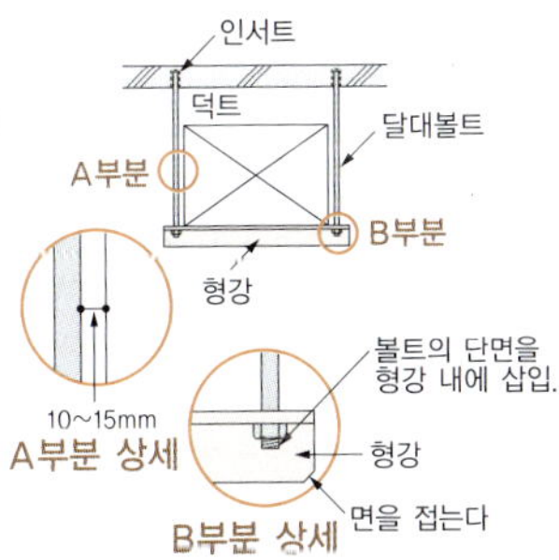

달대철물에 의한 덕트의 지지(예)

❖ 현장관리 포인트

☞ 배관 달기는 하중이 균등하게 되도록 배치한다.
☞ 중량물은 바로 가까이에 달대철물로 지지한다.
☞ 배관의 입상관 진동방지는 건물의 층간변위를 확인한 다음 필요한 개소에 설치한다.
☞ 덕트를 바닥에 지지하는 경우 지지철물은 동일 방향에 2본으로 한다.
☞ 가로방향 덕트 달기는 달대볼트에 의한다. 또한 진동이 전달되는 것을 막을 필요가 있는 경우는 방진재를 부착한다.

2 관의 접합

관리 1 관의 종류에 적합한 절단방법을 채용하였는가?

관의 절단방법

관종	쇠톱	파이프 커터	소형 전동톱	톱반석	지석(숫돌)절단기	가스 절단기	메탈톱
강관	○	–	◎	○	–	–	○
라이닝강관	○	–	◎	○	–	–	–
동관	○	○*2	○	○	–	–	–
스테인리스강관	○*3	○*4	◎*1	○*3	–	○*5	○*6
주철관	–	○*7	○	○	○	–	–
비닐관	◎*1	–	○	○	–	–	–
폴리에틸렌관	○	–	◎	○	–	–	–
콘크리트관	–	–	–	–	○*8	–	–

◎ : 최적 / ○ : 사용 가능 / – : 사용불가

※1) 톱날은 가는 것을 사용한다.
2) 40A까지로 하고 전용 커터를 사용한다.
3) 톱날은 고속도 강을 사용한다.
4) 접합방식에 따라 전용커터를 사용한다.
5) 수동절단, 자동절단이 있으며 용접배근에 사용한다.
6) 80A까지 사용가능, 톱날은 고속도강을 사용한다.
7) 주철관 전용 링 파이프 커터를 사용한다.
8) 콘크리트 절단지석(숫돌)을 사용한다.

관리 2 관의 나사매입방법은 적절한가?

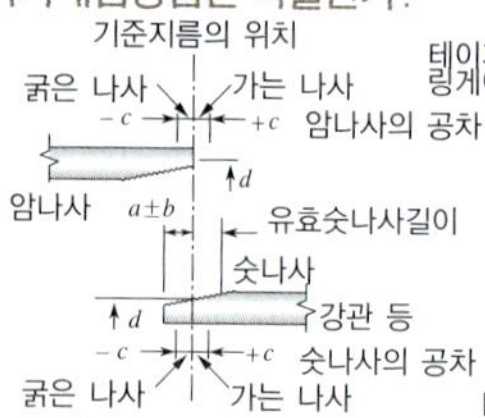

테이퍼나사의 기본

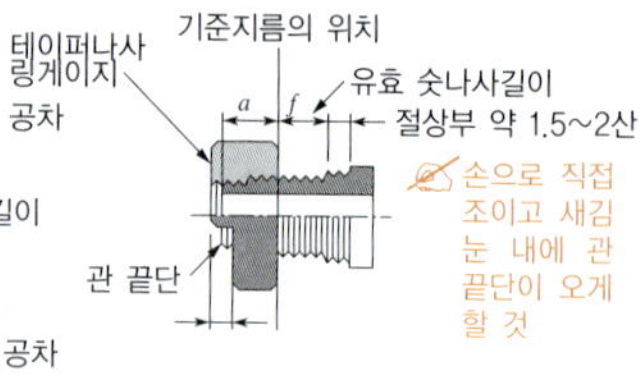

테이퍼나사 링 게이지에 의한 체크

나사가공치수

(mm)

호칭경 A	관의 외경 φ	기준지름 d (숫나사산) (암나사곡)	기준지름의 위치 숫나사(관 끝에서의 위치) a	±b 공차	암나사의 공차 ±c	유효 나사길이 f
15	21.7	20.955	8.16 (4.5)	1.81 (1.0)	2.27 (1.25)	5.0 (2.8)
20	27.2	26.441	9.53 (5.3)	2.31 (1.0)	2.89 (1.25)	6.4 (2.8)
25	34.0	33.249	10.39 (4.5)			
32	42.7	41.910	12.70 (5.5)			
40	48.6	47.803	12.70 (5.5)			
50	60.5	59.614	15.88 (6.9)			7.5 (3.3)
65	76.3	75.184	17.46 (7.6)	3.46 (1.5)	3.46 (1.5)	9.2 (4.0)
80	89.1	87.884	20.64 (8.9)			9.2 (4.0)
100	114.3	113.030	25.40 (11.0)			10.4 (4.5)
125	139.8	138.430	28.58 (12.4)			11.5 (5.0)
150	165.2	163.830	28.58 (12.4)			11.5 (5.0)

( )안의 숫자는 나사산수를 나타냄

관리 3 동관의 접합은 바르게 시공되어 있는가?

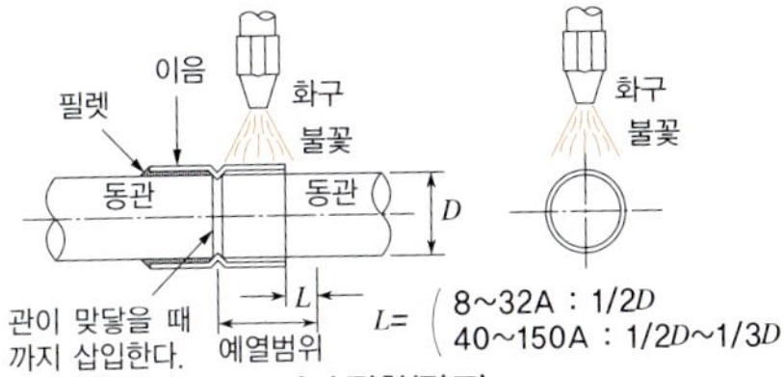

동관의 접합(경로)

① 급수나 급탕관의 경우 40mm 이하는 연로, 50mm 이상은 경로를 사용한다.

② 냉매관의 경우는 관경 전체에 경로를 사용한다.

③ 수배관에서 제외할 필요가 있는 개소는 32mm 이하일 경우 동제 유니온 이음, 40mm 이상일 경우 플랜지 이음을 사용한다.

관리 4 스테인리스관의 메커니컬 접합은 바르게 시공되어 있는가?

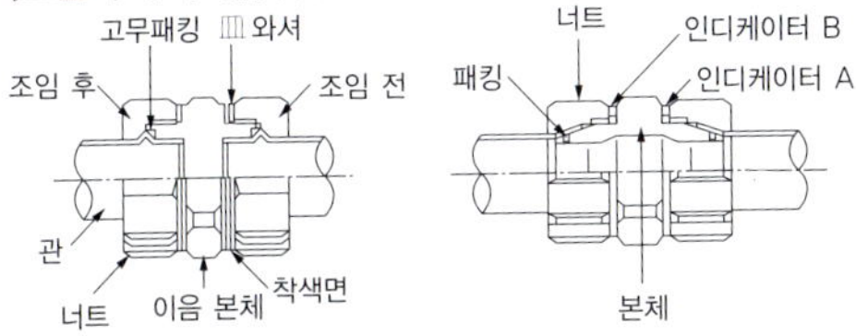

확관식 플레어식

① 확대관경은 게이지로 확인한다.

② 너트 조임은 와셔의 착색면이 보이지 않을 때까지 조인다.

① 플레어 외경은 게이지로 확인한다.

② 너트에 고무패킹이 바르게 장착되어 있는지 확인한다.

③ 조임 확인 링이 변화될 때까지 파이프 렌치 등으로 조인다.

관리 5 주철관의 메커니컬 접합은 바르게 시공되어 있는가?

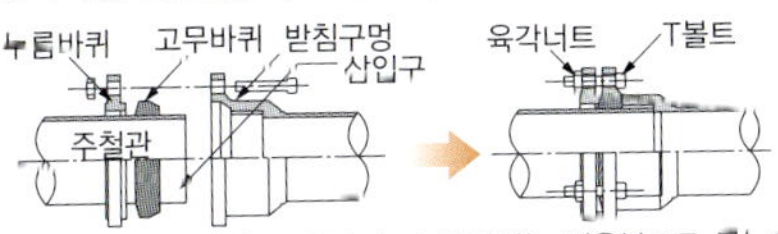

삽입구 측에 누름바퀴→고무바퀴 순으로 삽입한다.
누름바퀴는 전용볼트로 균등하게 조인다.

배수용 주철관의 메커니컬 접합

❖ 현장관리 포인트

☞ 배관재 절단은 적절한 공구로 관축에 대해 직각으로 절단할 것.

☞ 나사자르기는 자동치수장치가 부착된 가공기를 사용한다.

☞ 나사체결은 수동조임으로 한 후 관경에 적합한 파이프렌치 또는 체인렌치가 사용되며 무리한 조임은 피할 것.

☞ 나사체결 후 남은 나사부분과 파이프렌치 등의 날 자국에 녹 방지 페인트를 도포할 것.

☞ 메커니컬 접합은 제조업체가 규정하는 시공기준에 따를 것.

3 수수조 주위의 마무리

관리 1 수수조의 구조는 적절한가?

수수조는 음용수를 저장해 두는 곳이므로 수조 본체와 수조 내부의 보강재는 수질에 악영향을 미치지 않는 것으로 한다.

p.222 관리 2

FRP제, 스테인리스제 등이 일반적으로 사용되는데 맨홀 뚜껑, 오버플로관, 통기관은 먼지나 그 외 위생상 해로운 것이 들어가지 않는 구조로 한다.

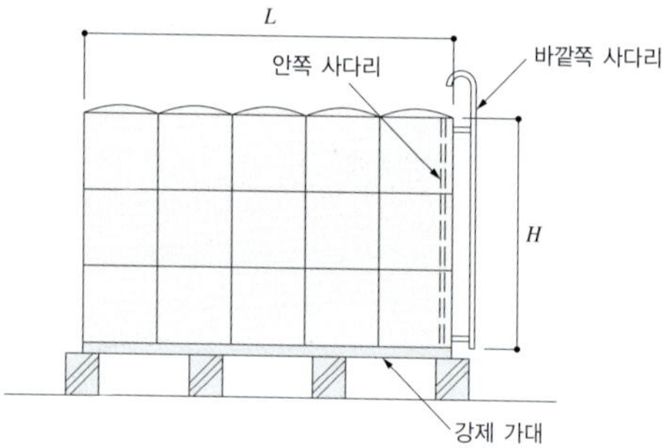

수수조의 구조(스테인리스 강판제 패널 탱크)

관리 2 수수조 설치장소는 위생적인가?

수조 내부에 있는 음용수가 오염되는 것을 막기 위해 다음과 같은 점에 유의하도록 한다.

① 수수조 내부 및 수수조 상부에는 음용수 배관 외의 타 배관을 두지 않는다.

② 배수가 수수조 배수관이나 오버플로관을 통해 수조 내부로 역류되지 않도록 호퍼 등으로 받는 간접배수로 하고 충분한 배수구 공간을 둔다.

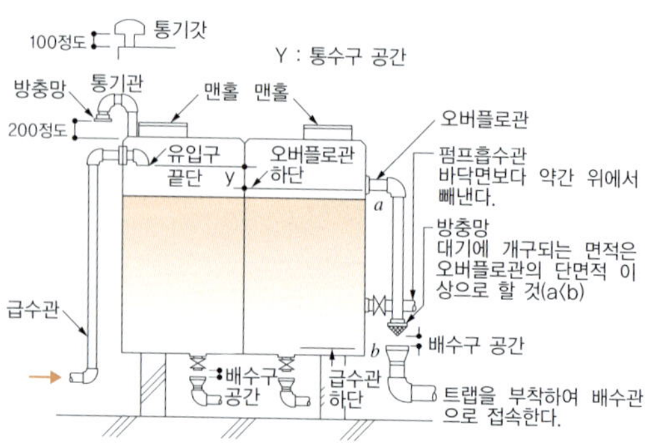

수수조의 설치요령

관리 3 수수조 주위에 메인터넌스 공간이 있는가?

수수조를 위생상 유효하게 메인터넌스하기 위해서는 수수조 주위에 적당한 공간이 필요하다. 또한 수수조는 2이상 구획하여 언제든 수조 한쪽 청소가 가능한 상태로 한다.

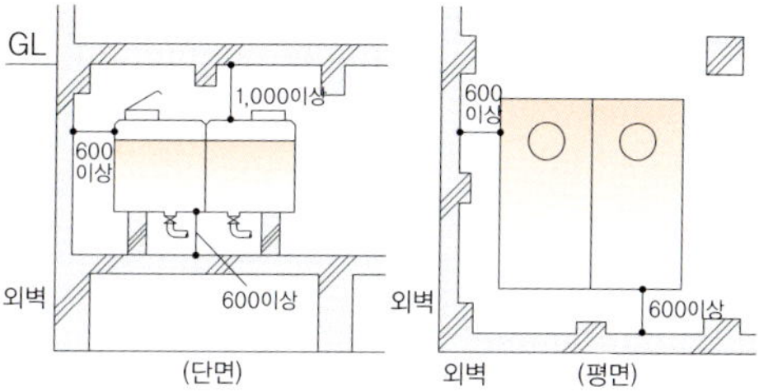

수수조의 필요이격

클레임 수수조의 배수상태가 원활하지 못해 호퍼에서 오버플로된 물이 넘쳤다!

〈현상〉 RC조 7층짜리 사무소 건물에서 시험조정을 하던 중 지하 1층에 설치했던 수수조에서 물을 오버플로 시키자 호퍼에서 받지 못하고 물이 넘쳐 수수조실 바닥에 물이 넘쳤다.

〈처치〉 ① 맨홀을 확대시키고 배관 사이즈를 키워 넘치지 않도록 했다.

② 만에 하나 수수조실 바닥에 물이 고이더라도 바로 배수되도록 긴급용 배수구를 설치하고 용수조(허드렛물)로 흐르도록 했다(또한 피트와 펌프를 설치한다).

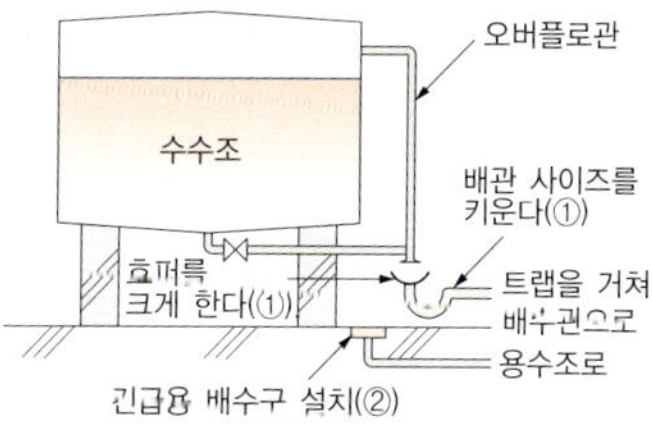

개선 예

❖ 현장관리 포인트

- ☞ 수수조는 음용수를 저장하기 위한 것이므로 재질은 수질에 악영향을 미치지 않는 것으로 한다. 스테인리스 스틸이나 SMC 또는 PDF 재료가 많이 사용된다.
- ☞ 옥외에 설치하는 수수조는 분뇨, 쓰레기 등의 유해물질로부터 5m 이상 띄워 설치하되, 부득이한 경우는 수수조의 주위에 차단벽을 설치한다.
- ☞ 맨홀 뚜껑은 잠금장치를 해 둘 것.
- ☞ 수수조실은 환기가 충분히 되도록 할 것.
- ☞ 수수조실 내에는 급수관 외에 배수관이나 오수관 등이 통과하지 않도록 한다.

4 배수조의 수중펌프

관리 1 배수층은 기밀한 구조로 되어 있는가?

배수조는 통기관 외부로 악취가 새 나가지 않도록 기밀한 구조로 한다.

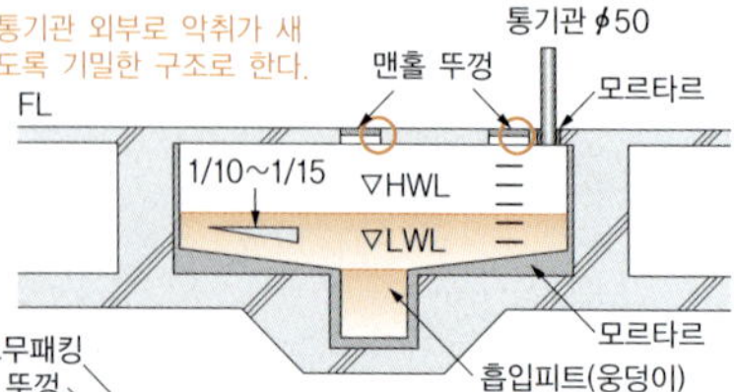

오수 · 잡배수조의 구조

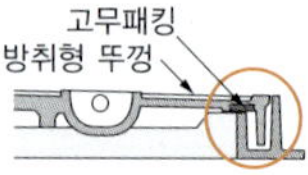

맨홀 뚜껑(밀폐뚜껑) 상세

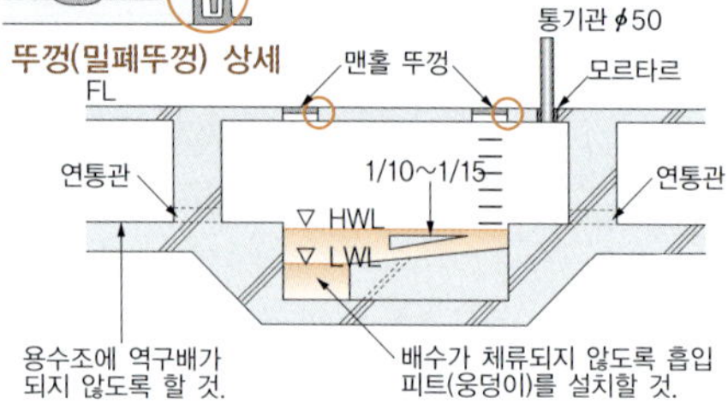

용수조의 구조

관리 2 배수조 바닥에는 흡입피트(웅덩이)를 설치하였는가?

배수조 바닥에는 배수가 체류되지 않도록 흡입피트(웅덩이)를 설치할 것

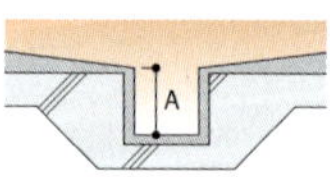

흡입피트(단면)

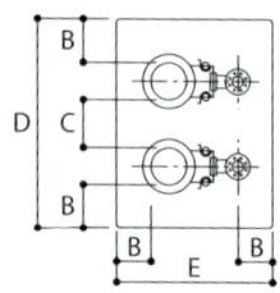

흡입피트(평면)

펌프 흡입피트 치수표

(mm)

펌프 구경	A	B	C	D	E
50ϕ 이하	200	200	400	1,200	900
65ϕ~80ϕ	250	250	500	1,500	1,200
100ϕ~150ϕ	300	300	600	1,900	1,400

관리 3 배수조는 메인터넌스에 대한 배려를 하였는가?

내부의 메인터넌스를 용이하고 안전하게 할 수 있는 위치에 맨홀(Ø600mm 이상)을 설치한다. 맨홀 상부에는 펌프를 달기 위한 훅을 맨홀 주위에는 배관 플랜지를 설치한다. 전원 케이블은 펌프를 끌어올릴 때를 고려한 길이로 하고 동력반까지 조인트 없이 연결한다.

관리 4 레벨 스위치의 설치위치는 적절한가?

일반적으로 펌프는 레벨 스위치에 의해 자동 운전된다. 레벨 스위치(전극봉, 플로트, 전극대 등)의 설치위치는 수조 하부부터 공통 · 정지 · 기동(자동교호) · 동시운전 · 만수경보표시가 되며, 상부에는 연통관이나 오버플로관 순서가 된다. 또한 레벨스위치는 물 출렁임의 영향을 받지 않도록 배수유입구로부터 분리시킬 것.

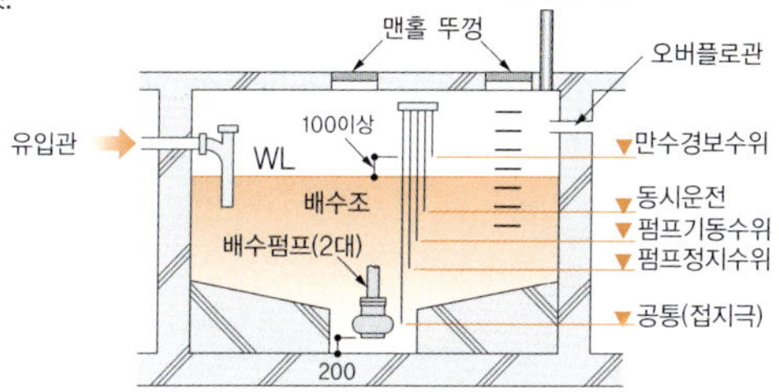

배수조 내의 펌프 운전제어

클레임 빗물펌프를 가동시키자 주호부에 소음이 생겼다!

〈현상〉 준공 후 얼마 안 된 RC조 6층짜리 집합주택에서 빗물펌프 가동 시 소음이 주거공간에까지 전달되어 클레임이 발생했다.

〈처치〉 ① 펌프, 배관의 진동이 물을 통해 구체로 전달되지 않도록 배관의 방진지지, 배관의 바닥관통부에 완충재를 충전하고 펌프 아래에 방진시트를 설치했다.

② 추가로 설치한 소용량 펌프를 평소운전용으로 하고, 용량부족에 대해서는 기존 대형펌프를 추가 운전용으로 전환했다.

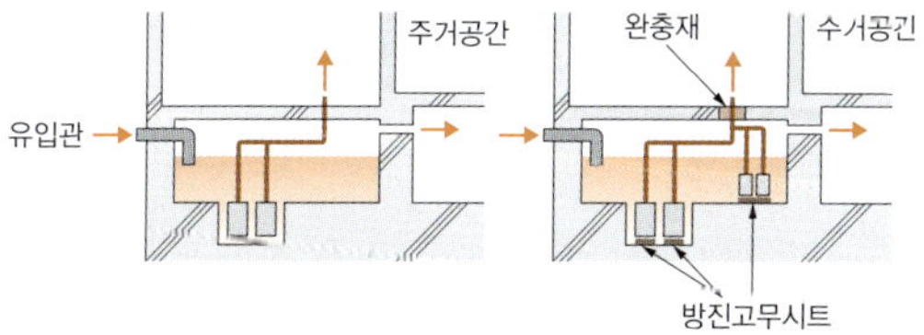

불량상황 개선상황

❖ 현장관리 포인트

☞ 배수조는 통기 외부로 악취가 새 나가지 않도록 기밀한 구조로 한다.

☞ 배수조에 넣기 위한 트랩은 맨홀 옆에 설치한다. 또한 펌프가 고장 났을 때 배수조 바깥으로 펌프를 끌어낼 수 있도록 메인터넌스에 대해 충분히 고려한 구조로 한다.

☞ 건축계획상, 주거공간 주변에는 펌프를 가진 수조를 설치하지 않는다. 부득이하여 근방에 수조를 설치하는 경우는 펌프의 진동 · 소음이 주거공간에 전달되지 않도록 방진대책을 검토해야 한다.

5 옥상배관 · 덕트 · 통기철물의 방수 접합

관리 1 비둘기장 주위의 마무리는 적절한가?

① 비둘기장의 배관 관통부 차양은 300mm 이상으로 하고 배관 관통부의 하부 실링이 빗물선 내에 들어가도록 한다. 또한 비둘기장의 지붕면에는 적절한 구배를 둔다.

② 배관 · 덕트는 관통부 전후에서 지지한다. 2본 이상의 배관을 관통시키는 경우 슬리브 외면 간격은 150mm 이상으로 한다.

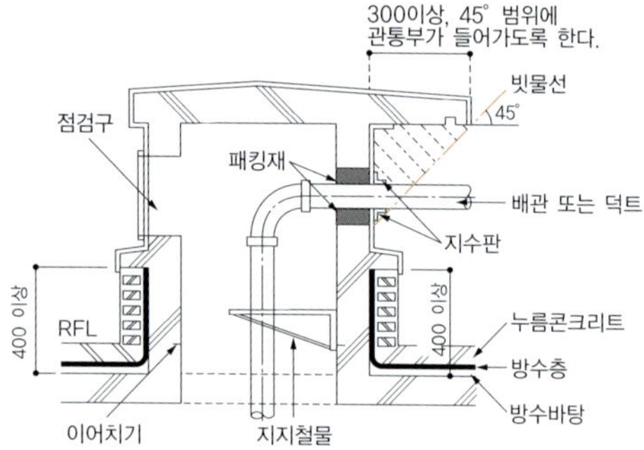

비둘기장 주위의 방수처리(예)

관리 2 기성제품 비둘기장의 마무리는 적절한가?

외부와의 경계부분 외측에 전용 슬리브를 설치하고 관통 스페이스 범위는 제품에 따라 정해져 있으므로 그 범위에서 관통한다.

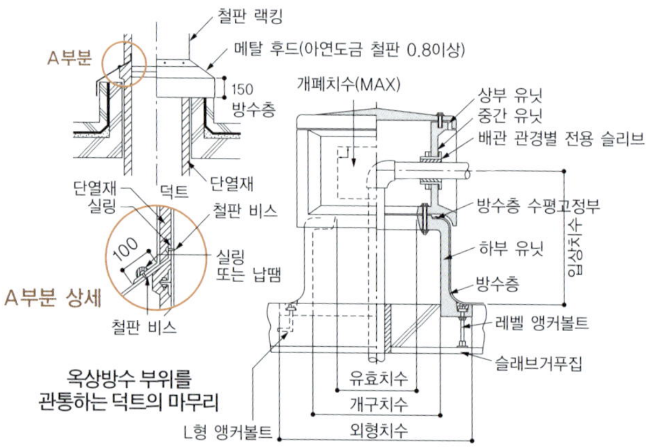

기성제품 비둘기장 주위의 방수처리(예)

관리 3 통기철물 주위의 방수처리는 적절한가?

① 방수이음 통기관 접속용에는 날을 부착하고 슬래브 콘크리트 타설시 물이 모이지 않도록 관통부 주위보다 20mm 정도 높게 한다.

② 방수이음(꽂음형)의 경우 슬리브(배관 1사이즈 업) 또는 실관 매입으로 한다.

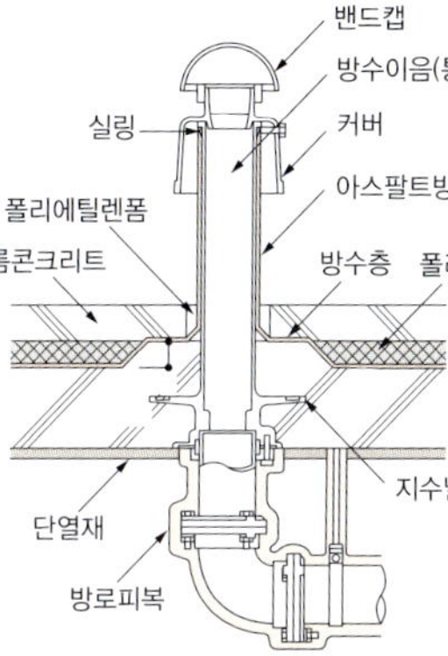

옥상 통기철물의 마무리(아스팔트방수의 예)

관리 5 폭우로 인해 빗물이 비둘기장으로 침입하여 최상층 천장 및 바닥이 더러워졌다!

〈현상〉 준공 후 1년 된 RC조 8층짜리 사무소 빌딩에서 옥상의 비둘기장 배관이 치켜올려져 있어 빗물이 배관을 통해 비둘기장으로 침입, 이로 인하여 최상층 거실 천장과 바닥이 더러워졌다.

〈처치〉 ① 비둘기장에서 나온 배관, 덕트 등은 반드시 물구배를 주어 빗물이 들어오는 것을 막는다. 단, 덕트의 경우는 가로로 빗물을 떨어뜨리는 형태로 처리해도 된다.

② 비둘기장의 관통부 배킹과 지수처리를 한다.

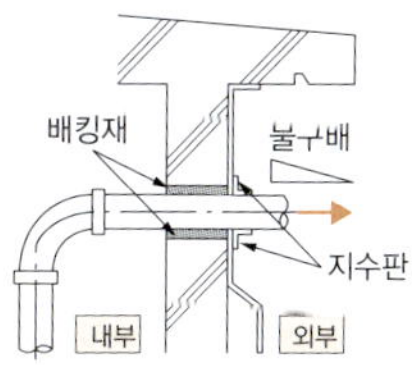

비둘기장 마무리(처리 후)

❖ 현장관리 포인트

☞ 비둘기장의 배관 관통부 차양은 300mm 이상으로 하고, 배관 관통부 주위는 실링(지수)처리하여 우수를 차단한다.

☞ 비둘기장 지붕에는 빗물이 고이지 않도록 구배를 잡는다. 또한 지붕면적이 큰 경우는 도막방수 또는 시트방수를 한다.

☞ 비둘기장에서 나온 배관 · 덕트는 관통부 전후에서 지지한다.

☞ 비둘기장의 치켜올림 높이는 옥상의 오버플로관보다 높게 한다.

☞ 통기철물의 실내측(천장내) 배관과 달대철물은 반드시 방로처리를 한다.

6 공조기기 설치(1)

관리 1 냉동기의 설치위치는 적절한가?

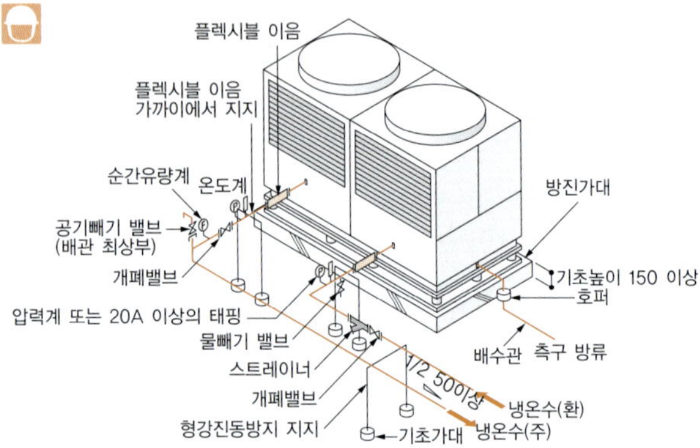

공기열원 히트펌프 설치

관리 2 에어컨 실외기 설치는 적절한가?

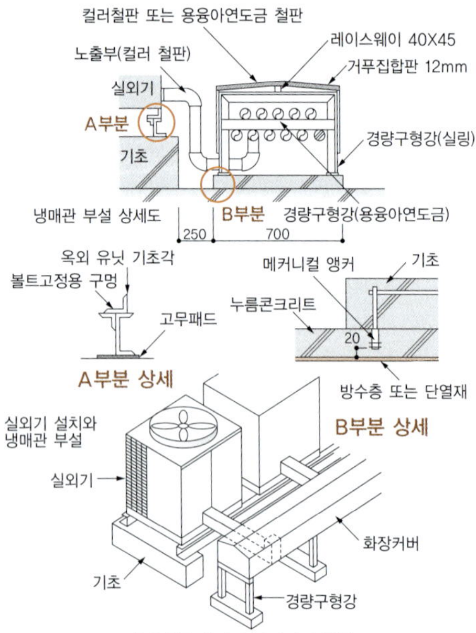

패키지형 에어컨 실외기의 설치

관리 3 송풍기(팬) 설치는 적절한가?

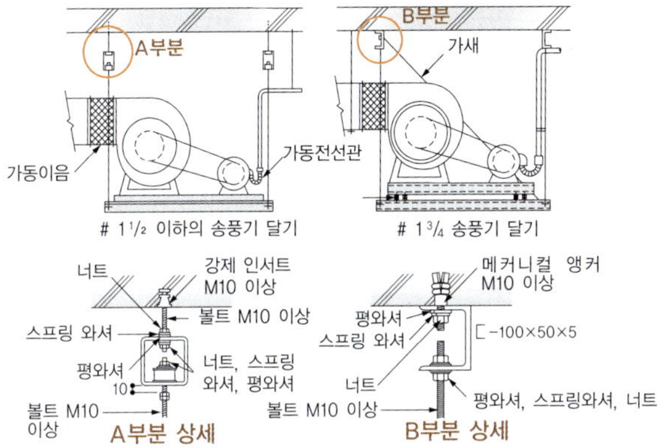

송풍기(팬) 설치(바닥슬래브에서 매다는 경우)

관리 4 공조기 설치는 적절한가?

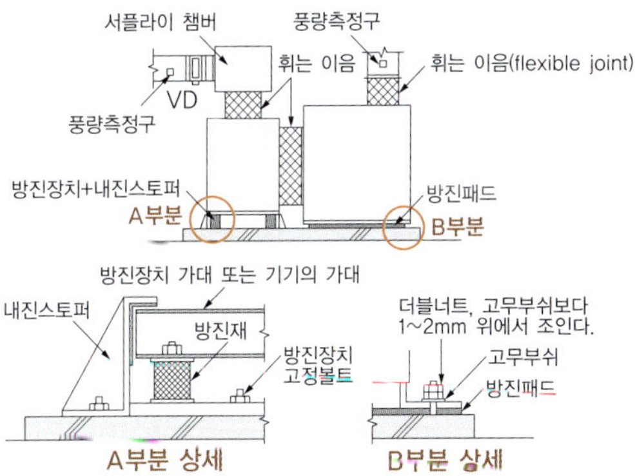

공조기(AHU) 설치

❖ 현장관리 포인트

- ☞ 실외기기는 공기 흡입공간, 메인터넌스 공간을 확보한다. 또한 기기의 소음, 진동에 주의하여 설치한다.
- ☞ 실외기기는 배기루버나 굴뚝으로부터 격리시켜 설치한다.
- ☞ 바닥슬래브에서 매다는 송풍기류에 대해서는 더블너트로 고정한다. 또한 다른 달대 철물(조명, 천장 등)과 접촉하지 않아야 한다.
- ☞ 공조기를 설치할 때에는 코일, 필터 점검구, 송풍기 벨트 등의 보수점검공간을 확보해야 한다.

7 공조기기 설치(2)

관리 1 공조실외기는 숏 서킷을 일으키지 않는가?

공조실외기 주위는 통풍에 장해 없이 열교환이 이루어지도록 제조업체의 설치기준을 참고로 하여 충분한 공간을 둔다.

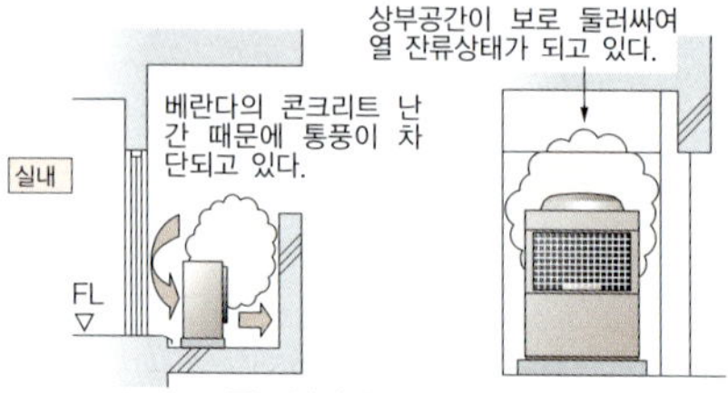

공조실외기 설치(잘못된 예)

관리 2 공조실외기의 설치장소는 메인터넌스를 고려하였는가?

업체의 설치기준을 참고로 하여 차후 메인터넌스(main-tenance)를 할 수 있도록 설치한다.

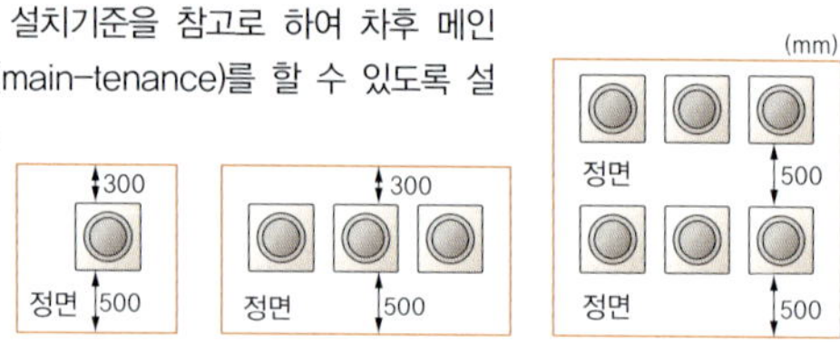

메인터넌스를 고려한 공조실외기 설치(예)

관리 3 공조실외기의 소음 · 진동대책을 고려하였는가?

공조기기의 소음레벨치를 바탕으로 부지경계선상에서 기준 소음레벨을 밑도는지 여부를 계산을 통해 예측한다. 초과하는 경우는 그에 상응한 대책을 세운다.

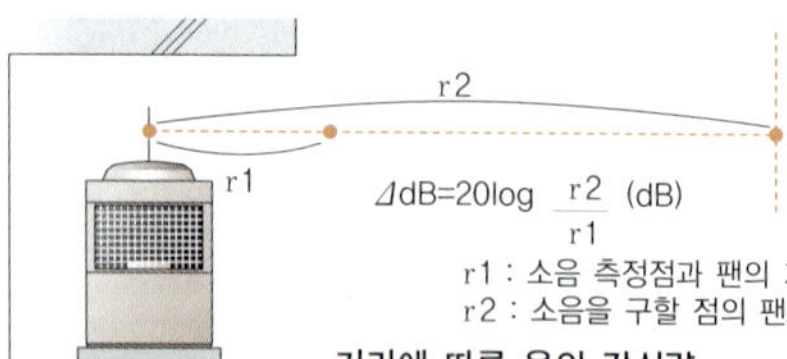

$$\Delta dB = 20\log\frac{r2}{r1}\ (dB)$$

r1 : 소음 측정점과 팬의 거리(보통 1m)
r2 : 소음을 구할 점의 팬으로부터의 거리

거리에 따른 음의 감쇠량

소음과 관련된 환경기준 (일본기준)

지역의 유형	기준치	
	6:00~22:00	22:00~6:00
AA	50dB 이하	40dB 이하
A 및 B	55dB 이하	45dB 이하
C	60dB 이하	50dB 이하

※2005년 5월 26일 환경청 고시 제45호에 의함

AA : 특히 정숙을 요하는 지역 / A : 주거 전용으로만 제공되는 지역 / B : 주로 주거용으로 제공되는 지역 / C : 상당부분이 주거용이며 상업, 공업용으로도 제공되는 지역

관리 4 공조실외기의 설치방법은 적절한가?

p.194 관리 1
p.195 관리 2

① 집합주택의 경우

소형기기의 경우는 2차 제품 기초(콘크리트블록제 또는 FRP제)에 설치하거나 베란다 상부 슬래브에서 방진처리를 하여 매단다.

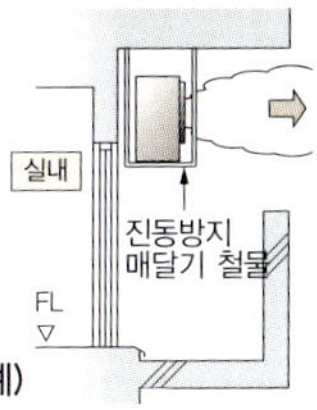

베란다 상부 슬래브로부터의 방진 매달기(예)

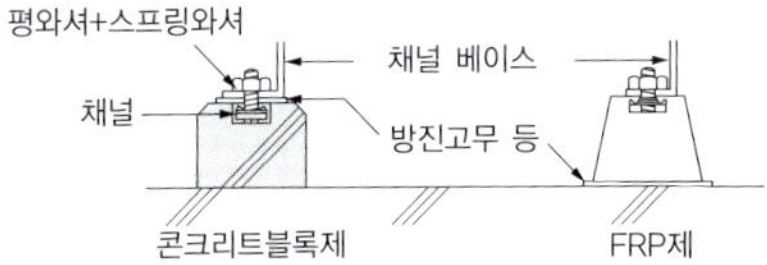

2차 제품 기기류의 기초

② 사무소빌딩 등의 경우

대형 기기인 경우는 콘크리트 기초 위에 견고하게 고정한다.

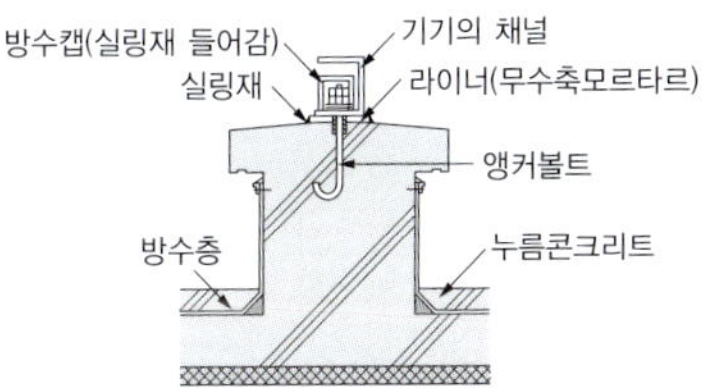

중량기기의 기초

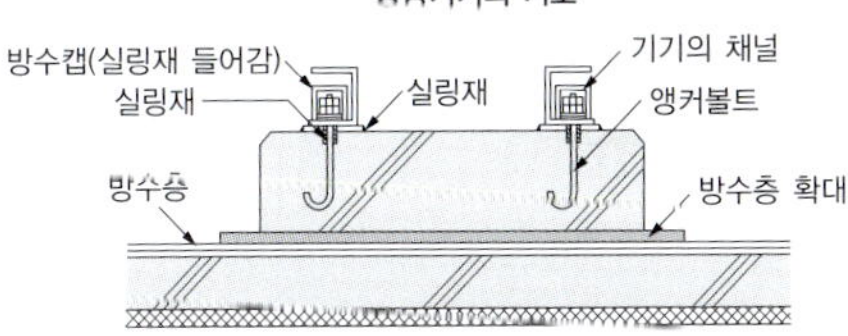

경량기기의 기초

기기류의 기초(옥상 설치)

❖ 현장관리 포인트

☞ 설비기기의 효율 저하는 장기간에 걸쳐 거주자나 건물 소유자에게 경제적 부담을 주기 때문에 기능을 최우선으로 한다.

☞ 공조실외기의 설치장소는 의장적인 면도 고려해야 하지만 무엇보다도 기능을 우선으로 해야 하며, 주위에 열교환에 필요한 최소한의 공간을 확보해야 한다.

☞ 실외기 위치는 열교환은 물론 메인터넌스를 할 수 있는 장소에 설치한다.

8 위생기기 설치

관리 1 재래식 대변기 설치는 적절한가?

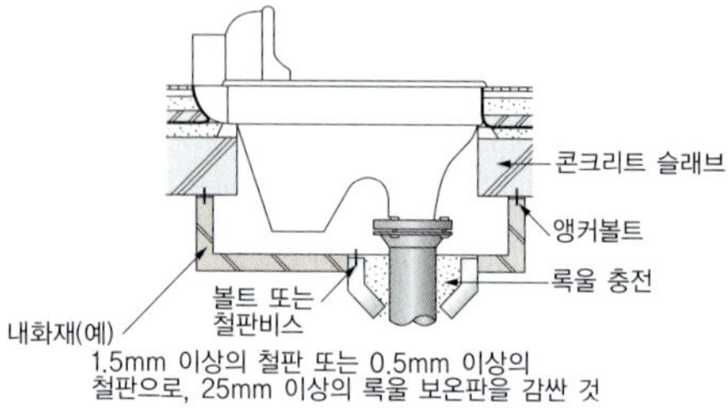

내화재를 사용하는 경우

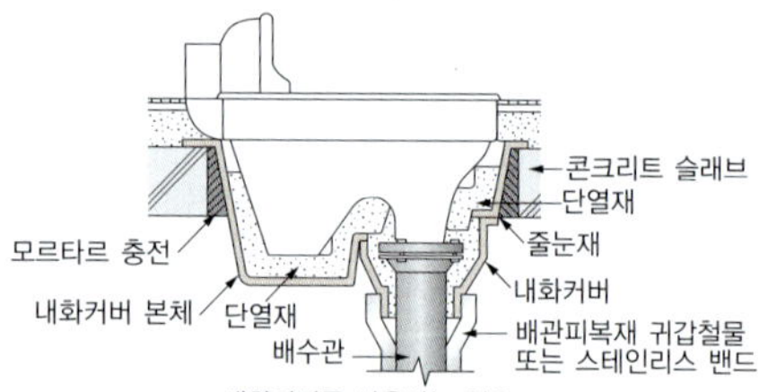

내화커버를 사용하는 경우

재래식 대변기의 설치

관리 2 양식 대변기의 설치는 적절한가?

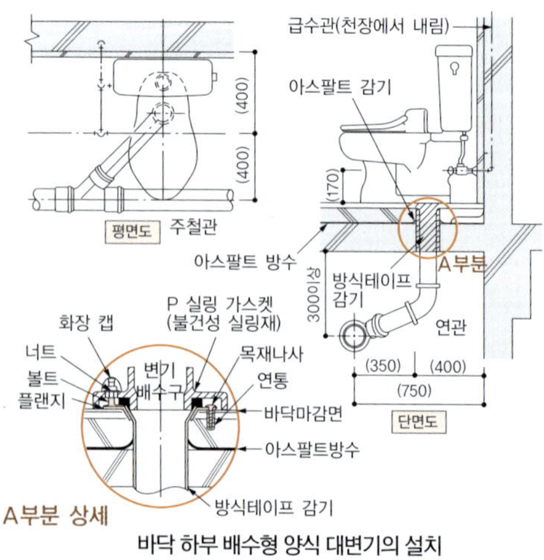

바닥 하부 배수형 양식 대변기의 설치

관리 3 소변기의 설치는 적절한가?

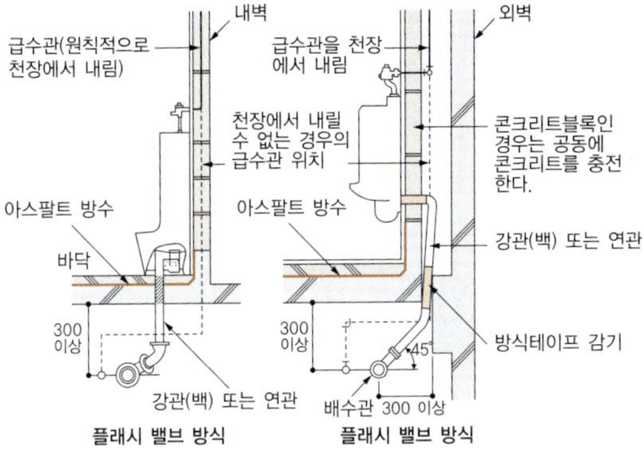

스톨형 소변기의 설치

관리 4 세면기 · 청소 씽크대의 설치는 적절한가?

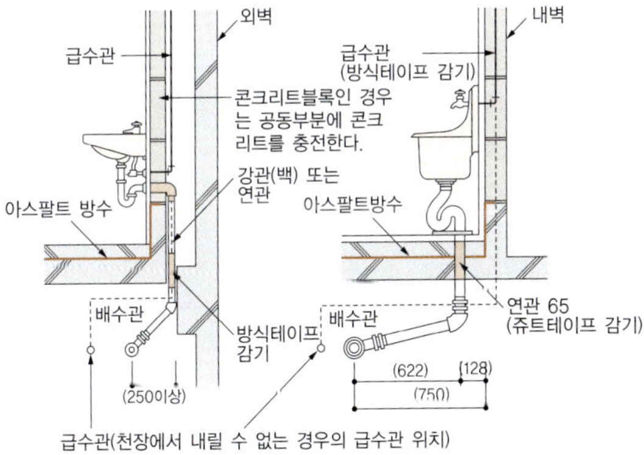

세면기의 설치 청소 씽크대의 설치

❖ 현장관리 포인트

- ☞ 방수층을 관통하는 배수관은 아스팔트 쥬트감기+방수시트 감기+아스팔트 도포+밴드 채움하여 마감한다.
- ☞ 급수관은 외벽에 매입하지 않는다. 방수층이 있는 경우 급수관은 천장에서 내림배관으로 하고 방수층 관통을 피한다.
- ☞ 변기와 배수관의 접속부분은 심먹내기를 확실히 한다. 불건성 실링재(건조하지 않은 실링재)는 수평 · 수직으로 처리한다.
- ☞ 수전(지수전)과 급수관의 접속은 코어 내장 수전 소켓을 사용한다.

9 배관의 부식방지

관리 1 금속관의 부식방지대책은 적절한가?

① 경질염화비닐 라이닝강관

기본적으로 부식되기 어려운 배관재이지만 불완전한 시공에 의해 부식을 일으키는 경우가 있다. 또한 경질염화비닐 라이닝강관의 이음에는 수지코팅이음을 하지 말고 반드시 관단방식이음(성형내장형)을 사용한다.

시공단계에서 수지피막층이 변질되거나 박리되지 않도록 직사일광을 피하고 용접 작업하여 고온에 접하지 않도록 할 것.

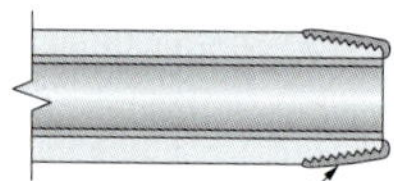

방식 실링제 도포

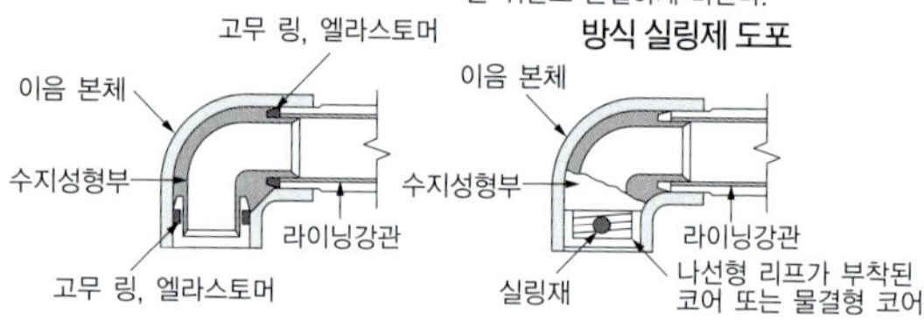

관단방식이음의 종류(좌측 그림 : 고무 링 타입/ 우측 그림 : 실런트 타입)

② 스테인리스강관

표면이 크롬산화피막으로 부동태화되어 있어서 내식성은 우수하지만 부동태 피막이 파괴되면 부식을 일으킨다.

부식방지대책
- 배관 접촉면에 틈을 없앤다.
- 변형을 남기지 않는 가공 및 용접
- 용접부 관 내면의 용접 산화스케일 제거
- 수지 등으로 절연한 지지철물 사용

③ 동관

가장 내식성이 우수한 안정된 재료이다.

부식방지대책
- 적정한 공구 사용과 관 절단 시의 지저분한 조각 제거, 원 수정과 관내의 이물 제거
- 납 부착 후 신속히 청소 및 세정
- 지지간격 확보, 수지 등으로 절연한 지지철물 사용
- 사용하는 물이 상수도가 아닌 경우의 검토
- 내식성을 위해 유속을 1.2m/s 이하로 억제하는 관경 설정

④ 내열성 경질염화비닐 라이닝강관

기본적으로 경질염화비닐 라이닝강관과 같다.

부식방지대책
- 방식 실링재는 수도용 내열성 액상실링재를 사용한다.
  내열성 경질염화비닐 라이닝강관의 이음은 전용 관단 방식이음(성형 내장형)을 사용한다.

관리 5 이종관의 접합은 적절한가?

이종관의 접합

접속 관의 종류		개 요
주철관	강관	급수용은 플랜지 접합
	비닐관	급수용은 비닐관에 플랜지 이음으로 냉간접합하고 거기에 주철이형관을 플랜지 접합
강관	스테인리스 강관	원칙적으로 절연이음에 의한 접합
	동관	원칙적으로 절연이음에 의한 접합
	연관	매개이음 나사채움, 납땜접합 또는 플라스턴 접합
	비닐관	비닐관에 나사이음을 냉간접합하고, 나사접합
동관	스테인리스 강관	동관에 나사 어댑터를 프레스 또는 압축이나 납땜접합하고, 여기에 암나사가 달린 소켓을 나사채움, 스테인리스 강관을 접합하거나 루즈 플랜지를 사용해 접합

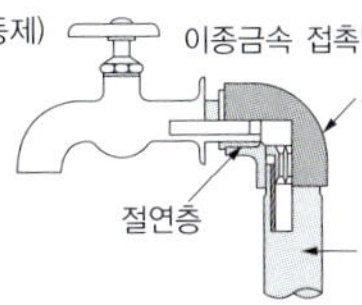

이종금속 절연의 사용(예)

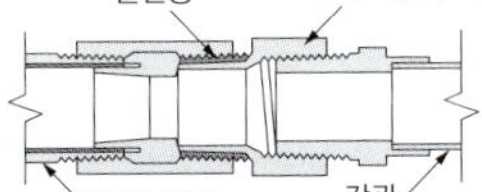

이종금속접촉방지형 어댑터

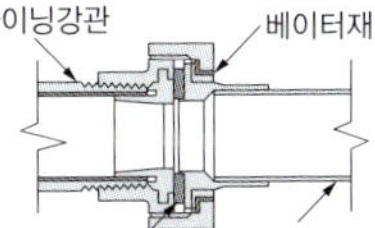

절연 유니온

이음구조로 대표적인 예이며, 제조업체에 따라 구조의 차이가 다소 있으므로 반드시 확인할 것.

이종관의 접속은 배관재와 강제 지지철물의 경우도 마찬가지이며, 일반적으로는 지지철물 내측에 고무를 감아 절연처리를 한다.

이종관과의 접속(예)

❖ 현장관리 포인트

- ☞ 경질염화비닐 라이닝강관은 시공중 수지피막층의 변질, 박리 등이 없도록 주의할 것.
- ☞ 스테인리스강관의 프리패브화는 공장에서 행하여 현장에 반입한다.
- ☞ 이종금속을 접합하는 경우는 절연이 필요한지의 여부를 조사하고 필요한 경우에만 절연이음 등으로 처리할 것.

10 방화구획 관통처리

관리 2 배관의 방화구획 관통처리 시공방법은 적절한가?

① 불연재 배관인 경우

불연재 이외의 슬리브(종이로 만든 임시 틀 등)를 사용했을 경우는 배관 전에 제거한다.

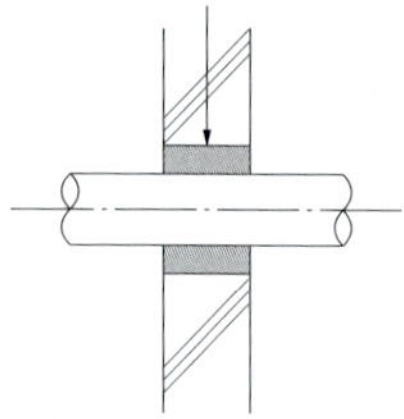

불연재의 배관(보온재 없음)

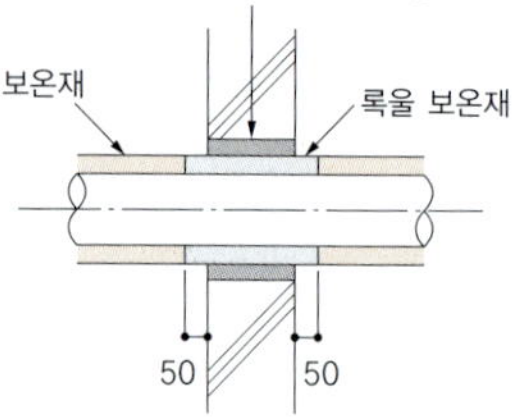

불연재의 배관(보온재 있음)

② 불연재 이외의 배관인 경우

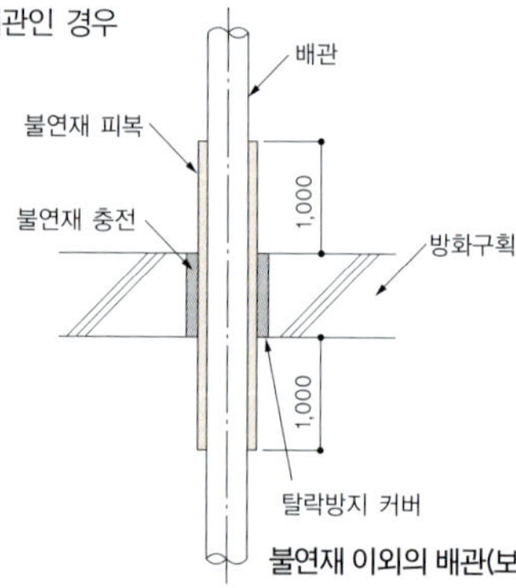

불연재 이외의 배관(보온재 없음)

염화비닐관이 방화구획을 관통하는 경우

급수관 등의 용도	피복 유무	급수관 등이 관통하는 바닥, 벽, 기둥 또는 보 등의 구조 구분			
		방화구조	30분 내화구조	1시간 내화구조	2시간 내화구조
배전관		82mm	82mm	82mm	82mm
급수관		100mm	100mm	100mm	75mm
배수관 및 배수관에 부속된 통기관	피복이 없는 경우	100mm	100mm	75mm	50mm
	두께 0.5mm 이상의 철판으로 피복되는 경우	125mm	125mm	100mm	75mm

(1969년 건설성 고시 제3183호)

관리 2 덕트의 방화구획 관통처리 시공방법은 적절한가?

방화구획 관통부에는 1.6mm 이상의 철판 덕트로 하고 방화댐퍼를 설치한다.

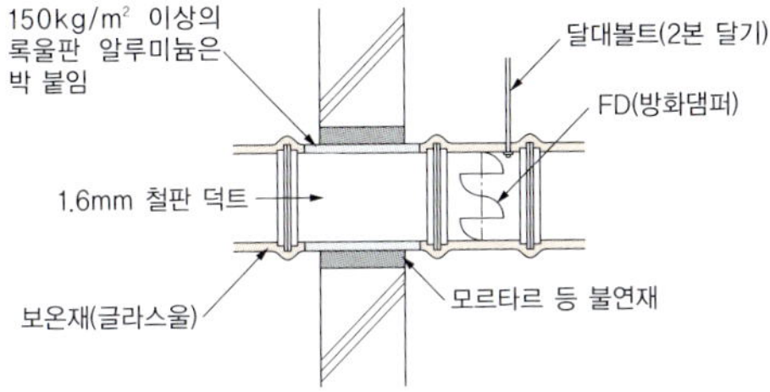

덕트의 방화구획 관통처리

관리 3 냉매관의 방화구획 관통처리 시공방법은 적절한가?

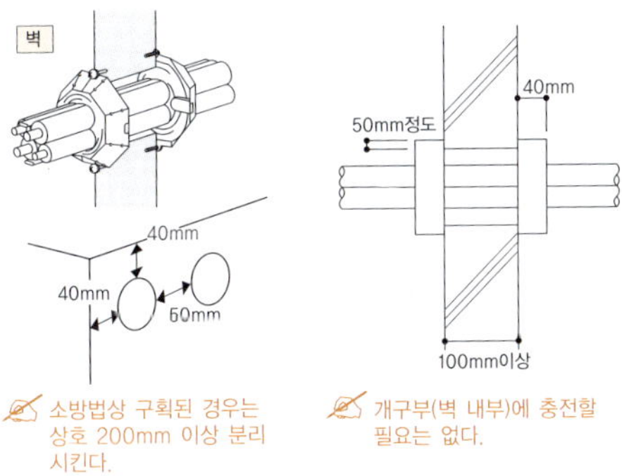

냉매관의 방화구획 관통처리

❖ 현장관리 포인트

- 배관, 전선관은 관통부 전후에서 지지한다.
- 댐퍼 조작용 천장 점검구는 점검 가능한 크기로서 최저 450X450 이상으로 한다.
- 관할 관공서의 지도가 필요한 경우 미리 확인하여 시공할 것.
- 방화구획부의 록울재는 두께 25mm를 원칙으로 한다.

1 수(물)배관의 수압시험방법

관리 1 수(물)배관의 수압시험 적용범위와 실시시기는 적절한가?

① 수(물)배관은 배관의 일부 또는 전체 배관을 완료한 후 방로 · 보온피복을 하기 전에 수압시험을 한다. 은폐되거나 매설된 배관도 이들 시공을 하기 전에 수압시험을 할 필요가 있다.

② 수압시험은 누수사고를 방지하는 차원에서 가장 중요한 시험이다. 공공수도직결배관과 탱크이하 급수관에 대해서 시험을 실시한다.

관리 2 수압시험의 시험범위는 적절한가?

공사 상황에서 주관, 층별, 분기관 등에 블록나누기를 하여 시험을 실시한다. 블록 나누기는 시공도 작성 시점에서 정하며, 블록별로 수압시험을 할 경우도 모든 배관공사 완료 후 일괄적으로 실시하는 것이 좋다.

관리 2 수압시험치 및 유지기간은 적절한가?

시험압과 측정시간

계통	시험대상	수압시험 최저기준*2	유지시간
급수 · 급탕	가압급수급탕배관 (양수관 포함)	펌프양정의 2배*3 최저 0.74MPa(7.5kgf/cm²)	60분
	고가탱크 이하의 배관	정수두의 2배(2차측 배관) 최저 0.74MPa(7.5kgf/cm²)	60분
	폴리부텐관 가교폴리에틸렌관	0.74MPa(7.5kgf/cm²) 판정기준 60분 후 0.644MPa(6.5kgf/cm²)	60분
	기구를 포함한 경우	기구의 내압성능 이하 최저 0.74MPa(7.5kgf/cm²) 0.98MPa(10kgf/cm²)	60분
배수	펌프 업 배수관	펌프양정의 2배 최저 0.74MPa(7.5kgf/cm²)	60분
소화	① 펌프에 연결한 배관	펌프 조임압력의 1.5배	60분
	② 송수구에 연결한 배관	1.72MPa(17.5kgf/cm²)	60분
	①과 ②를 병용한 배관	펌프 조임압력의 1.5배 최저 1.72MPa(17.5kgf/cm²)	60분
공조	증기배관	최고사용압력의 1.5배+0.25MPa(2.5kgf/cm²) 최저 0.20MPa(2kgf/cm²)	60분
	고온수배관*1	최고사용압력의 1.5배+0.25MPa(2.5kgf/cm²) 최저 1.72MPa(17.5kgf/cm²)	60분
	냉온수 · 냉각수	최고사용압력의 1.5배+0.25MPa(2.5kgf/cm²) 최저 0.98MPa(10kgf/cm²)	60분

※1) 고온수용 컨실드배관은 기압시험에 의한다.
2) 압력은 배관 최저부에서의 것
3) 직결배관인 경우는 1.72MPa(17.5kgf/cm²)로 한다. 단, 수도사업자에 규정이 있는 경우는 그에 따른다.

관리 4 수압시험 계획은 적절한가?

① 1회 시험은 가급적 긴 구간에 대해 실시한다. 배관의 일부를 시험하는 경우 분할 구분은 플랜지에 민판을 사용해서 행한다. 칸막이밸브를 폐쇄하고 행하는 경우는 밸브받침에서 물이 샐 가능성이 있으므로 주의한다.

② 시험압이 시험계통 밸브와 기구 등의 내압범위 내인지 주의한다.

관리 5 시험범위를 명확히 하였는가?

① 시험범위 배관의 각 단부에 민판, 프라그, 고용관 등을 설치한다.

② 급수용 가설배관, 호스, 시험기구, 시험용 압력계 등의 설치를 한다. 입상관 상부와 하부의 정수두를 고려하여 시험압력과 시험압력계의 위치를 정한다.

③ 시험용 펌프 등에 의해 소요압력에 이르기까지 가압급수한다. 급수는 공기빼기를 고려하여 시험배관계통 하부부터 급수한다.

급수는 음용수를 사용한다. 급수 개시 후에는 압력계를 보면서 누수가 없는지 확인한 후 소요압력으로 조정한다. 이때 배관의 공기가 완전히 빠졌는지 확인한다.

④ 소요압력에 도달했을 때 기록사진 촬영을 한다.

시험에서 누수가 발생했을 경우는 개선조치한 후 재시험을 한다.

⑤ 소요의 유지시간 경과 후 압력 강하, 누수, 각부의 변형 등이 이상이 없는지 확인하고 합격 여부 판정을 한다.

⑥ 시험결과가 합격인지 확인한 후 기록사진 촬영을 한다.

⑦ 시험완료 후에는 민판과 시험용 압력계를 제거하고 이물질이 혼입되지 않도록 양생한다. 또한 수압시험 결과를 작성한다.

❖ 현장관리 포인트

☞ 시공도 작성 시점에서 수압시험 범위의 블록나누기를 검토할 것.

☞ 수압시험에 의해 누수가 발생했을 경우는 누수부분에 개선조치를 한 후 재시험을 실시할 것.

☞ 일정 압력에 도달했을 때 시험결과가 합격으로 확인했을 때에는 공사용 흑판에 내용을 기입한 후 기록사진 촬영을 한다. 또한 반드시 수압시험 결과를 작성하여 보관할 것.

2 배수관의 만수시험방법

관리 1 배수관의 만수시험 적용범위와 실시시기는 적절한가?

배수관의 만수시험은 배관공사 완료 후 각 층별로 또는 계통별로 실시한다. 이때 시공상황을 고려하여 계통 전부를 동시에 시험할 것인지, 각 층별로 부분시험을 할 것인지 결정한다. 각 층별로 부분시험을 할 경우는 만수시험이음을 각 층 입상관에 설치할 필요가 있으므로 시험범위는 시공도 작성시점에서 정하는 것이 바람직하다.

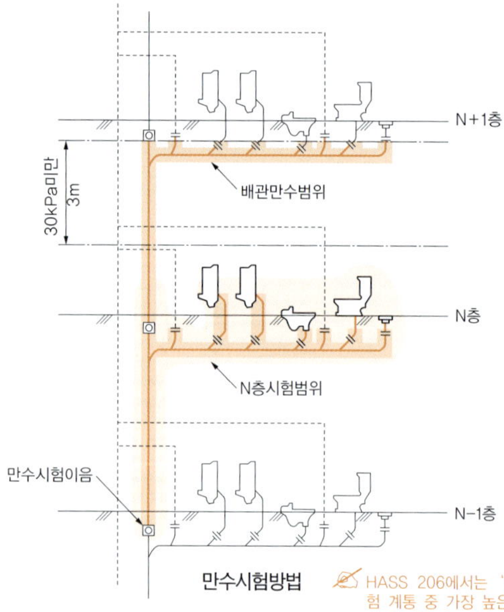

만수시험방법

HASS 206에서는 '만수시험 계통 중 가장 높은 곳에서 아래로 3m까지의 배관을 제외하고는 모든 부분에서 30kPa 미만의 수압으로 시험해서는 안 된다'고 규정되어 있다. 따라서 각 층별로 순차 만수시험을 할 경우 그림에 나타낸 바와 같이 시험범위의 배관 전체에 30kPa 수두압이 가해지도록 한다.

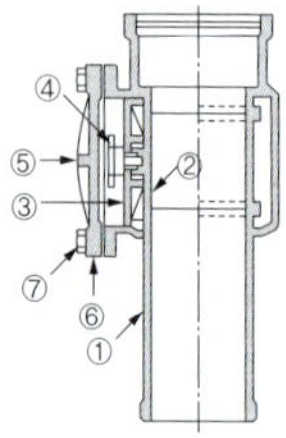

시험완료 후 소제구가 부착된 이음으로 할 경우의 단면도
- 구성부품
① 본체
② 내통
③ 누름판
④ 핸들
⑤ 커버
⑥ 패킹
⑦ 조임볼트

만수시험 이음

관리 2 만수시험의 유지시간은 적절한가?

시험대상과 유지시간

계통	시험대상	최소유지시간
배수	자연배수관*	60분

※펌프 업의 배수관은 수압시험에 의한다.

관리 3 만수시험방법은 적절한가?

① 시험대상 부분의 최상부까지 만수상태를 확인한 후 기록사진 촬영을 한다.

만수면에 부자(탁구공)를 띄워 촬영하면 만수상태를 확인하기 쉽다.

② 일정 유지시간이 경과하면 만수면의 수위변동 및 누수 유무를 이음별로 조사한다.

시험에서 누수가 발생했을 경우 나사접합인 경우를 제외하고 철물조임 불량, 고무바퀴 비틀림, 연관가공 불량 등을 점검한 후 재시공한다.

③ 만수면의 수위변동, 누수, 각부 변형 등 이상이 없는지 확인한 후 합격 여부 판정을 한다.

④ 시험결과 합격을 확인한 후 만수상태를 확인할 수 있도록 기록사진 촬영을 해둔다.

⑤ 시험완료 후 만수시험용 공구 등 폐쇄기구를 제거하고 이물질이 혼입되지 않도록 양생을 한다. 그리고 만수시험 결과를 기록으로 남긴다.

배관압력시험 기록서								
공사명칭 ○○○○ 신축공사					측정자 ○○○○ 주식회사 △△△△			
시험일 20○○ 년 ○ 월 ○ 일					가압방법(수압 · 공기압 · 기타(누수)			
시험일	계통명	접속 종별	압력 MPa	시간 (분)	누수 개소	시험대상 배관연상 (m)	최종확인자 서명	비고
○ 월○ 일	○층잡배수계통	나사	만수	30	없음	15	○○	

여기에 게재한 설비공사검사보고서는 일례이며, 제 관청, 전문공사업자, 제조업체 등 소정의 서식이 있는 경우에는 그것을 사용해도 된다.

만수시험기록서(작성 예)

❖ 현장관리 포인트

☞ 시공도 작성 시점에서 만수시험 범위와 만수시험이음의 설치장소를 결정할 것.
☞ 만수시험에 의해 누수가 발생했을 경우는 개선조치를 취한 후 재시험을 할 것.
☞ 시험 종료 후 만수시험용 공구 등 폐쇄기구를 제거하고 상기의 배관압력 시험기록서를 작성한다.
☞ 만수시험은 수압시험과 함께 누수사고 방지상 가장 중요한 시험이다.

3 냉매배관의 기밀(기압)시험방법

관리 1 냉매관의 기밀시험 적용범위와 실시시기는 적절한가?

① 냉매배관 기밀시험방법은 배관계통 내의 누수개소를 확인하는 시험으로, 모든 배관공사 완료 후에 실시한다.

> 고압가스취제법에서는 법정냉동톤 3톤(비르멀티로 약 8HP) 이상의 설비에 관해 기밀시험을 하도록 규정되어 있으며, 그 방법은 냉동보안규칙관계기준 6에 규정되어 있다.

② 신냉매 R407C에서는 특히 냉매누설이 발생하면 냉매 회수와 진공빼기 작업을 한 후 냉매를 전량 교체할 필요가 있으므로 기밀시험이 매우 중요하다.

③ 시험범위는 시공상황을 고려하여 계통 일괄로 할 것인지, 블록나누기를 하여 다음과 같은 순서에 따라 블록별로 실시할 것인지를 결정한다.

- 실내측
- 실내측+입상관
- 실내측+입상관+실외측

④ 고압가스취제법에서 기밀시험압력은 설계압력 또는 허용압력 중 낮은 압력 이상으로 정하고 있다. 기밀시험압력은 각 제조업체의 설계가스압이며 제조업체, 사용냉매에 따라 다르다.

> R22(광물유)로 2.8~3.0MPa 정도, R407C로 3.0~3.3MPa 정도, R410A로 3.8~4.2MPa 정도인데 제조업체의 확인이 필요하다.

⑤ 기밀시험압까지 한 번에 가압하지 말고 단계적으로 가압해 나간다. 가압방법도 업체별로 다른데 특별히 정해져 있지는 않다. 지정이 없는 경우는 다음 표의 스텝에 의한다.

기밀시험 압력과 유지시간

스텝	규정압력	유지시간	비고
스텝 ①	0.3MPa	3분간 이상	큰 누수 확인
스텝 ②	1.5MPa	3분간 이상	
스텝 ③	설계(기밀시험)압력	24시간 이상	작은 누수 확인

관리 2 기밀시험을 실시하기 전 안전성을 확인하였는가?

① 질소, 냉매가스, 공기 등의 기체를 압축시키는 시험은 시험중 배관이 빠지거나 벗겨지면 큰 사고로 이어지기 때문에, 사전에 안전작업계획서를 작성한 후 작업을 실시한다.

② 기기 밸브의 기밀 정도나 압력이 과해져 질소가스가 실외기 내부로 유입될 우려가 있는 경우에는 배관과 기기를 접속하지 않는 계획을 세운다.

③ 압축기의 흡입측 스톱밸브, 팽창밸브 직전의 밸브, 외기에 통하는 전체 밸브류, 냉매봉입밸브 등을 단단히 폐쇄하고, 시험장치의 수동밸브 · 전자밸브 등을 모두 연다.

관리 3 기밀시험기기의 설치는 완료되었는가?

① 기밀시험 전에 플래싱이 완료되어 있는지 확인한다.

② 사용냉매에 맞는 기밀시험기재를 준비한다. 냉동기유는 종래의 R22(광물유)와 신냉매(합성유)가 다르며, 이들이 섞이면 슬러지가 생성되어 기기 내의 캐피럴리 튜브가 막히거나 압축기의 절연 불량이 생기므로 게이지 매니홀드, 압력계, 챠지 호스는 신 · 구 냉매의 혼용을 피한다.

③ 기밀시험에 사용하는 가압가스는 질소가스 등의 불활성 가스를 사용한다. 또한 질소가스 등 봄베의 출구와 시험대상 사이에는 적정한 감압밸브와 안전밸브를 설치하여 작동시험 확인을 한다.

관리 4 기밀시험 순서는 적절한가?

① 결정한 스텝별로 규정압력이 되도록 감압밸브를 조작하여 봄베의 조작밸브를 열고 가스를 봉입한다. 각 규정압력에 도달하면 조작밸브를 닫고 스텝별 유지시간압력 강하가 없는지 확인한다.

> 압력이 떨어졌다는 것은 어디선가 새고 있다는 증거이므로 새는 곳을 확인한 후 보수를 한다.

② 소요압력에 도달했는지 확인한 후 기록사진촬영을 한다.

③ 기밀시험압력에 도달한 후 로가 부착된 부분, 플레어 부분, 플랜지 부분 등의 접속부분 중심으로 새는지 시험한다. 규정 유지시간이 경과된 후 압력강하를 조사한다.

> 가스압은 주위온도에 의해 변화되기 때문에 기밀시험압력에 도달했을 때와 유지시간 경과후의 주위온도를 측정해 둔다.

④ 압력이 강하하거나 새지는 않는지 확인하여 합격여부 판정을 한다.

> 1℃당 약 0.01MPa의 압력변동이 있으므로 주위 온도변화에 따른 보정이 필요하다.

⑤ 시험결과가 합격인지 확인한 후 기록사진촬영을 한다.

⑥ 시험완료 후 특히 먼지가 쌓이기 쉬운 부분의 밸브를 열어 충분한 블로오프를 한다.

> 계통일괄시험에서는 시험장치를 제거한 후 바로 진공빼기건조를 하여 냉매를 충전한다. 블록시험에서는 기밀시험 후 가존 내장공사가 이어질 경우에는 배관 손상사고의 조기발견을 위해 압력을 가한 상태에서 그대로 방치한다.

⑦ 기밀시험 결과를 기록으로 남긴다.

❖ 현장관리 포인트

- ☞ 시험범위는 시공상황을 고려하여 일괄로 할 것인지 블록나누기를 할 것인지 계획한다.
- ☞ 기밀시험압력을 확인하고 그 압력에 도달한 후 접속부분을 중심으로 새는지 시험한다.
- ☞ 주위온도의 변화에 의해 가스압이 변화하므로(1℃당 약 0.01MPa의 압력변동이 있음) 주의한다.
- ☞ 기압시험 전에 플래싱이 완료되었는지 확인할 것.

1 빗물배수 · 포장

관리 1 옥외 빗물배수의 계획은 적절한가?

① 계획우량 · 유량을 산정한 후 부지에서 가능한 구배를 선정하고 다음 표에서 측구 · 배수관 치수를 구한다.

측구 및 배수관 치수

종별		구배 / 치수 W×H	1/100 유속(m/s)	1/100 유량(m^3/s)	1/150 유속(m/s)	1/150 유량(m^3/s)	1/200 유속(m/s)	1/200 유량(m^3/s)	1/250 유속(m/s)	1/250 유량(m^3/s)	1/300 유속(m/s)	1/300 유량(m^3/s)
측구	U형 측구 기성품	150×150	1.059	0.023	0.865	0.019	0.749	0.016	0.670	0.015	0.612	0.013
		180×180	1.014	0.025	0.828	0.020	0.717	0.018	0.641	0.016	0.586	0.014
		240×240	1.212	0.051	0.989	0.042	0.857	0.036	0.766	0.032	0.700	0.030
		300×240	1.298	0.065	1.060	0.053	0.918	0.046	0.821	0.041	0.750	0.037
		300×300	1.374	0.086	1.122	0.070	0.971	0.061	0.869	0.054	0.793	0.050
		300×360	1.429	0.107	1.167	0.087	1.010	0.076	0.904	0.068	0.825	0.062
	현장치기 측구	250×250	1.130	0.057	0.923	0.046	0.799	0.040	0.715	0.036	0.653	0.033
		300×300	1.277	0.092	1.042	0.075	0.903	0.065	0.807	0.058	0.737	0.053
		350×350	1.415	0.139	1.155	0.113	1.000	0.098	0.895	0.088	0.816	0.080
		400×500	1.631	0.261	1.332	0.213	1.153	0.185	1.032	0.165	0.942	0.151
		450×650	1.819	0.426	1.485	0.348	1.286	0.301	1.151	0.269	1.050	0.246
배수관	VP관	100φ	0.790	0.006	0.644	0.005	0.557*	0.004	0.498*	0.004	0.454*	0.004
		125φ	0.943	0.012	0.769	0.009	0.664	0.008	0.594*	0.007	0.541*	0.007
		150φ	1.064	0.018	0.868	0.015	0.750	0.013	0.670	0.011	0.611	0.010
		200φ	1.332	0.040	1.087	0.033	0.940	0.028	0.840	0.025	0.766	0.023
	흄관	200φ	0.863	0.027	0.704	0.022	0.609	0.019	0.544*	0.017	0.496*	0.016
		250φ	1.030	0.051	0.840	0.041	0.727	0.036	0.649	0.032	0.592*	0.029
		300φ	1.186	0.084	0.968	0.068	0.837	0.059	0.748	0.053	0.682	0.048
		350φ	1.335	0.128	1.089	0.105	0.942	0.091	0.842	0.081	0.768	0.074

유속(V) 및 유량(D)의 계산식

측구의 경우(매닝의 공식)

$V=(1/n)\times\sqrt[3]{R^2}\times\sqrt{I}$

$D=WA\times V$

배수관의 경우(쿠터의 공식)

$V=NR/(\sqrt{R}+M)$

$N=(23+1/n+0.00155/I)\times\sqrt{I}$

$M=(23+0.00155/I)\times n$

$D=WA\times V$

V : 유속(m/s)

n : 조도계수 　염화비닐관 : 0.010, U형 측구 : 0.014, 현장치기측구 : 0.016

I : 배수구배 　WP : 유수의 변길이(m)

D : 배관유량(m^3/s) 　WA : 유수의 단면적(m^2) 　측구 : 단면적×0.8, 배수관 : 단면적×1.0

R : 동수반경 = WA/WP

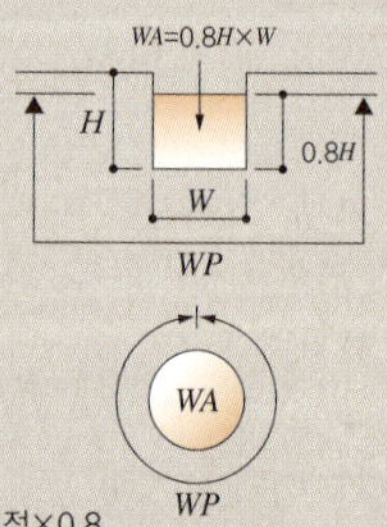

1) 유속(V)은 일반적으로 0.6m/s<V<2m/s가 바람직하다(0.6m/s : 먼지가 흐르는 속도, 2m/s : 관내가 손상되는 속도. 단, 측구폭 또는 배수관경이 250mm 이상에서는 3m/s).
2) 표 중에서 *표시된 곳은 부득이한 경우를 제외하고 사용을 피한다.

② 공법

배수관의 재료는 원심력철근콘크리트관 또는 경질염화비닐관의 규격품으로 하고, 구배는 1/50~1/200을 표준으로 한다. 배수관의 흙 두께는 일반부분의 경우 300mm, 일반차량통로의 경우 600mm, 중량차량통로의 경우 1,200mm 이상을 표준으로 하며, 두께를 확보할 수 없는 경우는 콘크리트 등으로 보호한다.

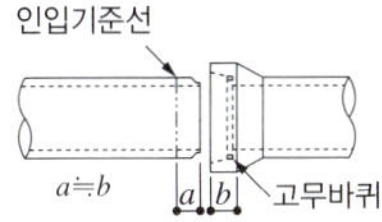

소켓관의 고무접합

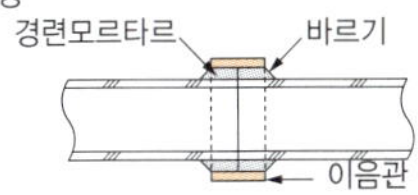

원심력철근콘크리트관의 이음

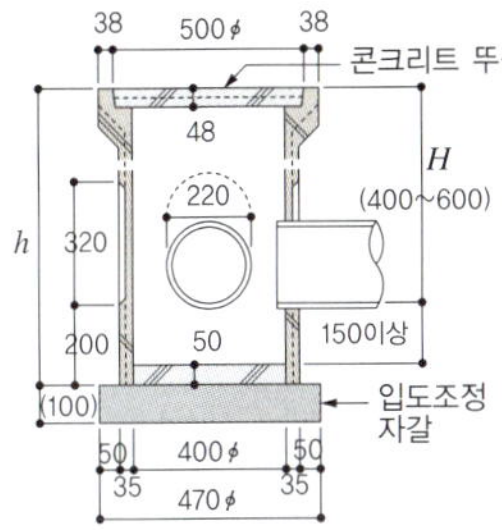

※맨홀뚜껑은 구멍이 있는 것으로 한다.
또한 차량의 하중을 고려할 것.

H	h
400 이하	630
400<H≦500	730
500<H≦600	830

원형 우수맨홀(H≦600의 예)

관리 2 부지 내의 포장구성 및 마감은 적절한가?

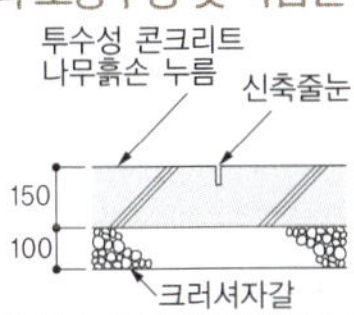

차도용 투수성 간이콘크리트 포장

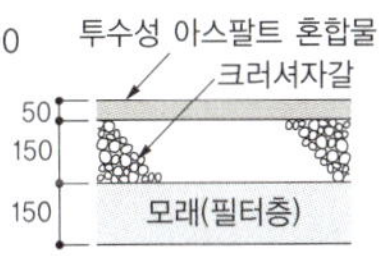

차도용 투수성 아스팔트 간이포장

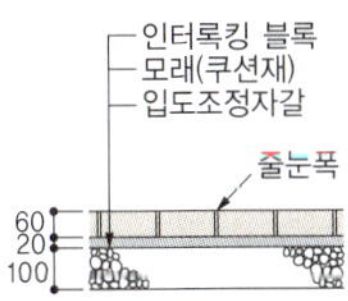

보도용 인터록킹 포장

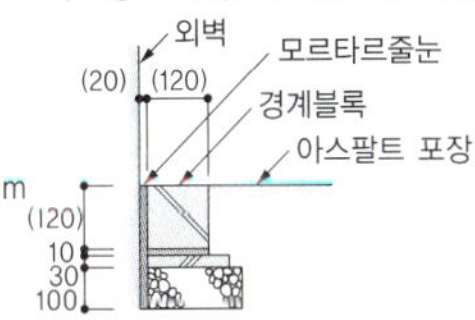

아스팔트 포장부분 외벽 옆의 전압용 연석

❖ 현장관리 포인트

☞ 부지 내의 빗물을 인접지역 · 도로에 유출시키지 않도록 하고, 집중호우 시 도로에서 부지 내로 빗물이 들어오지 못하도록 계획할 것.

☞ 배수관은 적당한 구배 · 흙 두께를 확보할 것.

☞ 콘크리트 포장 줄눈은 커터줄눈으로 하고, 차로 등 내마모성을 필요로 하는 경우는 진공타설공법으로 할 것.

☞ 인터록킹 블록 포장에서 모래가 유출될 우려가 있는 부분은 투수성 시트와 모르타르로 모래유출방지대책을 취할 것.

1 옹벽 · 담장 · 펜스 공사

관리 1 옹벽의 구성 · 사양은 적절한가?

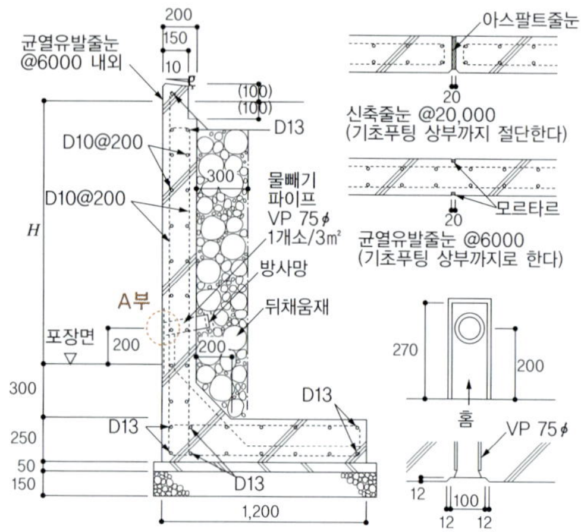

RC조 옹벽(예)

A부 상세

관리 2 담장의 높이와 기초부의 관계는 적절한가?

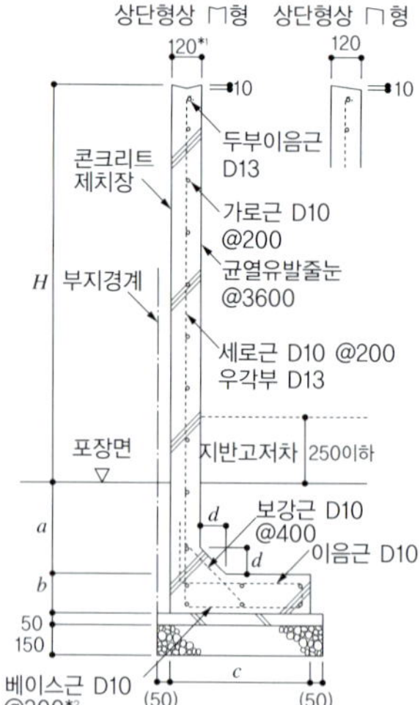

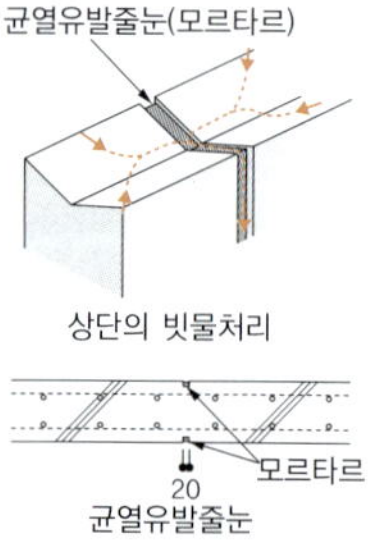

H	a	b	c	d
1,500 미만	350	200	550	100
1,500~ 2,000 미만	400	200	750	150
2,000~ 2,500	650	250	900	200

※1) 2000≦H<2500인 경우는 150으로 한다.
2) H≧2000이며 베이스근의 피치는 250으로 한다.

RC조 담장(예)

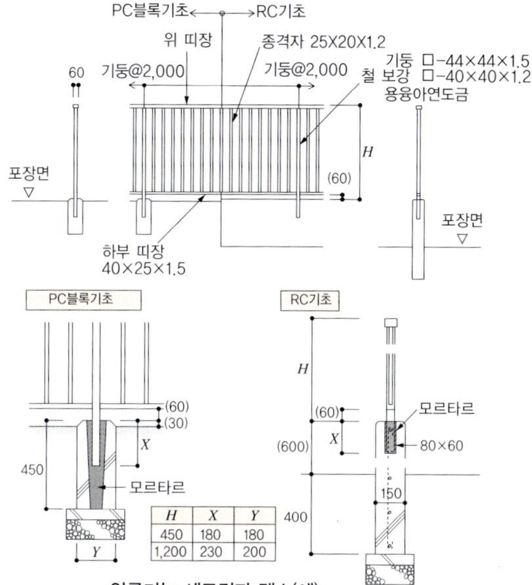

H	X	Y
450	180	180
1,200	230	200

알루미늄 세로격자 펜스(예)

관리 3 지선경계 · 보차도 경계블록의 설치는 적절한가?

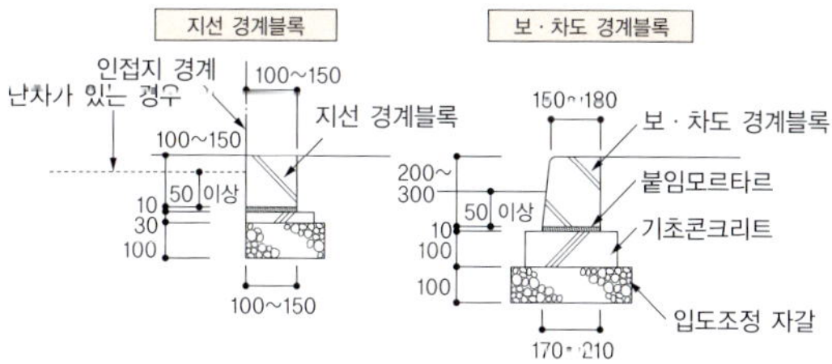

지선경계 · 보차도 경계블록의 설치(예)

❖ 현장관리 포인트

☞ 옹벽에는 깬자갈 등의 뒤채움으로 투수층 조성 및 배수구멍을 둔다. 옹벽배면의 배수구멍은 3m² 이내에 1개씩 엇모로 배치하고, 옹벽높이 1m 미만에 대해서는 내경 50mm, 1m 이상의 옹벽에 대해서는 내경 75mm 이상의 VP관을 사용한다. 배수구멍의 기초부분에는 토사유출방지망을 설치할 것.

☞ 콘크리트 옹벽의 신축줄눈간격은 20m, 줄눈폭은 20mm 정도 아스팔트 줄눈으로 하고 기초상단까지 자를 것.

1 식재

관리 1 수목 · 지피류의 이식 시기는 적절한가?

수목 · 지피류의 이식 적기 개요표(도쿄 지방)

			수종	1월	2월	3월	4월	5월	6월	7월	8월	9월	10월	11월	12월
고중목	상록수	침엽수	적송	■	■	■	▒	▒	▒	▒	▒	▒	▒	■	■
			흑송	■	■	■	▒	▒	▒	▒	▒	▒	▒	■	■
			향나무		■	■	■	■	▒	▒	▒	▒	▒		
			히말라야삼목 비자나무 · 전나무	■	■	■	■	▒	▒	▒	▒	▒	▒	■	■
			노송나무 · 화백나무		■	■	▒	▒	▒	▒	▒	▒	■	■	■
			젓꼭지나무류(뽕나무과)	▒	▒	■	■	■		▒	▒	■	■	▒	▒
			대왕송 활엽산	▒		■	■			▒	▒	▒	▒	▒	▒
		활엽수	녹나무 · 속나무 떡갈나무류	▒	▒		■		■			■	▒	▒	▒
			산호수	▒	▒	■	■		■	▒	▒	■	■	▒	▒
			후피향나무 · 물푸레나무 광나무 · 감탕나무			■	■		■	▒	▒	■	■		▒
		죽류	죽류 · 종려나무	▒	▒		■	■	■	▒	▒	■		▒	▒
	낙엽수	침엽수	메타세쿼이아	■	■	■	▒	▒	▒	▒	▒	▒	▒	■	■
		활엽수	은행나무	■	■	■								■	■
			벚나무 · 버드나무 플라타너스 · 매화나무		■	■	▒	▒	▒	▒	▒	▒	▒	▒	
			백목련 멀구슬나무	▒	■	■	▒	▒	▒	▒	▒	▒	▒	■	▒
			배롱나무 · 석류나무	▒			■	■		▒	▒	▒		▒	▒
저목(관목)	상록수	침엽수	누운주목	■	■	■	■	▒	▒	▒	▒	▒	▒		■
			향나무		■	■	■	▒	▒	▒	▒	▒		■	■
		활엽수	협죽	▒	▒	▒	■	■	■	■		■	▒	▒	▒
			식나무 · 팔손이나무 동백나무	▒		■	■	■	■	▒	▒	■	■		■
			털가시나무 · 회양목 서향나무	▒	▒		■	■	■	▒	▒	■	▒	▒	▒
			철쭉 · 아베리아			■	■	■	■	▒	▒	■	■		
	낙엽수	활엽수	조팝나무 개나리 · 싸리나무	■	■	■		▒	▒	▒	▒	▒		■	■
잔디 · 지피류			헤데라(화분)			■	■	■	■	■	▒	■	■		
			금잔디	▒	▒	■	■			▒	▒	■	▒	▒	▒

■ : 최적기 / □ : 준적기 / ▒ : 부적기
뿌리의 양호상태에 따라 적기가 달라질 수 있음에 주의한다.

관리 2 식재기반의 기준면적은 적절한가?

식재기반의 기준면적

(m²)

수고(나무높이)		1본당 기준면적	군락식재 기준면적
고중목	12m 이상	113.0(12m)	식재지 면적
	7~12m	78.5(10m)	
	3~7m	19.6(5m)	
저목(관목)	1~3m	1.76(1.5m)	
	1m 미만	4.9*(2.5m)	
잔디 · 지피류		식재지 면적	

1) 일반적인 경우는 *표시를 적용한다. 또한 ( )안의 수치는 직경을 나타냄
2) 식재가 점재된 경우는 1보당 기준면적을 적용한다.
3) 군락식재나 화단 등의 대상이 되는 기준면적이 중복할 경우는 그 면적을 공제한다.
4) 식재간격에 따라 개량지와 개량지 사이에 공백구역이 생긴다. 공백구역의 면적이 작은 경우는 시공성 면에서 전면개량으로 하여 산출한다.
5) 식재 후 일정기간(5년 정도)을 경과하고 보다 왕성한 생장을 기대할 경우는 수세를 판단한 후 메인터넌스 작업의 일환으로 식재기반의 정비범위를 확대한다.

관리 3 수목에 맞는 지주 형식 · 식혈(토양심도)로 되어 있는가?

지주형식 및 식혈

수목의 종류	수고(상록) (cm)	300	350	350	350	400	400	500	600	750	900
	수고(낙엽) (cm)	350	400	450	500	550	600	700	1000	1200	1300
	줄기둘레 (cm)	15	20	25	30	35	45	60	75	90	120
식혈	혈지름 (cm)	80	90	100	120	130	150	190	230	260	340
	깊이 (cm)	40	45	50	60	65	75	95	115	135	170
하중	상록 (kg)	4.5	9	14	20	31	51	112	210	380	805
	낙엽 (kg)	5	10	18	28	42	76	157	350	605	1165
지주형식	2각 밑둥			○	○	○					
	3각 밑둥				○	○	○				
	십자 밑둥				○	○	○	○			
	팔괘 (3각 · 3개지지)	○	○	○	○	○	○	○	○	○	
	팔괘 (4각 · 4개 지지)									○	○
	줄걸침	○	○	○	○	○	○				
	와이어걸침				○	○	○	○	○	○	○
	지중와이어걸침	○	○	○	○	○	○	○	○	○	○

1) 줄기 둘레란 지면으로부터 1.2m 높이의 줄기 둘레길이를 말한다.
2) 식혈은 보통 근발(발노)에 충분한 여유가 있도록 파낸다. 근발의 크기는 수목이 근원 직경의 5~6배 정도의 직경으로 잡는다.
3) 하중은 수목만의 하중

❖ 현장관리 포인트

☞ 식재의 시공도를 바탕으로 우선 경관의 주요부분이 되는 키가 큰 나무의 위치를 정하고, 남은 수목의 위치는 수종, 수고, 간격, 줄기형태 등을 고려하여 주위와 잘 조화되도록 정한다.

☞ 지주는 바람에 의해 수목이 넘어지거나 경사지는 것을 방지하는 버팀대로서 뿌리부분이 정상적으로 활착할 때까지(보통 3~4년 정도) 고정하고, 바람이 강한 환경이나 뿌리가 충분히 뻗지 못하는 곳에서는 유지를 계속할 것.

2 옥상녹화

관리 1 생육환경과 유지관리를 고려하였는가?

p.248
관리 1

식물에게 좋지 않은 환경조건에 있는 옥상녹화는 설치장소의 환경에 견딜 수 있는 수종 선정과 유지관리가 필요하다.

옥상녹화에 대한 환경조건

사상	강풍	조풍	구조물에 의한 그림자	구조물로부터의 반사광	배기 · 배연	성토층
환경	생육저해, 바람에 쓰러짐	생육저해, 형태불량	일조부족에 의한 생육저해	식물 뒤쪽의 일소	배기열, 유해가스	토층두께 제한, 유효수분부족, 토양영양 빈약, 배수불량

관리 2 옥상녹화의 식재기반은 적절한가?

p.249
관리 2
관리 3

객토용 토양은 용적비로 흑토(0.7)+부엽토(0.1)+흑요석계 퍼라이트(0.2), 투수성 시트는 토사유출방지망, 배수층의 재질은 흑요석계 퍼라이트, 유공배수관은 폴리에틸렌제 네트파이프 100ϕ을 표준으로 한다.

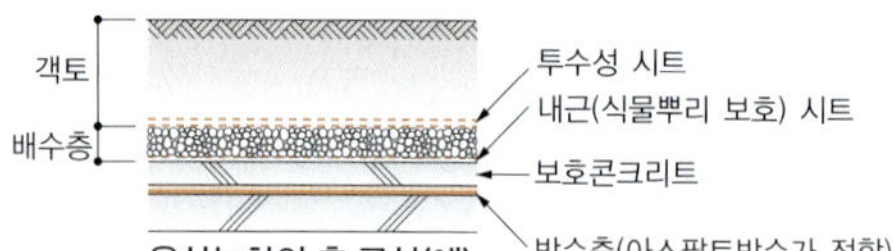

옥상녹화의 층 구성(예)

식재의 종류와 필요토량

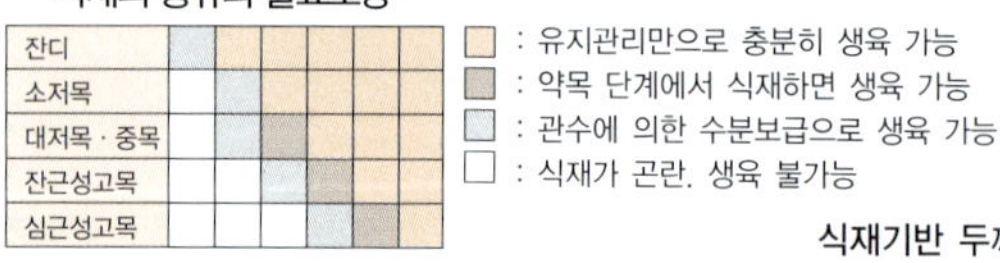

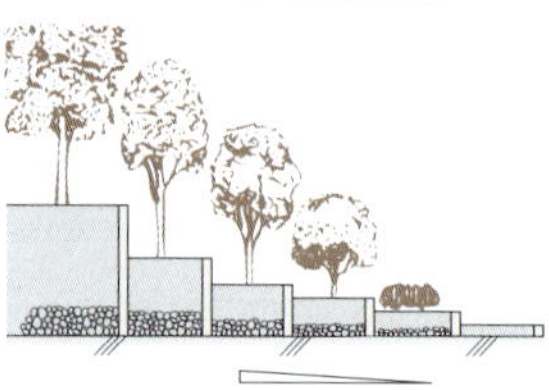

식재기반 두께 (cm)

객토의 두께	배수층의 두께
150~	30
90	30
60	20
45	15
30	10
~15	–

하중계산에 필요한 각 요소의 비중

토양(습윤시)		배수재	
관동롬층	1.80	자갈	1.70~2.10
흑색전토	1.60	화산자갈	1.00~1.50
진주암 퍼라이트	0.55	인공경량골재	1.20~1.50
버미큘라이트	0.60	흑요석 퍼라이트	0.20
피트모스	0.80		
인공경량토양	0.55~0.70		

관리 3 옥상식재 부분의 방수 마무리는 적절한가?

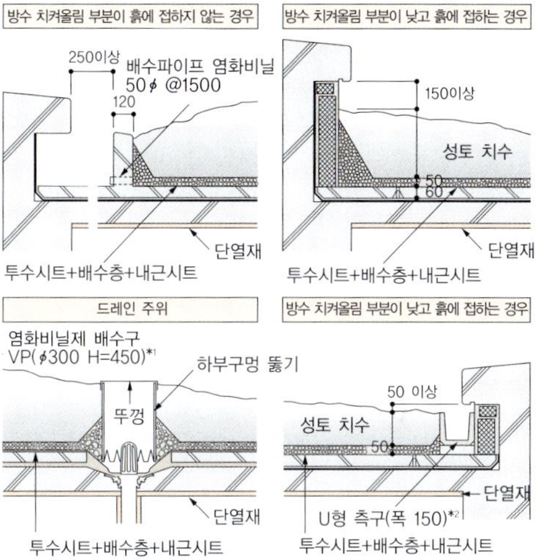

흙에 접하는 방수치켜올림 부분은 벽돌 쌓기 또는 콘크리트로 한다.

※1) 드레인에 손이 닿는 깊이의 위치에 배수구를 두고 염화비닐제 배수홈통은 드레인을 청소할 수 있는 지름으로 한다.

2) 흙쌓기 면적이 넓은 경우는 U형 측구의 폭에 맞는 크기로 한다.

옥상 식재부분의 방수 마무리(예)

내근 시트의 종류

내근방법	투수성	재료의 특성·특징
물리적 내근	불투수성계 시트	폴리에틸렌필름(0.4mm) 등을 사용하여 식재기반의 배수층 아래에 부설하거나 접착. 접합부는 오버랩을 충분히 둔다. 치켜올림 부분은 접착한다.
	투수성계 시트	두께 5~10mm의 부직포 등을 사용해 식재기반의 배수층 위에 부설. 공법에 따라 아래에 부설하는 경우도 있다.
화학적 내근	투수성계 시트	화학물질로 뿌리의 침입을 방지하는 시트(20~30년 유효)를 사용하고 식재기반의 배수층 위에 부설한다.

❖ 현장관리 포인트

☞ 옥상녹화의 식재기반부분 방수층에는 보호층을 두고 뿌리의 신장에 견딜 수 있는 구조(내근)로 한다. 방수층에 침입하기 쉬운 대나무나 조릿대류는 특히 내근대책에 신경을 쓰도록 한다.

☞ 방수치켜올림 부분에 흙이 접하는 경우는 성토 상단을 방수층 치켜올림 상단보다 150mm 이상 내릴 것.

☞ 법적 녹화면적은 옥상식재의 경우 1/2을 인정한다.

1 해체공사 공법의 종류와 특징

해체공법의 종류와 특징

해체공법		주요 장치	특징	공해특성	원리 등
기계적 충격에 의한 공법	핸드 브레이커	컴프레서(공기압식), 유압유닛(유압식)	좁은 장소에서도 사용가능/모서리 절단 등에 보조적 사용	소음 · 분진 모두 큼	정으로 반복타격
	대형 브레이커	자주식 베이스머신(유압쇼벨)	고능률/기동성 있음	소음 · 진동 · 분진 모두 큼	정으로 반복타격
	삭공기	컴프레서	유압공확대기 · 화약류 등의 장진공 삭공에 보조적 사용/고능률	소음 · 분진 발생	정으로 타격하거나 회전
유압식 압쇄 · 전단에 의한 공법	압쇄기	자주식 베이스머신(유압쇼벨)	개구폭 30~230cm/철근 절단가능/기동성 있음	분진 발생 (살수로 억제)	압축 · 전단 · 휨파괴
	철골 절단기	자주식 베이스머신(유압쇼벨)	H-350×350~H-500×200까지 절단가능/기동성 있음	SRC가 대상인 경우 분진대책(살수제) 필요	전단 절단
기계적 굴삭에 의한 공법	커터	자주식 · 가이드레일식 고주파 모터, 유압모터	깊이 60cm 정도까지 절단가능	진동 · 분진이 발생하지 않음/소음은 방음장치로 저감가능	다이아몬드 브레이드로 연삭 · 절단
	와이어 톱	구동장치, 와이어톱, 변환프리	와이어 조정에 의해 부재의 치수형상에 관계없이 절단가능/수중작업가능	진동 · 분진이 발생하지 않음/소음은 방음장치로 저감가능	다이아몬드 브레이드로 연삭 · 절단
	코어 드릴	가이드레일, 고주파모터, 코어비드	소형이며 좁은 장소에서도 사용가능/φ100~150mm로 연속삭공	진동 · 분진이 발생하지 않음/소음이 적음	다이아몬드 비트로 연삭 · 절단
화염에 의한 용단 공법	테르밋	랜스퍼, 산소봄베	가스절단보다 강력한 열로 절단 · 삭공/수중작업가능	고온 용해물의 비산 · 발연대책 필요/화염주의	금속 산화연소열로 용해
	화염 제트	절단기, 등유 · 산소분사장치	두께 50cm 정도의 RC 절단가능/수중작업가능	분사음이 크기 때문에 사용제한 있음/화염주의	등유 · 산소의 연소반응열로 용해
	가스 절단기	취관, 아세틸렌봄베, 산소봄베	철근 · 철골 절단에 유효/간편하고 범용성이 큼	화염 주의	가열 후 철과 산소의 산화반응열로 용단
팽창압력 · 구멍의 확대에 의한 공법	정적 파쇄제	삭공기, 정적파쇄제, 물, 핸드믹서, 반죽용기	무근콘크리트 파쇄에 적합/계획적 파쇄 가능/취급자격이 불필요	삭공 · 2차 파쇄시 진동 · 소음이 발생하지만 전반적으로 저진동 · 저소음	수화반응의 팽창압으로 인장파쇄
	유압공 확대기	삭공기, 쐐기, 유압유닛	무근콘크리트의 파쇄에 적합/계획적 파쇄가 가능	삭공 · 2차 파쇄시 진동 · 소음이 발생하지만 전반적으로 저진동 · 저소음	쐐기 확대에 의해 인장파쇄
화약류에 의한 공법	폭약	삭공기, 폭약, 뇌관, 발파기, 방폭시트	매스콘크리트 파괴에 적합/파쇄 후 형상은 소~중 덩어리/양수허가 · 소비허가를 요함.	진동 · 소음은 크지만 순간발파 규모에 따라 다름/예측 필요	공내폭발시 가스압으로 콘크리트 인장파괴
	콘크리트 파쇄기	삭공기, 콘크리트 파쇄기, 발파기, 방폭시트	매스콘크리트 파괴에 적합/파쇄 후 형상은 중~대 덩어리/양수허가 · 소비허가(1일/150개 이하는 제외)를 요함.	진동 · 소음은 크지만 순간발파 규모에 따라 다름/예측 필요	공내폭발시 가스압으로 콘크리트 인장파괴

해체공법			주요 장치	특징	공해특성	원리 등
기타 공법	워터제트		초고압펌프, 고압호스, 회전 또는 요동노즐, 노즐지지 이동장치	콘크리트 표면을 넓게 깎아내는 방법과 좁은 폭으로 홈을 깎는 방법이 있음/철근을 손상하지 않음	고속 물 분사에 의한 고주파 소음은 노즐부분을 덮는 커버로 저감가능/폐수처리 필요	초고속 제트(토출압 200MPa) 노즐을 회전·요동시켜 콘크리트를 깎아냄
기타 공법	어브레시브 제트		초고압펌프, 고압호스, 주행장치, 회수처리장치, 연마제공급장치	두께 50~70cm까지 철근과 함께 절단가능/절단부 외에는 영향이 없음	고속 물분사에 의한 고주파 소음은 노즐부분을 덮는 커버로 저감가능/폐수처리 필요	초고속 제트(토출압 250MPa)로 연마제를 더해 철근콘크리트 등을 절단
기타 공법	철근 직접 통전가열		전극단자, 변압기, 주파수변환기, 조작반	철근콘크리트의 피복을 철근을 포함해 박리/통전 후 2차 파쇄가 필요	2차 파쇄시 소음·진동·분진은 경감됨	철근의 발열로 콘크리트를 인장파괴
기존 말뚝의 해체·철거공법	지상인발	직접 인발	크레인, 채킹장치	말뚝길이가 짧을 경우(5m 정도 이하)에 사용	크레인의 소음·진동(인발시) 있음	말뚝머리부분에 채킹장치를 설치하고, 크레인 등으로 말뚝을 뽑음
기존 말뚝의 해체·철거공법	지상인발	바이브로 케이싱	크레인, 바이브로해머	조금 떨어진 위치에서도 작업가능	바이브로해머의 소음·진동 있음	말뚝지름보다 큰 케이싱으로 타입 말뚝과 마찰력을 끊어 뽑음
기존 말뚝의 해체·철거공법	지상인발	오거 케이싱	크레인, 오거머신	긴 말뚝에서도 인발 가능	저소음·저진동/워터제트를 사용했을 경우는 지반침하에 주의	오거머신으로 타입말뚝과 마찰력을 끊어 뽑음
기존 말뚝의 해체·철거공법	지상파쇄	어스 오거	오거스크류장치	RC·PC 말뚝에 유효/철근이나 목말뚝 섬유가 얽히는 경우가 있다.	저소음·저진동/지반침하에 주의	케이싱 병용 오거 스크루로 말뚝 파쇄
기존 말뚝의 해체·철거공법	지상파쇄	올케이싱	올케이싱 굴삭기, 해머 그래브	기존 말뚝 제거 후 계속해서 현장치기말뚝 시공 가능	소음·진동 있음/말뚝 신설과 병용할 수 있으며 지반의 안정도 확보	굴삭기로 주변 흙과 함께 해머 그래브로 말뚝을 파쇄
기존 말뚝의 해체·철거공법	노출파쇄		대형브레이커, 압쇄기, 말뚝절단기	신설지하공사와 병행하여 기존말뚝 해체가 가능	사용할 해체기에 따라 소음·진동·분진 발생이 있음	기존말뚝 주변 지반을 터파기하고 브레이커 등으로 파쇄

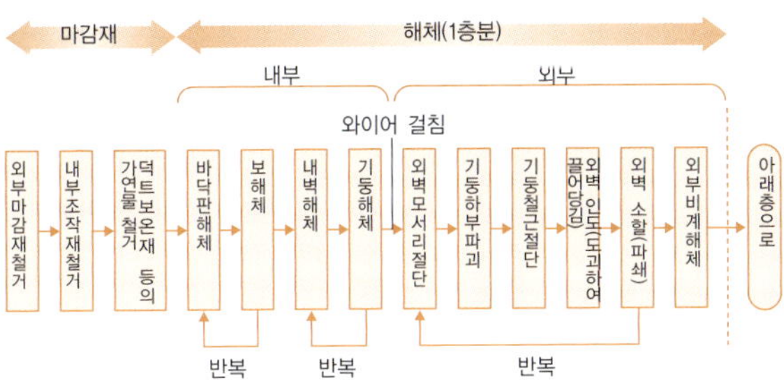

해체공사 순서(전도공법 주체인 경우)

2 아스베스토스(석면) 제거에 관한 대응

아스베스토스 문제

아스베스토스(석면)는 각종 건축자재에 사용되어 왔는데, 그 미세한 섬유를 사람이 흡입하면 폐 내에 축적되어 몇 십 년 후에 아스베스토스 · 폐암 · 악성 중피종 등의 병을 일으키는 것으로 밝혀져 현재는 사용을 제한하고 있다. 지금도 아스베스토스 뿜칠이나 아스베스토스가 함유된 건축자재가 사용되고 있는 건축물 등의 해체공사가 이루어지고 있기 때문에 일반환경오염과 작업종사자의 피해방지를 위한 대책이 필요하다.

법규제 등

① 국가 방침 : 전면 금지

② 규제대상 범위 확대 : 규제대상이 되는 석면을 함유한 제제 기타 물질에 대해 석면을 그 중량의 '1%를 넘게 함유하는 것'에서 '0.1%를 넘게 함유하는 것'으로 한다.

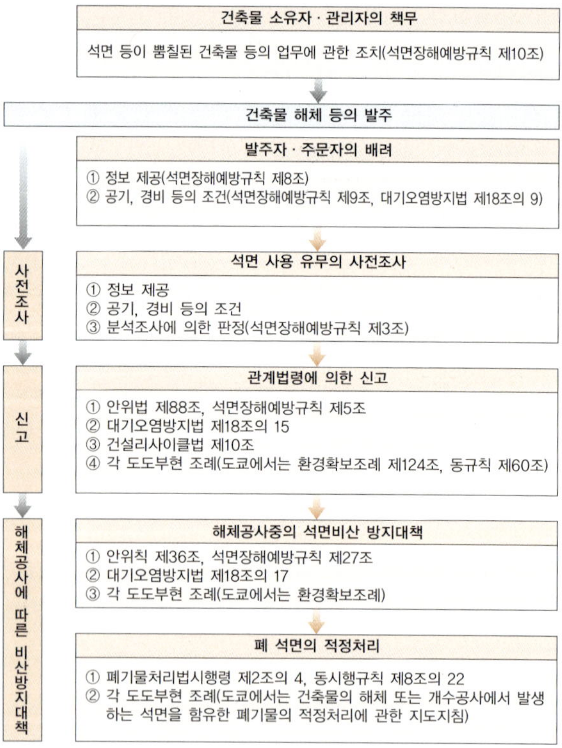

이스베스토스 비산방지대책 과정

3 새집증후군 문제에 대한 대처

새집증후군 문제

건축 · 개축 후 주택이나 빌딩의 건축재료 등에서 발산하는 화학물질에 의한 실내공기오염으로 인해 거주자의 건강에 여러 가지 영향이 발생하는 것으로 알려져, 이를 '새집증후군'이라 일컬으며 사회적인 문제가 되고 있다.

유해화학물질이란 포름알데히드, 톨루엔, 키실렌, 파라디클로로벤젠, 에틸벤젠, 스티렌, 클로르피리호스 등을 말한다.

법규제 대상물질

① 학교 : 초등학교, 중학교, 고등학교, 대학교 등

② 건축물위생법(건축물에서의 위생적인 환경 확보에 관한 법률) : 흥행장, 백화점, 집회장, 도서관, 박물관, 미술관 또는 유기장/점포 또는 사무소/학교교육법 제1조에서 규정하는 학교 외의 학교(연수원 포함)/여관

③ 건축기준법 : 모든 거실

재료의 사용제한

물질명 / 대상	포름알데히드	클로르피리호스
모든 거실	• 포름알데히드를 발산하는 건축재료*1의 사용제한 • 모든 건축물에 기계환기설비의 설치의무화(포름알데히드발산 건축재료를 사용하지 않는 경우도 포함) • 천장 속 등은 기계환기설비로 환기할 수 있는 구조로 한다. • 증개축 허가신청시 기존 부분으로 소급*2이 있다.	클로르피리호스(방의재)를 첨가한 건축자재 사용금지

※1) 건축기준법에서는 포름알데히드를 발산하는 건축재료를 '포름알데히드 발산건축재료'라고 규정.
2) 5년 이상 경과한 기존 부분의 내장재는 대상 외가 되는데, 환기설비에 대해서는 소급대상이 된다.

농도측정

물질명 (주로 함유된 건축재료)	대상 / 후생노동성의 실내농도지침치	학교 (신축, 증축 · 개부수 등)	건축물위생법에서 정하는 특정건축물(신축 · 증축 · 개보수 · 대규모 수선 · 모양교체)	주택(주택성능표시에 의한 농도측정을 실시하는 경우)
포름알데히드 (합판 · 내장제 · 벽지)	100$\mu g/m^3$ (0.08ppm)	필수 [시설관리자] 인도전에 농도확인 [시공자] 인도전에 농도측정	필수 [시설관리자] 사용개시 후 최초 방문시 6~9월 사이에 측정	필수
톨루엔 (접착제 · 도료)	260$\mu g/m^3$ (0.07ppm)		대상 외	선택 건축주의 지시에 의함
키실렌 (접착제 · 도료)	070$\mu g/m^3$ (0.20ppm)	선택 시설관리자에 의함 [시설관리자] 인도 전에 농도확인 [시공자] 인도 전에 농도측정	대상 외	
파라디클로로벤젠 (방충제)	24$\mu g/m^3$ (0.04ppm)		대상 외	대상 외
에틸벤젠 (접착제 · 도료)	3800$\mu g/m^3$ (0.88ppm)		대상 외	선택 건축주의 지시에 의함
스티렌 (단열재)	220$\mu g/m^3$ (0.05ppm)		대상 외	

측정장소 · 측정개소 수에 대해 관련법규에서는 가이드라인을 제시하고 있는데 명확한 규정이 아니기 때문에 건축주와의 협의 후에 결정한다. 법령문 등에 정해진 개요는 다음과 같다.

① 학교 : 보통교실, 음악실, 도공실, 컴퓨터실, 체육관 등 필요하다고 인정하는 교실(채취장소는 각각 교실에서 1개소 이상 선정)

② 건축물위생법 : 측정장소는 각층별 임의의 실

③ 주택 : 농도 표시를 하고자 하는 모든 주택의 실(거실, 식당, 침실, 주방 등)

4 종합도 작성요령

종합도의 목적

종합도란 건축도면, 전기도면, 급배수위생도면, 공조도면 등에 기록된 각종 기구류를 동일 건축평면도에 기입하고 취합하여 조정하며, 그 결과를 시공도 작성에 반영시키기 위한 복합도면이다. 시공도 작성시 효율화, 정확도 향상에 도움이 되도록 하는 것이 목적이다.

종합도의 종류

종합도의 종류에는 종합평면도(벽 · 바닥), 종합천장복도, 종합외장도 등이 있다.
이 중 대표적인 도면은 종합평면도(벽)이며, 전기설비의 스위치, 콘센트, 분전반 등과 위생설비의 위생기구, 탕비기, 소화전 등 공조설비의 서모스탯, 리모컨 스위치, 취출구 등의 심벌을 평면도 상에 기입한 것이다.

작성시기

종합도는 시공도를 작성하기 위한 기초자료이므로 시공도를 작성하기 전에 완성시켜야 한다. 특히 구체공사와 관련된 종합평면도(벽, 바닥)는 가장 먼저 작성해야 한다.

종합 평면도 작성

① 건축평면도(축척 1/50 또는 1/100)를 준비한다.
② 그 평면도에 p.257 표 · 종합도에 표시되는 기구류를 심벌로 기입한다.
③ 각 기구의 위치 · 높이의 조정은 공사감리자와 협의하여 정한다. 평면도 상에 위치, 높이를 모두 기입해야 하는데 기구류가 서로 얽혀 있어 종합평면도 내에 위치를 정하기 어려운 부분에 대해서는 종합전개도를 작성하여 조정한다.

종합천장복도 작성

① 기본적인 작업 진행방식은 '종합평면도'와 동일하다.
② 천장 내부에 각종 밸브, 신축이음, 방진이음, 공기빼기 밸브, 각종 댐퍼 등 점검을 요하는 기구류가 있는 경우는 그 위치를 기입한다.
③ 그 외 유지 · 관리를 위한 공간을 필요로 하는 기기류는 그 주의사항까지 기입한다.

종합외장도 작성

기본적인 작업 진행방식은 '종합평면도'와 동일하다. 지상표면에 있는 것이 중심이지만 지중에 매설된 부분에 대해서도 조정이 필요하다. 배수관 등은 구배가 중요하며 조정할 때에 우선시한다.

시공도 작성

완성된 종합도는 공사감리자나 건축주의 승낙을 얻은 후 시공도에 반영시킨다. 추가변경이 있었을 경우는 그때마다 도면을 정정하여 신속히 시공도에 반영시킴과 동시에 그 기록을 남기도록 한다.

종합도에 표시되는 기구류

구분	부위	건축	전기	위생	공조
종합평면도	벽	외벽루버 도어루버 거울 소화기 셔터 틀 배연구 조작기 트랩 안내판 점검구 쿨러 슬리브 환기구	스위치(점멸 구분) 콘센트 TV용 아웃렛 전화용 아웃렛 스피커 인터폰 조명기구 전기시계 분전반 · 동력반	위생기구 거울 탕비기 가스코크 워터 쿨러 소화전 박스 할론 조작박스 방출표시등 가스코크	서모스탯 휴미디티 스탯 배연구조작기 취출구 흡입구 환기팬 룸 쿨러 리모컨 스위치
종합평면도	바닥	선홈통 맨홀 플로어 피트 카운터 트랩	콘센트 플로어 덕트 아웃렛 간선	가스코크 맨홀 플로어 드레인 바닥 소제구 살수전 입상관	팬코일 컨벡터 패키지 세움 덕트 입상관
종합천장복도	천장	셔터 박스 배연구 점검구 방연드리움벽	조명기구(점멸구분) 스피커 감지기 경비보장단말기	스프링클러헤드 할론 헤드	취출구 흡입구 배연구 팬코일 천장팬
종합외장도	외장	식재 배수홈통 배수관 홈통 간판 소방용수 소화기	외등 정원등 맨홀 콘센트 인입기둥 미터 매설간선 큐비클 옥외반	배수홈통 지수전 살수전 양수기 배수관 송수구류 정화조 가솔린 트랩 우물 수수조 펌프류	냉각탑 실외기 오일 탱크 급유구

5 토질주상도 읽는 법

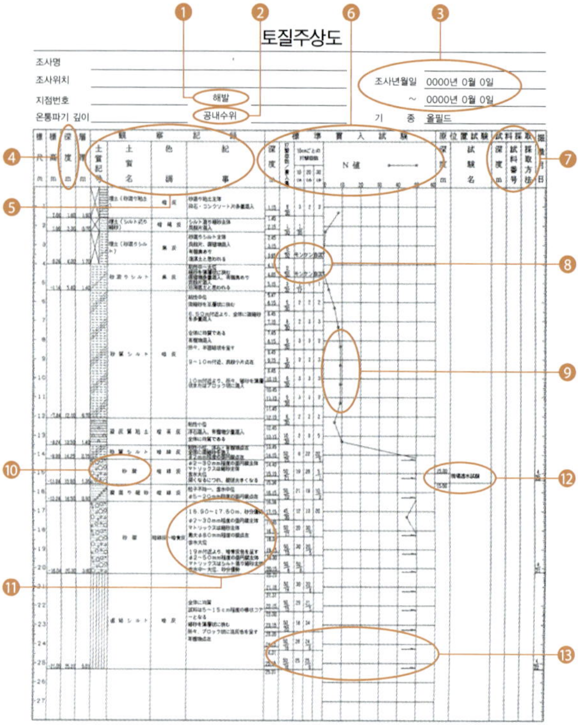

❶ 조사점의 표고
❷ 보링공 내 수위를 나타낸다.
❸ 조사 연월일부터 계절에 따른 수위 변동, 조사시점과 공사단계에서의 주위 상황변화를 확인한다.
❹ 심도는 보링 위치의 지반면으로부터의 깊이를 나타낸다.
❺ 보링 담당자의 관찰기록으로, 주관적이긴 하지만 지반구성의 기준이 된다.
❻ N값은 표준관입시험용 샘플러를 30cm 관입하는데 필요한 타격 수
❼ 시료 채취에 T-1, D-10이라는 기호가 있는 경우는 복잡한 토질시료를 채취하기 위해 토질시험 데이터가 있다는 것을 의미한다.
❽ '몬켄 자침'이란 타격하지 않아도 관입했다는 것을 나타낸다.
❾ N값이 10 정도로서 사질토의 경우는 비교적 무른 지반이지만, 점성토인 경우에는 비교적 양호한 지반이라고 할 수 있다.
❿ 점성토 아래에 있는 사력층 내의 지하수는 피압 가능성이 있다.
⓫ 역(pebble)경에 대해서는 본 주상도에 기록되어 있는 치수의 3배 정도의 크기인 것이 있다고 알려져 있다.
⓬ 현장투수시험 실시를 의미한다.
⓭ N값은 보통 50을 한도로 한다. 이 층에서는 50회 타격해도 16cm 밖에 관입되지 못해 N값은 50 이상이다.

6 레디믹스트콘크리트 배합보고서 보는 법

레디믹스트콘크리트 배합보고서는 '배합보고서', '배합계산서' 및 '각종 재료시험성적표'로 구성된다. '각종 재료시험성적표'는 시멘트, 각종 골재, 화학혼화제 및 배합수의 시험성적표와 '골재의 알칼리실리카 반응성 시험결과 보고서' 사본으로 이루어진다.

✍ 레미콘은 KS JIS 모두 '콘크리트 용어'에서는 레디믹스트콘크리트라고 불린다.

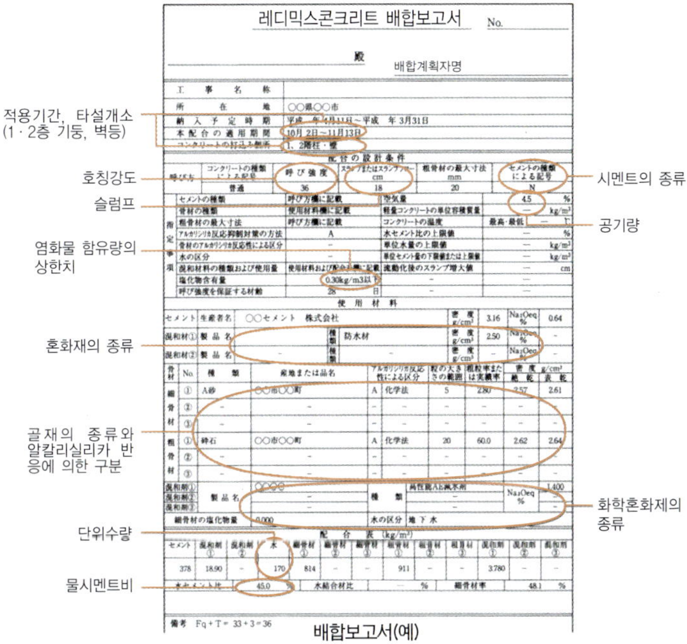

배합보고서(예)

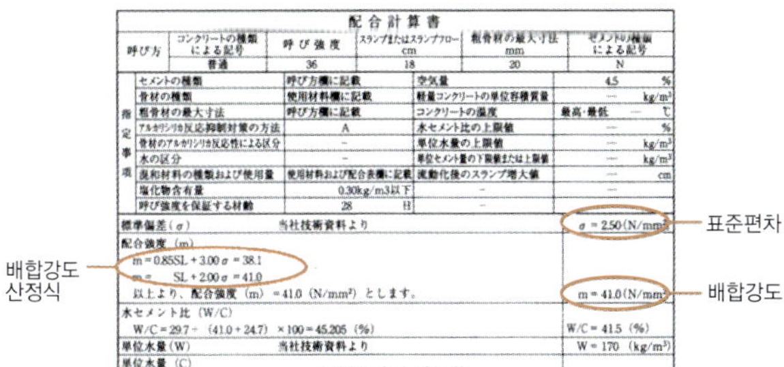

배합계산서(예)

7 품셈일람

비계가설	사양	가설	해체	단위
틀조립비계	W=900~1,200mm	30~60	55~105	m^2/인 · 일
선반비계	틀조립 $H<3,700$mm	130~180	280~380	m^2/조 · 일

해체공사	사양	해체	단위
RC조 해체 (압쇄기 3대)	$500 \le A < 1000m^2$	30~33	일/각층 바닥면적
	$2000m^2 \le A < 3000$	47~60	일/각층 바닥면적
	$4000m^2 \le A < 5000$	75~88	일/각층 바닥면적

말뚝공사	사양	N값 0~10	N값 10~35	단위
어스드릴말뚝	ϕ1,000	25~50	25~45	m/일 · 대
	ϕ2,000	22~43	20~40	m/일 · 대
베노토말뚝	ϕ1,000	20~38	18~38	m/일 · 대
	ϕ2,000	9~16	9~15	m/일 · 대
심초말뚝	수동파기 ϕ1,200	1.5~3.5		m/일 · 대
	기계파기 ϕ1,200	6.5~18.5		m/일 · 대
버팀말뚝 · 가대말뚝	프리보링	100~145	90~120	m/조 · 일

흙막이공사	사양	N값 0~30	N값 30~50	단위
SMW	ϕ550~600	80~90	80~90	m^2/조 · 일

흙막이공사	사양	가설	해체	단위
버팀지보공	H300 1단~2단	140~180	260~330	m^2/인 · 일
	H400 3단	100~140	230~290	m^2/조 · 일

흙막이공사	1단 0~5m	2단 5~10m	3단 10~20m	단위
터파기(기계파기)	250~500	140~240	120~180	m^2/대 · 일
	버킷	클램셀		–

흙막이공사	기초 · 지중보	기둥 3.5m 이하	기둥 3.5m 이하	단위
거푸집 조립	8~16	7~13	5~10	m^2/인 · 일
	큰 보	슬래브	계단	
	6~12	9~20	3~6	

거푸집공사	기초	보 밑 · 슬래브	기둥 · 벽 · 보측	단위
거푸집 해체	55~85	45~75	50~75	m^2/인 · 일

철근공사	기초 · 지중보	내압판	토방	단위
철근 조립	0.40~1.10	0.60~1.20	0.40~1.10	t/인 · 일
	기둥 · 보	벽 · 슬래브	계단	
	0.40~0.90	0.35~0.80	0.20~0.50	

철근공사	D19-D19	D22-D22	D25-D25	단위
가스압접	125~210	115~195	100~180	개/조 · 일
	D29-D29	D32-D32	–	
	85~145	70~120	–	

철근공사	D25	D29	D32	단위
엔클로즈용접	40~90	50~100	45~95	개/조 · 일
	D35	D38	D41	
	45~95	70~90	40~90	

철골공사	사양	공장철골	중층건축	단위
세우기	트럭크레인	30~45	30~35	p/일 · 대
	타워크레인	–	40~45	
	트럭크레인	25~30	25~30	t/일 · 대
	타워크레인	–	35~40	

철골공사	고력육각볼트	토르시아형 고력볼트	단위
본조임	250~500	240~430	본/조 · 일

철골공사	사양	설치	단위
데크플레이트	아크스폿용접	50~120	m^2/조 · 일

철골공사	사양	횡향	하향	단위
용접	6mm 환산	70~100	90~140	m/인 · 일

PC공사	스플라이스 슬립방식	올시스 방식	단위
PC기둥 세움대	20~35	15~33	p/조 · 일
PC기둥 그라우트	25~40	20~40	

PC공사	큰 보	외벽	바닥판	단위
PCa 고정	22~33	10~22	15~40	p/조 · 일

내화피복공사	30mm	50mm	단위
내화피복(습식)	90~155	90~130	m^2/대 · 일

공조공사(기기)		기능공	보조공	단위	비고
왕복동냉동기	5RT	3.0	1.5	인/대	①치링유닛 포함 ②지하1층설치를 표준으로 한다. ③반입비 불포함
	7.5RT	4.0	2.0	인/대	
	15RT	5.0	2.5	인/대	
	30RT	8.0	4.0	인/대	
	50RT	10.0	5.0	인/대	
	80RT	15.0	7.5	인/대	
원심 · 흡수식냉동기 · 냉각탑		0	0	인/대	보통 본체가격 실지포함
송풍기	#1 1/4	1.2	0	인/대	매어 달 때 100% 증가, 방진기초 20% 증가, 송풍기는 한쪽흡입
	#2	1.7	0	인/대	
	#4	3.0	0	인/대	
주철제 보일러	2(M)	1.2	0.7	인/대	①조립, 설치, 시험 포함 ②B1층에 설치할 경우를 나타냄
	4(M)	1.6	1.2	인/대	
	6(M)	4.5	3.5	인/대	
에어팬	7.5kW 이하	5.0	2.0	인/대	1층에 설치할 경우를 나타냄. 다른 층인 경우는 반입비 별도
	11~19kW	7.0	2.5	인/대	
	22kW 이상	9.0	3.0	인/대	

<table>
<tr><th colspan="2">위생공사(기기)</th><th>기능공</th><th>보조공</th><th>단위</th><th>비고</th></tr>
<tr><td rowspan="4">볼류트펌프
(와권펌프)</td><td>0.75kW 이하</td><td>1.1</td><td>0.6</td><td>인/대</td><td rowspan="4">반입비가 필요한 경우는 별도 계상</td></tr>
<tr><td>1.5kW</td><td>1.6</td><td>0.7</td><td>인/대</td></tr>
<tr><td>5.5kW</td><td>2.6</td><td>1.6</td><td>인/대</td></tr>
<tr><td>11kW</td><td>4.0</td><td>2.0</td><td>인/대</td></tr>
<tr><td rowspan="3">오수수중펌프</td><td>0.75IW</td><td>1.6</td><td>1.1</td><td>인/대</td><td rowspan="3">배수용 피트의 깊이는 3m 정도로 한다.</td></tr>
<tr><td>2.2kW</td><td>2.2</td><td>1.6</td><td>인/대</td></tr>
<tr><td>2.8kW</td><td>2.8</td><td>2.1</td><td>인/대</td></tr>
<tr><td colspan="2">서양식 대변기</td><td>2.6</td><td>20%</td><td>인/대</td><td>로탱크</td></tr>
<tr><td colspan="2">재래식 대변기</td><td>2.1</td><td>20%</td><td>인/대</td><td>로탱크</td></tr>
<tr><td colspan="2">재래식 대변기</td><td>1.1</td><td>20%</td><td>인/대</td><td>세정밸브 부착</td></tr>
<tr><td colspan="2">벽걸이 스톨</td><td>1.1</td><td>20%</td><td>인/대</td><td></td></tr>
<tr><td colspan="2">세면기</td><td>1.1</td><td>20%</td><td>인/대</td><td>급배수철물 공용</td></tr>
<tr><td colspan="2">욕조(서양식)</td><td>3.1</td><td>20%</td><td>인/대</td><td>급배수철물 공용</td></tr>
<tr><td colspan="2">욕조(일본식)</td><td>2.1</td><td>20%</td><td>인/대</td><td>급배수철물 공용</td></tr>
<tr><td colspan="2">자동세정조</td><td>2.1</td><td>20%</td><td>인/대</td><td>3인세움용</td></tr>
<tr><td colspan="2">거울</td><td>0.4</td><td>20%</td><td>인/대</td><td></td></tr>
<tr><td colspan="2">화장선반</td><td>0.21</td><td>20%</td><td>인/대</td><td></td></tr>
<tr><td colspan="2">휴지걸이</td><td>0.17</td><td>20%</td><td>인/대</td><td></td></tr>
</table>

※ 상기 품셈은 일본식 자료로 참고용임

찾아보기

인용문헌

1) 『建築工事標準仕様書・同解説 JASS 2 仮設工事』日本建築学会、2006、131頁・解説図6.2
2) 同上、133頁・解説図6.3
3) 『建築工事標準仕様書・同解説 JASS 5 鉄筋コンクリート工事』日本建築学会、2003、140頁・表2.1
4) 国土交通省大臣官房官庁営繕部監修『建築工事監理指針 平成16年版(上巻)』公共建築協会、143頁・図3.2.14
5) 同上、144頁・表3.2.5
6) 国土交通省大臣官房官庁営繕部監修『公共建築工事標準仕様書 建築工事編 平成19年版』公共建築協会、18頁・表3.2.1
7) 国土交通省大臣官房官庁営繕部監修『建築工事監理指針 平成16年版(上巻)』公共建築協会、137頁・図3.2.7
8) 『建築工事標準仕様書・同解説 JASS 5 鉄筋コンクリート工事』日本建築学会、2003、271頁・解説表10.1
9) 同上、43頁・表12.2
10) 同上、317頁・解説表12.2
11) 同上、52頁・表13.10
12) 『建築工事標準仕様書 JASS 6 鉄骨工事』日本建築学会、2007、16頁・表4.3
13) 同上、16頁・表4.4
14) 国土交通省大臣官房官庁営繕部監修『建築工事監理指針 平成16年版(上巻)』公共建築協会、776頁・図9.2.26
15) 『建築工事標準仕様書・同解説 JASS 8 防水工事』日本建築学会、2000、150頁・解説図1.57
16) 同上、214頁・解説表1.23
17) 国土交通省大臣官房官庁営繕部監修『建築工事監理指針 平成16年版(上巻)』公共建築協会、801頁・図9.4.9(種別S-F1の場合)
18) 同上、801頁・図9.4.8(種別S-F1の場合)
19) 『建築工事標準仕様書・同解説 JASS 8 防水工事』日本建築学会、2000、82頁・解説表1.3
20) 同上、79頁・解説表1.2
21) 国土交通省大臣官房官庁営繕部監修『建築工事監理指針 平成16年版(下巻)』公共建築協会、60頁・表11.2.3
22) 『建築工事標準仕様書・同解説 JASS 19 陶磁器質タイル張り工事』日本建築学会、2005、102頁・解説表3.20
23) 『建築工事標準仕様書・同解説 JASS 17 ガラス工事』日本建築学会、2003、97頁・表1.3.1
24) 同上、98頁・表1.3.2
25) 『建築工事標準仕様書・同解説 JASS 18 塗装工事』日本建築学会、2006、151頁・解説図2.18
26) 国土交通省大臣官房官庁営繕部監修『建築工事監理指針 平成16年版(上巻)』公共建築協会、610頁・表7.9.2
27) 国土交通省大臣官房官庁営繕部監修『建築工事監理指針 平成16年版(下巻)』公共建築協会、678頁・表20.2.3
28) 同上、680頁・表20.2.4

참고문헌

1) 国土交通省大臣官房官庁営繕部監修『建築工事監理指針 平成16年版(上巻)』公共建築協会
2) 国土交通省大臣官房官庁営繕部監修『建築工事監理指針 平成16年版(下巻)』公共建築協会
3) 国土交通省大臣官房官庁営繕部監修『電気設備工事監理指針 平成16年版』公共建築協会
4) 国土交通省大臣官房官庁営繕部監修『機械設備工事監理指針 平成16年版』公共建築協会
5) 国土交通省大臣官房官庁営繕部監修『公共建築工事標準仕様書 建築工事編 平成19年版』公共建築協会
6) 国土交通省大臣官房官庁営繕部監修『公共建築工事標準仕様書 電気設備工事編 平成19年版』公共建築協会
7) 国土交通省大臣官房官庁営繕部監修『公共建築工事標準仕様書 機械設備工事編 平成19年版』公共建築協会
8) 『建築工事標準仕様書・同解説 JASS 1 一般共通事項』日本建築学会、2002
9) 『建築工事標準仕様書・同解説 JASS 2 仮設工事』日本建築学会、2006
10) 『建築工事標準仕様書・同解説 JASS 3 土工事および山留め工事 JASS 4 地業および基礎スラブ工事』日本建築学会、2003

11) 『建築工事標準仕様書・同解説 JASS 5 鉄筋コンクリート工事』日本建築学会、2003
12) 『建築工事標準仕様書 JASS 6 鉄骨工事』日本建築学会、2007
13) 『建築工事標準仕様書・同解説 JASS 7 メーソンリー工事』日本建築学会、2000
14) 『建築工事標準仕様書・同解説 JASS 8 防水工事』日本建築学会、2000
15) 『建築工事標準仕様書・同解説 JASS 9 張り石工事』日本建築学会、1996
16) 『建築工事標準仕様書・同解説 JASS 10 プレキャスト鉄筋コンクリート工事』日本建築学会、2003
17) 『建築工事標準仕様書・同解説 JASS 11 木工事』日本建築学会、2005
18) 『建築工事標準仕様書・同解説 JASS 12 屋根工事』日本建築学会、2004
19) 『建築工事標準仕様書・同解説 JASS 13 金属工事』日本建築学会、1998
20) 『建築工事標準仕様書・同解説 JASS 14 カーテンウォール工事』日本建築学会、1996
21) 『建築工事標準仕様書・同解説 JASS 15 左官工事』日本建築学会、1998
22) 『建築工事標準仕様書・同解説 JASS 16 建具工事』日本建築学会、1998
23) 『建築工事標準仕様書・同解説 JASS 17 ガラス工事』日本建築学会、2003
24) 『建築工事標準仕様書・同解説 JASS 18 塗装工事』日本建築学会、2006
25) 『建築工事標準仕様書・同解説 JASS 19 陶磁器質タイル張り工事』日本建築学会、2005
26) 『建築工事標準仕様書・同解説 JASS 21 ALCパネル工事』日本建築学会、2005
27) 『建築工事標準仕様書・同解説 JASS 23 吹付け工事』日本建築学会、2006
28) 『建築工事標準仕様書・同解説 JASS 24 断熱工事』日本建築学会、1995
29) 『建築工事標準仕様書・同解説 JASS 25 ユニット類工事』日本建築学会、1994
30) 『建築工事標準仕様書・同解説 JASS 26 内装工事』日本建築学会、2006
31) 『建築工事標準仕様書・同解説 JASS 27 乾式外壁工事』日本建築学会、2004
32) 『建築工事標準仕様書 JASS 101 電気設備工事一般共通事項 JASS 102 電力設備工事 JASS 103 通信設備工事』日本建築学会、2000
33) 『鉄筋コンクリート造建築物等の解体工事施工指針(案)・同解説』日本建築学会、1998
34) 建築慣用語研究会編『建築現場実用語辞典 改訂版』井上書院、2006
35) 紀谷文樹・酒井寛二・前島健・伊藤卓治編『建築設備実用語辞典 改訂版』井上書院、2005
36) 建築業協会施工部会編『建築携帯ブック クレーム』井上書院、2003
37) 建築業協会施工部会編『建築携帯ブック 防水工事』井上書院、2006
38) 現場施工応援する会編『建築携帯ブック 配筋 第2版』井上書院、2003
39) 現場施工応援する会編『建築携帯ブック コンクリート』井上書院、2006
40) 現場施工応援する会編『建築携帯ブック 設備工事 第2版』井上書院、2004
41) 建物の施工品質を考える会編『建築携帯ブック 自主検査』井上書院、2006
42) 建物のロングライフを考える会編『建築携帯ブック 建物診断』井上書院、2005
43) 現場施工応援する会編『建築携帯ブック 安全管理 第2版』井上書院、2006

문 승 호

명지대대학원(건축공학과) 수료
건축1급(특급기술자)
정방종합건설(주) 상무

저서 콘크리트구조균열(2001), 건축시공기술(2006), 기문당
현 (주)능인건설 기술고문
세화건축설계사무소 상임고문
(주) HS건설 전무이사

김 종 원

인하대학교 공과대학 건축공학과 졸업
중앙대학교 건설대학원 건축공학과(공학석사)
명지대학교 대학원 건축학과(공학박사)
경기대학교 산업정보대학원 겸임교수
국립 서울산업대학교, 경기대학교, 명지대학교에 출강
한국산업개발원, 한국건설기술교육원, 호남건설기술교육원을 출강하고
한국공학교육인증원 평가위원으로 활동
한국건업, 삼성, 대농그룹 건설부문(상무이사)
그랜드그룹 정도건설(주) 부사장
(주)협업건축 고문

저서 건축재료와 구법(2008), 건축외장의 이해와 시공(2008), 기문당
현 시안빌테크 대표

현장관리

2008년 11월 5일 1판 1쇄 인쇄
2008년 11월 10일 1판 1쇄 발행

편 저 제작의 원점을 생각하는 모임

역 자 문 승 호 김 종 원
발 행 인 강 해 작
발 행 처 도서출판 기 문 당
주 소 서울시 성동구 공명길 39 (하왕십리동 966-22)
전 화 02) 2295-6171(代)~5
팩 스 02) 2296-8188
출판등록 1976. 10. 7(1-44)
홈페이지 http://기문당
www.kimoondang.com
I S B N 978-89-6225-080-0 93540

정 가 20,000원